5G丛书

5G时代的承载网

The Optical Transmission Network in 5G Era

万芬 余蕾 况璟 等 编著

人民邮电出版社
北京

图书在版编目（CIP）数据

5G时代的承载网 / 万芬等编著. -- 北京 : 人民邮电出版社, 2019.2(2023.1重印)
（5G丛书）
国之重器出版工程
ISBN 978-7-115-50643-6

Ⅰ. ①5… Ⅱ. ①万… Ⅲ. ①无线电通信－移动网 Ⅳ. ①TN929.5

中国版本图书馆CIP数据核字(2019)第004312号

内 容 提 要

本书从 5G 概念入手，阐述 5G 的技术特点，罗列和展望 5G 技术与社会各行业的结合方式；从需求入手，阐明 5G 技术对承载网的要求。本书重点阐述和说明承载网的关键技术和发展方向，最后根据目前几大运营商的网络条件，结合各类技术演进情况，通过试点案例，对承载网的建设提出多种网络组织方案和规划思路，为 5G 时代的网络建设提供了有效的思路。

本书适合作为通信专业的大学生、研究生的入门教材；适合作为运营商的培训教程；适合作为从事通信规划设计行业的技术工作者的工作指南；适合作为行业分析师产业研究的基础说明材料；适合作为通信行业、物联网行业以及对 5G 有兴趣的广大读者朋友的专业阅读材料。

◆ 编　　著　万　芬　余　蕾　况　璟　等
责任编辑　李　强
责任印制　杨林杰
◆ 人民邮电出版社出版发行　　北京市丰台区成寿寺路 11 号
邮编　100164　　电子邮件　315@ptpress.com.cn
网址　http://www.ptpress.com.cn
固安县铭成印刷有限公司印刷
◆ 开本：710×1000　1/16
印张：23.75　　2019 年 2 月第 1 版
字数：421 千字　　2023 年 1 月河北第 8 次印刷

定价：128.00 元

读者服务热线：(010)81055493　印装质量热线：(010)81055316
反盗版热线：(010)81055315

《国之重器出版工程》
编辑委员会

李伯虎 中国工程院院士

李应红 中国科学院院士

李春明 中国兵器工业集团首席专家

李莹辉 国际宇航科学院院士

李得天 国际宇航科学院院士

李新亚 国家制造强国建设战略咨询委员会委员、中国机械工业联合会副会长

杨绍卿 中国工程院院士

杨德森 中国工程院院士

吴伟仁 中国工程院院士

宋爱国 国家杰出青年科学基金获得者

张　彦 电气电子工程师学会会士、英国工程技术学会会士

张宏科 北京交通大学下一代互联网互联设备国家工程实验室主任

陆　军 中国工程院院士

陆建勋 中国工程院院士

陆燕荪 国家制造强国建设战略咨询委员会委员、原机械工业部副部长

陈　谋 国家杰出青年科学基金获得者

陈一坚 中国工程院院士

陈懋章 中国工程院院士

金东寒 中国工程院院士

周立伟 中国工程院院士

郑纬民　中国工程院院士

郑建华　中国科学院院士

屈贤明　国家制造强国建设战略咨询委员会委员、工业和信息化部智能制造专家咨询委员会副主任

项昌乐　中国工程院院士

赵沁平　中国工程院院士

郝　跃　中国科学院院士

柳百成　中国工程院院士

段海滨　“长江学者奖励计划”特聘教授

侯增广　国家杰出青年科学基金获得者

闻雪友　中国工程院院士

姜会林　中国工程院院士

徐德民　中国工程院院士

唐长红　中国工程院院士

黄　维　中国科学院院士

黄卫东　“长江学者奖励计划”特聘教授

黄先祥　中国工程院院士

康　锐　“长江学者奖励计划”特聘教授

董景辰　工业和信息化部智能制造专家咨询委员会委员

焦宗夏　“长江学者奖励计划”特聘教授

谭春林　航天系统开发总师

序 言

相对于 3G/4G 来说，5G 是革命性发展，它致力于应对未来爆炸性的移动数据流量增长、海量设备连接、不断涌现的各类新业务和应用场景，同时与行业深度融合，满足垂直行业终端互联的多样化需求，将传统的人与人的通信不断向人与物、物与物之间的通信进行扩展，立足创建“万物互联”的新世界。

5G 在带来革命性业务体验、新型商业应用模式的同时，对基础承载网络提出了多样化全新需求。5G 网络拟提供业务的主要特征包括大带宽、低时延和海量连接，从而对承载网在带宽、容量、时延和组网灵活性方面提出新的需求。各个运营商现有承载网在网络架构、技术性能和组网功能等方面难以完全满足 5G 网络新型业务及应用的需求，因此，面向 5G 的承载网技术演进与革新势在必行。

“5G 商用，承载先行”，5G 承载已成为业界关注的焦点。运营商 5G 真正实现商用，离不开对承载网络的提前布局。目前正处于标准制订和产业化培育的关键时期，ITU-T、IEEE、IETF、OIF、CPRI、CCSA 等国际和国内主要标准化组织和团体均已密集开展 5G 承载方面的标准化研究工作。

由于 5G 网络采用了 C-RAN 分布式架构和吉比特每秒以上的承载速率，另外，5G 将工作在 1.8GHz 以上的高频段，基站密度也会大大提高，因此，5G 网络的建设很大程度上取决于运营商的光纤密度与光承载网络能力。为了帮助业界更好地掌握 5G 时代的承载技术与组网方案，《5G 时代的承载网》一书从 5G 的基本概念与应用场景出发，分析 5G 时代承载网面临的挑战和需求，深入浅出地介绍了 5G 承载的几种关键技术，包括 OTN、IPRAN 和 PTN，并通过对几大运营商的 4G 承载网现状、5G 承载技术研究重点和现网试点案例的

分析，对将来 5G 网络架构演进和技术方向选择做出进一步的探讨。

本书由通信设计单位的一线资深专家联合编写，对运营商的网络现状、面临的问题，以及 5G 时代的承载网该如何规划进行了深入全面的分析和阐述。这本书是他们丰富工作经验的智慧结晶，相信他们的研究和总结会给广大读者带来深刻的思考和启迪。当然，5G 的规模建设和应用尚需时日，书中对 5G 承载技术的分析和判断还需要实践检验，但是本书至少能够成为读者全面了解和研究 5G 承载技术的重要参考资料。

中国通信学会光通信委员会副主任、中国通信标准化
协会传送与接入网技术委员会副主席、教授级高工
张成良
2018 年 11 月于北京

前 言

德国著名哲学家亚瑟 · 叔本华说过："人的本质就在于他的意志有所追求，一个追求满足了又重新追求，如此永远不息"。

通信行业一代代技术的更替正是如此，一个追求满足了又重新追求另一个，科技改变生活，为满足人类信息服务的追求，通信人的脚步永不停歇。

处于 5G 时代来临的时间节点，人与人的通信正在向人与物、物与物的通信扩展，万物互联的时代正在到来，作为通信网络建设的从业人员，在新的技术周期里，应该对 5G 时代的通信网有一个前瞻性的认识，特别是对投资巨大的承载网的发展方向和演变格局有科学的认知。

本书共分 4 篇。第 1 篇为 5G 时代的到来，共分 2 章，主要阐述移动通信的发展历程、5G 的基本概念，以及 5G 将来在各行业的应用、现阶段业内对 5G 的响应等。

第 2 篇为 5G 网络的演变。这一篇有 3 章，从 5G 网络架构入手，分别阐述了无线接入网、核心网的演变及关键技术，由无线架构的变化推演出 5G 基站接入网的前传、中传、回传的概念，并根据 5G 三大场景的业务需求提出了 5G 对承载的八大需求。

第 3 篇主要介绍几种主流的承载技术和承载网可能的组网方案，对目前运营商网络中广泛采用的 OTN、IPRAN、PTN 等主流技术，从原理、特点以及应用上进行了阐述和说明，旨在阐明目前承载网的现状和 5G 时代网络演变的基础条件。

第 4 篇主要阐述运营商的组网演变、5G 承载网多层级设备组网和光缆网的计算、规划思路、建设步骤以及 5G 网络建设基础设施的准备等。本篇主要

基于几大运营商的现网分析和目前的技术方向，罗列出多种可能的组网方式的备选方案，对运营商未来 5G 网络架构的演进和技术方向做出了进一步的探讨。通过对 4G 网络建设经验的分析，模拟计算 5G 设备组网的几种模型，并展望了 5G 承载建设设备和光缆两方面的建设要点。最后，以试点案例为附录，介绍一些 5G 网络建设中的具体问题。

万芬完成了全书架构和编整工作以及多个章节的编写。余蕾参与了本书第 1 章、第 3 章的编写工作。况璟参与了第 5 章、第 6 章以及附录编写工作。

衷心地感谢湖北邮电规划设计有限公司王庆总工及各级领导在本书编写过程中给予的支持与关注。感谢湖北邮电规划设计有限公司铁塔咨询设计院寿航涛副院长、信息网络咨询设计院胡建英副院长、信息咨询设计一院李维副总工在本书编写过程中提供的资料及给予的专业支持。

由于 5G 标准的制订尚未全面完成，编者的知识及视野也有一定的局限性，书中如有不准确、不完善之处，请广大读者与同行专家批评指正。

万芬
2018 年 11 月

目　录

第1篇　5G时代的到来

第 2 篇 5G 网络的演变

第 3 篇　承载技术和组网分析

第 1 篇
5G 时代的到来

第 1 章
5G 的概念

随着无线技术的高速迭代发展，5G 时代即将来临，5G 到底是什么？5G 有哪些标准？ 5G 的发展近况如何？我们来一一揭晓。

1.1 移动通信发展历程

始于 20 世纪 70 年代的移动通信技术，经过 40 多年的蓬勃发展，已经渗透到现代社会的各行各业，深刻影响着人类的工作、生活方式以及各行业的发展趋势。在这些年的发展历程中，移动通信技术经历了从第一代到第四代的飞跃。基于模拟技术的第一代无线通信系统（1G）仅支持模拟语音业务，存在容量有限、保密性差、通话质量不高、不支持漫游、不支持数据业务等缺点；第二代数字通信系统（2G）实现了数字传送技术和交换技术，有效提升了语音质量和网络容量，同时引入了新服务和高级应用，如用于文本信息的存储和转发短消息，2G 的演进又称为 2.5G，在语音和数据电路交换之上，引入了数据分组交换的业务；第三代宽带通信系统（3G）则将业务范围扩展到图像传输、视频流传输以及互联网浏览等移动互联网业务，3G 演进（3.5G）进一步提升了数据速率，下行速率提高到 14.6Mbit/s，上行速率提高到 5.76Mbit/s。移动互联网经过 3G 时代的培育已经进入了爆发期，人们对信息的巨大需求为第四代移动通信系统（4G）的发展提供了充足的动力。蜂窝通信标准演进如图 1-1 所示。

第四代移动通信技术（4G）被称为 LTE，实现了系统容量的大幅提升，为终端用户真正带来了每秒百兆比特的数据业务传输速率，极大程度地满足了当前宽带移动通信业务的应用需求。

LTE 网络全球范围的大规模部署以及 LTE 终端的日趋成熟，极大地促进了移动互联网和物联网的快速发展，涌现出多种多样的新型业务和琳琅满目的终端，持续刺激并培养着人们的数据消费习惯。

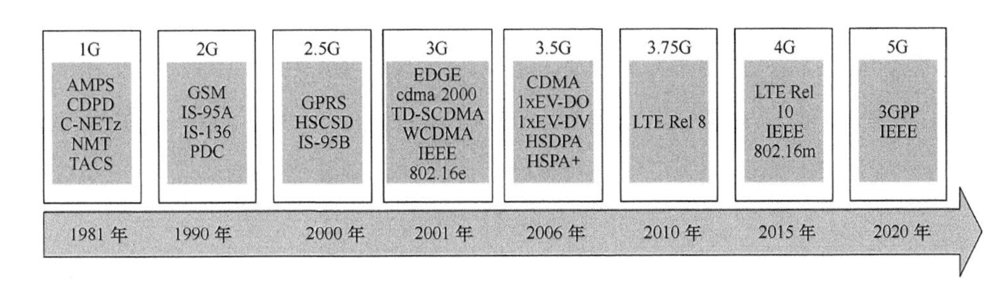

图 1-1　蜂窝通信标准演进

如图 1-2 所示，IMT-2020(5G) 推进组于 2014 年发布的《5G 愿景与需求白皮书》中预计，2010—2020 年全球移动数据流量增长将超过 200 倍，2010—2030 年将增长近 20000 倍。中国的移动数据流量增速高于全球平均水平，预计 2010—2020 年将增长 300 倍以上，2010—2030 年将增长超过 40000 倍。发达城市及热点地区的移动数据流量增速更快，2010—2020 年上海移动数据流量的增长率可达原来的 600 倍，北京热点区域移动数据流量的增长率可达原来的 1000 倍。

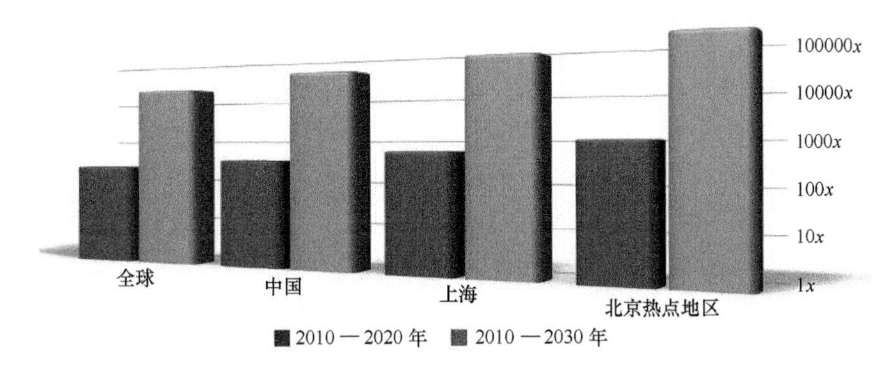

图 1-2　2010—2030 年全球和中国移动数据流量增长趋势

如图 1-3 所示，预计到 2020 年，全球移动终端（不含物联网设备）的数量将超过 100 亿，其中中国将超过 20 亿。全球物联网设备连接数也将快速增长，2020 年将接近全球人口规模，达到 70 亿，其中中国将接近 15 亿。到 2030 年，全球物联网设备连接数将接近 1000 亿，其中中国超过 200 亿。在各类终端中，智能手机对流量的贡献最大，物联网终端数量虽大但流量占比较低。

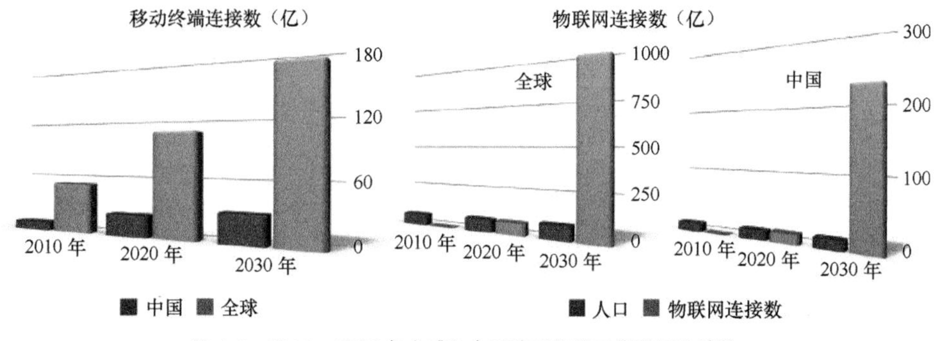

图 1-3　2010—2030 年全球和中国移动终端及物联网连接数

为了能够更好地应对未来移动互联网和物联网高速发展带来的移动数据流量的高速增长、海量的设备连接，以及各种各样差异化新型业务应用不断涌现的局面，我们需要更加高速、更加高效、更加智能的新一代无线移动通信技术来支撑这些庞大的业务和连接数。

1.2　什么是 5G

5G 网络就是第五代移动通信网络。在 5G 概念被推出的这几年里，广大消费者了解到的 5G 特征往往是速度快。当前的第四代长期演进（4G LTE）服务的传输速率仅为 75Mbit/s。而在 5G 网络中，最早三星电子利用 64 个天线单元的自适应阵列传输技术，成功地在 28GHz 波段下达到 1Gbit/s 的传输速率，实现了新的突破。未来 5G 网络的传输速率可达到 10Gbit/s，这意味着手机用户在不到 1s 时间内即可下载一部高清电影。

当 5G 峰值理论传输速率可达数十吉比特每秒时，比 4G 网络的传输速率将快数百倍，可在 1s 之内下载整部超高画质电影。随着 5G 技术的诞生，广大消费者可以使用智能终端分享 3D 电影、游戏、超高画质（UHD）节目，以及多种多样的娱乐方式。

在通信业内人士眼里，5G 网络的主要目标是让终端用户始终处于联网状态。5G 网络将来支持的设备远远不止是智能手机和平板电脑，它还要承载个人智能通信工具、可穿戴设备（比如智能手表、健身腕带、智能家庭设备）等。5G 网络将是 4G 网络的颠覆性升级版，它的基本要求并不仅仅体现在无线网络上，还有为实现 5G 功能而搭建的核心网、承载网以及接入网。

现在我们能预见的 5G 网络中最大的改进之处是它能够灵活地支持各种不同的设备，并且在一个给定的区域内支持无数台设备，这就是科学家的设计目标。在未来，每个人将需要拥有 10 ~ 100 台设备为其服务。但科学家目前也很难估算支持所有这些设备到底需要多大的数据容量，另外，他们也很难准确预料哪些基于 5G 的创新性服务会涌现。

1.3　5G 引发革新

移动通信从 1G 到 4G，经历了四代的发展，过去 40 年移动通信的发展已经极大地改变了人们的生活，个人通信的高速技术发展为人类和社会带来了广泛的便利和福利。如今，站在 5G 时代的历史节点，让我们来细数 5G 将为我们带来些什么。

5G 只是速率更高吗？当然不仅仅是这样。

5G 不再只是手机中所用文件格式的变化、文件传输速率的提升，而是将通信的作用从人与人之间的连接扩展到各行各业、万事万物之间的互相连接，形成崭新的数字化社会、物联网世界新格局。

5G（第五代移动通信）是 IMT（国际移动通信）的下一阶段，ITU（国际电信联盟）将其正式命名为 IMT-2020。目前，ITU 正在对 IMT-2020 进行初步的规划。此外，端到端系统的大多数其他变革（既包括核心网络内的，又包括无线接入网络内的）也将会成为未来 5G 系统的一部分。在移动通信市场中，IMT-Advanced（包括 LTE-Advanced 与 WMAN-Advanced）系统之后的系统即为“5G”。

在大力研发 5G 潜在“候选技术”的同时，全球移动通信行业对于 5G 技术研发驱动因素的理解也逐步达成了共识。ITU-R（国际电信联盟无线电通信局）确定未来的 5G 具有以下三大主要的应用场景：（1）增强型移动宽带；（2）超高可靠与低延迟的通信；（3）大规模机器类通信。具体包括吉比特每秒移动宽带数据接入、智慧家庭、智能建筑、语音通话、智慧城市、三维立体视频、超高清晰度视频、云工作、云娱乐、增强现实、行业自动化、紧急任务应用、自动驾驶汽车等。

在日益增大的网络容量需求、吞吐量增强需求、更多无线接入应用场景需求（所有可联网型设备均以一种“无缝”的方式接入到网络之中）之下，移动宽带网络正在向 5G 演进。ITU-R 正在与包括全球移动通信行业在内的产业链

上各利益主体进行密切协作，对下一代 IMT 系统——IMT-2020(5G)的研发方向、时间表与成果输出等进行定义，目的是把对于未来移动宽带通信的愿景最终变成现实。

为最终建成一个网络化的社会，未来的第五代移动通信网络应该能使用位于不同物理频段的无线频谱资源，以支撑各类应用场景，满足提高业务服务质量的需求，并采用比现有移动通信无线接入网络物理带宽大得多的射频信道。

第五代移动通信网络的无线频谱资源需求主要来自于对于系统容量的增长需求，以及对各类新兴应用场景的支持。为支撑未来各类 5G 应用场景的 5G 技术需求（比如，超过 10Gbit/s 的峰值数据传输速率、100Mbit/s 的小区边缘数据传输速率、1ms 的端到端延迟/时延等）有望在各个物理工作频段上均得到满足。

这些 5G 应用场景包括诸如高清晰度移动视频等的增强型移动宽带应用（既可运行于体育场馆等用户高度密集分布的区域，又可以进行泛在的覆盖）。而其余类型的 5G 应用场景则包括面向垂直行业/交通自动化的超高可靠通信、各类低时延敏感型通信应用、面向大规模机器类通信（MTC，Machine Type Communication，比如移动健康、车辆到车辆通信、虚拟现实、增强现实与触觉互联网等）的较高速/高速数据服务。这些应用场景将会进一步增大未来第五代移动通信网络对于更多无线频谱资源的需求。

未来，第五代移动通信无线接入网是否能很好地支撑各类应用场景，取决于从低频（频点在 500MHz 左右）到高频（频点高于 60GHz）的各个物理工作频段的物理特性（无线射频传播特性）。低频段具有优良的无线传播特性、网络覆盖广，既可支撑宏蜂窝建设，又可支撑小基站部署；高频段的无线传播特性相对低频段较差，但是有较多可用的且连续的无线频谱资源（尤其是在毫米波频段），可提供更宽的物理信道。

全球移动通信行业中目前正在发生的面向未来第五代移动通信网络的技术演进，在各类可商用新型半导体芯片及天线阵列（可工作于不同的物理频段，比如厘米波频段、毫米波频段等）的驱动下，取得了较快的进展。

IMT-2000 与 IMT-Advanced 为现有已商用部署的移动宽带通信系统提供了标准基础。IMT-2020(5G)是 ITU 现有国际移动通信标准族的延伸/扩展。按照相关规划，IMT-2020(5G)的标准化工作有望于 2020 年全部完成。

未来，5G 应用不单单只限于个人的手机，它的应用将扩展到 VR/AR、智慧城市、智慧农业、工业互联网、车联网、无人驾驶、智能家居、智慧医疗、无人机、应急安全等各行业和领域。这意味着 5G 将会为人类的生活方式和社会的发展方式带来一次彻底的革新。

一项技术创新可以分为渐进式创新、模块创新、架构创新和彻底创新 4 类。从 2G 到 4G 是频谱效率和安全性等逐步提升的渐进式创新，也是在维持集中式网络构架下的模块式创新，还有从网络构架向扁平化和分离化演进的架构创新。但到了 5G 时代，除了网络能力以外，还必须面向各种新的行业服务，提供随时需要的、高质量的连接服务，这也要求 5G 网络的建设是多方位的、彻底的创新。

移动网构络架主要包括核心网和无线接入网，到了 5G 时代，移动网络按循序渐进的方式引入 5G 网元设备。

第 1 步，5G NR（新无线）先行，5G 基站（gNodeB）与 4G 基站（eNodeB）以双连接的方式共同接入 4G 核心网。

第 2 步，5G 基站独立接入 5G 核心网（NGCN，下一代核心网）。

第 3 步，5G 基站和 4G 基站统统接入 5G 核心网，4G 核心网退出历史舞台。以上 5G 网络架构演进看似整体一致，实际上，我们把核心网和无线接入网分开来看，其内部架构发生了颠覆性的改变。核心网的网元由 4G 时代的 MME/S-GW 变为 5G 时代的 AMF/UPF（AMF/UPF 是由中国移动牵头提出的 SBA 5G 核心网基础架构）。

另外一个概念是 5G 系统服务架构，这是一个基于云原生设计原则的架构，不仅要对传统 4G 核心网网元 NFV 虚拟化，网络功能还将进一步软件模块化，实现从驻留于云到充分利用云的跨越，以实现未来以软件化、模块化的方式灵活、快速地组装和部署业务应用。

AMF（Mobility Management Function）负责控制面的移动性和接入管理，代替了 MME 的功能。

UPF（User Plane Function）负责用户面，它代替了原来 4G 中执行路由和转发功能的 SGW 和 PGW。

无线接入网发生的主要改变是分离，首先是控制面和用户面的分离，其次是基站被分离为 AAU、DU 和 CU 这 3 个部分。

值得一提的 5G 无线关键技术有微基站（Small Cell）和 Massive MIMO。5G 的容量是 4G 的 1000 倍，峰值速率 10 ~ 20Gbit/s，要提升容量和速率无非就是频谱带宽、频谱效率和小区数量三要素。

首先是频谱带宽，高频段的频率资源丰富，同时，目前小于 3GHz 的低频段基本被 2G/3G/4G 占用，所以 5G 必然要向高频段 3.5 ~ 30GHz（甚至更高）扩展。那么如何解决频段越高，穿透能力越差，覆盖范围越小的问题就引出了 5G 的两大关键技术——Massive MIMO 和微基站。

毋庸置疑，微基站已成为未来解决网络覆盖和容量的关键。未来城市路灯、广告牌、电杆等各种街道设施都将成为微基站挂靠的地方。

Massive MIMO 就是在基站侧配置远多于现有系统的大规模天线阵列的 MU-MIMO，来同时服务多个用户。它可以大幅提升无线频谱效率，增强网络覆盖和系统容量，简而言之，就是通过分集技术提升传输可靠性、空间复用提升数据速率、波束赋形提升覆盖范围。

MU-MIMO 将多个终端联合起来空间复用，同时使用多个终端的天线，这样一来，大量的基站天线和终端天线形成一个大规模的、虚拟的 MIMO 信道系统。这是从整个网络的角度更宏观地去思考提升系统容量。

波束赋形是指大规模多天线系统可以控制每一个天线单元的发射（或接收）信号的相位和信号幅度，产生具有指向性的波束，消除来自四面八方的干扰，增强波束方向的信号。它可以补偿无线传播损耗。

自从各大厂家的 Massive MIMO 在 2017 年举行的中国国际信息通信展览会（PT 展）上亮相以来，在近一年时间里，各大厂家的 Massive MIMO 产品均在不断更新和进步，相信不久我们能看到更多、更新的设备。

5G 超高速上网和万物互联将产生呈指数级上升的海量数据，这些数据需要云存储和云计算，并通过大数据分析和人工智能产出价值。

与此同时，为了面向未来多样化和差异化的 5G 服务，一场基于虚拟化、云化的 ICT 融合技术革命正在推动着网络重构与转型。

为了灵活应对智慧城市、车联网、物联网等多样化的服务，使能网络切片，核心网基于云原生构架设计，面临毫秒级时延、海量数据存储与计算等挑战，云化的 C-RAN 构架和实时的移动边缘计算（MEC）应运而生。从核心网到接入网，未来 5G 网络将分布式部署巨量的计算和存储于云基础设施之中，核心数据中心和分布式云数据中心构成网络拓扑的关键节点。

这是一场由海量数据引发的从量变到质变的数据革命，是一场由技术创新去推动社会进步的革命，因此，5G 需广泛地与各行业深入合作，共同激发创新，从而持续为社会创造价值。

| 1.4 关于 5G 的标准 |

1.4.1 ITU 和 3GPP

5G 最重要的标准化组织有 ITU 和 3GPP。其中，ITU 是联合国负责国际电信事务的专业机构，其下分为电信标准化部门（ITU-T）、无线电通信部门（ITU-R）和电信发展部门（ITU-D），每个部门下设多个研究组，每个研究组下设多个工作组，5G的相关标准化工作是在ITU-R WPSD下进行的。ITU-R WPSD是专门研究和制订移动通信标准IMT（包括IMT-2000和IMT-Advanced）的组织，根据ITU的工作流程，每一代移动通信技术国际标准的制订过程包括业务需求、频率规划和技术方案3个部分，目前对5G的时间表已经确定了3个阶段：第一个阶段截至2015年年底，完成IMT-2020国际标准前期研究，重点是完成5G宏观描述，包括5G的愿景、5G的技术趋势和ITU的相关决议，并在2015年世界无线电大会上获得必要的频率资源；第二个阶段是2016—2017年年底，主要完成5G性能需求、评估方法研究等内容；第三个阶段是收集5G的候选方案。而3GPP是一个产业联盟，其目标是根据ITU的相关需求，制订更加详细的技术规范与产业标准，规范产业行为。

3GPP（the 3rd Generation Partnership Project）是领先的3G技术规范机构，是由欧洲的ETSI、日本的ARIB和TTC、韩国的TTA以及美国的T1在1998年年底发起成立的，旨在研究制订并推广基于演进的GSM核心网络的3G标准，即WCDMA、TD-SCDMA、EDGE等。中国无线通信标准组（CWTS）于1999年加入3GPP。3GPP的会员包括组织伙伴、市场代表伙伴和个体会员3类。3GPP的组织伙伴包括欧洲的ETSI、日本的ARIB和TTC、韩国的TTA、美国的T1和中国通信标准化协会6个标准化组织。3GPP市场代表伙伴不是官方的标准化组织，它们是向3GPP提供市场建议和统一意见的机构组织。TD-SCDMA技术论坛的加入使得3GPP合作伙伴计划市场代表伙伴的数量增加到6个，包括GSM协会、UMTS论坛、IPv6论坛、3G美国（3G Americas）、全球移动通信供应商协会（The Global Mobile Supplier Association）。

中国无线通信标准组（CWTS）于1999年6月在韩国正式签字，同时加入3GPP和3GPP2，成为这两个组织的伙伴。在此之前，我国是以观察员的身份参与这两个组织的标准化活动。

1.4.2 3GPP的几个阶段性标准

根据3GPP此前公布的5G网络标准制订过程，5G整个网络标准分几个阶段完成，如图1-4所示。

2017年12月21日，在国际电信标准组织3GPP RAN第78次全体会议上，5G NR（New Radio）首发版本正式发布，这是全球第一个可商用部署的

5G 标准。非独立组网的 NSA 5G 标准被冻结，但这只是一种过渡方案，仍然依托 4G 基站和网络，只是空口采用 5G，算不上真正的 5G 标准，大家都在等待独立组网标准。非独立组网标准的确立，可以让一些运营商在已有的 4G 网络上进行改造，在不进行大规模设备替换的前提下，将移动网速提升到 5G 网络，即 1000Mbit/s 的速率。

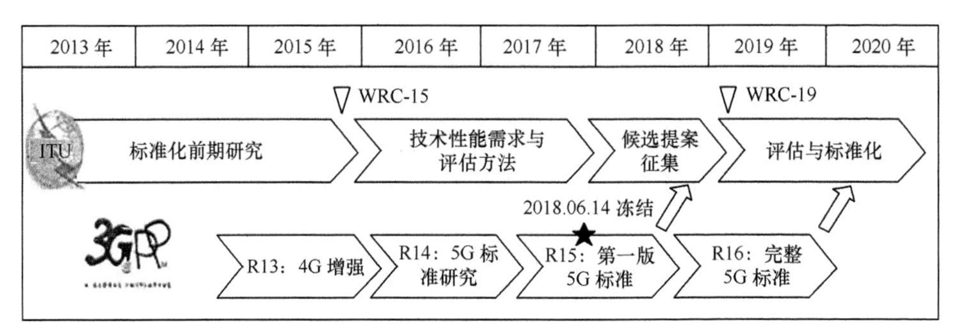

图 1-4　5G 标准演进过程和时间表

R15 阶段重点满足增强移动宽带（eMBB）和低时延高可靠（uRLLC）应用需求，该阶段又分为两个子阶段：第一个子阶段，5G NR 非独立组网特性已于 2017 年 12 月完成，2018 年 3 月冻结；第二个子阶段，5G NR 独立组网标准于 2018 年 6 月 14 日冻结。2018 年 6 月，已经完成了 5G 独立组网（SA）标准，支持增强移动宽带和低时延高可靠物联网，完成了网络接口协议。现在的 R15 5G 标准只能算是第一阶段，重点满足增强移动宽带（eMBB）和低时延高可靠（uRLLC）应用需求，可用于设计制造专业 5G 设备以及网络建设，单独建立一张全新的 5G 网络，可以满足超高视频、VR 直播等对移动带宽的要求，而无人驾驶、工业自动化等需要高可靠连接的业务也有了网络保证。

5G 第二个标准版本 R16 计划于 2019 年 12 月完成，2020 年 3 月冻结，全面满足 eMBB、uRLLC、大连接低功耗场景 mMTC 等各种场景的需求。可以说，预计 2020 年 3 月形成的 5G 标准才是完整的 5G 标准。

5G 技术标准由 3GPP 确定之后，还需要经过 ITU 认定。“一定程度上，ITU 成员代表的是其所在国及政府的立场，ITU 的会议通过，某种程度上相当于‘盖章’认定，代表一项标准的方案被承认为最后的官方结果，也意味着这一国际标准的正式确定”。2019 年年底前最终完成的 R16 标准，将添加支持大规模物联网的场景。当前 NB-IoT 是主流且已商用的物联网网络，但其缺点在于时延较长，类似智能水表、电表数据传输量小，对网络等待时间要求也不高的场景，使用 NB-IoT 相当合适。但对于智能血压计等对时延要求较高的应用，

mMTC更加适合。而真正完整的R16标准，除了前两个需求外，还应该要满足大连接低功耗场景mMTC等各种场景的需求。届时，整个5G组网方案才会全部被确定，各种终端设备才可能陆续大规模商用化。

1.4.3　解读3GPP R15

2018年6月14日，在美国圣地亚哥举办的600多名ICT行业代表参与的3GPP全会批准了首个5G独立组网（SA）标准，这意味着3GPP首个完整的5G标准R15正式落地，5G产业链进入商用阶段。

3GPP正式最终确定5G第二阶段标准（R16）的15个研究方向。

（1）对5G第一阶段标准（R15）中MIMO的进一步演进：在5G第二阶段标准（R16）中，必须对R15中MIMO进行进一步增强，多用户MIMO（MU-MIMO）增强、multi-TRP增强、波束管理增强。

（2）52.6GHz以上的5G新空口：5G第二阶段标准（R16）将对5G系统使用52.6GHz以上的频谱资源进行研究。

（3）5G NR与5G NR之“双连接”：5G第一阶段标准（R15）定义了EUTRA-NR双连接、NR-EUTRA双连接、NR-NR双连接，但不支持异步的NR-NR双连接。而5G第二阶段标准（R16）将研究异步的NR-NR双连接方案。

（4）无线接入/无线回传“一体化”：随着5G网络密度的增加，无线回传是一种潜在的方案。基于5G新空口的无线回传技术研究已在R15阶段启动，3GPP将在R16阶段继续研究并考虑无线接入/无线回传联合设计。

（5）工业物联网：5G第二阶段标准（R16）将进一步研究URLLC（超高可靠与低时延通信）增强来满足诸如“工业制造”“电力控制”等更多的5G工业物联网应用场景。

（6）5G新空口移动性增强，5G第一阶段标准（R15）只是定义了5G新空口独立组网（SA）移动性的基本功能，而5G第二阶段标准（R16）将对上述5G新空口的移动性进一步增强。研究内容包括提高移动过程的可靠性、缩短由移动导致的中断时间。

（7）基于5G新空口的V2X：目前，3GPP已经完成了LTE V2X标准、R15 eV2X标准。5G第二阶段标准（R16）将研究基于5G新空口的V2X技术，使得其满足由SA1定义的“高级自动驾驶”应用场景，与LTE V2X形成“互补”。

（8）5G新空口的新型定位方式：虽然5G第一阶段标准（R15）已支持“RAT-independent”定位，但3GPP刚刚确定5G第二阶段标准（R16）将研究更精确的定位技术，包括“RAT-dependent”以及混合定位技术。

（9）非正交多址接入（NOMA）：面向 5G 的 NOMA 有多种候选技术。而 R16 将研究潜在的技术方案并完成标准化工作。

（10）基于非授权频谱的 5G 新空口部署（5G NR-U）：在 5G 第二阶段标准（R16）中，5G NR-U 需可利用非授权频谱提升 5G 系统容量。

（11）非地面 5G 网络：非地面 5G 网络是指利用卫星或者高空平台来提供 5G 通信服务。5G 第二阶段标准（R16）将研究面向“非地面 5G 网络”的物理层的控制机制、随机接入和 HARQ 切换、系统架构等。

（12）远程干扰管理 + 交叉链路干扰抑制：5G 系统多在 TDD 系统中，而由于大气波导现象，本地 5G 基站的上行信号会受到远端 5G 基站下行信号的干扰。5G 第二阶段标准（R16）将研究如何识别造成强干扰的远端 5G 基站，以及如何进行干扰抑制。

（13）5G 新空口终端功耗：5G 大带宽等特性对 5G 终端的功耗提出了较大挑战，这将比较严重影响用户的体验。于是，5G 第二阶段标准（R16）将研究 5G 终端工作在“CONNECTED”模式下如何降低功耗。

（14）5G 终端能力：5G 第二阶段标准（R16）将研究 5G 终端上报“终端能力”并降低 5G 终端上报信令开销的方法。

（15）5G 新空口以无线接入网为中心的数据收集与利用：5G 第二阶段标准（R16）将研究 SON、MDT 等技术。

2018 年 6 月发布的 SA 标准完成了 5G 核心网架构，实现了 5G 独立组网。SA 标准可以实现 5G 的高可靠、超低时延、高效率等特性，这是将 5G 渗透到医疗、工业互联网、车联网等行业的核心属性。

此次独立组网标准的冻结，让 5G 确定了全新的网络架构和核心网，将让网络向 IT 化、互联网化、极简化、服务化转变。

在 IT 化方面，全软件化的核心网实现了统一的 IT 基础设施和调度。功能软件化、计算和数据分离是代表性的技术。传统“网元”重构为 5G 的“网络功能”，以“软件”的形式部署，充分发挥云化、虚拟化技术的优势。将处理逻辑和数据存储分离，更便于提升系统的可靠性、动态性、大数据分析的能力。

在互联网化方面，从固定网元、固定连接的刚性网络到动态调整的柔性网络。服务化架构（SBA，Service-based Architecture）、新一代核心网协议体系（基于 HTTP2.0/JSON）是其代表性技术。SBA 的设计是由模块化、可独立管理的 “服务”来构建的。服务可灵活调用、灰度发布，实现网络能力的按需编排和快速升级。传统电信特有的接口协议代之以互联网化的 API 调用，使得 5G 网络更加开放、灵活。

在极简化方面，极简的转发面提高性能，集中灵活的控制面提升效率。C/U 分离（控制面和用户面分离）、新型移动性及会话管理是其代表性技术。通过 C/U 分离，一方面实现控制面集中部署、集中管控、集中优化，另一方面实现用户面功能简化，实现高效、低成本、大流量的数据转发。移动性管理和会话管理解耦，使得终端可以按需建立会话连接，节省了网络地址和存储资源。同时，针对不同的终端类型定义了多种类型的移动性管理，简化了终端和网络的状态。

在服务化方面，从通用化服务到个性化、定制化服务。网络切片（Network Slicing）、边缘计算（Edge Computing）是其代表性技术。网络切片提供定制化、逻辑隔离、专用的端到端虚拟移动网络（包括接入网、核心网），是 5G 面向垂直行业、实现服务可保障的基本技术形式。而边缘计算将网络的功能应用靠近用户部署，使得极致的低时延、本地特色应用成为可能，是 5G 满足如智能工厂等垂直行业业务需求的重要基础。

同时，在无线侧，5G NR 为设计、架构、频段、天线 4 个方面带来新变化。

在设计上，与以往通信系统不同，通信行业和垂直行业的跨界融合是 5G 发展的关键之一。为满足垂直行业的各种差异性需求，并应对部署场景的多样性与复杂性，5G 在帧结构等方面提出了全新的设计。与 4G 相比，5G 提供了更多可选择的帧结构参数，可根据 5G 基础通信业务、物联网和车联网等多样化应用场景，以及宏基站、小基站等不同网络部署需求灵活地配置，通过“软件定义空口”的设计理念使无线信号“量体裁衣”，通过同一个空口技术来满足 5G 多样化的业务需求，大幅提升 5G 网络部署的效率。

在架构上，为了使组网方式更加灵活并提升网络效率，5G 引入了接入网 CU（中心单元）/DU（分布单元）分离的无线接入网架构，可将基站的功能分成实时处理的 DU 部分和非实时处理的 CU 部分，从而使得中心单元 CU 可以部署到集中的物理平台，以承载更多的小区和用户，提升了小区间协作和切换的效率。

在频段上，5G 系统需要不同频段来共同满足其覆盖、容量、连接数密度等关键性能指标要求。因此，与 4G 不同的是，5G 通过灵活的参数设计（子载波间隔和 CP 长度等），可支持更大范围的频率部署，包括 6GHz 以下以及 6GHz 以上的毫米波频段。其中，6GHz 以下频段主要用于实现 5G 系统的连续广域覆盖，保证高移动性场景下的用户体验以及海量设备的连接；而 6GHz 以上频段能够提供连续较大带宽，可满足城市热点、郊区热点与室内场景极高的用户体验速率和极高容量需求。

在天线上，5G 支持大规模天线以大幅度提升系统效率。大规模天线实现三维的波束赋形，形成能量更集中、覆盖更立体、方向更精准的波束。在大规模天线的架构下，波束扫描与波束管理等多个 5G 先进技术成为可能，网络覆盖及用户体验的顽健性可得到进一步的提升，实现更好的控制信道和业务信道的覆盖平衡。

1.5 业内对 5G 的响应

自 2014 年 5 月 13 日三星电子宣布其已率先开发出了首个基于 5G 核心技术的移动传输网络，并表示将在 2020 年之前进行 5G 网络的商业推广以来，关于 5G 的话题如火如荼。

2014 年 7 月，爱立信宣布，在 5G 无线技术的一项无线测试中，传输速率峰值达到了 5Gbit/s。无线传输速率达到 5Gbit/s，比 LTE 连接标准快了 250 倍，标志着无线传输速率再创新纪录。无论是对智能手机，还是对汽车、医疗和其他设备而言，均将受益于此。网络达到 5Gbit/s 的速率，下载一部 50GB 的电影仅需 80s，而这一速率为谷歌光纤 1Gbit/s 传输速率的 5 倍。

2015 年 9 月，中国联通已公布新一代网络架构 CUBE-Net 2.0。希望基于 NFV 的物联网核心专网，成为 5G 核心网的一部分。但 5Gbit/s 传输速率仅为实验室理想状态下的数据，而实际商业部署则要等到 2020 年。

2016 年 8 月 4 日，诺基亚与电信传媒公司贝尔再次在加拿大完成了 5G 信号的测试。在测试中，诺基亚使用了 73GHz 范围内的频谱，数据传输速率也达到了现有 4G 网络的 6 倍。

2017 年 8 月 22 日，德国电信联合华为在商用网络中成功部署了基于最新 3GPP 标准的 5G 新空口连接，该 5G 新空口承载在 Sub 6GHz（3.7GHz），可支持移动性、广覆盖以及室内覆盖等场景，速率直达每秒吉比特级，时延低至毫秒级。同时采用 5G 新空口与 4G LTE 非独立组网架构，实现无处不在、实时在线的用户体验。

为抢占未来市场，当前全球多个国家已竞相展开 5G 网络技术的开发，中国和欧盟正在投入大量资金用于 5G 网络技术的研发。

中国从国家宏观层面已明确了未来 5G 的发展目标和方向。《中国制造 2025》提出全面突破 5G 技术，突破“未来网络”核心技术和体系架构。在《“十三五”规划纲要》《“十三五”国家信息化规划》《国家信息化发展战略纲要》等重要文件中，均提出要积极推进 5G 产业发展。工业和信息化部此前发布的《信息通信行业发展规划（2016—2020 年）》明确提出，2020 年启动 5G 商用服务。

根据工业和信息化部等部门提出的5G推进工作部署以及三大电信运营商的5G商用计划，我国于2017年展开5G网络第二阶段测试，2018年进行大规模试验组网，并在此基础上将于2019年启动5G网络建设，最快2020年正式推出商用服务。

为此，我国在北京怀柔区建设了全球最大的5G外场试验环境，华为、中兴、爱立信、诺基亚贝尔、大唐、英特尔等全球重要的系统、芯片、仪器仪表等领域企业共同参与了该项目。

2017年6月，我国IMT-2020(5G)推进组公布5G第二阶段测试，测试结果全面满足ITU的指标。

随着SA标准的落地，中国电信已经表示计划扩大现有的城市外场测试，以引领5G性能验证和网络功能优化工作。

2017年年底，国家发展和改革委员会在《关于组织实施2018年新一代信息基础设施建设工程的通知》要求开展5G规模组网建设及应用示范工程，明确提出在不少于5个城市开展5G网络建设，且每个城市基站数量不少于50个。

随后，国内三大电信运营商均在十多个城市中陆续开启5G试点。根据2018年5月底广东省发布的《广东省信息基础设施建设三年行动计划(2018—2020年)》，广东全省预计到2020年共建设5G基站7300个，其中广东移动规划建设5G基站1240个。

与此同时，三家运营商密集发布5G试点进展。中国移动宣布在上海已经新建两座5G基站，预计将建设超过百座5G基站，上海极有可能成为近年国内最大的5G试点城市。中国联通也在多地宣布开通5G基站，其中贵州联通测试速率达到了1.8Gbit/s。

此外，上海、浙江、安徽、江苏三省一市的长三角地区将投资2000亿元打造以5G为引领的长三角新一代信息基础设施体系，预计2018年建成国内规模最大的5G外场技术试验网，2019年率先在国内开展试商用。

2018年6月27～29日，在上海MWCS 2018的展馆，三大电信运营商展示的5G、物联网方案备受关注。中国移动通过展示面向未来的5G商用环境，介绍政务、金融、交通、教育、医疗、农商、互联网、工业能源8个行业正在推动5G应用的重点领域，让现场观众感受到未来生活的便捷，展区的一大亮点是通过现场打造的智慧城市场景，让观众通过全景互动来感受智慧之城的风采。中国联通展馆的一大特色是通过演绎远程医疗、AI+网络优化等多项5G领域的前沿技术成果，仿佛把观众带到了触手可及的5G时代。中国联通展示的国内首个基于增强现实技术5G全息通信系统受关注度颇高。该系统依托中国联通5G、超大带宽、超低时延和稳定可靠的网络，以AR设备为载体、定制研发的 AR 应用为入口，可应用于远程条件下的工业制造、现场勘探、高精尖技术维修质检、远程医疗等涉及现场作业的领域，有效改善远程与现场无法实现同步协作的问题。中国电信在展会上则通过实实在在的产品带我们走进 5G 时代，“5G 8K”“5G 无人机”等前沿 5G 产品，体现了 5G 网络承载高流量业务的能力。除了这些，中国电信展示的车联网从信息服务到智慧泊车，从监测高空抛物到保护古树名木，从智能烟感联动消防到饮用水水质安全保障等场景，无一不在预示着 5G 的美好前景。在现场，中国电信还演示了 5G 技术与 VR 高清传输、智慧动感单车、智慧小区、智慧停车等领域结合的案例，真正推动了技术落地。

5G 技术涉及基础通信设备、云服务方案等，华为、大唐、烽火都是这个领域的专家。

在展会上，华为通过展示一系列商用 5G 系统和应用，比如主推了一个新远程医疗服务场景，也是前景无限。在远程医疗中进行人体远程操作时，5G 的超低延迟特性将发挥重要作用。此外，华为还展示了其千兆 LTE 与网络云化等技术方案。

大唐电信将自身的技术方案在不同场景上应用，让观众感受到 5G 带来的变革。在展会上，大唐电信展示了 5G 技术应用在智慧旅游、全景直播、AI 高危环境远程遥控操作、工业视觉识别等多个领域，其方案在物联网、智慧城市、智慧家居、智慧电网、远程医疗手术、远程驾驶等均可应用。

在推动、助力国家 5G 技术试验以及推动车联网、工业互联网等应用落地上，大唐电信以实现 5G 网络大带宽、低时延和海量连接为目标，推动中国移动通信产业的发展。

针对 5G 带来的海量数据处理需求，烽火围绕 5G 高带宽、高密度、高速率等核心需求，推出了具备多元化应用场景的光纤光缆解决方案。其成熟的 10G PON 产品在国内外市场上广泛应用，智能化 OLT 有效提升网络接入能力，智能型家庭网关提供全业务家庭组网。烽火通信在展会上的另一大亮点是 FitTelecomOS，该产品将从平台的可靠性、运维性、高性能、安全性及解耦性等多维度进行打磨，形成真正意义上的电信级云平台产品。

构建 5G 网络，不仅需要强大的运营商和技术支撑，还需要光纤、光缆、天线等基础设施以及终端企业的支持，展会也有中天科技、亨通光电、通宇通讯等企业参加。

作为一家以光纤通信产品起家的上市公司，中天科技在展会上展示了 5G、物联网、智能制造等领域的高端产品及解决方案。中天科技的智能互联集成云平台、智慧能源管理云平台、一体化位置服务平台等，已经在工业级企业中有

了广泛的应用。

亨通光电在光纤光缆、光棒、各类光器件等产品上耕耘已久，这一次展示了很多相关产品和方案，它的耐高温传感光纤、激光光纤、光子晶体光纤等高端特种光纤产品成为展会亮点，它们可应用于物联网精确感知、精密激光器、生物传感与监测等领域。光纤光缆近几年需求大涨，在 5G 时代，它的需求还将大幅增长。

通宇通讯作为基站天线供应商，在展会上展示了其射频技术方案和生产工艺技术，其 168 探头近场测试系统应用很广泛。通宇通讯的产品包括微波天线、微波器件、基站天线、智能天线、有源天线、AISG 电缆等，目前公司的基站天线测试微波室是行业最大的。

管中窥豹，通过 MWCS2018 可以看到，5G 时代带来的机遇是巨大的，在车联网、智慧城市 / 智能家居等众多领域应用上，5G 技术极大地提升了用户体验，而从展示的 5G 标准、产品、应用案例等，都可以看出 5G 行业在高速发展，前景可期。

纵观通信发展历程，从 2000 年 3G 开始成熟并商用，2010 年 4G 开始成熟并商用，现在到 5G 商业化，这些都是符合移动通信技术发展规律的。作为移动通信技术的一次大变革，5G 技术的成熟和规模商用，将成为推动国民经济发展、提升社会信息化水平的重要引擎。

到 2020 年不管 5G 发展到什么程度，我们可以肯定的是，科技改变生活，5G 将给我们带来更多的惊喜。

第2章 5G 的行业应用

5G 不仅仅是下一代的无线网，以 5G 无线网为基础，将带来耳目一新的新一代应用。就像 4G 网络推动了“互联网 +”产业的发展，5G 将为现在的各行各业带来什么样的行业新应用，万物互联的未来世界将是什么模样？本章我们进行展望。

2.1 物联网的概念与应用

2.1.1 物联网的概念和关键技术

物联网（IoT，Internet of Things）是新一代信息技术的重要组成部分，也是“信息化”时代的重要发展阶段。顾名思义，物联网就是物物相连的互联网。这有两层意思：其一，物联网的核心和基础仍然是互联网，是在互联网基础上延伸和扩展的网络；其二，其用户端延伸和扩展到了任何物品与物品之间，进行信息交换和通信，也就是物物相息。物联网通过智能感知、识别技术与普适计算等通信感知技术，广泛应用于网络的融合中，也因此被称为继计算机、互联网之后世界信息产业发展的第三次浪潮。物联网是互联网的应用拓展，与其说物联网是网络，不如说物联网是业务和应用。因此，应用创新是物联网发展的核心，以用户体验为核心的创新 2.0 是物联网发展的灵魂。

ITU 发布的互联网报告，对物联网做了如下定义：通过射频识别（RFID）（RFID+ 互联网）、红外感应器、全球定位系统、激光扫描器、气体感应器等信息传感设备，按约定的协议，把任何物品与互联网连接起来，进行信息交换和通信，以实现智能化识别、定位、跟踪、监控和管理的一种网络。简而言之，物联网就是“物物相连的互联网”。

物联网用途广泛，遍及智能交通、环境保护、政府工作、公共安全、平安家居、智能消防、工业监测、环境监测、路灯照明管控、景观照明管控、楼宇照明管控、广场照明管控、老人护理、个人健康、花卉栽培、水系监测、食品溯源、敌情侦查和情报搜集等多个领域。在物联网应用中有 3 项关键技术。

（1）传感器技术。这也是计算机应用中的关键技术。大家都知道，到目前为止绝大部分计算机处理的都是数字信号。自从有计算机以来，就需要传感器把模拟信号转换成数字信号，计算机才能处理。

（2）RFID 标签。它也是一种传感器技术，RFID 技术是融合了无线射频技术和嵌入式技术为一体的综合技术，RFID 在自动识别、物品物流管理方面有着广阔的应用前景。

（3）嵌入式系统技术。它是综合了计算机软硬件技术、传感器技术、集成电路技术、电子应用技术为一体的复杂技术。经过几十年的演变，以嵌入式系统为特征的智能终端产品随处可见，小到人们身边的 MP3，大到航天航空的卫星系统。嵌入式系统正在改变着人们的生活，推动着工业生产以及国防工业的发展。如果把物联网用人体做一个简单的比喻，传感器相当于人的眼睛、鼻子、皮肤等感官，网络就是神经系统，用来传递信息，嵌入式系统则是人的大脑，在接收到信息后要进行分类处理。这个例子很形象地描述了传感器、嵌入式系统在物联网中的位置与作用。

2.1.2　关键应用领域

物联网根据其实质用途可以归结为两种基本应用模式。

对象的智能标签。通过 NFC、二维码、RFID 等技术标识特定的对象，用于区分对象个体，例如，在生活中我们使用的各种智能卡，条码标签的基本用途就是用来获得对象的识别信息。此外，通过智能标签还可以用于获得对象物品所包含的扩展信息，例如，智能卡上的金额余额、二维码中所包含的网址和名称等。

对象的智能控制。物联网基于云计算平台和智能网络，可以依据传感器网络用获取的数据进行决策，对对象的行为进行控制和反馈。例如，根据光线的强弱调整路灯的亮度，根据车辆的流量自动调整红绿灯间隔等。

一般来讲，物联网的开展步骤主要如下。

（1）对物体属性进行标识，属性包括静态和动态属性，静态属性可以直接存储在标签中，动态属性需要先由传感器实时探测。

（2）需要识别设备完成对物体属性的读取，并将信息转换为适合网络传输的数据格式；将物体的信息通过网络传输到信息处理中心，由处理中心完成物体通信的相关计算。

在现有的 4G 网络时代，已经有多项物联网应用落地。下面我们将简单列举几类。

1. **机场应用**

物联网传感器产品已率先在上海浦东国际机场防入侵系统中得到应用。该系统铺设了 3 万多个传感节点，覆盖了地面、栅栏和低空探测，可以防止人员的翻越、偷渡、恐怖袭击等攻击性入侵。上海世博会也曾与中科院无锡高新微纳传感网工程技术研发中心签订单，购买防入侵微纳传感网产品。

2. **路灯控制**

ZigBee 路灯控制系统点亮济南园博园。ZigBee 无线路灯照明节能环保技术的应用是此次园博园中的一大亮点。园区所有的功能性照明都采用了 ZigBee 无线技术，实现无线路灯控制。

3. **手机物联网**

将移动终端与电子商务相结合的模式，让消费者可以与商家进行便捷的互动交流，随时随地体验品牌的品质，传播分享信息，实现互联网向物联网的从容过渡，缔造出一种全新的零接触、高透明、无风险的市场模式。手机物联网购物其实就是闪购。广州闪购通过手机扫描条形码、二维码等方式，可以购物、比价、鉴别产品等。这种智能手机和电子商务的结合，是“手机物联网”其中的一项重要功能。

4. **与门禁系统的结合**

一个完整的门禁系统由读卡器、控制器、电锁、出门开关、门磁、电源、处理中心共 7 个模块组成，无线物联网门禁将门点的设备简化到了极致：一把电池供电的锁具。除了门上面要开孔装锁外，门的四周不需要任何辅佐设备。整个系统简洁明了，大幅缩短了施工工期，也能降低后期维护的成本。无线物联网门禁系统的安全与可靠首要体现在无线数据通信的安全性保管和传输数据的安稳性两个方面。

5. **与云计算的结合**

物联网的智能处理依靠先进的信息处理技术，如云计算、模式识别等技术。云计算可以从两个方面促进物联网和智慧地球的实现：首先，云计算是实现物联网的核心；其次，云计算促进物联网和互联网的智能融合。

6. **与移动互联网结合**

物联网的应用在与移动互联网相结合后，发挥了巨大的作用。

智能家居使得物联网的应用更加生活化，具有网络远程控制、遥控器控制、触摸开关控制、自动报警和自动定时等功能，普通电工即可安装，变更、扩展和维护非常容易，开关面板颜色多样、图案个性，给每一个家庭带来不一样的生活体验。

7. **与指挥中心的结合**

物联网在指挥中心已得到很好的应用，网连网智能控制系统可以控制指挥

中心的大屏幕、窗帘、灯光、摄像头、DVD、电视机、电视机顶盒、电视电话会议；也可以调度马路上摄像头的图像到指挥中心，同时还可以控制摄像头的转动。网连网智能控制系统还可以通过3G网络进行控制，可以分级控制多个指挥中心，也可以连网控制，还可以显示机房温度、湿度，可以远程控制需要控制的各种设备的开关电源。

8．*物联网助力食品溯源，肉类源头追溯系统*

从2003年开始，中国已开始将先进的RFID射频识别技术运用于现代化的动物养殖加工企业，开发出了RFID实时生产监控管理系统。该系统能够实时监控生产的全过程，自动、实时、准确地采集主要生产工序与卫生检验、检疫等关键环节的有关数据，较好地满足质量监管的要求，过去市场上常出现的肉质问题得到了妥善的解决。此外，政府监管部门可以通过该系统有效地监控产品质量安全，及时追踪、追溯问题产品的源头及流向，规范肉食品企业的生产操作过程，从而有效地提高肉食品的质量安全。

总而言之，物联网在实际应用中的开展需要各行各业的参与，并且需要政府的主导以及相关法规政策上的扶持，物联网的开展具有规模性、广泛参与性、管理性、技术性等特征，其中，技术上的问题是物联网最关键的问题。

物联网技术是一项综合性的技术，理论上的研究已经在各行各业展开，而实际应用还仅局限于行业内部。关于物联网的规划和设计以及研发关键在于RFID、传感器、嵌入式软件以及传输数据计算等领域的研究。

物联网是继计算机、互联网和移动通信之后的又一次信息产业的革命性发展。物联网被正式列为国家重点发展的战略性新兴产业之一。物联网产业具有产业链长、涉及多个产业群的特点，其应用范围几乎覆盖了各行各业，未来的发展前景不可限量。

2.2　5G时代的万物互联

2.2.1　万物互联与无线技术

5G作为新一代移动通信，与之前几代移动通信最大的区别就是，5G不仅是解决人与人之间的通信，它将带来万物互联的概念。万物互联（IoE）定义为将人、流程、数据和事物结合一起使得网络连接变得更加相关，更有价值。万物互联将信息转化为行动，给国家、企业和个人创造新的功能，并带来更加丰富的体验和前所未有的经济发展机遇。在 5G 时代，物联网将向万物互联的方向发展。

而实现这一切的基础，是无线网的发展。基于蜂窝的窄带物联网（NB-IoT，Narrow Band Internet of Things）成为万物互联网络的一个重要分支。NB-IoT 构建于蜂窝网络上，只消耗大约 180kHz 的带宽，可直接部署于 GSM 网络、UMTS 网络或 LTE 网络上，以降低部署成本，实现平滑升级。

NB-IoT 聚焦于低功耗、广覆盖（LPWA）物联网（IoT）市场，是一种可在全球范围内广泛应用的新兴技术，具有覆盖广、连接多、速率低、成本低、功耗低、架构优等特点。NB-IoT 使用许可频段，可采取带内、保护带或独立载波 3 种部署方式，与现有网络共存。

2.2.2 R14、R15 定义的 5G 与物联网

2018 年，华为发布了全球首个基于 3GPP R14 协议的 NB-IoT 商用版本 eRAN 13.1。与以前的版本相比，eRAN 13.1 可提供 7 倍用户速率、2 倍小区容量、2 倍小区覆盖、定位服务四大性能，探索全面替代 GPRS 物联网的应用之路。

自从 NB-IoT 协议冻结以来，NB-IoT 以其特有的大容量、低功耗、深度覆盖等特点，迅速占据低功耗、广覆盖的物联网市场。截至 2018 年 5 月，全球共部署了 45 张 NB-IoT 商用网络，建设了超过 50 万个基站。无线抄表、车联网、智能井盖、无线烟感、智能门锁等 40 个用例已在批量部署中，现在已经有超过数万个 NB-IoT 连接广泛应用于城市管理及个人生活的方方面面。

现在，NB-IoT 已经被 3GPP 和 GSMA 认可为 5G 时代的物联网技术，将在低功耗、广覆盖的物联网市场中长期演进。然而，随着物联网市场的不断发展，NB-IoT 的第一代 R13 协议已经不能满足不断丰富的物联网应用对 NB-IoT 性能的需求，比如资产 / 宠物跟踪需要低功耗的定位功能来降低设备成本和充电的频度。此外，由于 GPRS 的频谱效率较低，需要有能够支撑高通信速率的物联网技术来替代 GPRS，以加速 GSM 频谱的重耕。

在 R14 协议中，3GPP 定义了 NB-IoT 性能增强特性，华为 eRAN 13.1 是全球首个基于 R14 协议的商用版本。

第一，7 倍用户速率：上行峰值速率达 157kbit/s，下行单用户峰值速率达 102kbit/s，在单用户速率上具备全面替代 GPRS 应用的能力。

第二，2 倍小区容量：单个小区最大用户数可到 8 万以上，接近 R13 协议

小区容量的2倍，为连接万物提供容量上的有力支撑。

第三，2倍小区覆盖：上行信道估计增强技术，增强小区的深度覆盖能力，降低运营商投资建网的成本。

第四，不依赖GPS的位置定位：终端无须集成GPS模块，定位精度可低至50m，耗电量和定位时延仅为GPS方案的一半，能更好地服务于资产跟踪、物流运输、宠物跟踪等应用场景。

未来几年，逐步构建全业务能力已经成为全球运营商的共识，物联网将成为运营商深耕垂直行业的最佳实践。基于R14的NB-IoT商用版本的发布，在用户速率、小区容量、小区覆盖等方面提升了NB-IoT网络的性能，通过定位服务扩展NB-IoT的应用范围。

我们相信在设备商的技术推动下，通过NB-IoT开放实验室和产业联盟，进行深入的生态建设和商业探索，设备商会与运营商一起开启物联网规模商用的黄金时代。

2.2.3 5G相对4G对物联网的革新发展

物联网的发展要具备两个关键性条件：一是要有完整的标准和网络体系，必须有网络覆盖支持物的互联与移动，4G网络全面覆盖后，推出的NB-IoT、eMTC等物联网技术才能在其基础上形成真正支撑市场需求的全覆盖网络，满足物联网的高可靠、低速率、低功耗等需求；二是安全性，移动通信网络对安全性有很高的要求，不仅要有QoS的保障机制，还要有行业安全机制的要求来保障其安全性，物的互联才能有可靠的安全保障，物联网才能具备大规模发展的条件，而此前的一些技术尚不具备这种安全性保障条件。

移动通信网络与物联网融合的优势在于移动通信网络有多大，物联网覆盖就有多大，不需要客户单独建网，这为物联网的应用提供了非常大的便利，而且大幅度降低了建网的成本。随着4G演进中的NB-loT、eMTC的成熟，物联网的发展开始起步。

未来物联网的需求不断增长，现有的4G网络难以支持未来万物互联的两个最重要的核心需求：海量的连接和1ms左右的时延。但未来5G网络由于其低时延、广域覆盖、超密集组网、海量链接等技术特点将可满足物联网的需求。5G网络相比于4G网络对物联网的提升将是质的飞跃。

1. 突破网络瓶颈限制

5G网络建成后，速率将会是4G网络的100倍，这意味着以手机、平板电脑为代表的移动终端，信息获取的标准质量会有质的提高。从智能家居的角度来看，信息获取会从 4G 网络的控制信号转变为多元信息，为云计算、大数据等新兴技术与物联网的融合奠定基础，从而迈向智能化时代，与 4G 相比，5G 的时延大幅下降，这意味着工业控制、远程医疗等一些对时延有要求的物联网应用将有可能实现。

2. **覆盖面扩大，实现万物互联**

5G 网络采用的高频段传输技术、多天线传输技术、设备间直接通信技术，在增强了传统蜂窝数据网络模型的同时，也增加了终端与终端之间的通信手段，在改善传统网络结构的基础上增大了网络的覆盖面和频段的使用率，大大减小了终端通信模块的体积，且融入了智能交互的技术保障。植入性能的提高为更多终端入网提供了条件，真正意义上实现了万物互联，更能够为 5G 网络的人性化、个性化创新提供思路，比如低功耗、低辐射、低噪声，都是 5G 网络进步的关键因素。

3. **驱动创新思维**

由于网络瓶颈的突破，许多在 4G 网络无法实现的功能将得以实现，会为新技术的研发带来更高的平台，如智能导航驾驶、人工智能、虚拟现实等高科技研发和应用，都必将得到突破性进展。这就会引发大量关于 5G 网络、物联网的技术创新思维，众多的新兴技术应用会不断涌现，将物联网的作用发挥到极致，更好地服务社会。从长远来看，5G 网络也不是网络发展的终结，而是更高的起点，随着 5G 网络和物联网的深度融合与革新，下一代网络也将快速被实现，而物联网的升级版和创新技术都将指日可待。

2.2.4 5G 时代的应用场景

下面我们来展望，在“互联网 +”以及 5G 时代，移动通信将在哪些行业出现新的应用，以及具体的应用方式。

R15 中已经进一步明确了 5G NR 的基础技术，但 3GPP 仍在继续提升核心技术，以带来更好的用户体验。多个旨在进一步增强移动宽带的 R16 项目得到批准，包括连接态终端功耗优化、NR—NR 双连接、网络干扰管理、多输入多输出（MIMO）和多传输点提升（主要面向 5G NR，兼顾 LTE）、移动性增强（5G NR 和 LTE）以及面向 NR 的自组织网络（SON）。此外，对非正交多址接入（NOMA）的研究已持续开展了一段时间，R16 还将继续研究。最后，将开始初步探索在更高频段（52.5GHz 以上）使用 5G NR。

R16 对 eMBB 的性能提升，在较大程度上增强了 5G eMBB 的下一代移动互联网能力。

1. 面向工业物联网（IIoT）的5G NR专用网和uRLLC

面向工业物联网的5G NR专用网和uRLLC标志着5G NR向工业物联网用例的扩展，助力实现未来由无线连接重构的工厂。结合目前3GPP SA工作组正在进行的一些项目，以上这些项目将带来一系列提升，比如在更低层使用CoMP技术、在一定时延限定内提供足够的可靠性、在5G NR上部署无线工业以太网和系统架构的协议层。高通在这一领域已经进行了很多研究，在MWC 2018上，高通进行了业界首次演示，利用5G NR支持1ms超低时延的无线PROFINET工业以太网。

IIoT以及以智能电网应用等为典型代表的uRLLC，是国内及全球其他主要国家的重点发展对象。3GPP及时启动该研究项目并在R16进行标准化，对于5G发挥“助力智慧工厂、智能制造等的跨越式发展”的潜在作用具有重大意义。

2. 基于5G NR的C-V2X支持更先进的使用场景

基于5G NR的蜂窝车联网（C-V2X）新项目将为R16注入新功能，以应对自动驾驶等用例。该项目将成为R14/15中C-V2X的重要补充，C-V2X发展迅猛，已应用于行业中。该项目将研究基于5G NR的车辆间直接通信的接口。高通在5G NR C-V2X上已经研究了很长时间，在MWC 2018上也展示了相关技术。LTE V2X标准以及5G eV2X标准已经完成，而3GPP对R16 5G NR C-V2X的立项，将使车联网“高级自动驾驶”这一应用场景最终得到实现，意义重大。

3. 在免许可频谱部署5G NR

5G NR将支持各种各样的频谱类型——许可频谱、免许可频谱和共享频谱。该项目还覆盖“许可辅助”场景（类似于LTE LAA）以及“独立组网”场景（类似于面向LTE MuLTEfire），它将探索面向待开发频谱使用的先进的空间技术。高通在MWC 2018上演示的5G NR频谱共享为该技术的发展提供了方向，获得了业界关注。5G NR-U既可增大许可频谱5G NR系统的容量，又可使一些重点垂直行业的企业快速建立更高质量的专网。

4. 5G海量物联网

3GPP已经制订了强大的技术路线图支持基于LTE IoT的海量物联网，包括两项互补性窄带技术——NB-IoT和eMTC。该路线图将演进到5G时代，这些技术将持续提升以满足5G海量物联网的需求。值得注意的是，在5G NR宽带载波中进行NB-IoT和eMTC“带内”部署是可能的。

NB-IoT和eMTC已经在2017年和2018年取得市场发展的阶段性胜利。未来R16在5G NR宽带载波中进行NB-IoT和eMTC“带内”部署，使上述两项蜂窝物联网又有了未来演进的保障，可持续繁荣发展。

5. 5G 广播

3GPP 在 R14 中引入了用于数字电视广播的 LTE EnTV 技术。R16 将再次评估 LTE EnTV，并且可能增强以满足 5G 广播的需求，这也再次兑现了 3GPP 对这一行业细分领域的承诺。

5G 广播，不仅仅面向视频业务，更面向物联网、车联网等场景，潜在的应用价值很大。高通从最早的 MBMS 开始，积极推动 LTE 广播、LTE EnTV 的发展，有着深厚的相关积累。

6. 5G 集成接入和回程

该项目已经进展了一段时间，主要解决如何面向回程链路使用 5G NR。这是基站密集部署的使用技术（由于有线回程的物理限制）。同时，这一技术将在向更高频段（特别是毫米波）扩展 5G 的过程中发挥重要作用。5G 时代，基站将密集 / 超高密集度部署，届时，有线回传将不是最优选项，基于 5G NR 的无线接入 / 无线回传“一体化”将受到运营商的青睐。

7. 5G 定位技术

在 R15 中，5G NR 已支持基本定位技术，此项新研究将着眼于如何利用 5G NR 接入支持那些需要更精确定位的全新垂直行业用例，例如，5G 定位技术可为室内用例带来助益。

5G 需要有“高精度”的室内定位。目前，4G 的定位技术主要以卫星定位为主，多种定位技术间缺乏有机和深层次的融合，只能解决定位精度或适用范围等某一方面的问题，缺乏一种能够将多种定位技术融合在一起的、全面的、系统的、层次化的融合定位技术架构。“融合定位”是 5G 高精度定位的主要趋势，面向 5G 的融合定位需要在定位精度及覆盖范围上实现定位性能的整体提升。

8. 5G NR 面向非地面部署

该项目着眼于如何利用 5G NR 技术支持非地面无线部署，例如低轨道卫星。移动通信和卫星通信在过去几十年都已取得巨大成功，但若它们继续独立发展，则难以顺应目前电信业务中泛在通信和万物互联的发展趋势，相信 R16“5G NR 面向非地面部署”的研究会把 5G 与卫星通信的融合推向一个新的高度。

2.2.5 物联网对 5G 的指标要求

图 2-1 给出了中国 IMT-2020（5G）推进组于 2014 年 5 月发布的《5G 愿景与需求白皮书》中描述的未来 5G 总体愿景，可以看出，未来移动互联网主要面向以人为主体的通信，注重提供更好的用户体验，进一步改变人类社会信

息交互方式，为用户提供增强现实、虚拟现实、超高清视频、云端办公、休闲娱乐等更加身临其境的极致业务体验。为了保证未来人们在各种应用场景，如体育场、露天集会、演唱会等超密集场景，以及高铁、快速路、地铁等高速移动环境下获得一致的业务体验，5G 在对上下行传输速率和时延有更高要求的同时，还面临着超高用户密度和超高移动速度带来的挑战。

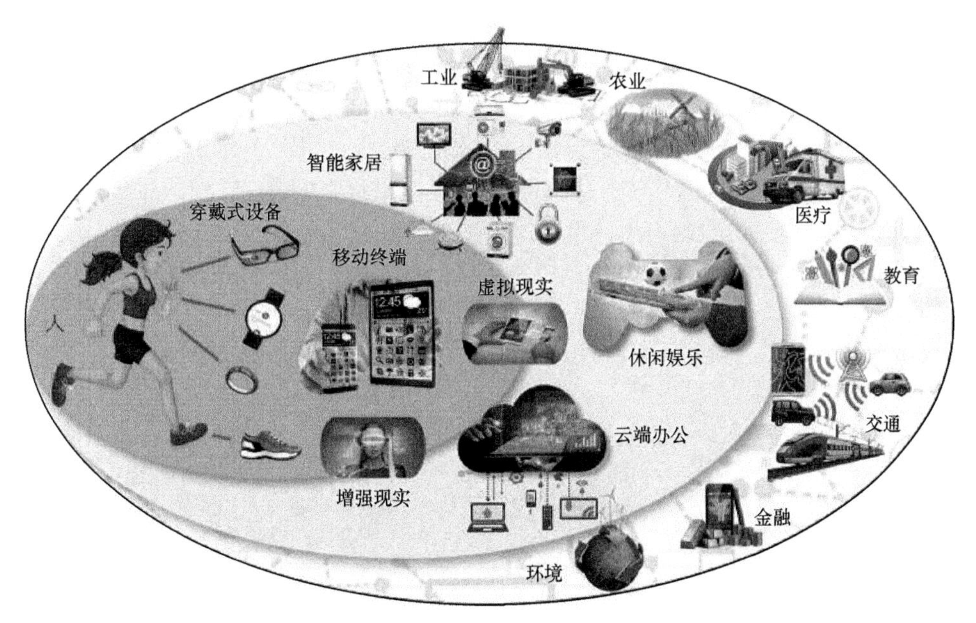

图 2-1　5G 总体愿景

物联网进一步扩大了移动通信的服务范围，从人与人之间的通信延伸到物与物、人与物之间的智能互联，促使移动通信渗透到工业、农业、医疗、教育、交通、金融、能源、智能家居、环境监测等领域。未来，物联网在各类行业领域将进一步推广应用，将会促使各种具备差异化特征的物联网业务应用爆发式增长，将有数百亿物联网设备接入网络，真正实现“万物互联”。为了更好地支持物联网业务推广，5G 需要满足海量终端连接以及各类业务的差异化需求（低时延、低能耗、低成本、高可靠等）。

前面我们已经提过，在 3GPP 会议上定义了 5G 的三大场景：eMBB、mMTC 和 uRLLC。eMBB：3D/ 超高清视频等大流量移动宽带业务；mMTC：大规模物联网业务；uRLLC：如无人驾驶、工业自动化等需要低时延、高可靠连接的业务。

2017 年，全球移动宽带论坛（Global Mobile Broadband Forum）上，华为无线应用场景实验室（Wireless X Lab）发布“5G 十大应用场景白皮书”，首次面向业界给出未来的十大应用场景。

华为白皮书从两个维度出发，分析多个 5G 未来应用场景，给出 Top10 应用场景的名单和排序。第一个维度是应用场景对 5G 技术的依赖性。这种依赖性指的是对网络带宽和时延的要求。不同的应用场景对网络带宽和时延的要求不同。例如，云 VR/AR 对网络带宽和时延的要求最严格，需要最高 9.4Gbit/s 的带宽和低于 5ms 的时延才能保证优质的体验。目前的移动通信技术只有 5G 才能实现云 VR/AR。第二个维度是场景的商业价值。这种价值体现在运营商及垂直行业在该领域的市场空间大小。这也是业务发展的驱动力所在。如云 VR/AR 业务，华为白皮书预测，到 2025 年其市场空间将达到 2920 亿美元。这对于运营商及垂直行业来说无疑是一个巨大的机遇。

华为白皮书在分析多个场景对 5G 的依赖性和商业价值后，给出十大应用场景的排序，分别是云 VR/AR、车联网、智能制造、智慧能源、无线医疗、无线家庭娱乐、联网无人机、社交网络、个人 AI 助手和智慧城市（如图 2-2 所示）。

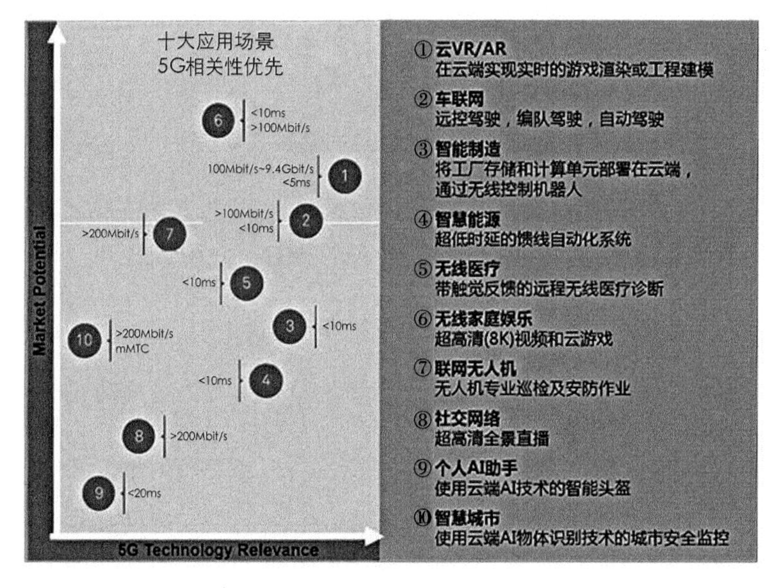

图 2-2　5G 的十大应用场景

华为白皮书还分析了各个场景的商业模式，这对于发展业务也非常关键。如云 VR/AR，白皮书指出其有 3 种商业模式。其一是广告经营模式，具体为用户向 VR 内容付费，广告公司向平台付费；其二是基于用户订阅模式，用户可以向平台方付费订阅，VR 平台与内容生产者收入分成；其三是基于用户使用量模式，用户按照次数或下载量付费，而平台方可以与内容生产者收入分成。不同的公司可以选择符合自身特点的模式发展业务。但对用户而言，不管哪种模

式都无须再购买昂贵的处理设备，只需要购买VR/AR终端和内容即可，使用成本将大幅降低，这对于业务的普及非常关键。

按照华为白皮书设想，未来通过VR/AR看超高清赛事直播、自动驾驶或远程驾驶、远在千里之外进行医疗诊断、无线连接的智慧家庭、超高清的视频直播、辅助个人的AI设备等，在5G网络下都将成为现实。

在2018年6月27日上海举办的世界移动大会上，大唐发布了《5G业务应用白皮书》。白皮书围绕5G三大典型应用场景，选取与5G结合点较强的十大应用领域进行研究，其中包括赛事/大型活动、教学培训、景点导览、视频监控、网联智能汽车、智能制造、智慧电力、无线医疗、智慧城市和产业园区等；分别从四大维度展开，阐述大唐对5G业务价值和商业模式的理解，打造5G业务落地的示范效应，为5G在垂直行业的应用指明发展方向。

大唐白皮书提到，在5G应用的初期阶段，将主要延续4G的业务发展路线，提升下载速率和系统容量，预计于2019年下半年最先推出增强型移动宽带服务。如赛事/大型活动、教学培训、视频监控等应用，将催生更大数据流量的使用，进一步促进高清视频、虚拟现实（VR）和增强现实（AR）等业务的发展。在5G应用的成熟阶段，行业关注点将转向低时延、高可靠的网络特性，包括网联智能汽车、智能制造和产业园区等高价值应用。

同时，大唐白皮书也提到，5G在商业模式上有多种突破和创新。针对增强移动宽带场景下，面向特定场所可以采用推出专属的流量套餐，或是向商户按年/月来收取增值服务费、广告费等多种方式。针对低功耗大连接、低时延高可靠的场景，除了有条件的企业可考虑申请专用频段、自建专网外，大多数企业可考虑以租代建的方式使用运营商的5G网络，以按照软硬件流量整体打包的方式，给运营商缴纳功能服务费（月/年）。对于物联网的前端监控设备、智能传感终端，可采用按卡收费等方式进行收费。

综上所述，5G将是以人为中心的通信和机器类通信共存的时代，各种各样具备差异化特征的业务应用将同时存在，这些都将为未来5G网络带来极大的挑战。表2-1所示为5G最为相关的主要用例的总结，这些用例主要的性能指标（KPI）如下。

可用性：指在一定地理区域内，用户或通信链路能够满足体验质量（QoE）的百分比。

连接密度：指在特定地区和特定的时间段内，单位面积可以同时激活的终端或用户数。

用户体验速率：单位时间用户获得的（去除控制信令）MAC层的数据速率。

流量密度：指在考量区域内所有设备在预定时间内交换的数据量除以区域

面积和预设时间长度。

时延：指数据在空中接口 MAC 层的参数。有两个相关的时延定义：单程时延（OTT）和往返时延（RTT）。单程时延是数据分组从发送端到接收端的时间，往返时延是发送端从数据分组发送，到接收到从接收端返回的接受确认信息的时间。

可靠性：指在一定时间内从发送端到接收端成功发送数据的概率。

安全性：通信中的安全性非常难以量化，可能要通过有经验的黑客接入信息内容需要的时间来衡量。

成本：成本一般来自基础设施、最终用户和频谱授权 3 个方面。一个简单的模型可以是基于运营商的总体拥有成本和基础设施节点的个数、终端的个数以及频谱的带宽来估算。

能量消耗：在城市环境中通常是指每信息比特消耗的能量，在郊区和农村地区通常是指每单位面积覆盖消耗的功率。

表 2-1 归纳了主要的挑战性需求和每一个用例的特点。

表 2-1　用例主要挑战和性能指标

用例	要求	期望值
自动车辆控制	时延	5ms
	可用性	99.999%
	可靠性	99.999%
应急通信	可用性	99.9% 受害者发现比例
	能耗效率	电池续航一周
工业自动化	时延	低至 1ms
	可靠性	分组丢失率低至 10^{-9}
高速列车	流量密度	下行 100Gbit/（s·km²） 上行 50Gbit/（s·km²）
	用户体验速率	下行 50Mbit/s 上行 25Mbit/s
	移动性	500km/h
	时延	10ms
大型室外活动	用户体验速率	30Mbit/s
	流量密度	900Gbit/（s·km²）
	连接密度	4 个用户 / 平方米
	可靠性	故障率小于 1%

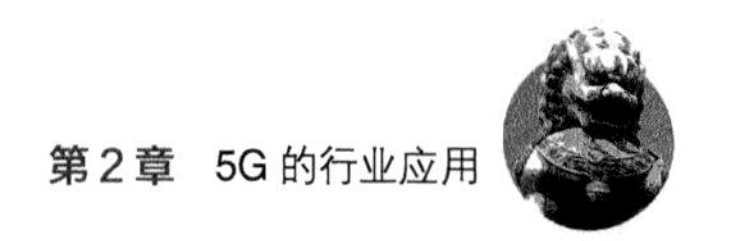

（续表）

用例	要求	期望值
广阔区域分布海量设备	连接密度	106 个用户 / 平方千米
	可用性	99.9% 覆盖
	能耗效率	电池续航 10 年
媒体点播	用户体验速率	15Mbit/s
	时延	5s（应用开始） 200ms（链路中断后）
	连接密度	4000 终端 / 平方千米
	流量密度	60Gbit/（s·km^2）
	可用性	95% 覆盖
远程手术和诊断	时延	低至 1ms
	可靠性	99.999%
购物中心	用户体验速率	下行 300Mbit/s 上行 60Mbit/s
	可用性	一般应用至少 95%，安全相关应用至少 99%
	可靠性	一般应用至少 95%，安全相关应用至少 99%
智慧城市	用户体验速率	下行 300Mbit/s 上行 60Mbit/s
	流量密度	700Gbit/（s·km^2）
	连接密度	20 万终端 /km^2
体育场馆	用户体验速率	0.3 ～ 20Mbit/s
	流量密度	0.1 ～ 10Mbit/（s·m^2）
智能网络远程保护	时延	8ms
	可靠性	99.999%
交通拥堵	流量密度	480Gbit/（s·km^2）
	用户体验速率	下行 100Mbit/s 上行 20Mbit/s
	可用性	95%
虚拟和增强现实	用户体验速率	4 ～ 8Gbit/s
	时延	RTT 10ms

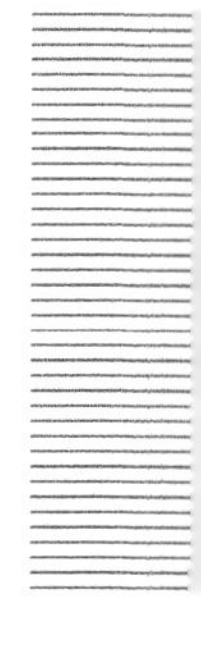

第 2 篇
5G 网络的演变

第 3 章
5G 网络架构

前面我们提到 5G 将渗透到未来社会的各个领域，以用户为中心构建全方位的信息生态系统。面对极致的体验、效率和性能要求，以及“万物互联”的愿景，5G 的网络架构设计将面临极大挑战。相较于 4G 时代，5G 的网络结构会发生颠覆性的变化。本章将介绍 5G 网络架构演进以及部署策略，为后文 5G 承载网的展开提供前置基础。

3.1 移动网络架构演变

移动通信网络架构的演进包括两个方面，即无线接入网（RAN，Radio Access Network）的演进和核心网（CN，Core Network）的演进。

从 GSM 网络（2G）演进到 GPRS 网络（2.5G），最主要的变化是引入了分组交换业务。原有的 GSM 网络是基于电路交换技术，不具备支持分组交换业务的功能。因此，为了支持分组业务，在原有 GSM 网络结构上增加了几个功能实体，相当于在原有网络基础上叠加了一个小型网络，共同构成 GPRS 网络。

在接入网方面，在 BSC 上增加了分组控制单元（PCU，Packet Control Unit），用以提供分组交换通道；在核心网方面，增加了服务型 GPRS 支持节点（SGSN，Service GPRS Supported Node）和网关型 GPRS 支持节点（GGSN，Gateway GPRS Supported Node），功能方面与 MSC 和 GMSC 一致，区别在于处理的是分组业务，外部网络接入 IP 网；从 GPRS 叠加网络结构开始，引入了两个概念。一个是电路交换域，一个是分组交换域，即 CS 域与 PS 域。GPRS 叠加网络架构如图 3-1 所示。

通信技术发展到 3G，在速率方面有了质的飞跃，而在网络结构上，同样发生巨大变化。

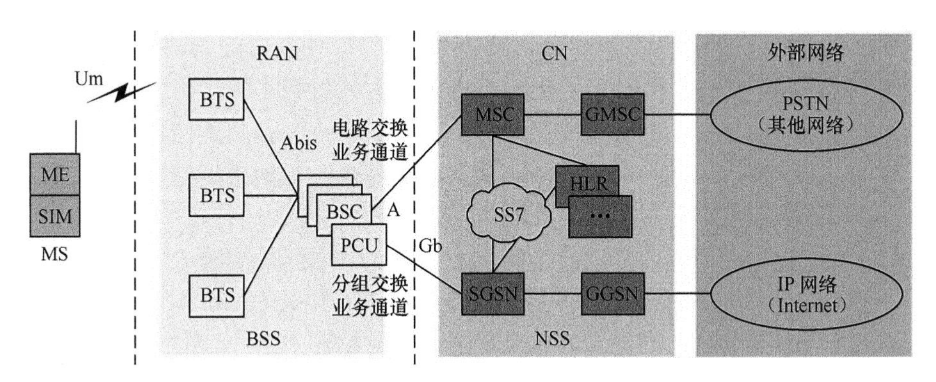

图 3-1　GPRS 叠加网络架构

首先，伴随着技术的发展，空中接口也随之改变。以往网络结构中的 Um 空中接口换成 Uu 接口，而接入网与核心网的接口也换成 Iu 口；在接入网方面，不再包含 BTS 和 BSC，取而代之的是基站 NodeB 与无线网络控制器（RNC，Radio Network Controller），功能方面与以往保持一致，核心网方面基本与原有网络共用，无太大区别。

NodeB 的功能：主要完成射频处理和基带处理两大类工作。射频处理主要包括发送或接收高频无线信号，以及高频无线信号和基带信号的相互转换功能；基带处理主要包括信道编 / 译码、复用 / 解复用、扩频调制及解扩 / 解调功能。

RNC 的功能：主要负责控制和协调基站间配合工作，完成系统接入控制、承载控制、移动性管理、宏分集合并、无线资源管理等控制工作。

CS 域：电路交换，主要包括一些语音业务，也包括电路型数据业务，最常见的是传真业务。

PS 域：分组交换，主要是常见的数据业务，也包括流媒体业务、VOIP（Voice over IP）等。UMTS 网络架构如图 3-2 所示。

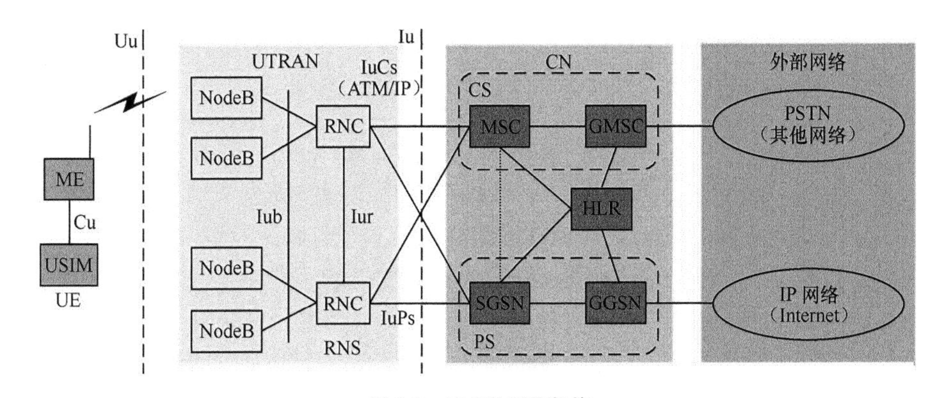

图 3-2　UMTS 网络架构

到 4G 时代，整个 LTE 网络从接入网和核心网方面分为 E-UTRAN 和 EPC。在接入网方面，网络扁平化，不再包含两种功能实体，整个网络只有一种基站 eNodeB，它包含整个 NodeB 和部分 RNC 的功能，演进过程可以概括为“少一层，多一口，胖基站”，这样做降低了呼叫建立时延和用户数据传输时延，并且随着网络逻辑节点的减少，网络建设资本支出（CAPEX）和运营成本（OPEX）也会相应降低，满足低时延、低复杂度和低成本的要求。

“少一层”——4 层组网架构变为 3 层，去掉了 RNC（软切换功能也不复存在），减少了基站和核心网之间信息交互的多节点开销，用户平面时延大大降低，系统复杂性降低。

“多一口”——以往无线制式基站之间是没有连接的，而 eNodeB 直接通过 X2 接口有线连接，可以以光纤为载体，实现无线侧 IP 化传输，使基站网元之间可以协调工作。eNodeB 互连后，形成类似于“Mesh”的网络，避免某个基站成为孤点，这增强了网络的健壮性。

“胖基站”——eNodeB 的功能由 3G 阶段的 NodeB、RNC、SGSN、GGSN 的部分功能演化而来，新增加了系统接入控制、承载控制、移动性管理、无线资源管理、路由选择等。4G LTE 网络架构如图 3-3 所示。

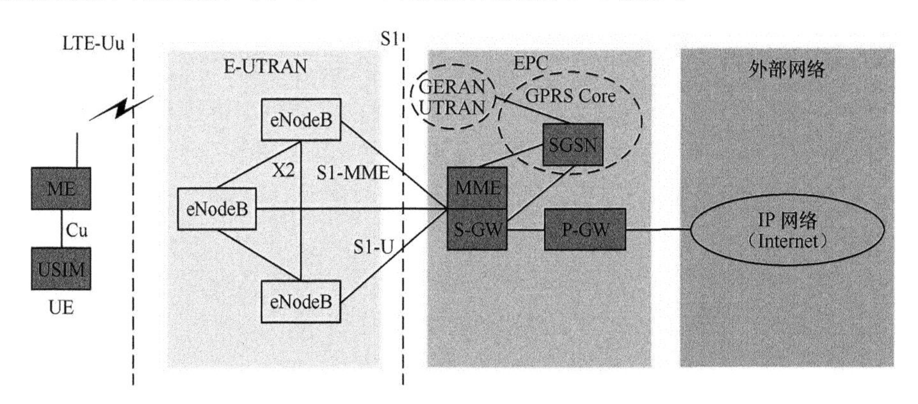

图 3-3　4G LTE 网络架构

核心网侧也发生了重大变革。在 GPRS/UMTS 中，服务 GPRS 支持节点（SGSN）主要负责鉴权、移动型管理和路由选择，而网关 GPRS 支持节点（GGSN）负责 IP 地址分配、数据转发和计费。到了 LTE 时代，EPC（Evolved Packet Core）对之前的网络结构能够保持前向兼容，但自身结构方面不再有 3G 时的各种实体部分，主要由移动管理实体（MME，Mobile Management Entity）、服务网关 S-GW 和分组数据网关（P-GW）构成，外部网络只接入 IP 网。其中，MME 主要负责移动性管理，包括承载的建立和释放、用户位置更新、鉴权、加密等，这些笼统地被称为控制面功能，而 S-GW 和 P-GW 更主要的是处理用户面的数据转发，但还保留内容过滤、数据监控与计费、接入控制以及合法监听等控制面功能。可以看到，从 GPRS 到 EPC 的演进中，有着相似的体系架构和接口，并朝着控制与转发分离的趋势演进，但这种分离并不彻底。比如 MME 相当于 SGSN 的控制面功能，S-GW 则相当于 SGSN 的用户面。

此外，LTE 核心网新增了一个网元 PCRF，即策略与计费执行功能单元，可以实现对用户和业务态服务质量（QoS）进行控制，为用户提供差异化的服务，并且能为用户提供业务流承载资源保障以及流计费策略，真正让运营商实现基于业务和用户分类的更精细化的业务控制和计费方式，以合理利用网络资源，创造最大利润，为 PS 域开展多媒体实时业务提供了可靠的保障。

通过以上分析，我们可以简要总结出移动通信网络演进趋势的 4 个重要特征：基于性能需求和网络运营的双重考虑，对部分网元功能进行重构，并尽量靠近用户部署，即网元功能下沉，网络更加扁平化；网络全 IP 化；控制与转发功能逐渐分离，以实现网络性能的优化；重视对业务和用户分类的精细化控制。

3.2　5G 逻辑架构的重构

3.2.1　5G 架构设计需求分析

5G 的架构设计主要需要满足关键性能需求和网络运营需求，为便于理解 5G 架构设计的革新，本节将以现有 4G 的网络架构为基础，逐一分析现有架构的局限性，对比 5G 新的性能需求和运营需求，对现有架构进行分解、重构，逐步靠近 3GPP 确定的 5G 新架构。

1. **关键性能需求**

如前所述，3GPP 定义了 5G 应用的三大场景：eMBB、mMTC 和 uRLLC。

对于 eMBB 场景，又可进一步细分为连续广覆盖场景和热点高容量场景。在连续广覆盖场景下，要随时随地提供 100Mbit/s ~ 1Gbit/s 的高体验速率，并支持在高速移动如 500km/h 过程中的基本服务能力和业务的连续性。而在现有的网络架构中，基站间虽然可以通过 X2 接口实现南北向数据交互，但仍无法通过基站间通信实现高效的无线资源调度、移动性管理和干扰协同等功能，

基站站间协同能力有待提高。另外，4G 主要是通过核心网实现多种无线接入的统一控制，不同的接入技术在无线网侧有各自独立的控制面，难以提供一致的用户体验，同时，差异化的信令流程将导致终端切换与互操作过程复杂，网络协同控制的能力不足。在热点高容量场景下，核心网网关部署的实际位置较高，且数据转发模式单一，导致业务数据流量向网络中心汇聚，容易对移动回传网络造成较大的容量压力。

对于 mMTC 场景，当海量的 5G 差异化的物联网终端接入时，由于现网采用的是与移动互联网场景相同的单一移动性和连接管理机制，承载物联网少量数据仍需消耗较大的基于隧道的连接管理机制报头开销，不仅效率低，还极有可能造成信令拥堵。

对于 uRLLC 场景，现有网络架构的控制面功能逻辑上分布在多个网元中，无法实现集中控制，同一网络控制功能可能需要多个网元通过接口协议协商完成，端到端通信时需经历较长的传输时延，对于本地业务甚至可能出现严重的路由迂回现象。这既无法满足 5G 高可靠性前提下的低时延要求（现网端到端时延与 5G 的时延要求约存在两个数量级的差距），又无法满足特定业务如车联网的安全性要求。

2. **网络运营需求**

运营商在部署新型网络时，需要考虑网络建设和运营的可行性与便利性，由此也对 5G 架构设计提出要求。

第一，网元功能需要满足灵活部署需求。5G 需要根据不同的应用场景，基于同一系统架构在网络中灵活部署相适应的网元功能，4G 控制承载合一的 eNodeB 单一网元已不能满足需求；另外，4G 时代站址资源已被极大程度地挖掘和消耗，在 5G 超密集组网的场景下，新增站址资源将带来巨大的投资，并且实现难度很大。因此，运营商需要通过简化网元功能降低站址部署条件要求。

第二，覆盖与容量兼顾的需求。4G 网络架构一定程度上体现了控制与转发分离，但并不彻底，这导致网络信令复杂、处理时延高、扩容时灵活性不足。以 eMBB 为例，连续广覆盖场景倾向于采用低频高功率宏基站组网，利用低频通信无线衰落小的传播特性以及宏蜂窝大功率的设备特性，提供广覆盖服务；而热点高容量场景显然更强调网络容量，以满足高密度用户的需要，在具体部署时也更倾向于采用高频低功率节点密集组网，单个节点覆盖用户少，控制面带宽需求相对较低。如果沿用控制与转发面紧耦合的设计，在连续广覆盖场景下，为了改善覆盖而增加的宏基站，就有相当一部分资源浪费在用户面的扩容上，反之，在热点高容量场景下的基站扩容，就有相当一部分投资浪费在控制面。同时，由于缺少一个整体集中的控制面管理，网络整体优化的难度也较大。

第三，精细化业务控制需求。4G 网络架构虽然引入了 PCRF 这一网元，使运营商可以基于 QoS 机制提供用户查分服务和业务的差异化服务，但用户数据从 P-GW 到 eNodeB 的传输仅能根据上层传递的 QoS 参数转发，难以深入分析和挖掘用户业务特征，导致难以实施更为灵活和精确的路由控制。

第四，网络开发能力问题。可以预见，在 5G 时代，随着业务流量和终端密度的双重提升，运营商在不断降低网络建设和运营成本的同时，也将向物联网和垂直行业延伸，以进一步拓展自身的盈利能力。而现有网络的开放能力非常有限，网络缺乏对外开放的接口，无法实现与第三方业务需求的友好对接。

第五，跨厂商设备兼容性需求。基于运营策略和业务需求，运营商通常跨厂商采购网络设备，而各厂商的设备基本上是基于专用设备定制开发的。这样，不仅跨厂商互通问题只能严格依赖国际化标准手段解决，而且运营商也很难将不同厂商的网络设备进行功能合并，网络可拓展性极其受限。

综上，5G 网络架构的设计需要实现转发分离化、部署分布化、网络虚拟化和功能模块化，遵循灵活、高效、智能、开放的原则。灵活，指根据不同业务需求构建以用户为中心的组网，支持多种接入技术融合；高效，指简化状态、信令，同时使网络具有更低的传输成本，且易于拓展；智能，指网络能够实现资源的自主分配和自动调整、组网的主自配置和自动优化；开放，指网元能够突破软硬件紧耦合的限制，网络能力可向第三方开放，以支持新业态的打造，创新盈利点。

简而言之，对于 5G 接入网，要设计一个满足多场景的以用户为中心的多层异构网络，以支持宏微结合，统一容纳多种接入技术，提升小区边缘协同处理效率，提高无线和回传资源利用率。对于 5G 核心网的设计，一方面要将转发功能进一步简化和下沉，将业务存储和计算能力从网络中心下移至网络边缘，以支持高流量和低时延业务要求，以及灵活均衡的流量负载调度功能；另一方面也要更高效地实现对差异化业务需求的按需编排功能。

3.2.2 5G 网络架构解析

在 5G 逻辑架构的设计上，我们遵循先继承、后创新的思路，参照现有成熟的 LTE 网络架构，引入 SDN 和 NFV 等关键技术对网络功能进行解析和重构，以逐步适应 5G 架构的演进需要。关于 SDN、NFV 等关键技术将在后面章节中介绍。

为了简化，我们选取的参考架构是 LTE 的非漫游网络架构。漫游网络架构的原理与非漫游网络架构的原理基本相同，只是表述上略微复杂，这里不做论述。

我们将 LTE 非漫游网络架构从逻辑上划分为 3 个部分，如图 3-4 所示。第 1 部分是 LTE，为了满足网络的后向兼容性所引入的，在此不做赘述。第 2

部分是接入网，接入网（空口）的演进几乎是历代移动通信网络架构演进中最为关键的部分。第 3 部分是核心网，出于对现有网络架构缺点的把握和对技术成熟度的考虑，我们优先聚焦该部分的重构。

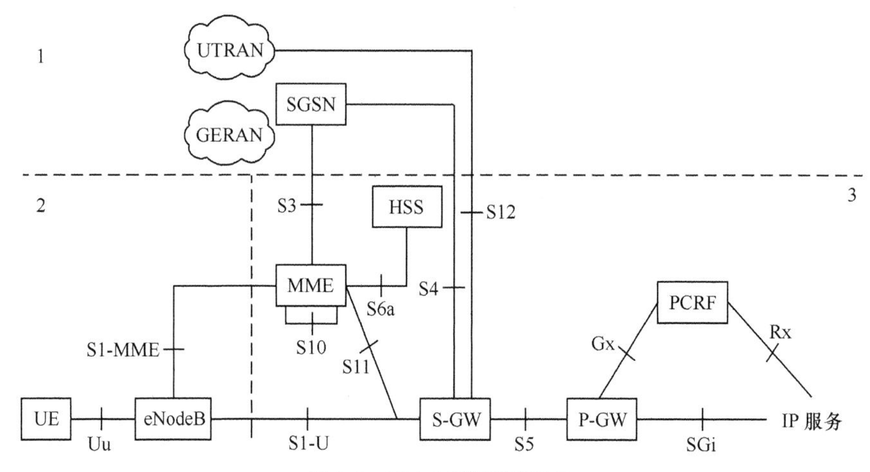

图 3-4　LTE 非漫游网络架构

第 1 步，为了解决控制与转发分离不彻底的问题，我们首先对兼具控制和转发功能的网关进行解耦。LTE 架构中 S-GW 和 P-GW 实际上支持物理网元功能合一的部署，在逻辑上我们可以将其视为统一的 SAE-GW，然后引入 SDN 技术进行网络功能解耦，用户面功能由新定义的网元 UPF 承载，控制面功能则交由新网元 SMF 进行统一管理。相应地，我们将原本已是纯控制面网元的 MME、HSS 和 PCRF 分别定义为 AMF、UDM 和 PCF，但对网元的实际功能只做微小的变更或整合。网络重构的第 1 步如图 3-5 所示。

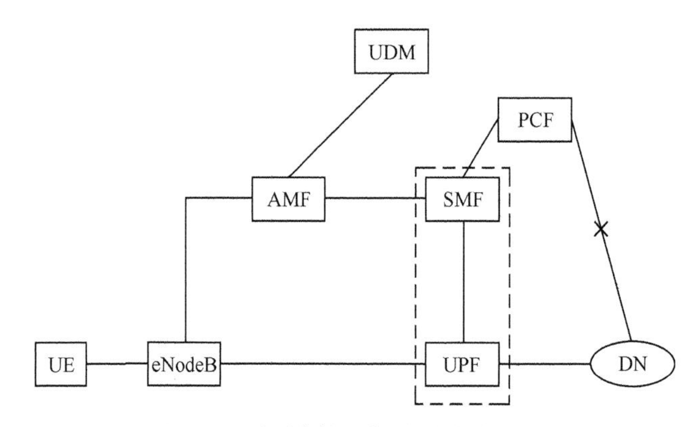

图 3-5　网络重构第 1 步：控制与转发分离

第 2 步，为了满足网络资源充分灵活共享的需求，实现基于实际业务需求的网络自动部署、弹性伸缩、故障隔离和自愈等，我们引入 NFV 对网络功能进行虚拟化。因此，我们定义新网元 NF 以适应新的需要。考虑到 NF 面向的是用户差异化的服务，我们将其置于网元 PCF，并定义新的接口以便 NF 能够按需获取 PCF 的策略控制等参数。网络重构的第 2 步实现效果如图 3-6 所示。

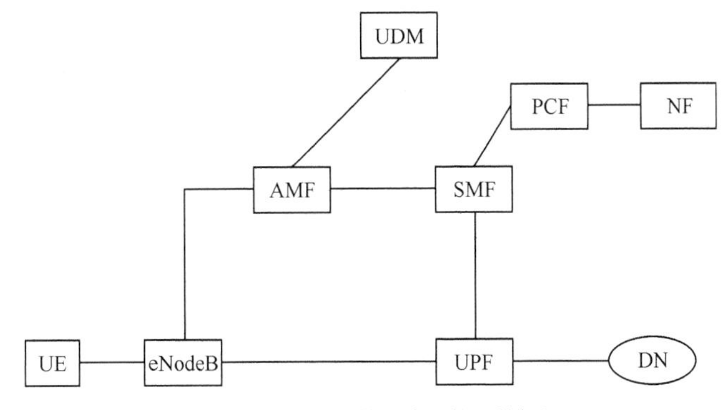

图 3-6　网络重构第 2 步：软硬件解耦

第 3 步，我们要将业务平台下沉到网络边缘，为用户就近提供业务计算和数据缓存能力，实现网络从接入管道向信息化服务使能平台的关键跨越。因此，我们增强 UDM 的功能，以承担业务平台下沉后相应的数据管理工作。同时，引入网元 AUSF 承担数据访问的鉴权和授权工作。此外，考虑到 5G 面向的是极端差异化的业务场景，传统的“竖井式”单一网络体系架构无法满足多种业务的不同 QoS 保障需求，我们还需引入网元 NSSF 以实现网络切片选择的功能，使网络本身具备弹性和灵活扩展的能力。为了便于观察和突出层次感，我们将各个网元的摆放位置做简单的调整，但不改变其拓扑关系。第 3 步重构后的网络架构如图 3-7 所示。

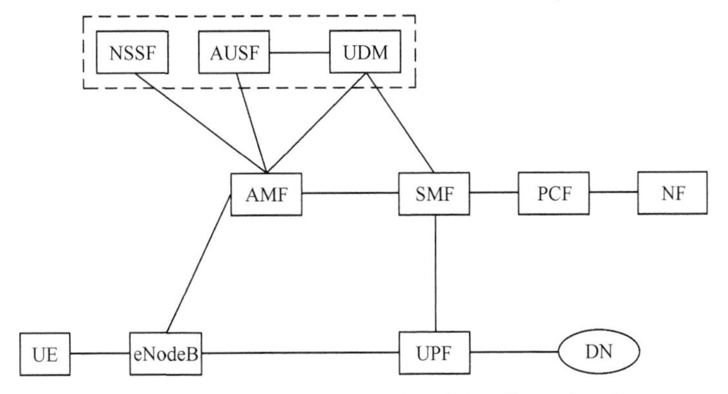

图 3-7　网络重构第 3 步：引入移动边缘计算和网络切片

到此，我们基本完成了核心网层面的网络重构。接下来要考虑的是第 4 步：接入网侧的网元编排。从 1G 到 4G，无线通信系统经历了迅猛的发展，现实网络逐步形成了包含多种无线制式、频谱利用和覆盖范围的复杂现状。在 5G 时代，同一运营商将面临多张不同制式网络长期共存的局面。如何高效地运行和维护多张网络、减少运维成本是需要解决的重要问题。因此，多网络融合也将成为 5G 网络架构设计的不可规避的考虑因素。对此，我们改变原有网络单一的 eNodeB 接入形式，对接入网侧做进一步的优化和增强。我们定义新的网元为（R)AN，以表示接入侧不再是单一的无线接入，而是固移融合。经过第 4 步重构后，网络图示如图 3-8 所示。

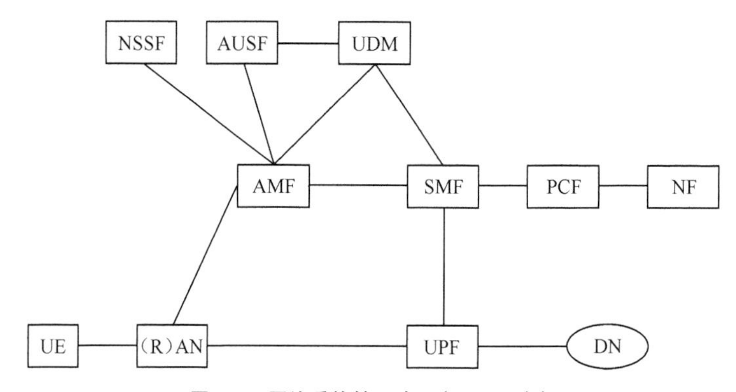

图 3-8　网络重构第 4 步：多 RAT 融合

第 5 步，我们将为各个网元间的逻辑连接定义接口，如图 3-9 所示。值得重点注意的是，终端 UE 和 AMF 实体之间的直线和新定义的 N1 接口，必然将使低时延、高可靠、超密连接等 5G 愿景变得更加触手可及。

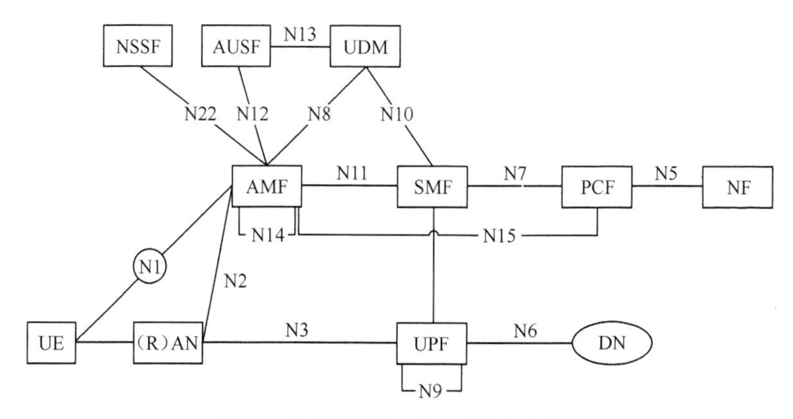

图 3-9　网络重构第 5 步：重新定义接口

经过网络重构五步走，我们得到了一张全新的5G非漫游网络架构图，即3GPP所确定的5G网络逻辑架构，该架构包含以下主要网元。

接入和移动性管理功能（AMF，Access and Mobility Management Function）单元负责控制面的注册和连接管理、移动性管理、信令合法监听以及上下文安全性管理等。相比于MME，AMF将漫游控制、承载管理以及网关选择等功能剥离出去。可以说，AMF就是"瘦身版"的MME。

会话管理功能（SMF，Session Management Function）单元相当于是MME以及SAE-GW控制面经过业务整合后成立的多专业"子公司"，主要负责会话管理，包括会话的建立、变更和释放，以及AN节点和UPF间的通道维持等。SMF同时也继承了MME的漫游控制功能、UPF选择和控制功能，以及继承了原属于SAE-GW的UE-IP地址分配等功能。

用户面功能（UPF，User Plane Function）单元保留了SAE-GW的数据转发功能，包括本地移动性锚点、包路由和转发、上下行传输级包标记、包过滤和用户面策略控制功能执行等。UPF并无自主经营权，而是忠实地执行来自SMF的政策干预和统筹调度。

策略控制功能（PCF，Policy Control Function）单元支持统一的策略框架以管理网络行为，一方面结合自定义信息做出决策并强制控制面执行，另一方面也为前端提供了连接用户数据库以获取订阅信息的渠道。PCF在网络中的地位与4G网络中的PCRF几乎相同。

统一数据管理（UDM，Unified Data Management）实体包含两个部分，即应用前端和用户数据管理器。应用前端负责凭证处理、位置管理和订阅管理等；而用户数据管理器根据应用前端的需求，相应地进行用户订阅数据的存储，具体包括订阅标识、安全认证、与移动性相关的订阅数据、与会话相关的订阅数据等。其作用相当于4G架构中HSS的增强版。

认证服务器功能（AUSF，Authentication Server Function）单元最主要的功能是认证和鉴权。作为网络准入的裁决者，AUSF对通过AMF来访的UE进行认证，认证通过的UE可凭借AUSF授权的专用密钥实现数据访问和获取。

网络切片选择功能（NSSF，Network Slice Selection Function）单元主要功能是根据网络配置，为合法的UE选择可提供特定服务的网络切片实例。NSSF实现网络切片选择的机制是，通过切片需求辅助信息的匹配，为UE选择一个或一组特定的AMF提供的网络服务。

应用功能（AF，Application Function）单元通过与核心网交互对外提供专用服务。值得注意的是，AF是运营商自行部署的受信任的应用，可直接访问网络的相关应用功能，无须经过其他外部接口。

如图 3-10 所示，总体来看，5G 网络架构清晰地呈现出控制面、转发面、接入面分离的特点，这与 IMT-2020 推进组提出的“三朵云”5G 网络架构思想契合。

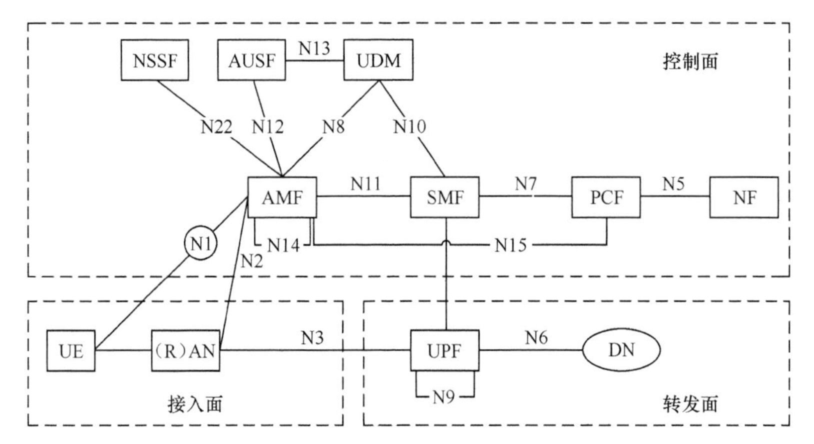

图 3-10　控制 / 转发 / 接入面分离

如图 3-11 所示，“三朵云”5G 网络将是一个可依业务场景灵活部署的融合网络。控制云完成全局的策略控制、会话管理、移动性管理、策略管理、信息管理等，并支持面向业务的网络能力开放功能，实现定制网络与服务，满足不同新业务的差异化需求，并扩展新的网络服务能力。接入云将支持用户在多种应用场景和业务需求下的智能无线接入，并实现多种无线接入技术的高效融

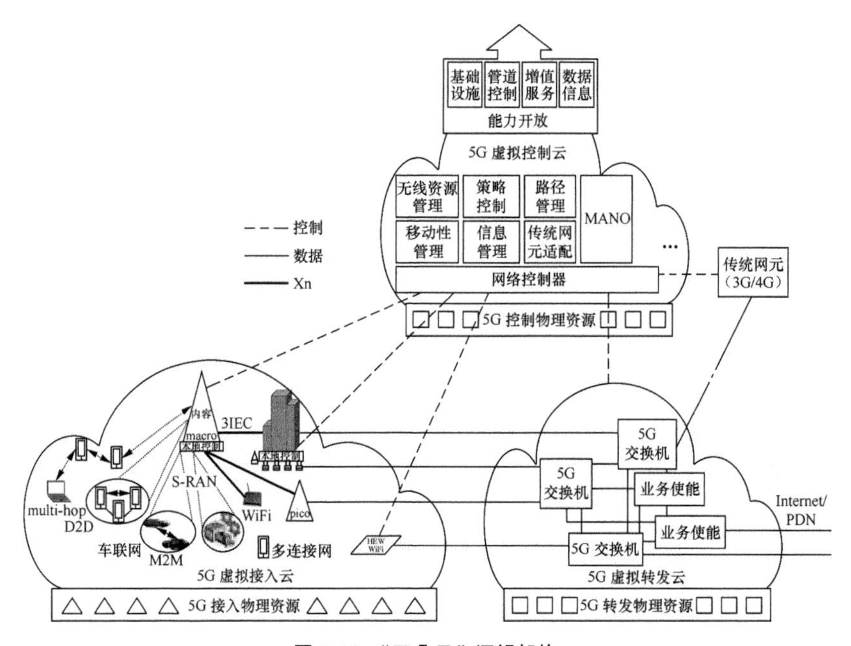

图 3-11　“三朵云”逻辑架构

合，无线组网可基于不同部署条件要求，进行灵活组网，并提供边缘计算能力。转发云配合接入云和控制云，实现业务汇聚转发功能，基于不同新业务的带宽和时延等需求，转发云在控制云的路径管理与资源调度下，实现增强移动宽带、海量连接、高可靠和低时延等不同业务数据流的高效转发与传输，保证业务端到端质量要求。“三朵云”5G网络架构由控制云、接入云和转发云共同组成，不可分割，协同配合，并可基于SDN/NFV技术实现。

3.3　无线接入网架构

3.3.1　CU-DU 架构演进和功能划分

就占据网络主体的接入网而言，5G 接入网设计必须考虑满足 5G 关键性能指标需求、网络商业运营能力和具备持续演进能力这 3 个方面的因素。正是基于这样的考虑，5G 接入网架构设计的焦点在于通过增强基站间的协作控制、优化业务数据分发管理、支持多网融合与多连接、支撑灵活动态的网络功能和拓扑分布，以及促进网络能力开放等几个方面，来提升网络灵活性、数据转发性以及用户体验和促进业务的有效结合。

无线接入网最主要的构成部分是基站系统。从无线网络功能的角度看，基站系统包括射频和基带功能，而后者又由物理层、第二层（MAC、RLC、PDCP 等子层）以及第三层（如 RRC）等协议功能层构成。从接入网架构角度看，3G 系统中接入网逻辑节点由 NodeB 和 RNC 组成，4G 逻辑架构设计更加扁平化，仅包含 eNodeB（BBU+ RRU）节点。

而 5G 接入网架构在设计之初，相对于 4G 接入网而言，有以下几个典型的需求：

（1）接入网支持分布式单元（DU，Distributed Unit）和集中单元（CU，Central Unit）功能划分，且支持协议栈功能在 CU 和 DU 之间迁移；

（2）支持控制面和用户面分离；

（3）接入网内部接口需要开放，能够支持异厂商间互操作；

（4）支持终端同时连接至多个收 / 发信机节点（多连接）；

（5）支持有效的跨基站间协调调度。

依托 5G 系统对接入网架构的需求，在 5G 接入网逻辑架构中，已经明确将 4G 中的 BBU 切分为 CU 和 DU 两个功能实体。CU 与 DU 功能的切分通过处

理内容的实时性进行区分，如图 3-12 所示。

CU 设备主要包括非实时的无线高层协议栈功能，同时也支持部分核心网功能下沉和边缘应用业务的部署，而 DU 设备主要处理物理层功能和实时性需求的二层功能。考虑节省 RRU 与 DU 之间的传输资源，部分物理层功能也可上移至 RRU 实现。

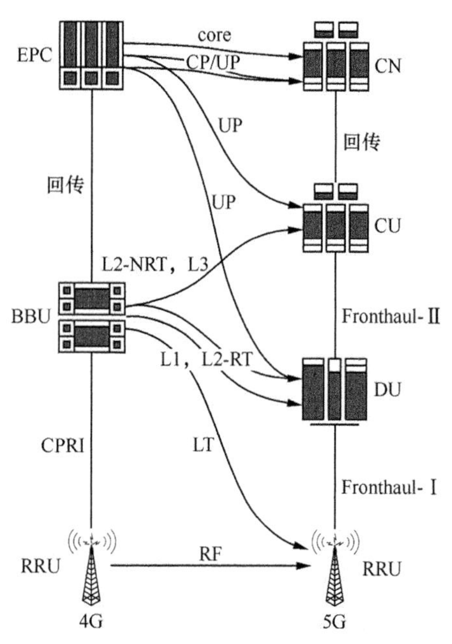

图 3-12 BBU 从 4G 单节点到 5G CU/DU 两级架构的演变

如图 3-13 所示，对于 CU-DU 的功能划分，3GPP 提出了 8 种候选方案，分别为 Option1 ~ Option8。在各方案中，CU 和 DU 分别支持不同的协议功能，以实现灵活的硬件结构。2017 年 4 月，3GPP 宣布确定 Option2 作为 RAN 内部 CU/DU 高层切分的标准，而关于 RAN 架构的低层切分，则认为其研究工作没有完成，需要延后进行，趋向于选择 Option6 或 Option7。

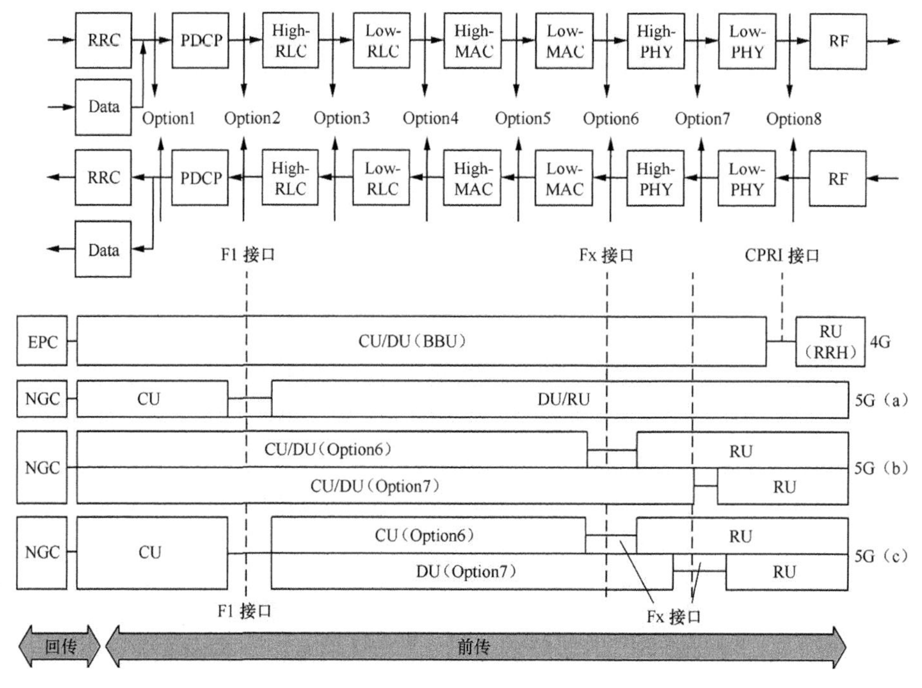

图 3-13 CU 和 DU 功能划分示意

图3-13中5G(a)为高层划分(F1)，5G(b)为低层划分(Fx)，5G(c)为级联划分。Option8(CPRI或OBSAI协议)与传统前传类似，无论用户流量是否存在都需要连续的比特率传输；当使用其他划分选项时(Option1 ~ Option7)，则传输的数据量随用户流量而变化。

Option2已经确定作为高层划分方案，在PDCP和RLC之间进行切分，具体可分为Option2-1和Option2-2两种子方案。二者的区别在于，前者的RRC和PDCP位于CU，RLC及更底层的协议功能位于DU；后者则在前者的基础上进一步支持将CU划分为CU-CP(包含RRC、PDCP控制面功能)和CU-UP(包含PDCP用户面功能)两个逻辑实体，在必要时，CU-UP可以下沉部署，以减少业务时延。Option2支持5G NR和E-UTRAN等多制式的接入和管理，但在Option2-2下，必须确保不同PDCP实例间的安全性配置。

在Option 6中，MAC和更高层协议功能位于CU，PHY和RF位于DU，CU和DU间的接口承载数据、测量、配置和调度相关信息，如MCS、层映射、波束赋形、天线配置、资源块分配等，支持集中调度和联合传输，池化增益最大但MAC层和PHY层之间需要进行子帧级的定时交互，前传环路的时延可能影响HARQ定时和调度。

Option7是PHY内部分割方案，可细分为多个子方案。在Option7-1中，上行方向的FFT和CP去除功能、下行方向的IFFT和CP添加功能保留在Low-PHY中，并位于DU中，其余功能划分到High-PHY并归属CU。在Option7-2中，Low-PHY除保留在Option7-1中的所述功能外，还保留资源的映射和去映射以及预编码功能。Option7-3仅用于下行，只有编解码功能位于CU中，PHY层的其他功能才均位于DU中。Option7的显著特点在于可使用压缩技术来降低CU和DU间所需的前传带宽需求，但对时延非常敏感。

在Option8中，CU负责所有基带处理工作，DU负责完成射频功能，这实际上类似于现有的BBU-RRU的功能划分。这种切分方式能够实现所有协议栈层的集中处理，使网络本身具有高度协调功能，进而能够有效地支持CoMP、负载均衡以及移动性等功能。其缺点是对于前传的带宽和时延要求非常高。

总的来讲，Option1 ~ Option8对应的CU功能逐渐增强，DU功能逐渐减弱。相应地，CU-DU接口的前传带宽需求逐步增大，CoMP效果逐步增强，对传输时延的要求也越来越严格。

灵活、可配置的CU-DU分离可以实现网络资源的实时按需配置，更好地适应不同场景的个性化需求。

3.3.2 CU-DU 的设备实现方案

在 3.3.1 节定义中，DU 实现射频处理功能和 RLC（无线链路控制）、MAC（媒质接入控制）以及 PHY（物理层）等基带处理功能，是广义的概念；狭义上，基于实际设备实现，DU 仅负责基带处理功能，RRU/AAU（远端射频单元）负责射频处理功能，DU 和 RRU/AAU 之间通过 CPRI（Common Public Radio Interface）或 eCPRI 接口相连。在后文中，为了和具体设备及网络部署策略对应，DU 采用狭义定义。

无线网 CU-DU 架构的优点在于能够获得小区间协作增益，实现集中负载管理；高效实现密集组网下的集中控制，比如多连接、密集切换；获得池化增益，引入 NFV/SDN，满足运营商某些 5G 场景的部署需求。需要注意的是，在设备实现上，CU 和 DU 可以灵活选择，即二者可以是分离的设备，通过 F1 接口通信；或者 CU 和 DU 也完全可以集成在同一个物理设备中，此时 F1 接口就变成了设备内部接口，如图 3-14 所示。CU 之间通过 Xn 接口进行通信。

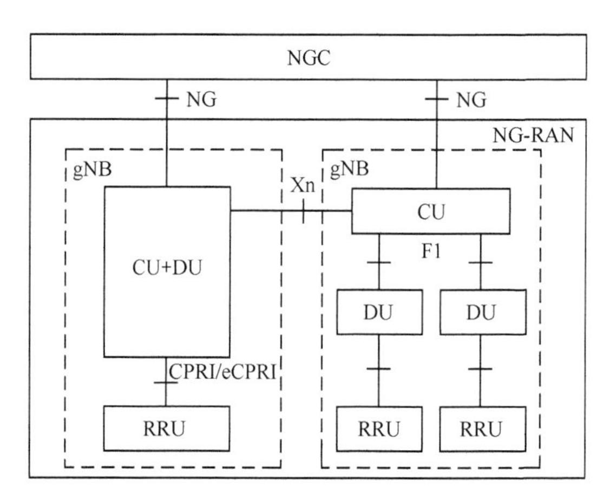

图 3-14　CU-DU 分离和一体化实现

CU/DU 合设方案类似 4G 中的 BBU 设备，在单一物理实体中同时实现 CU 和 DU 的逻辑功能，并基于电信专用架构采用 ASIC 等专用芯片实现。考虑到 4G BBU 多采用主控传输板 + 基带处理板组合的方式，类似地，5G BBU 也可沿用 CU 板 +DU 板的架构方式，以同样保证后续扩容和新功能引入的灵活性。CU 板和 DU 板的逻辑功能划分可以遵循 3GPP 标准划分，即 CU 板和 DU 板之间的逻辑接口是 F1 接口。但是，考虑到此类合设设备中，F1 接口是 BBU 内部接口，CU 板和 DU 板的逻辑功能划分也可采用非标准实现方案。这种 CU/

DU合设设备（即5G BBU设备）的优点和4G BBU类似，可靠性较高、体积较小、功耗较小，且环境适配性较好，对机房配套条件要求较低。

CU/DU分离方案则存在两种类型的物理设备：独立的DU设备和独立的CU设备。按照3GPP的标准架构，DU负责完成RLC/MAC/PHY等实时性要求较高的协议栈处理功能，而CU负责完成PDCP/RRC/SDAP等实时性要求较低的协议栈处理功能，因此，有如下考虑。

（1）对于DU设备，由于DU的高实时性要求，且5G NR中由于大规模MIMO技术（如64T64R）和大带宽（如100MHz载波带宽）的引入，吞吐量相比4G有数十倍到百倍量级的提升，且物理层涉及大量并行的密集型复数矩阵运算以及百吉比特每秒级别的高速数据交换，使信号处理复杂度相比4G也有高达百倍量级的提升，因此，考虑到专用芯片采用了特定设计的专用加速器，其芯片面积、功耗和处理能力都显著优于通用芯片，DU一般采用电信专用架构实现，主处理芯片采用集成硬件加速器的专用芯片，以满足5G层一和层二的高处理能力要求和实时性要求。此外，专用架构对所部署机房的配套条件也具有良好的环境适应性。另外，考虑到设备型号需要尽可能少，以降低硬件开发成本及提高设备出货量，建议独立的DU设备和CU/DU合设方案中的BBU设备采用同一款硬件和板卡，具体地，可有如下两种方案：保持BBU中板卡不变，移除CU相关的软件功能，仅支持DU相关的软件功能；或者去掉BBU中的CU板，仅保留DU板并仅支持DU相关的软件功能。

（2）对于CU设备，CU对实时性要求相对较低，因此，可基于通用架构实现，使用CPU等通用芯片。当然，也可沿用传统的专用架构实现。两种架构各有优劣：通用架构扩展性更好，更易于虚拟化和软硬解耦，便于池化部署、动态扩容和备份容灾，后续也可基于同样的虚拟化硬件平台，扩展支持多接入边缘计算（MEC，Multi-access Edge Computing）以及NGC等需要下沉的相关功能。然而，由于其是通用架构，对机房环境的要求较高，长期可靠工作时温度须保持在5℃～40℃，尺寸和功耗较大，如单机柜深度一般在1m左右，且须预留数千瓦的供电能力。而CU基于电信级专用架构实现，对部署机房的环境要求则相对较低，但后续扩展性较差。

综上所述，5G CU-DU架构将会存在两种设备形态：BBU设备和独立CU设备。其中，BBU设备一般基于专用芯片采用专用架构实现，可用于CU/DU合设方案，同时完成CU和DU所有的逻辑功能，或在CU/DU分离方案中用作DU，负责完成DU的逻辑功能；独立CU设备可基于通用架构或专用架构实现，只用于CU/DU分离方案，负责完成CU的逻辑功能。

3.3.3　5G RAN 的部署方案

5G RAN 网络主要由 3 个网元组成，分别是 AAU、DU、CU，如图 3-15 所示。

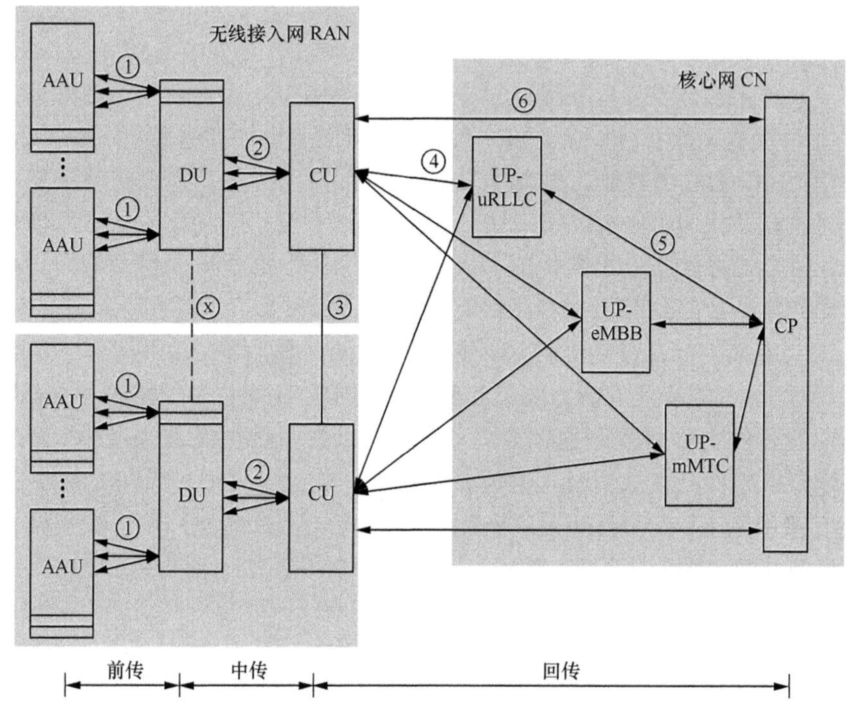

图 3-15　5G RAN 网元架构

（1）DU 以星形方式连接多个 AAU（称为“前传”），AAU 间没有直接连接需求，AAU 和 DU 之间采用 eCPRI 接口。

（2）CU 以星形方式连接多个 DU（称为“中传”），DU 间没有直接连接需求，DU 和 CU 间采用以太网接口。

（3）基站间的切换等功能通过 CU 间的 Xn 接口实现。

5G 网络 RAN 的部署方式主要有 3 种，如图 3-16 所示。

（1）分布式部署：AAU、DU 和 CU 部署在相同的站点，前传和中传都属于站内连接。

（2）DU/CU 集中部署：AAU 与 DU/CU 部署在不同的站点，DU/CU 集中部署在同一站点，前传属于站间连接，中传属于站内连接。

（3）DU 和 CU 分别集中部署：AAU、DU、CU 均在不同的站点，前传、中传都属于站间连接。

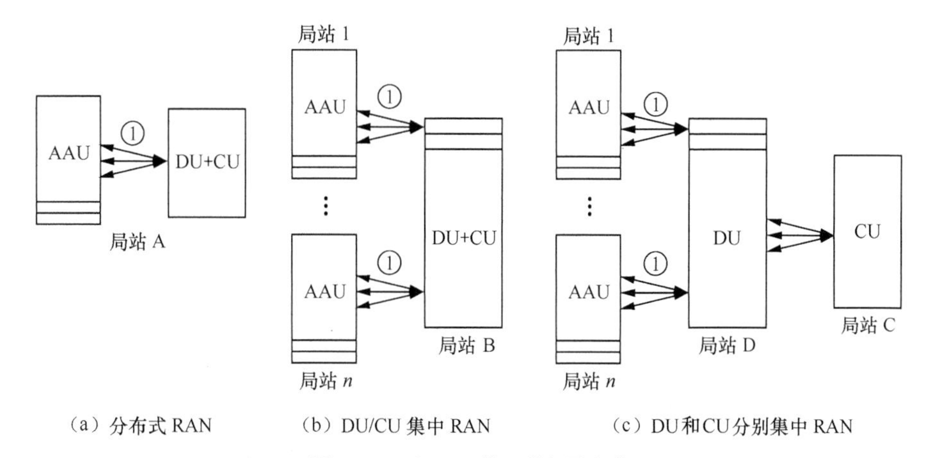

图 3-16　5G RAN 的 3 种部署方式

DU 的部署位置与现有的 4G BBU 类似，一般部署在接入机房（即站址机房和 4G BBU 共机房），近天面部署。这样做的一个好处为：5G 由于天线数增多、带宽增大，BBU 和 RRU 之间的 CPRI 带宽在百吉比特每秒量级，如 BBU 和 RRU 之间距离较近，如在数百米以内，则可使用短距高速光模块，以降低部署成本。此外，和 4G BBU 共站址机房的另一个好处是便于后续 4G/5G BBU 融合及 4G/5G 协同技术的引入。

传送网可分为三级架构：接入层、汇聚层和核心层，相应地，CU 部署位置也有 4 种：接入机房、汇聚机房、骨干汇聚机房和核心机房，如图 3-17 所示。

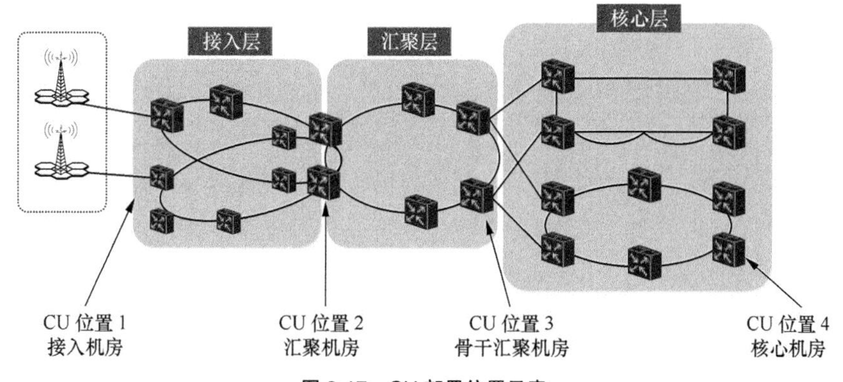

图 3-17　CU 部署位置示意

不同部署位置特点如下。

（1）接入机房：与现有的 4G BBU 部署位置类似，建议使用 CU/DU 合设

方案（即使用 5G BBU 设备），CU 管理和其同框的 DU 通过机框背板通信，时延基本可忽略。

（2）汇聚机房：CU 所辖区域面积适中，如小于 40km 左右，CU 管理数十个到上百个 DU，CU 与 DU 间通过传送网进行数据交互，时延大约在数百微秒量级。

（3）骨干汇聚机房：CU 所辖区域为地县级，如小于 100km 左右，CU 管理数百个 DU，CU 与 DU 间通过传送网进行数据交互，大部分时延能控制在 3ms 以内。

（4）核心机房：CU 省级集中，需管理数千个 DU，CU 与 DU 间通过传送网进行数据交互，但时延较大，恶劣时能达到 10ms 量级。

实际上，CU 的部署位置主要考虑两方面的因素：对无线性能的影响及部署的工程可行性和性价比。

对无线性能的影响。

（1）对于 eMBB 业务（增强移动宽带业务），为了保证 5G 的无线性能和时延要求，CU 与 DU 间的单向时延最好控制在 3ms 以内，因此，比较上述 4 种 CU 的位置，当 CU 部署在核心机房时，不能满足时延要求，而 CU 部署在接入机房、汇聚机房和骨干汇聚机房是能满足时延要求的。

（2）对于时延极其敏感的 uLRRC 业务（低时延高可靠业务），如空口数据面时延需要控制在 0.5ms 以内时，CU 只能部署在接入机房才能满足时延要求。

对部署施工和性价比的影响。

（1）由于核心机房条件非常好，且 5G 核心网设备多会采用虚拟化架构，因此，CU 部署在核心机房便于 CU 虚拟化和池化，部署最为便利且性价比高。

（2）对骨干汇聚机房和普通汇聚机房，由于 CU 虚拟化后对机房条件要求较高，如面积、供电和环境温度等，CU 部署在骨干汇聚机房时施工难度较小，且池化规模较大。此外，由于 CU 和 DU 间需要数据路由，传送网的三层的功能需要和 CU 部署在同一位置级别，因此，CU 部署在骨干汇聚机房时，对传送网的压力也较小。而部署在普通汇聚机房时，施工难度和传送网改造难度相对较大。

（3）当 CU 部署在接入机房时，由于此时采用一般 CU 和 DU 合设的 BBU 设备，对机房的环境适配性较好，因此，部署难度与 4G 部署 BBU 相同，对机房条件无额外要求。

综上所述，当对业务时延要求较高时，可考虑将 CU 部署在接入机房，采用合设设备，对时延要求满足较好，且部署难度很低；而当对业务时延要求较低时，可考虑接入机房或骨干汇聚机房，在这两个位置部署，能满足时延和性能要求，且更具实际的工程可行性。

讲到这里，无线接入已经有了传输承载的需求，我们将在第 4 章紧扣这个话题，从承载网的角度来定义 5G 无线接入网所需要匹配的承载网。

| 3.4　核心网架构 |

对 5G 核心网进行了颠覆性的设计，通过基于服务的架构、网络切片、C/U 分离等，结合云化技术，实现网络的定制化、开放化、服务化，支持大流量、大连接和低时延的万物互联需求。

3.4.1　基于服务的核心网架构

为了满足 5G 万物互联的需求，对于核心网而言，基于传统 CT 思维的设计模式显然已经不足以面向未来。因此，5G 以软件服务重构核心网，借鉴了 IT 业界成熟的 SOA、微服务架构等理念，结合电信网络的现状、特点和发展趋势，形成服务化架构（SBA，Service Based Architecture），实现核心网软件化、灵活化、开放化和智能化。3GPP 定义的基于服务化架构的 5G 核心网如图 3-18 所示。

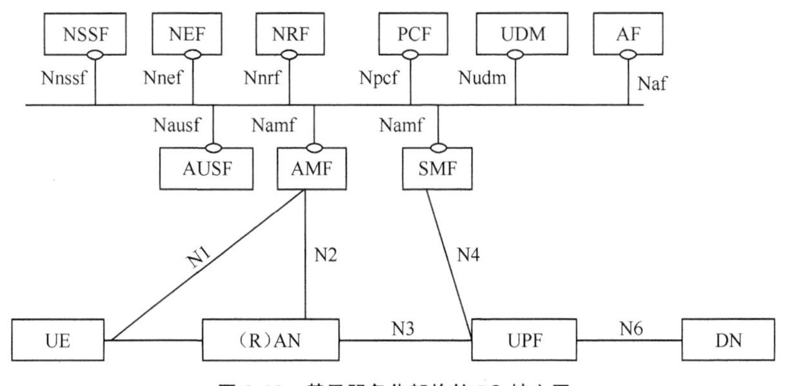

图 3-18　基于服务化架构的 5G 核心网

SBA 设计将现在的网元按照功能的维度进行解耦，形成独立的、模块化的功能，然后再通过服务化的方式，在统一的框架中将业务按需组织起来，敏捷地支持多种接入方式和多种业务的需求，而且每个功能可以独立迭代更新，以快速满足新的业务需求。

在该架构中，参照应用程序编程接口（API，Application Programming Interface）的设计思路，5G 核心网被封装为“黑盒子”，以屏蔽网络内部的工作细节，只保留对外的特定数据访问和存储的接口。相应地，我们定义新网元 NEF 和 NRF。

网络开放功能（NEF，Network Exposure Function）单元，为诸如第三方应用、边缘计算等提供了发现 3GPP 网络服务和能力的途径。当其他应用接入时，NEF 对其进行鉴权、授权和流量控制。

NF 存储功能（NRF，NF Repository Function）单元，作用类似于 HSS，但 HSS 存储的是用户信息，而 NRF 存储的是网络功能信息。它接收 NF 实例的请求，告知其当前网络中哪些服务可用，并支持 NF 实例对特定服务的调用。

最后，我们定义一系列的服务化接口，包括 Nnef、Nnrf、Npcf 等，这些接口均以 Nx 命名，x 对应着相应的网元名称。

服务化架构使 5G 实现了网络功能的即插即用，网络变得非常敏捷，且能够快速部署满足客户业务需要的功能。5G 核心网服务化架构四大特征如图 3-19 所示。

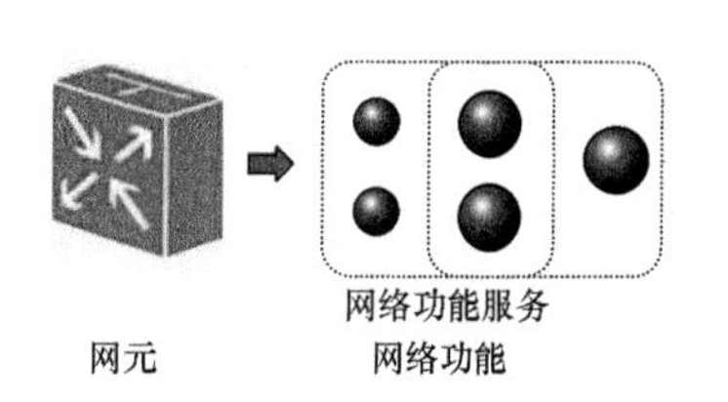

特征 1：传统网元拆分

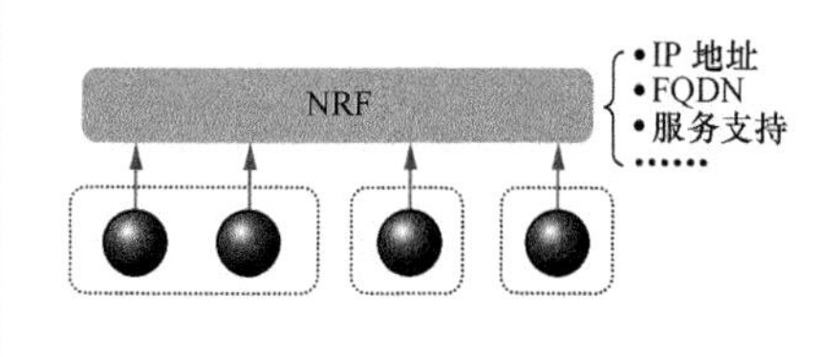

特征 2：网络功能服务自动化管理

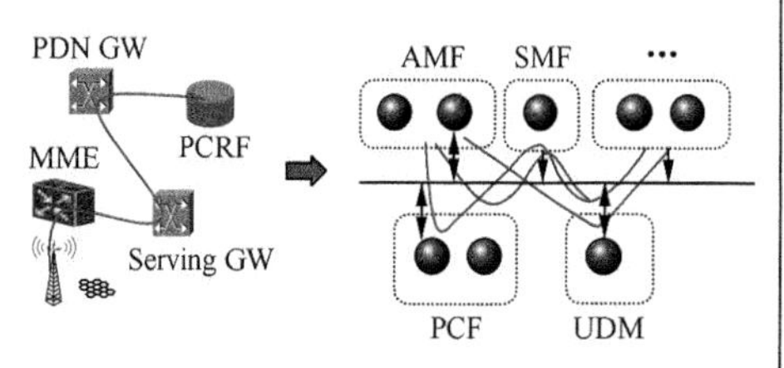

特征 3：网络通信路径优化

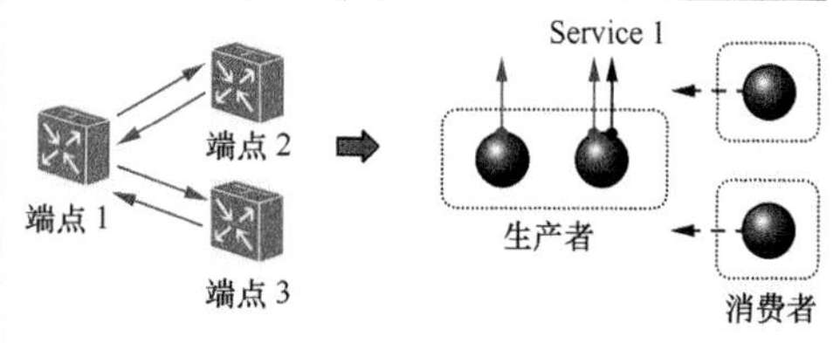

特征 4：网络功能服务间的交互解耦

图 3-19　5G 核心网服务化架构四大特征

1. 传统网元拆分

伴随着虚拟化技术运用于电信领域，传统意义上的核心网网元实现了软硬件解耦，软件部分被称为网络功能（NF，Network Function）。3GPP 定义的服务化结构将一个网络功能进一步拆分成若干个自包含、自管理、可重用的网络功能服务（NF Service），这些网络功能相互之间解耦，具备独立升级、独立弹性的能力，具备标准接口与其他网络功能服务互通，并且可通过编排工具根据不同的需求进行编排和实例化部署。这种网元拆分与我们经常谈论的云原生或微服务架构有着相似的理念，而 3GPP 进行了标准化定义，并为每个 5G 网络功能定义了一组具备对外互通标准接口的网络功能服务。

2. 网络功能服务自动化管理

网络功能被拆分成多个网络功能服务后，维护工程师会从面对几个网元改变为面对几十个网络功能服务，如果仍然依靠传统核心网的手工维护方式，那么对维护工程师而言无异于一场灾难。因此，5G 核心网的网络功能服务需要能够做到自动化管理，NRF 就是这样的一个网络功能。NRF 支持的几个主要功能如下。

（1）网络功能服务的自动注册、更新或去注册。每个网络功能服务在上电时会自动向 NRF 注册本服务的 IP 地址、域名、支持的能力等相关信息，在信息变更后自动同步到 NRF，在下电时向 NRF 进行去注册。NRF 需要维护整个网络内所有网络功能服务的实时信息，类似一个网络功能服务实时仓库。

（2）网络功能服务的自动发现和选择。在 5G 核心网中，每个网络功能服务都会通过 NRF 来寻找合适的对端服务，而不是依赖于本地配置方式固化通信对端。NRF 会根据当前信息向请求者返回对应的响应者网络功能服务列表，供请求者进行选择。这种方式一定程度上类似于 DNS 机制，从而实现网络功能服务的自动发现和选择。

（3）网络功能服务的状态检测。NRF 可以与各网络功能服务之间进行双向定期状态检测，当某个网络功能服务异常，NRF 将异常状态通知到与其相关的网络功能服务。

（4）网络功能服务的认证授权。NRF 作为管理类网络功能，需要考虑网络安全机制，以防止被非法网络功能服务劫持业务。

3. 网络通信路径优化

传统核心网的网元之间有着固定的通信链路和通信路径。例如，在 4G 网络中，用户的位置信息必须从无线基站上报给 MME，然后由 MME 通过 S-GW 传递给 P-GW，最终传递给 PCRF 进行策略的更新。而在 5G 核心网服务化架构下，各网络功能服务之间可以根据需求任意通信，极大地优化了通信路径。同样地，以用户位置信息策略为例，PCF 可以提前订阅用户位置信息变更事件，当 AMF 中的网络服务功能检测到用户发生位置变更时，发布用户位置信息变更事件，PCF 可直接实时接收到该事件，无须其他网络功能服务进行中转。

4. 网络功能服务间的交互解耦

传统核心网网元之间的通信遵循请求者和响应者的点对点模式，这是一种相互耦合的传统模式。5G 核心网架构下的网络功能服务间通信机制进一步解耦为生产者和消费者模式，生产者发布相关能力，并不关注消费者是谁，在什么地方。消费者订阅相关能力，并不关注生产者是谁，在什么地方。这是一种从 IT 业借鉴来的通信模式，非常适用于通信双方的接口解耦。

5G 核心网的服务化架构是 5G 时代在网络架构方面的一个重大变革，具备灵活可编排、解耦、开放等传统网络架构无法比拟的优点，是 5G 时代迅速满足垂直行业需求的一个重要手段。核心网的“黑盒子”已经被打开，依托于服务化架构的 5G 核心网，移动通信网络一定会在未来的万物互联之路上展现出巨大的能力。

3.4.2 5G 核心网的云化演进部署

服务化架构将网元功能拆分为细粒度的网络服务，“无缝”对接云化 NFV 平台轻量级部署单元，为差异化的业务场景提供敏捷的系统架构支持。5G 核心网将以彻底云化的网络架构，实现网元微模块化、原子化，按需灵活组合上线。5G 核心网对云化 NFV 平台（简称云平台）的关键需求包括如下几个方面。

（1）开放。云平台需要实现解耦部署和全网资源共享，探索标准化和开源相结合的新型开放模式，消减网络和平台服务单厂家锁定风险，依托主流开源项目和符合“事实标准”的服务接口来建立开放式通信基础设施新生态。

（2）可靠。电信业务对现有 IT 数据中心（DC，Data Center）和基础设施在可靠性方面提出了更高要求，NFV 系统由服务器、存储、网络和云操作系统多部件构成，涉及障碍节点多，潜在故障率更高，电信级“5 个 9”的可靠性需要针对性的优化方案。

（3）高效。云平台的效能需求包括业务性能和运维弹性两个方面。业务性能体现在云平台需要满足 5G 核心网服务化接口信令处理、边缘并发计算和大流量转发的要求；运维弹性主要包括云平台业务快速编排，灵活跨 DC 组网和资源动态扩缩容的能力。

（4）简约。5G 核心网的网络功能单元粒度更细，需要云平台提供更轻量化的部署单元相匹配、实现。

（5）敏捷。快速的网络重构和切片编排，NFV 编排需要将复杂的网络应用、容器 / 虚机、物理资源间的依赖关系、拓扑管理、完整性控制等业务过程模板化，实现一键部署和模板可配，降低交付复杂度和运维技术门槛。

（6）智能。云平台能够从广域网络和海量数据中提取知识，智能管理面向多行业、多租户、多场景的广域分布的数据中心资源。引入人工智能辅助的主动式预测性运营，为网络运营商和切片租户提供运维优化、流量预测、故障识别和自动化恢复等智能增值服务。

其中，开放、可靠和高效是5G网络功能在云化NFV平台规模部署的基础要求。因此，建议5G核心网云化部署采取分步推进的模式：部署初期重点考虑满足云平台开放性、稳定性和基本业务性能要求，确定DC组网规划、NFV平台选型、核心网建设等基础框架问题，促进5G核心网云化部署落地。待后续云平台运行稳定后，基于NFV灵活扩展和快速迭代的特征，可按照不同业务场景的高阶功能要求，逐步进行有针对性的优化和完善。

5G核心网部署可采用"中心—边缘"两级数据中心的组网方案。在实际部署中，不同的运营商可根据自身网络基础、数据中心规划等因素灵活分解为多层次分布式组网形态。

端到端云化组网参考架构如图3-20所示。

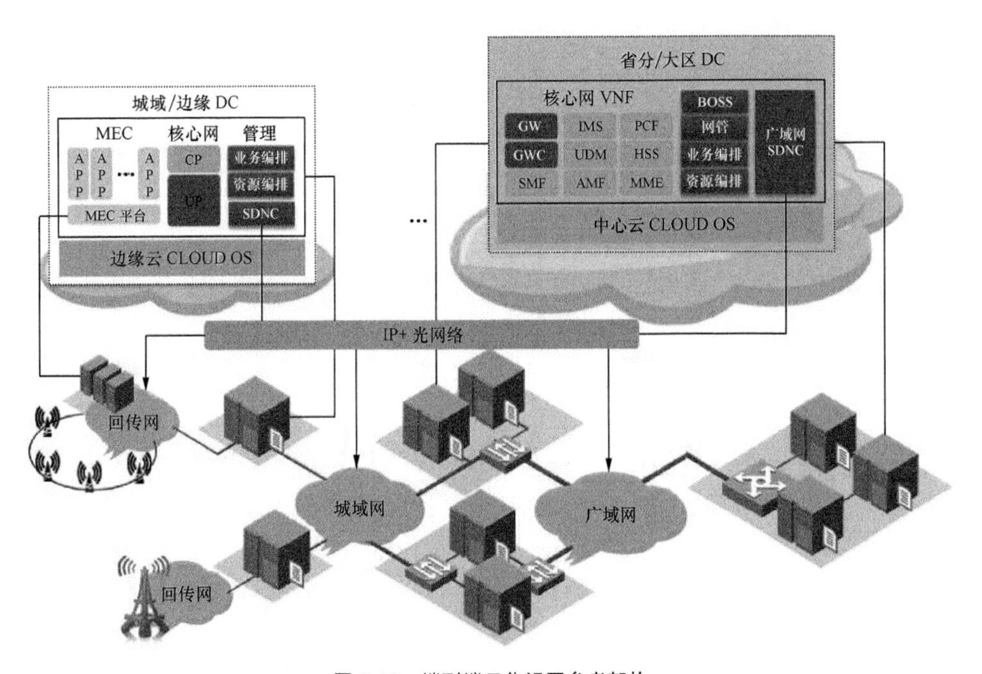

图3-20 端到端云化组网参考架构

中心级数据中心一般部署于大区或省会中心城市，主要用于承载全网集中部署的网络功能，如网管/运营系统、业务与资源编排、全局SDN控制器，以及核心网控制面网元和骨干出口网关等。控制面集中部署的好处在于可以将大量跨区域的信令交互变成数据中心内部流量，优化信令处理时延；虚拟化控制

面网元集中统一控制，能够灵活调度和规划网络；根据业务的变化，按需快速扩缩网元和资源，提高网络的业务响应速度。

边缘级数据中心一般部署于地市级汇聚和接入局点，主要用于地市级业务数据流卸载的功能，如 UL-CL UPF、4G GW-U、边缘计算平台和特定业务切片的接入和移动性功能。用户数据边缘卸载的好处在于可以大幅降低时延敏感类业务的传输时延，优化传输网络负载。通过分布式网元的部署方式，将网络故障范围控制在最小。此外，通过本地业务数据分流，可以将数据分发控制在指定区域内，满足特定场景的安全性需求。

在虚拟化层方面，针对移动核心网业务，运营商可采用统一的 NFV 基础设施平台向下收敛通用硬件，支持软硬件解耦或 NFV 系统三层解耦能力。运营商对云平台的核心价值关切在于高可用性、高可靠、低时延、大带宽。

在数据中心组网方面，通过两级数据中心节点的 SDN 控制器联动提供跨 DC 组网功能，提高 5G 核心网切片端到端自动化部署和灵活的拓扑编排管理能力；数据中心内部组网可采用两层架构 + 交换机集群（TOR/EOR）模式，减少中间层次，提高组网效率和端口利用率；或选择 Leaf—Spine 水平扩展模式，实现 Leaf 和 Spine 全互联、多 Spine 水平扩展，处理东西向流量；在满足电信虚拟化网络功能（VNF）性能的条件下，通过 Overaly 网络虚拟化实现大二层，利用 SDN 技术，增强按需调度和分配网络资源的能力。

完成数据中心组网和云平台部署后，可根据运营商的运营策略和发展要求启动移动核心网云化部署工作，为 5G 的整体商用提供核心网业务能力。5G 阶段，移动核心网云化部署可能的任务包括以下几个方面。

（1）4G 核心网（EPC）功能升级：支持非独立部署（NSA）EPC 功能和网关控制承载分离（CUPS）功能。

（2）EPC 功能虚拟化：对 4G 核心网网元进行虚拟化改造。

（3）分布式云网建设：包括分布式数据中心组网、云化 NFV 平台建设、NFVO 建设与网管对接，以及容器部署等。

（4）5G 核心网（5GC）建设：完成 5G 核心网功能开发，支持服务化架构、网络切片、边缘计算、语音等业务能力。

（5）5GC 部署配套建设：基于 HTTP 的信令网建设优化，4G/5G 设备合设、混合组池和互操作，以及业管、网管和计费配套支持等。

（6）以 EPC 功能升级支持 5G 基站非独立组网（Option3）和虚拟化改造为起点触发 5G 全网云化部署是一种基于演进思路的选项，这是出于保护现有投资和维持移动宽带业务延续性的考虑，同时也因为 vEPC 已有部署和商用经验，有利于促进云网一体化建设，快速达成云化运营的目标，同时为 5GC 新功能部署和配套建设奠定基础。

运营商也可以选择直接部署支持 5G 基站独立组网（Option2）的 5GC。直接部署 5GC 可以在一定规模上快速满足 5G 三大场景对网络的创新要求，第一时间把握 5G 新型业务的发展机遇。然而，5GC 部署涉及服务化架构、网络切片、容器等全新技术，而且 5G 核心网必须实现与传统网络的共存，满足网络平滑升级和业务连续性要求，因此、建议运营商在规划时提前考虑，充分开展技术试验验证，推进关键技术和部署方案成熟。

5G 窗口期内的移动核心网云化部署需要综合考虑多业务场景和多系统共存演进的问题。利用云化 NFV 平台快速业务上线、灵活功能迭代的特性，分步骤、同步性地平滑实现核心网过渡、共存、互操作和融合，达成 4G/5G 核心网一体化、智能化运营的目标：

第 1 阶段，概念验证阶段。运营商可同步推进 EPC 升级和 5GC 部署概念验证。EPC 侧重验证 NSA 和 CUPS 升级功能，以及 NFV 平台解耦方案；5GC 重点验证新功能特性和接口协议等。同时，基于对 EPC 和 5GC 验证结果的评估，确定云平台选型方案。

第 2 阶段，组网验证阶段。重点完成试验网验证，并向规模组网平滑升级。EPC 可先启动面向规模组网的 NSA 和 CUPS 功能升级，实现网络功能云化，承接 eMBB 业务。5GC 在试验网阶段，重点开展不同应用场景下架构、功能和性能验证，以及 MME 和 AMF 间 N26 接口互操作功能验证。同步启动 5G HTTP 信令网方案论证和组网建设。

第 3 阶段，4G/5G 核心网融合阶段。随着 5G 应用的涌现和 5GC 的试验成熟，可以启动 5GC 规模组网，引导 eMBB 业务向 5G 核心网分流，鼓励垂直行业尝试切片部署，支持 4G/5G 互操作和语音业务，验证 EPC/5GC、物理 / 虚拟化设备的混合组池和功能合设方案，提供无缝的业务连续性和运营一致性。

未来，智能化运营阶段。基于云端 4G/5G 融合核心网构建全新运营生态。基础设施层面实现基于服务粒度灵活编排、以容器为单位的敏捷部署能力，构建 NFV 统一平台生态；网络业务层面围绕网络切片为不同行业需求定制功能增强的业务专网，实现大数据 / 人工智能驱动的智能运营，构建 5G 应用创新生态。

3.5 5G 组网部署策略

5G 网络部署有两种策略：SA（独立组网）和 NSA（非独立组网）。如果采用 SA 方式，则将形成一个新的网络，包括核心网、回程链路和新基站；而 NSA 方式则是利用现有的 4G 基础设施，将 5G 微小站部署在高业务密度区域，以分流 4G 网络压力，满足激增的移动数据流量需求。

在 3GPP TSG-RAN 第 72 次全体大会上，RP-161266 提出了 12 种 5G 系统整体架构（涉及 8 类 Option），这些架构选项是从核心网和无线角度相结合进行考虑的，部署场景涵盖了未来全球运营商部署 5G 商用网络不同阶段的部署要求，其中，Option1/Option2/ Option5/Option6 为 SA 架构（LTE 与 5G NR 独立部署架构），Option3/Option4/Option7/ Option8 为 NSA 架构（LTE 与 5G NR 双连接部署架构）。部署架构选项如图 3-21 所示。

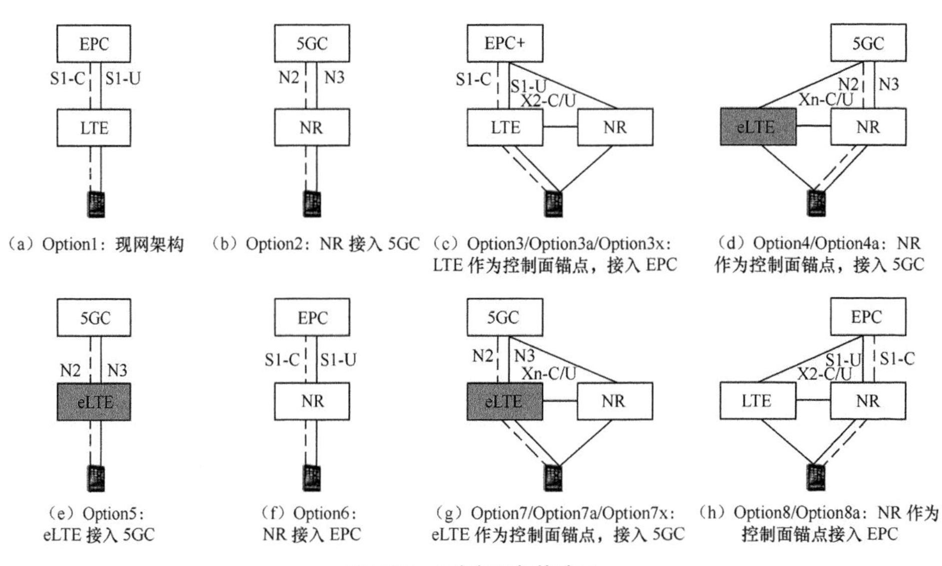

（a）Option1：现网架构（b）Option2：NR 接入 5GC（c）Option3/Option3a/Option3x：LTE 作为控制面锚点，接入 EPC（d）Option4/Option4a：NR 作为控制面锚点，接入 5GC

（e）Option5：eLTE 接入 5GC（f）Option6：NR 接入 EPC（g）Option7/Option7a/Option7x：eLTE 作为控制面锚点，接入 5GC（h）Option8/Option8a：NR 作为控制面锚点接入 EPC

图 3-21 8 个部署架构选项

其中，Option1 是传统 4G 网络架构，LTE 连接 EPC；Option6 是独立 5G NR，仅连接到 EPC；Option8/Option8a 是非独立 5G NR，仅连接到 EPC，是理论存在的部署场景，不具有实际的部署价值，标准中不予考虑。

Option2/Option3/Option4/Option5/Option7 是 3GPP 标准以及业界重点关注的 5G 候选组网部署方式，其中，Option3/Option4/Option7 是在 3GPP TR38.801 中重点介绍的 LTE 与 NR 双连接的网络部署架构选项。

3GPP R12 中已经提出了双连接技术，与传统 LTE 双连接［有 3 种承载类型：主小区组（MCG，Master Cell Group）承载、辅小区组（SCG，Secondary Cell Group）承载、MCG 分离承载］相比，LTE-NR 跨系统双连接新增了 SCG 分离承载。

MCG 承载是协议栈都位于主节点（MN，Master Node）且仅使用 MN 资源的承载；SCG 承载是协议栈都位于辅节点（SN，Secondary Node）且仅使用 SN 资源的承载；分离承载是指协议栈同时位于 MN 和 SN 节点且同时使用 MN 和 SN 资源的承载，MCG 分离承载是指仅 MN 与核心网数据面相连，数据由 MN 分流至 SN；SCG 分离承载是指仅 SN 与核心网数据面相连，数据由 SN 分流至 MN，具体如图 3-22 所示。

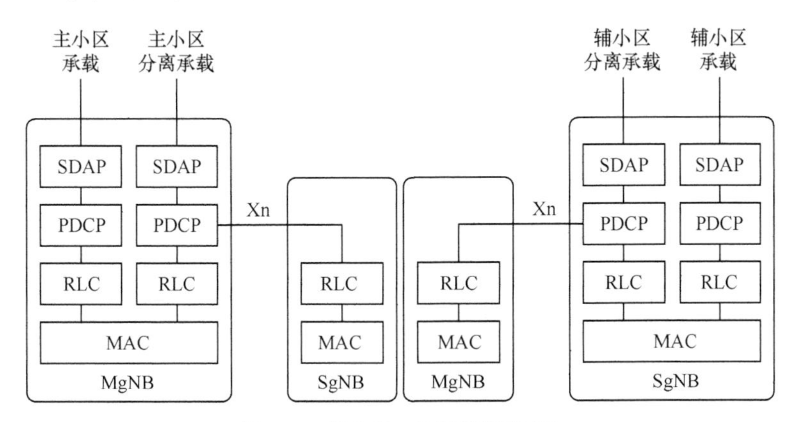

图 3-22 双连接 4 种承载类型示意

MCG 分离承载、SCG 承载、SCG 分离承载分别对应 Option3/Option3a/Option3x 的 3 个部署选项以及 Option7/Option7a/Option7x 的 3 个部署选项，MCG 分离承载、SCG 承载分别对应 Option4/Option4a 的两个部署选项（不存在 Option4x 部署选项）。

候选的非独立部署架构 Option3/Option7/Option4 具体介绍及优劣势分析如下。

1. Option3/Option3a/Option3x

Option3/Option3a/Option3x 部署架构如图 3-23 所示。

LTE 作为 MN 提供连续覆盖（LTE 作为控制面锚点），NR 作为 SN 热点区域部署，升级 EPC 核心网，实现增强的业务体验，NR 的用户面可以通过 LTE 与 EPC 间接连接。LTE 扮演了与核心网控制面连接锚点的角色，全部的控制信令都是通过 LTE 下发，而用户面数据通过 LTE 进行承载分离。Opiton3、Opiton3a 和 Opiton3x 的主要区别在于用户面路径不同，用户面分别经由 LTE eNB、EPC、NR 进行分流。

优势：NSA Option3/Option3a/Option3x 标准化完成时间最早，可较早提供 5G 高速率，有利于市场宣传；对 NR 覆盖无要求，支持 5G NR 和 LTE 双连接，可以带来流量增益；网络改动小，建网速度快，投资相对少。

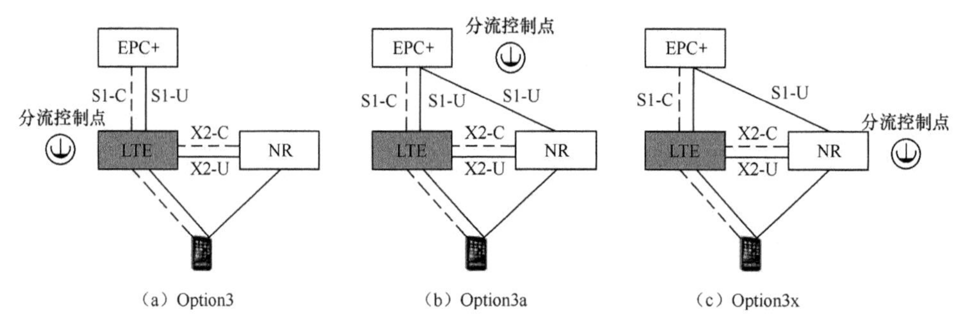

图 3-23 Option3/3a/3x 部署架构

劣势：该方案可能需要新建 5G NR 与现有 LTE 基站的设备厂商强绑定；由于连接到 EPC 核心网，无法支持 5G 核心网引入的相关新功能和新业务。

适用场景：LTE eNB 作为 MN，NR gNB 作为 SN，适合于 5G 商用初期热点部署，能够实现 5G 快速商用。

2. Option4/Option4a

Option4/Option4a 部署架构如图 3-24 所示。

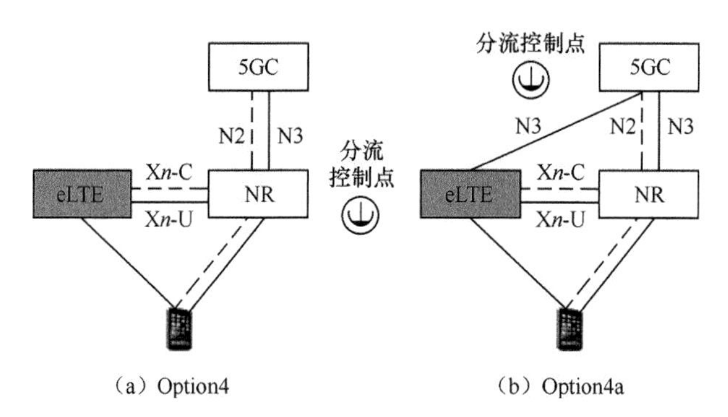

图 3-24 Option4/Option4a 部署架构

NR 作为 MN 提供连续覆盖（NR 作为控制面锚点），eLTE 作为 SN 提供流量补充。核心网已经由全新的 5GC 取代，NR 成为 5GC 与 eLTE eNB 控制面连接的锚点，值得注意的是，这里的 LTE 基站是增强型的 eLTE eNB，可以通过新空口 NG-U 接入 5GC 中。Opiton4、Option4a 的主要区别在于用户面路径不同，用户面分别经由 gNB、5GC 进行分流。因 NR 作为 MN 且 NR 带宽大于 eLTE，因此，标准架构中没有考虑 Option4x 架构选项。

优势：支持 5G NR 和 LTE 双连接，带来流量增益；引入 5G 核心网，支持 5G 新功能和新业务。

劣势：eLTE 涉及现网 LTE 无线的改造量较大，且产业的成熟时间可能会相对较晚；新建5G NR可能需要与升级的eLTE设备厂商绑定。

适用场景：NR作为MN，eLTE作为SN，由NR提供连续覆盖，适合于5G商用中后期部署场景。

3．Option7/Option7a/Option7x

Option7/Option7a/Option 7x部署架构如图3-25所示。

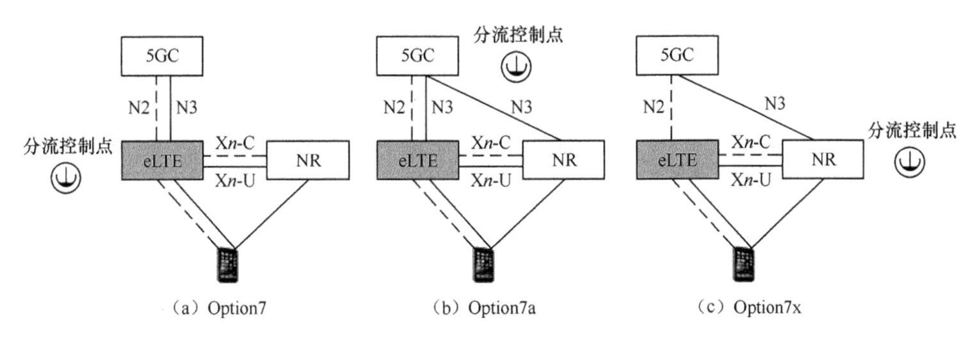

图3-25　Option7/7a/7x部署架构

eLTE作为MN提供连续覆盖（eLTE作为控制面锚点），NR作为SN在热点区域部署；LTE基站升级改造为eLTE接入5G核心网，这种方式是Option4/4a的变体，区别在于控制面连接锚点的功能改由eLTE eNB承担。Opiton7、Option7a和Option7x的主要区别在于用户面路径不同，用户面分别经由LTE eNB、5GC、NR进行分流。

优势：对NR覆盖无要求，能够有效利用现有大规模LTE资源；支持5G NR和LTE双连接，带来流量增益；引入5G核心网，支持5GC新功能和新业务。

劣势：eLTE是指通过升级改造连接到5G核心网的演进LTE基站，涉及LTE基站的改造量较大，并可能涉及硬件的改造或替换（需提升容量及峰值速率、降低时延，并需要升级协议栈、支持5G QoS等），且产业的成熟时间可能会相对较晚；新建5G NR可能需要与升级的eLTE设备厂商绑定。

适用场景：eLTE作为MN，NR作为SN，适合于5G部署初期及中期场景，由升级后的eLTE基站提供连续覆盖，NR作为热点覆盖提高容量。

候选的独立部署架构选项包括Option2和Option5，如图3-26所示。

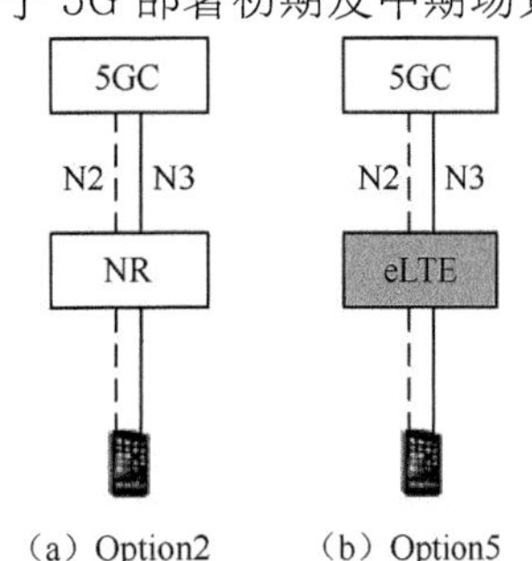

图3-26　Option2和Option5部署架构

1．Option2

Option2通过部署NR接入5GC，是独立5G架构，也是业界公认的5G目标架构。

优势：一步到位引入NR和5GC，不依赖

于现有 4G 网络，演进路径最短；全新的 NR 和 5GC，能够实现全部的 5G 新特性，能够支持 5G 网络引入的所有相关新功能和新业务。

劣势：5G 频点相对 LTE 较高，初期部署难以实现连续覆盖，会存在大量的 NR 与 LTE 系统间切换；初期部署成本相对较高，无法有效利用现有 LTE 基站资源。

适用场景：该架构作为 5G 系统的目标架构和最终形态，适合在整个 5G 商用周期内进行部署。

2. Option5

在 Option5 方案中，LTE 需要升级改造为 eLTE，接入 5G 核心网。

优势：能够有效利用现有大规模 LTE 资源。

劣势：eLTE 涉及现网 LTE 无线的改造量相对较大；升级现网 LTE 为 eLTE，绑定厂商。

Option2 与 Option5 比较。两者的主要差别在于空口层面，5G NR 采用新型波形和多址、新的帧结构、新的信道编码等技术，能实现更高速率、更低时延和更高效率，改造后的 eLTE 与 NR 相比在峰值速率、时延、容量等方面依然有明显差别。NR 底层的优化和后续的演进，eLTE 都不一定支持。因此，不推荐现网部署 Option5 架构。

从包括核心网和无线连接、覆盖方式、提供的业务和功能、互操作和切换、终端和协议等多个方面，对于重点部署架构选项 Option3/Option7/Option4/Option2 进行归纳总结，具体见表 3-1。

表 3-1　5G NSA 和 SA 重点架构选项比较

5G 重点 Option 比较	NSA			SA
	Option3/Option3a/Option3x	Option7/Option7a/Option7x	Option4/Option4a	Option2
无线覆盖（与获得的频率有关）	LTE 提供连续覆盖，NR 提供容量补充	eLTE 提供连续覆盖，NR 提供容量补充	NR 提供基础覆盖，eLTE 提供容量补充	NR 独立组网，同时提供覆盖和容量
对现有核心网 / 无线网要求	EPC 核心网需要升级，LTE 需要软件升级	LTE 基站需要升级改造为 eLTE 基站（涉及硬件改造或替换）		—
新业务和功能支持情况	受限于 EPC，提供新业务和功能受限	引入 5G 核心网，支持 5G 引入的相关新业务和新功能，如网络切片、新型 QoS 等		
Option*/a/x 选项建议	建议分别选择 Option3x、Option7x、Option4，原因是：NR 支持流量大、性能高，作为用户面锚点，可以降低对于 LTE 基站用户面转发要求和改造成本			—

（续表）

5G 重点 Option 比较	NSA			SA
	Option3/Option3a/Option3x	Option7/Option7a/Option7x	Option4/Option4a	Option2
互操作和连续性	非独立组网通过双连接方式进行，可以实现无缝切换，切换过程中不会造成业务中断，从而能够保证业务的连续性			两张独立网络，需通过重选和切换等方式互操作
终端要求	5G 双连接终端、LTE NAS	5G 双连接终端、N1 NAS	5G 双连接终端、N1 NAS	5G 终端、N1 NAS
	为满足 5G 网络不同建设期及漫游要求，建议尽量采用非独立组网和独立组网共平台化设计，保证 5G 终端的适用性			
定位及适用场景	过渡部署架构：适用于 5G 部署初期，NR 热点部署	过渡部署架构：适用于 5G 部署初期及中期，NR 热点部署	准目标部署架构：适用于 5G 部署中远期，NR 连续覆盖	5G 目标部署架构：适用于 5G 部署全周期，NR 连续覆盖

根据运营商 5G 商用部署进度计划、可用频谱资源、终端和产业链成熟情况、总体建网成本等，运营商可以选择不同的组网部署演进路线。由于 NSA 标准化完成时间早于独立部署，因此，运营商可以选择优先部署 5G 无线网络，或 SA 成熟时直接部署 NR 和 5GC。SA Option2 部署架构作为 5G 部署的终极目标架构，总体可以归纳为两大类部署演进路线，如图 3-27 所示，每大类又可以细分为多个典型的迁移路径供选择。

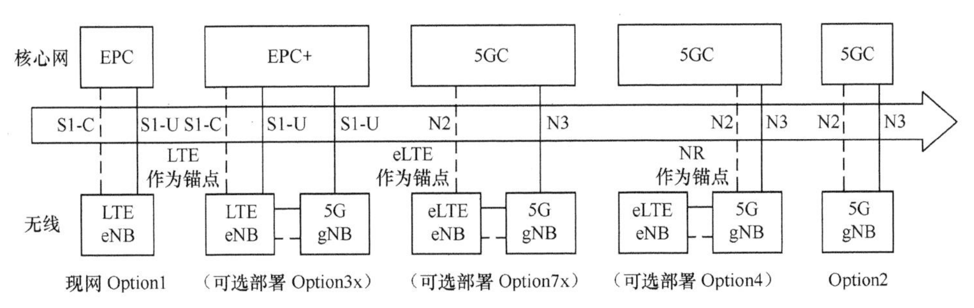

图 3-27　5G 网络部署模式迁移路径示意

1. 5G 商用初期直接选择独立部署架构

迁移路径一（一步走方案）：Option1 → Option 2。

Option1 → Option2，如 5G 建设初期具备直接部署 Option2 的条件，则可以一步到位，新建 NR，接入新建的 5GC 中，能够体现 5G 网络全部性能优势；

不需要改动现网 LTE/EPC(需要支持 N26 接口互操作)。

5G 建网初期实现 5G NR 连续覆盖难度较大，成本较高。

2. 5G 商用初期选择非独立部署架构，再向独立部署架构演进

迁移路径二(分步走方案)：Option1 → Option3x →(Option7x)→(Option4)→ Option2。

采用非独立部署可以有 Option3/Option7/ Option4 共 3 种部署方式，不同组合方式下的迁移路径可能有多种选择，可以根据运营商具体情况进行合理选择，最终演进到 Option2 目标架构。

5G NR 优先引入，基于 NSA Option3 开始部署，升级 EPC 为 EPC+；后续引入 5GC，可选部署 Option7x/Option4；可同时部署多个 Option，如 Option3x(满足 eMBB 需求)+ Option2(热点部署，满足部分垂直行业需求)；终端形态较多，需要支持多种制式。

部署 Option3x。5G 商用部署的频率(6GHz 以下频段主要是 3.5GHz 和 4.8GHz)相比 LTE 频率(2.6GHz 频段)会高，因此，NR 覆盖范围相比 LTE 会有所减小。5G 商用初期主要为了满足 eMBB 业务需求，可以充分利用现有 LTE 无线和 EPC 实现连续覆盖和移动性，NR 覆盖提升用户面容量。

可选部署 Option7/Option7a/Option7x。可以在 Option3/Option3a/Option3x 部署后迁移到 Option7/Option7a/Option7x，将 LTE 升级到 eLTE，新建 5G 核心网；也可以直接在 5G 商用初期跳过 Option3/3a/3x 直接部署 Option7/Option7a/Option7x。该方案的优势在于，在利用 eLTE 广覆盖优势的同时，可以使用 5G 核心网的相关高级特性。

可选部署 Option4/Option4a。Option4/Option4a 部署架构有较大可能在 5G 部署中后期采用，随着 5G NR 逐渐实现连续覆盖，同时又可以将现网 eLTE 利用起来作为容量补充。

由非独立部署架构演进到独立部署架构的可选路径示意如图 3-28 所示，5G NR 逐步由热点覆盖演进到 5G NR 连续覆盖，实现 5G 独立组网架构。

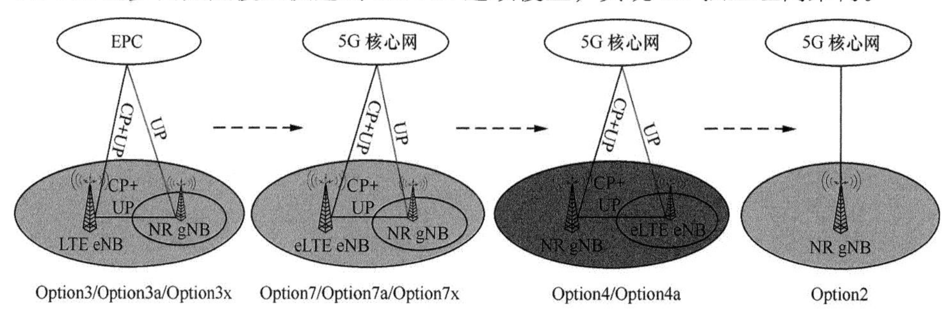

图 3-28 Option3/4/7/2 部署路线演进示意

SA架构Option2是5G网络建设的终极目标，能够体现5G的全部技术优势并提供全部的5G网络服务，NSA架构作为5G部署的演进过程，最大优势是能够在演进过程中充分利用现有LTE网络资源，并能够实现快速部署。但在建网过程中也应尽量避免过长的5G整体演进路线，需要对网络进行频繁升级和改造才能得到SA，整体投资成本也会更高。

基于5G整体网络部署演进路线选择，核心网专业有两种部署方式选择：如果采用Option3/Option3a/Option3x部署架构，需要将现网EPC升级为5G NSA，如果采用其他部署架构选项（Option2、Option4/Option4a、Option5、Option7/Option7a/Option7x），则均需新建5G核心网。

1. EPC升级为5G NSA

如果采用Option3/Option3a/Option3x部署架构，需要对EPC进行软件升级（含MME、SAE-GW、PCRF、HSS、CG等网元），主要包含支持双连接、QoS扩展、5G签约扩展、NR接入限制、计费扩展等方面。

为实现统一的数据管理和策略管理，需要对现网全部HSS、PCRF进行升级，为尽量减少对于现网无线LTE基站的升级改造，建议升级POOL内全部MME设备，可按需升级改造部分SAE-GW设备（MME和DNS根据UE-NR-CAPABILITY为5G-ENABLED的UE选择NSA-GW）支持5G NSA功能及5G大数据带宽，并按需升级部分CG设备。

云化的5G NSA核心网后续可以进一步平滑演进到5G核心网。

2. 引入5G核心网

5G核心网采用服务化架构、支持网络切片、分布式部署、需基于NFV云化形式部署。基于云化新建方式及VEPC向上升级方式，部署AMF、SMF、PCF、UPF、UDM、NEF、NRF、NSSF等5GC网络功能，如图3-29所示。

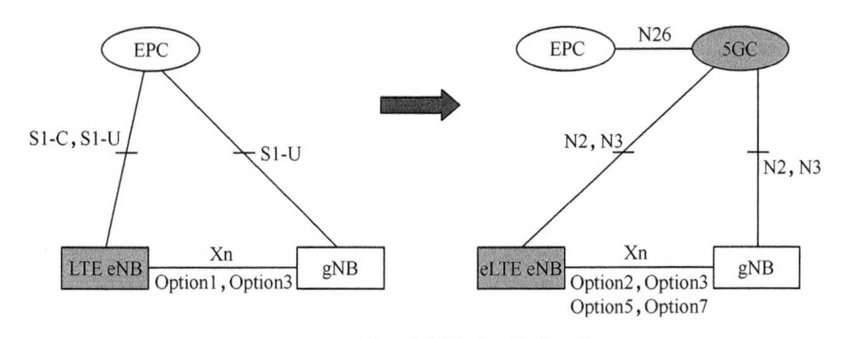

图3-29　核心网部署方式及演进路径

基于不换卡不换号原则，为实现统一的数据管理和策略管理，5G核心网引入之初，需要首先考虑实现融合UDM/HSS、融合PCF/PCRF，涉及现网存量

HSS 和 PCRF 设备。

部署融合 SMF/PGW-C 实现统一会话管理锚点，部署融合 UPF/PGW-U，实现统一用户面的锚点，保证业务连续性。AMF 和 MME 之间通过 N26 接口进行控制面互通，传递上下文等互操作信息，以实现 5G 核心网与 EPC 的互操作。

3. 5G 核心网与 EPC 融合演进，实现统一核心网

5G 部署中后期，随着 5G 业务发展及传统 EPC 设备的老旧退网，核心网逐步实现全云化，EPC 逐步向 5G 核心网迁移。EPC 和 5G 核心网能够部署在相同的云化基础设施上，VEPC 向上升级支持相应 5G 核心网功能，新建 5G 核心网向下兼容相应 EPC 网元功能，最终实现统一融合核心网，通过网络切片满足三大业务场景需求。5G 与 EPC 融合核心网同时支持 NSA 和 SA 多种接入方式，具体如图 3-30 所示。

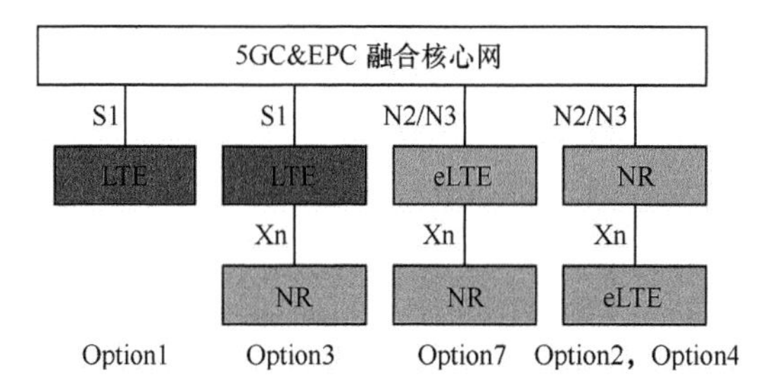

图 3-30 融合核心网统一支持多接入

5G 网络选择独立部署还是非独立部署及演进路线，是各运营商在引入 5G 网络时必须面临的关键问题。各运营商应根据自身网络情况、5G 商用部署时间计划、终端及芯片产业链支持情况、频率资源和覆盖策略、建网成本等多方面关键因素进行权衡考虑，选择适合自身的 5G 整体演进路线，为用户提供更优质的网络服务。

| 3.6 5G 网络重构关键技术 |

5G 网络架构的重构是以一系列新技术的引入作为先决条件的，例如，基于 SDN 实现控制与转发的分离，基于 NFV 实现软硬件解耦。另外，还需要引入网络切片、边缘计算、D2D 通信等技术方向，以形成针对所有场景的解决方案。本节将对几个主要的 5G 使用技术做简单介绍。

3.6.1 SDN——控制与转发分离

软件定义网络（SDN，Software Defined Network）是一种新型网络创新架构，其设计理念是将网络设备控制面与数据面分离开来，从而通过集中的控制器中的软件平台去实现可编程化控制底层硬件，进而实现网络资源灵活的按需分配。由于传统的网络设备（交换机、路由器）的固件由设备制造商锁定和控制，所以SDN希望将网络控制与物理网络拓扑分离，网络设备只负责单纯的数据转发，可以采用通用的硬件，从而摆脱硬件对网络架构的限制，而原来负责控制的操作系统将被提炼为独立的网络操作系统，负责对不同业务特性进行适配，而且网络操作系统和业务特性以及硬件设备之间的通信都可以通过编程实现。这样企业便可以像升级、安装软件一样对网络架构进行修改，满足企业对整个网站架构进行调整、扩容或升级。而底层的交换机、路由器等硬件则无须替换，节省大量的成本的同时，网络架构迭代周期将大大缩短。传统网络架构与SDN架构对比如图3-31所示。

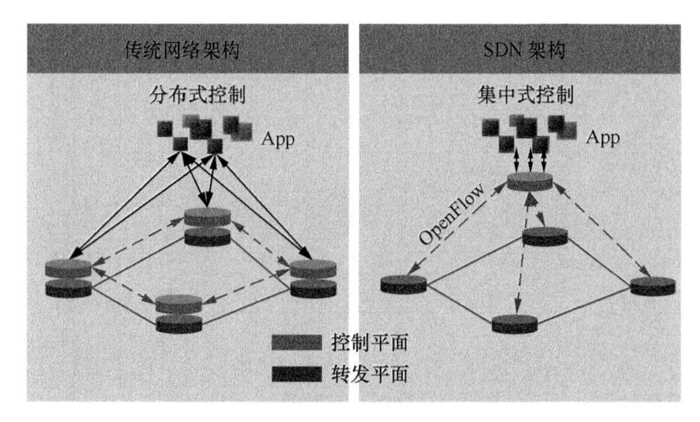

图3-31 传统网络架构与SDN架构对比

举个不太恰当的例子，SDN技术就相当于把每户的路由器的管理设置系统和路由器剥离开。以前每台路由器都有自身的管理系统，而SDN出现之后，一个管理系统可用在所有品牌的路由器上。如果网络系统是功能机，系统和硬件出厂时就被捆绑在一起，那么SDN就是Android系统，可以在很多智能手机上安装、升级，同时还能安装更多更强大的手机App（SDN应用层部署）。

SDN本质上具有“控制和转发分离”“设备资源虚拟化”和“通用硬件及软件可编程”三大特性，至少带来了以下好处。

第一，设备硬件归一化，硬件只关注转发和存储能力，与业务特性解耦，可以采用相对廉价的商用的架构来实现。

第二，网络的智能性全部由软件实现，网络设备的种类及功能由软件配置而定，对网络的操作控制和运行由服务器作为网络操作系统（NOS）来完成。

第三，对业务响应相对更快，可以定制各种网络参数，如路由、安全、策略、QoS、流量工程等，并实时配置到网络中，开通具体业务的时间将缩短。

如图 3-32 所示，SDN 的典型架构共分 3 层，最上层为应用层，包括各种不同的业务和应用；中间的控制层主要负责处理数据平面资源的编排，维护网络拓扑、状态信息等；最底层的基础设施层负责基于流表的数据处理、转发和状态收集。

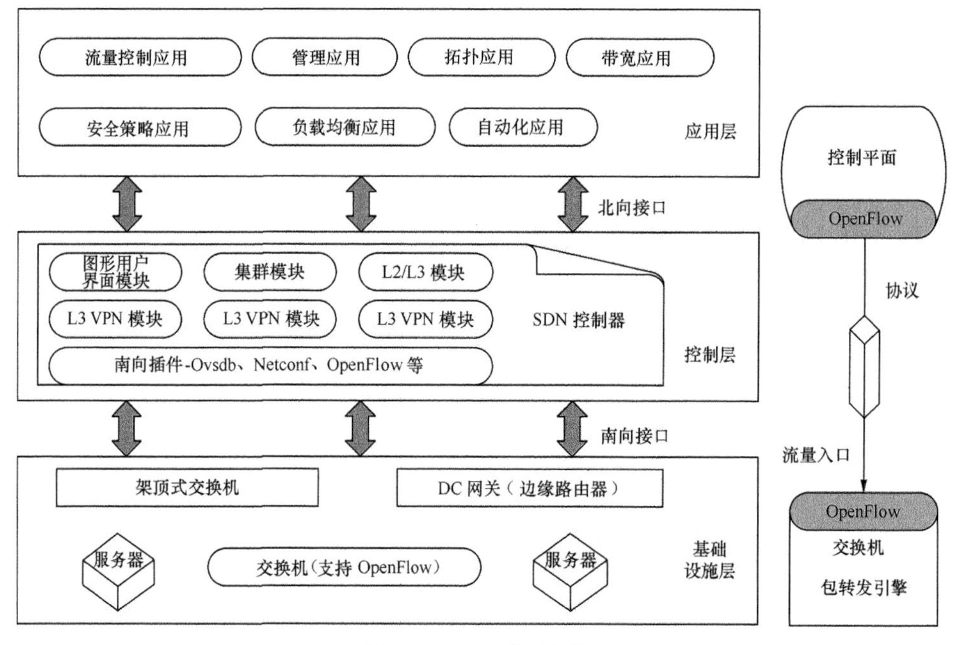

图 3-32　SDN 典型架构

基础设施层是硬件设备层，由各种网络设备构成，专注于单纯的数据、业务物理转发。物理层的实现可以是支持 OpenFlow 的硬件交换机，随着虚拟化技术的完善，SDN 交换机可以是软件形态，例如 OVS（Open vSwitch）就是一款基于开源技术实现的、能够与服务器虚拟化（Hypervisor）集成，具备交换机的功能，可以实现虚拟化组网。另外，OVS 支持传统的标准管理接口，例如，NetFlow、sFlow 等，监测虚拟环境中的流量情况。

控制层是 SDN 控制器管理网络的基础设施，可以根据需要灵活选择多种控制器。在这一层中，控制器中包含大量业务逻辑，以获取和维护不同类型的网络信息、状态详细信息、拓扑细节、统计详细信息等。由于SDN控制器是用于管理网络的，所以它必须具有用于现实世界网络使用情况的控制逻辑，如交换、路由、二层VPN、三层VPN、防火墙安全规则、DNS、DHCP和集群，网络供应商和开源社区需要在自己的SDN控制器中实现自己的服务。这些服务会向上层（应用层）公开自己的API（通常基于REST），这使网络管理员可以方便地使用应用程序上的SDN控制器的配置、管理和监控网络。目前，市场上的SDN控制器解决方案大致可以分为两类：大型网络设备厂商提供商业方案，例如，Cisco Open SDN控制器、Juniper Contrail、Brocade SDN控制器和来自NEC公司的PFC SDN控制器；社区组织提供的开源方案，例如，OpenDaylight、Floodlight、Beacon、Ryu等。

应用层通过控制层提供的编程接口对底层设备进行编程，把网络的控制权开放给用户，基于北向接口可开发各种业务应用，实现丰富多彩的业务创新应用，包括网络的可视化：拓扑结构、网络状态、网络统计等；网络自动化相关应用：网络配置管理，网络监控，网络故障排除，网络安全策略等。SDN应用程序可以为企业和数据中心网络提供各种端到端的解决方案。

南向接口，控制层到基础设施层（网络交换机）通信需要经过南向接口，目前，主要的协议是OpenFlow、NetConf、OVSDB。OpenFlow协议事实上是国际行业标准，NOX、Onix、Floodlight等都是基于OpenFlow控制协议的开源控制器。作为一个开放的协议，OpenFlow突破了传统网络设备厂商各自为政形成的设备能力接口壁垒。

北向接口。应用层通过API的方式与SDN控制器通信。与南向接口不同，现有的北向接口还缺少业界公认的标准，实现方案思路有的从用户角度出发、有的从运营商角度出发、有的从产品能力角度出发。技术风格上，部分传统的网络设备厂商倾向于在现有的设备上提供编程接口供业务App调用，许多上层应用的开发者也比较倾向于采用REST API接口的形式。

当前，实现SDN的主要途径有3个，分别是基于开放协议的方案、基于叠加网络的方案和基于专用接口的方案。

基于开放协议的方案是当前SDN实现的主流方案，该类解决方案基于开放的网络协议，实现控制面与转发面的分离，支持控制全局化，获得最多的产业支持。ONF SDN和ETSI NFV都属于这类解决方案。作为实现SDN的一种主流开放协议标准，OpenFlow协议本身就可以高效且严格的实现转发面和控制面的分离，本质上适合SDN，因此，OpenFlow架构的SDN成为华为、戴尔、瞻博网络、博科、惠普等企业共同支持的方案。

基于叠加网络的方案的实现思路是以现行的 IP 网络为基础，在其上建立叠加的逻辑网络（Overlay Logical Network），屏蔽掉底层物理网络差异，实现网络资源的虚拟化，使得多个逻辑上彼此隔离的网络分区，以及多种异构的虚拟网络可以在同一共享网络基础设施上共存。该类方案主要由虚拟化技术厂商主导，主要的实现方案包括 VXLAN、NVGRE、NVP 等，代表企业有 VMware，微软等。

基于专用接口的方案的实现思路是不改变传统网络的实现机制和工作方式，通过对网络设备的操作系统进行升级改造，在网络设备上开发出专用的 API 接口，管理人员可以通过 API 接口实现网络设备的统一配置管理和下发，改变原先需要一台台设备登录配置的手工操作方式，同时，这些接口也可供用户开发网络应用，实现网络设备的可编程。典型的基于专用接口的 SDN 实现方案是思科的 ONE 架构。实现 SDN 的 3 种方案对比见表 3-2。

表 3-2　实现 SDN 的 3 种方案对比

实现方案	优点	缺点
基于开放协议的方案	获得最多的产业支持，是目前最主流的方案	协议定义还不完整，用户可能信心不足
基于叠加网络的方案	屏蔽底层物理网络的实现细节，能实现便捷的在现网部署，并与虚拟化管理整合	实施效果受底层网络质量影响，同时增加网络架构复杂度，降低数据处理性能
基于专用接口的方案	依托网络设备厂商已有产品体系，对现网部署改动较小，实施部署方便快捷	方案中接口与设备之间紧密耦合，存在着网络设备和能力被厂家锁定的风险

3.6.2 NFV——软件与硬件解耦

网络功能虚拟化（NFV，Network Function Virtualization）。通过使用 x86 等通用性硬件以及虚拟化技术，来承载很多功能的软件处理，从而降低网络昂贵的设备成本。可以通过软硬件解耦及功能抽象，使网络设备功能不再依赖于专用硬件，资源可以充分灵活共享，实现新业务的快速开发和部署，并基于实际业务需求进行自动部署、弹性伸缩、故障隔离和自愈等。NFV 的最终目标是，通过基于行业标准的 x86 服务器、存储和交换设备，来取代通信网的私有专用的网元设备。由此带来的好处是，一方面，基于 x86 标准的 IT 设备成本低廉，能够为运营商节省巨大的投资成本，另一方面，开放的 API 接口也能帮助运营商获得更多、更灵活的网络能力。可以通过软硬件解耦及功能抽象，使网络设备功能不再依赖于专用硬件，资源可以充分灵活共享，实现新业务的快速开发和部署，并基于实际业务需求进行自动部署、弹性伸缩、故障隔离和自愈等。

NFV 的技术基础主要是云计算和虚拟化。通用的 COTS 计算 / 存储 / 网络硬件设备通过虚拟化技术可以分解为多种虚拟资源，供上层各种应用使用，同时，虚拟化技术可以使应用与硬件解耦，使资源的供给速度大大提高，从物理硬件的数天缩短到数分钟；云计算技术可以实现应用的弹性伸缩及资源和业务负荷匹配，不但提高了资源利用率，而且保证了系统的响应速度。

图 3-33 是 ETSI NFV 标准架构。

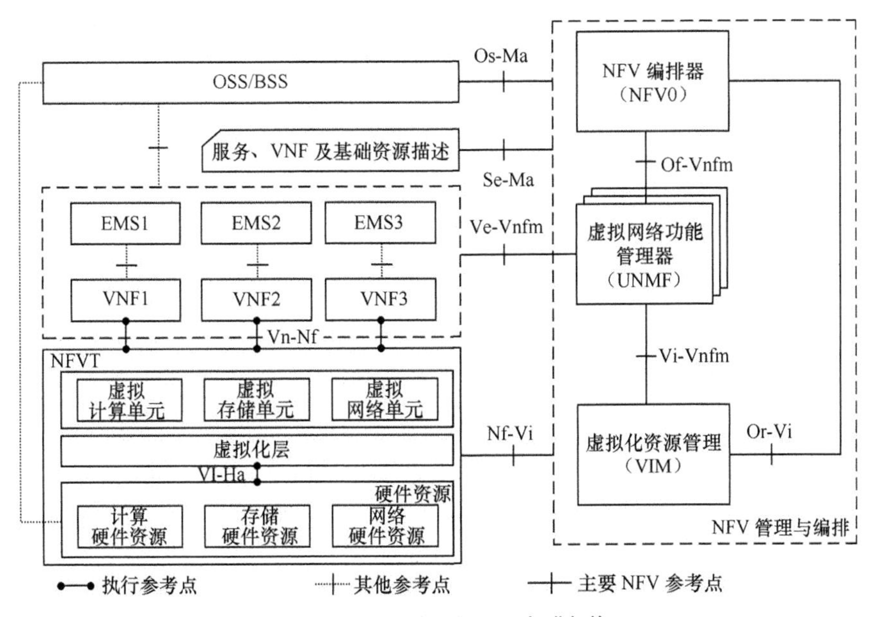

图 3-33 ETIS 定义的 NFV 标准架构

NFV 从纵向和横向上进行了解构，按照 NFV 设计，从纵向看分为以下 3 层。

基础设施层。NFVI 是 NFV Infrastructure 的简称，从云计算的角度看，就是将物理计算 / 存储 / 交换资源通过虚拟化转换为虚拟的计算 / 存储 / 交换资源池。NFVI 映射到物理基础设施就是多个地理上分散的数据中心，通过高速通信网连接起来，为了兼容基于现有的网络架构，NFVI 的网络接入点要能够与其他物理网络互联互通。NFV 支持多供应商，NFVI 是一种通用的虚拟化层，所有虚拟资源应该是在一个统一共享的资源池中，不应该受制或者特殊对待某些运行其上的 VNF。

虚拟网络层。虚拟网络层对应的是目前各个电信业务网络，每个物理网元映射为一个虚拟网元 VNF，VNF 所需资源需要分解为虚拟的计算 / 存储 / 交换资源，由 NFVI 来承载，VNF 之间的接口依然采用传统网络定义的信令接口（3GPP+ITU-T），VNF 的业务网管依然采用 NE-EMS-NMS 体制。

运营支撑层。运营支撑层是目前的 OSS/BSS 系统，需要为虚拟化进行必要的修改和调整。

从横向看，NFV 分为两个域。业务网络域：即目前的各电信业务网络；管理编排域：同传统网络最大的区别就是，NFV 增加了一个管理编排域，简称 MANO，MANO 负责对整个 NFVI 资源的管理和编排，负责业务网络和 NFVI 资源的映射和关联，负责 OSS 业务资源流程的实施等，MANO 内部包括 VIM、VNFM 和运营管理平台 3 个实体，分别完成对 NFVI、VNF 和业务网络提供的网络服务（NS，Network Service）3 个层次的管理。

这样的设计达到了以下几个目的：（1）NFV 架构将物理网元的一些功能拆分开来，更便于运营商从多个供应商那里选择最适合自己的 VNF；（2）VNF 可以被用于不同的物理硬件和 Hypervisor；（3）能够只通过软件进行快速发布；（4）标准的开放接口便于多供应商间的 VNF 进行交互；（5）使用低成本的通用硬件，不受制于特定供应商。

按照 NFV 的技术原理，一个业务网络可以分解为一组 VNF 和 VNFL（VNFL，VNF Link），表示为 VNF-FG（VNFF 或 Warding Graph），然后每个 VNF 可以分解为一组 VNFC（VNF Componet）和内部连接图，每个 VNFC 映射为一个 VM；对于每个 VNFL，对应着一个 IP 连接，需要分配一定的链路资源（流量、QoS、路由等参数）。

通过这样的编排流程，一个业务网络可以通过 MANO 来自顶向下分解，直到可分配资源为止，然后对应 VM 等资源由 NFVI 来分配，对应 VNFL 资源需要同承载网网管系统交互，由 IP 承载网来分配。NFV 网络服务示例如图 3-34 所示。

从逻辑上看，网络流量从一端的接入点流入，经过 VNF-1、VNF-2（A/B/C），再经过一个 PNF-3，最后从另一端的接入点流出。但是从物理层面看，外面的流量是从一端的 PoP（Point of Presence）进入，经过几个 PoP 上的物理设备的转发，最终从另一个接入点流出的。

当前，基于 NFV 分层解耦特性，根据软硬件解耦开放性的不同，可将 NFV 实现策略分为单厂家、共享虚拟资源池、硬件独立、三层解耦 4 种方案。

单厂家方案主要验证虚拟化效果，减少互通难度。共享虚拟资源池倾向 IT 化思路，选择最好的硬件平台和虚拟机产品，要求上层应用向底层平台靠拢。硬件独立方案则倾向于电信思路，由电信设备制造商提供所有软件，只是适配在 IT 平台上。三层解耦方案则需要上层应用厂家根据运营商选定的虚拟资源层的厂家、版本对上层应用软件开发做相应的适配，对系统集成能力要求比较高。

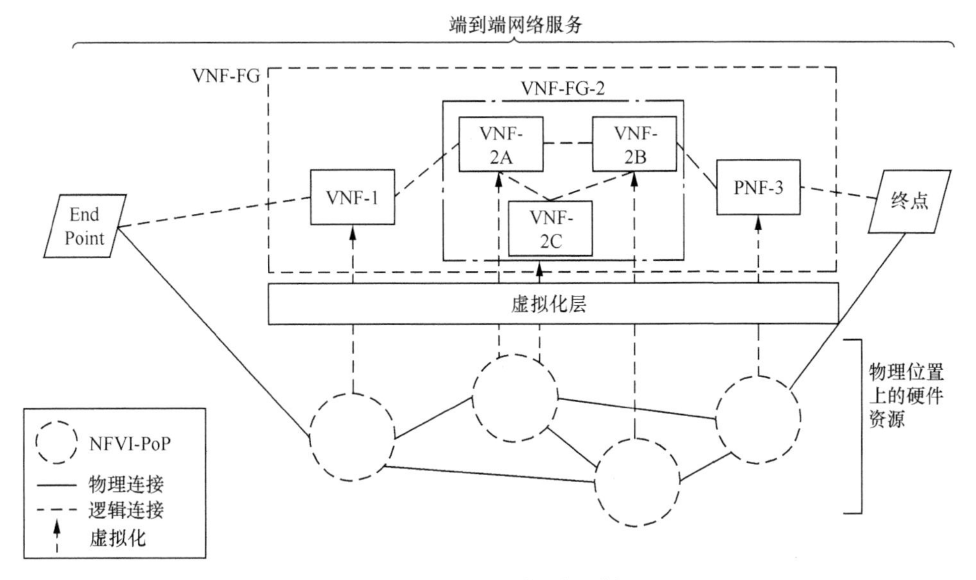

图 3-34　NFV 网络服务示例

其中，共享虚拟资源池方案和硬件独立方案需要当前阶段比较务实的两层解耦，在这种部署场景下，云操作系统处于中间层，起到承上启下的关键作用，而操作系统的云化正好为平台和应用软件之间的解耦提供了天然的解决方案。因为云操作系统为应用软件提供的是虚拟机，这个虚拟机运行在硬件和底层软件上，对于应用是透明的。所以应用软件不必做任何修改就可以在任何虚拟机上运行，实现天然的、自然而然的解耦。

从目前产业发展情况来看，三层解耦再集成虽然面临着一些挑战，却是运营商的普遍选择，而且已经不乏成功案例。以国内某运营商为例，它们选择了三层解耦方案进行了现网试点，其采用符合集采要求的通用服务器，部署两个资源池，集成底层硬件资源、虚拟层、VoLTE 核心网应用层，验证 NFV 三层解耦的 VoLTE 基本业务功能。

在海外，AT&T 的 NFV 网络建设采用的是 VNF 与 NFVI 分层解耦，数据业务部署在本地 DC，控制面与 CDN、VAS 部署在区域 DC。Telefonica 的 UNICA 架构也同样要求 VNF 与 NFVI 分层解耦。德国电信 PAN EU 基于 NFV 的数据中心架构设计采用两级 DC，对开放、开源诉求非常强烈，VNF、Cloud OS、COTS 要求厂家做到全解耦。

SDN 强调控制和转发分离，通过开放化标准接口对网络进行抽象，通过软件编程来控制网络，从而达到更快速地网络创新和更灵活方便地网络管理的目的。

而 NFV 则强调将现有的多种不同的网络设备通过 IT 虚拟化技术融合到有着工业标准的服务器 / 存储设备 / 交换机中去，减少物理设备的类型和数量，所有的功能都通过运行在这 3 种标准设备中的软件来实现，以此来降低运营商网络建设和运营成本，可以更容易地对网络进行管理和创新。

如果参照 OSI 的 7 层模型，SDN 主要适用于 L2 ~ L3 层流量的控制调度，优化网络基础设施架构，比如以太网交换机，路由器和无线网络等，而 NFV 更适用于 L4 ~ L7 层的网络功能的优化，如负载均衡、防火墙等。

SDN 和 NFV 两者间并没有依赖关系，但彼此可以推动对方部署的灵活性。一方面，SDN 的集中控制方式有利于 MANO 对于网络连接的统一调度，另一方面，NFV 通过采用通用服务器、云计算及虚拟化技术可降低 SDN 基础设施层的成本。

3.6.3 移动边缘计算（MEC）——业务本地化

移动通信的飞速发展促进了各种新型业务的不断涌现，除了传统的移动宽带、物联网之外，移动通信催生了许多新的应用领域，如 AR/VR、车联网、工业控制、IoT 等，同时，对网络带宽、时延等性能也提出了更高的需求，网络负荷进一步加重。

到 5G 时代，三大应用场景和小于 1ms 的时延指标，决定了 5G 业务的终结点不可能都在核心网后端的云平台，而需要向用户端靠近；其次，物联网的核心是使万物互联，而随着连接数的快速增长，一方面意味着海量数据的产生，另一方面物联网设备往往还需要智能计算，帮助物联网更好地实现物与物之间的传感、交互和控制。

欧洲电信标准化协会（ETSI，European Telecommunication Standard Institute）于 2014 年提出了移动边缘计算（MEC，Mobile Edge Computing），在 *Mobile Edge Computing——Introductory Technical White Paper* 中，ETSI 对于 MEC 的标准定义是：在移动网边缘提供 IT 服务环境和云计算能力。NGMN 和 3GPP 等研究机构和标准化组织在研究下一代移动通信网标准时也都考虑了 MEC，NGMN 将相关概念命名为“智能边缘节点”，3GPP 在 RAN3 和 SA2 子组中都有 MEC 相关立项，国内标准化组织 CCSA 也有“面向服务的无线接入网”（SoRAN）的课题研究。移动边缘计算基本概念如图 3-35 所示。

移动边缘计算作为 4.5G/5G 网络体系架构演进的关键技术，为无线接入网提供 IT 和云计算能力，使业务本地化、近距离部署成为可能，无线接入网由此而具备了低时延、高带宽的传输能力，业务面下沉可有效降低网络负荷以及对网络回传带宽的需求，从而实现缩减网络运营成本的目的，同时也使得业务应用更靠近无线网络及用户本身，更易于实现对网络上下文信息（位置、网络负荷、无线资源利用率等）的感知和利用，从而可以有效提升用户的业务体验，并给予运营商通过 MEC 平台将无线网络能力开放给第三方业务应用以及软件开发商、为创新型业务的研发部署提供平台的能力。

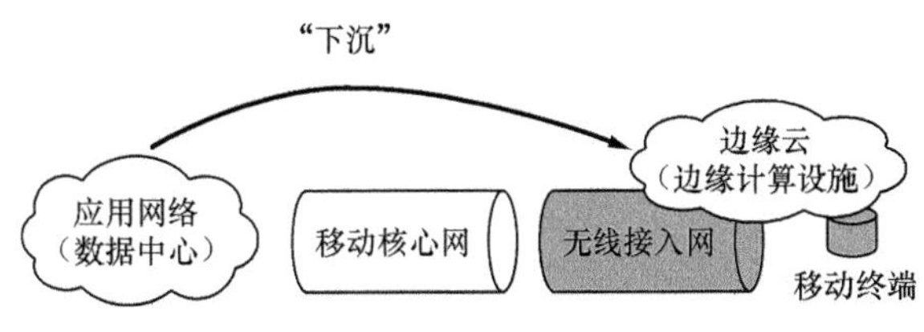

图 3-35 移动边缘计算基本概念

MEC 的实现取决于 MEC 平台的能力。MEC 平台提供了计算资源、存储容量、网络连接线，并且可以获取用户业务流和无线网络状态信息。ETSI 定义的 MEC 服务平台如图 3-36 所示，主要包含 MEC 托管基础设施层、MEC 应用平台层和 MEC 应用层：

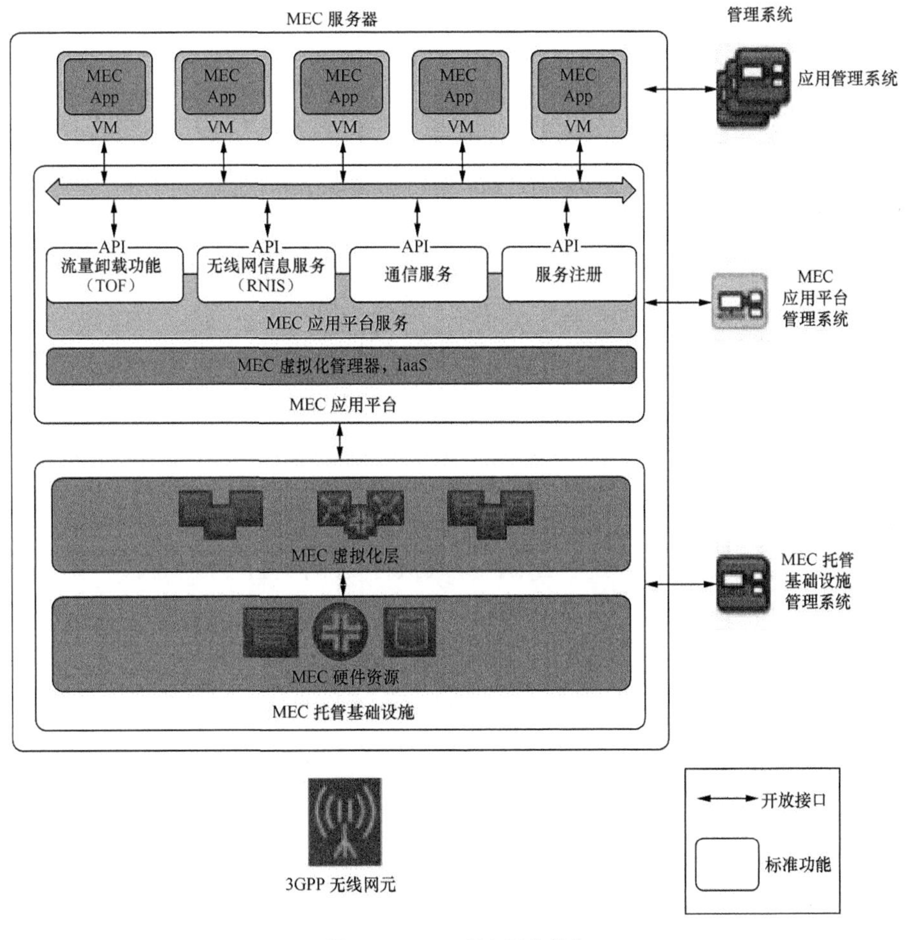

图 3-36 MEC 服务平台架构

（1）MEC 托管基础设施层，基于 NFV 的硬件资源和虚拟化层架构，提供底层硬件的计算、存储、控制功能和硬件虚拟化组件（包括基于 OpenStack 的虚拟操作系统、KVM 等），完成虚拟化的计算处理、缓存、虚拟交换及相应的管理功能；

（2）MEC 应用平台层，由 MEC 的虚拟化管理和应用平台功能组件组成。其中，MEC 虚拟化管理采用以基础设施作为服务（IaaS，Infrastructure as a Service）的思想，实现 MEC 虚拟化资源的组织和配置，为应用层提供一个资源按需分配、多个应用独立运行且灵活高效的运行环境。应用平台的功能组件承载业务的对外接口适配功能，通过 API 完成和基站及上层应用层之间的接口协议封装，提供流量旁路、无线网络信息、VM 通信服务、应用与服务注册等能力，具备相应的底层数据分组解析、内容路由选择、上层应用注册管理、无线信息交互等基础功能，相应的 API 采用网管 SNMP，通过 Get/Set Request/Set Response 消息实例完成参数及信息交互。

（3）MEC 应用层，基于网络功能虚拟化 VM 应用架构，将 MEC 功能组件进一步组合封装成虚拟的应用（本地分流、无线缓存、增强现实技术、业务优化、定位等应用），并通过标准的接口开放给第三方业务应用或软件开发商，实现无线网络的能力开放与调用。

MEC 关键技术主要包括计算卸载技术、无线数据缓存技术和基于软件定义网络（SDN）的本地分流技术等。上述关键技术是 MEC 系统实现计算处理实时化、数据处理本地化、信息交互高速化的前提和基础。

1. 计算卸载技术

计算卸载技术是 MEC 系统实现终端业务实时化处理的重要手段。计算卸载是指将部分计算功能由移动设备迁移到 MEC 服务器执行，其主要过程包括卸载决策、卸载执行、结果回传等。其中，卸载决策是指某项计算任务应如何进行高效卸载，是计算卸载理论基础；卸载执行是如何将计算能力在 MEC 服务器和终端进行划分，是计算卸载的核心；结果回传是将计算任务处理结果下发给终端用户，是计算卸载最终实现并完成的关键。利用计算卸载技术，通过将业务计算及时卸载到移动边缘计算服务器进行计算处理，能够有效扩展移动设备的即时计算能力，降低计算延迟，并增加移动终端的电池寿命。因此，高效的计算卸载策略在边缘计算技术中扮演着不可或缺的角色。

计算卸载的基本设计原理是，当终端发起计算卸载请求时，终端上的资源监测器检测 MEC 系统的资源信息，整理出可用的 MEC 服务器网络的资源情况，包括服务器运算能力、负载情况、通信花销等，根据上述接收到的服务网络信息，终端内部的计算卸载决策引擎决定哪些任务为本地执行，哪些为边缘计算节点执行，最后，根据计算卸载决策引擎的决策指示，分割模块将任务分割成可以在不同设备独立执行的子任务。

计算卸载技术的应用能够有效降低计算任务的时延，扩展移动设备的计算能力，并减少移动设备的能量消耗。因此，探寻高效的计算卸载策略是MEC系统等相关研究的重点。

2. 无线数据缓存技术

内容缓存策略和内容传输策略是无线数据缓存技术需要解决的两个重要问题。其中，内容缓存策略是指网络边缘节点对于热点数据的选取和缓存机制，内容传输策略是指网络边缘节点将其缓存的热点数据分发给申请用户的传输机制，两个问题相互影响、相互耦合。在已有的相关研究中，已对微小基站端的内容缓存策略和内容传输策略进行了研究，并指出无线数据缓存技术能够有效减少海量数据在核心网内的冗余重复传输，降低传输时延。需要指出的是，虽然微小基站的无线数据缓存技术能够将网络的业务负载从核心网内卸载至网络边缘节点处，并以此减轻承载网的链路阻塞，但在内容传输阶段，数据业务的发送仍然需要大量占用接入网的基带资源和射频资源，无线网络的整体性能因此无法获得进一步突破。

为解决上述问题，相关研究者考虑了位于用户终端处的无线数据缓存技术，以解决微小基站端的无线数据缓存技术的瓶颈，并通过探索设备到设备（D2D）通信机制下的内容缓存策略和内容传输策略，实现基站端基带资源和射频资源的释放，进一步提升移动通信网络的传输性能。其中，有代表性的方向有如下两个：方向一研究了基于速率门限的D2D内容传输策略，通过选取具有高传输速率的D2D数据链路进行数据传输，最大化D2D网络的数据承载概率，并在该策略下对最优内容缓存策略进行了求解；方向二考虑了基于载波监听接入机制的D2D内容传输策略，通过为可能冲突的终端用户设定随机退避时间，减少D2D传输链路间的相互干扰，并在此基础上对最优的内容缓存策略进行了求解。

3. 基于SDN的本地分流技术

基于SDN的本地分流技术是MEC系统实现网络信息交互高效化的有效措施，其核心思想为：首先，SDN控制器从本地或从策略服务器获取预先设置的分流策略；其次，SDN控制器根据数据流描述信息和分流策略，生成分流规则流表；最后，分流网关根据分流规则流表将相应的数据流进行最终分流。相比于传统的本地分流技术，基于SDN的本地分流技术能够根据终端用户的实际需求和MEC系统的资源部署情况有效实现数据业务的本地化处理，缩短网络对终端用户的响应时间，保证终端用户数据业务需求的连续性，并大幅度降低核心网的数据流量压力，提升终端用户的服务体验。

基于 SDN 的本地分流技术的优势之一是能够快速适应由终端用户的移动性引起的网络拓扑的变化，有效保证终端用户的业务连续性。具体来说，当终端用户的位置发生变化时，基于 SDN 的本地分流技术能够根据感知到的网络接入点的改变重新生成路由转发策略，并将其以流表的形式下发至交换机。由于基于流表的转发机制实时性强且配置灵活，基于 SDN 的本地分流技术能够有效处理由终端用户位置变化引起的网络接入点的切换，从而保障终端用户的服务体验。综上所述，在 MEC 场景下，MEC 服务器通过感知计算、缓存和网络的实时状况，利用 SDN 实现了网络资源的有效分配，以及数据业务的高效调度与分发。因此，基于 SDN 的本地分流技术是 MEC 业务本地化未来发展的重要趋势。

目前，MEC 的主要应用包括本地内容缓存、基于无线感知的业务优化处理、本地内容转发、网络能力开放等，主要是应用在时延敏感、实时性要求高、大数据量等场景，比如 V2V、AR、企业、MCDN、室内、IoT 等，通过在基站侧引入智能计算能力，运营商和网络业务提供商的难题将有效缓解，业务体验更有保障，同时无线资源的管理更加智能和优化，不同等级的服务都可以实现。

在 5G 时代，MEC 的部署方案通常来说有两种方式，一种是 MEC 服务器部署在 GW-UP 处，另一种是 MEC 服务器部署在 NodeB 之后。

1. MEC 服务器部署在 GW-UP 处

5G 网络核心网 C/U 功能分离之后，U-Plane（对应 GW-UP）功能下移（可以下移到 RAN 侧，也可以下移到 CN 的边缘），C-Plane（对应 GW-CP）驻留在 CN 侧。MEC 服务器部署在 GW-UP 处，相对于传统公网方案，可为用户提供低时延、高带宽服务。

2. MEC 服务器部署在 NodeB 之后

MEC 服务器部署在 NodeB 之后（一个或多个 NodeB），使数据业务更靠近用户侧。如图 3-37 点划线所示，UE 发起的数据业务经过 NodeB、MEC 服务器 1，然后到 Internet（第三方内容提供商服务器）。计费和合法监听等安全问题需要进一步解决。

移动边缘计算通过在无线接入网内提供云化的计算、存储、通信服务能力，实现了近距离、超低时延、高带宽以及实时访问无线网络信息的服务环境，并实现了网络从接入管道向信息化服务使能平台的跨越，是 5G 的关键技术之一。目前，移动边缘计算仍面临着安全性、公平性、互操作性、移动性管理等方面的研究挑战，但已可预见，移动边缘计算必将成为 5G 乃至未来移动通信系统不可或缺的重要组成部分。

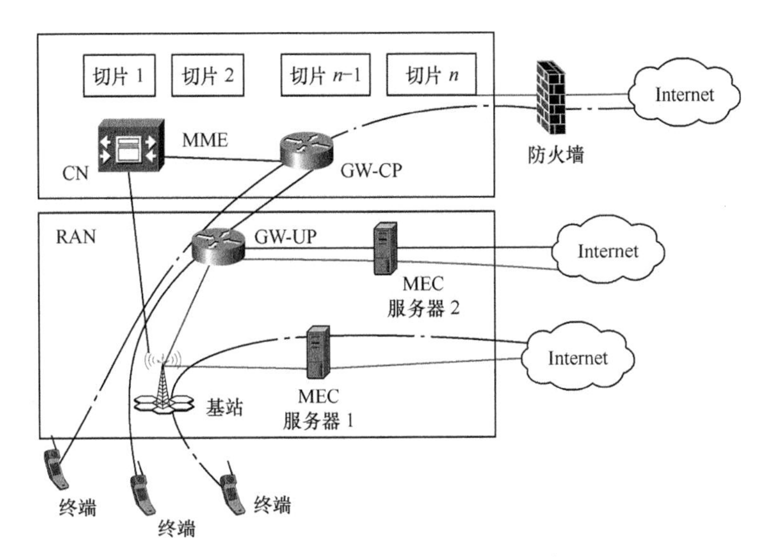

图 3-37 5G 架构下的 MEC 部署方案

3.6.4 网络切片——灵活自适应的网络形态

传统的核心网被设计为“竖井式”的单一网络体系架构，该架构中的一组垂直集成的网元节点提供了网络所有功能，并支持后向兼容性和互操作性，这种“一刀切”的设计方法使网络部署成本保持在合理化区间，但是并不支持网络的灵活和动态拓展。

到 5G 时代，5G 定义的三大场景：增强移动宽带、海量机器连接和高可靠低时延连接对网络服务的需求如带宽、时延等是不相同的，移动网络服务的对象也不再只是移动手机，而是各种类型的设备，比如固定传感器、车辆等。例如，一个大规模物联网服务连接固定传感器测量温度、湿度、降雨量等，不需要移动网络中那些主要服务手机的切换、位置更新等特性，另外，像自动驾驶以及远程机器控制等高可靠、低时延场景，需要满足几毫秒的端到端时延，与移动宽带业务大不相同。如果针对每种典型业务都专门建立特定的网络来满足其独特要求，那么网络成本之高将严重制约业务发展，同时，若不同业务都承载在相同的基础设施和网元上，网络可能无法满足多种业务的不同 QoS 保障需求。

网络切片（NS，Network Slicing）技术应运而生，它可以让运营商在一个硬件基础设施中切分出多个虚拟的端到端网络，每个网络切片在设备、接入网、传输网以及核心网方面实现逻辑隔离，适配各种类型的服务并满足用户的

不同需求。5G 对网络切片的应用如图 3-38 所示。

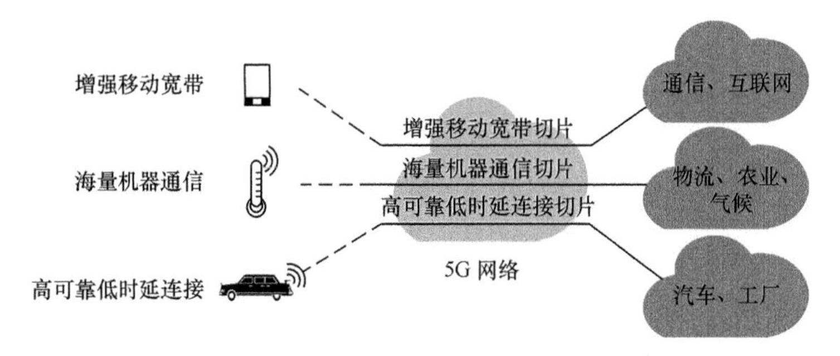

图 3-38　5G 对网络切片的应用

典型的端到端网络切片系统架构如图 3-39 所示，包含接入侧切片（含无线接入和固网接入）、核心网切片以及将这些切片组建成完整切片的选择功能单元。选择功能单元按照实际通信业务需求选择能够提供特定服务的核心网切片。

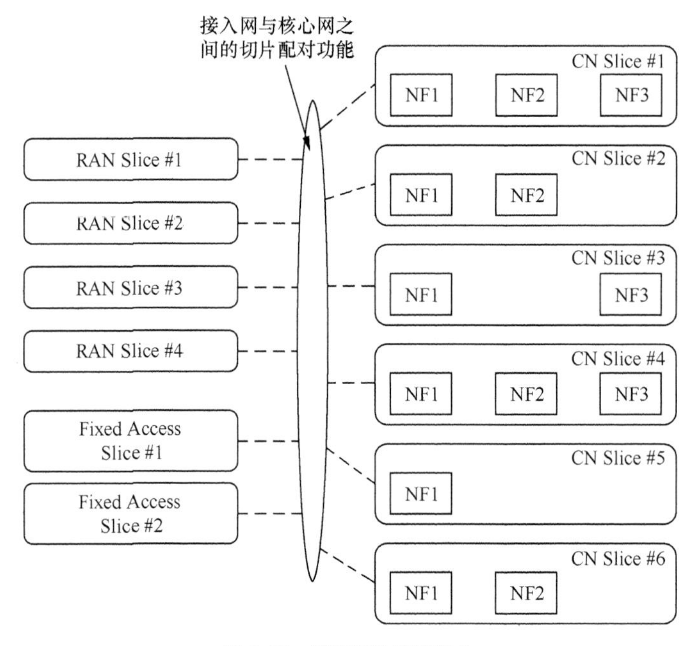

图 3-39　网络切片系统架构

每个网络切片都是一组网络功能及其资源的集合，由这些网络功能形成一个完整的逻辑网络，每一个逻辑网络都能以特定的网络特征来满足对应的业务需求。通过网络功能和协议定制，网络切片为不同业务场景提供所匹配的网络功能，其中，每个切片都可以独立按照业务场景的需要和话务模型进行网络功能的定制剪裁和相应网络资源的编排管理，是对 5G 网络架构的实例化。

终端设备、接入网切片以及核心网切片之间的配对并不固定，按照 $1:M:N$ 进行映射，即一个终端设备可以使用多个接入网切片，而一个接入网切片也可以连接到多个核心网切片上，如图 3-40 所示。某些网络切片是可以共享同一个接入网切片的，如面向流媒体视频优化的切片都可以连接到专为 eMBB 场景建立的接入网切片；而某些网络切片则需要专享专用的接入网切片和核心网切片，如工业控制场景切片，为了满足时延低、可靠性高的性能需求，运营商会专门定制专用的切片。

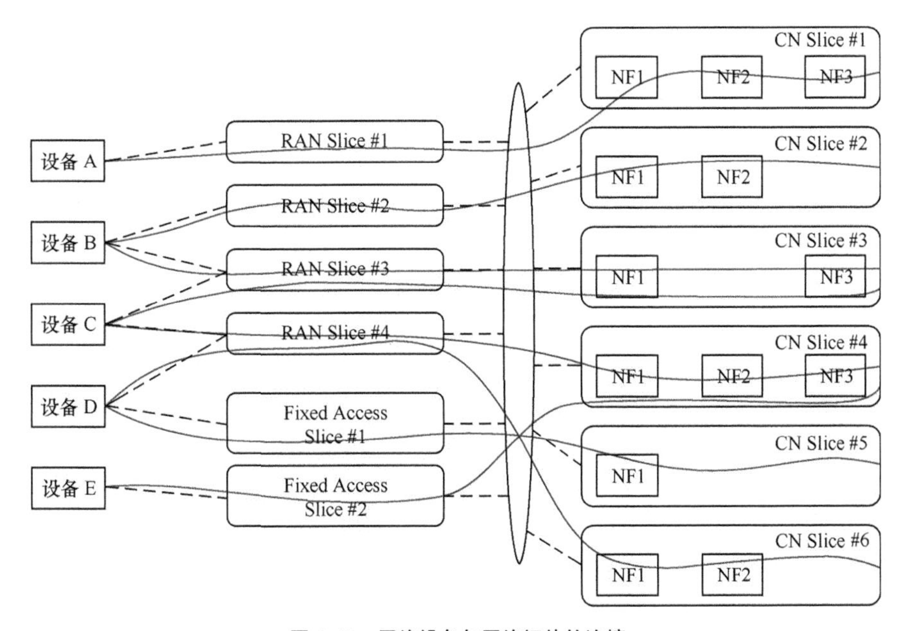

图 3-40　网络设备与网络切片的连接

网络切片针对不同的业务场景提供恰到好处的网络性能保证，实现了按需组网的目标，具有如下优点。

第一，最优化，根据业务场景需求对所需的网络功能进行定制化裁剪和灵活组网，实现业务流程和数据路由的最优化。由于每个切片都是根据该服务或使用该切片的服务所需要的交付复杂性进行定制的，因此，切片网络还允许更深入地了解有关网络资源的利用情况。

第二，动态性，网络切片能够满足用户的动态需求，例如，用户临时提出某种业务需求，网络具有动态分配资源的能力，从而提高网络资源利用率。

第三，安全性，通过网络切片，可以将当前某个业务应用的网络资源与其他业务应用的网络资源区分开、隔离开，每个分片的拥塞、过载、配置的调整

不影响其他分片，增强整体网络的健壮性和可靠性，保证当前业务质量的同时，也提供了可靠的安全保护机制。

第四，弹性，业务需求和用户数量可能出现动态变化，网络切片需要弹性和灵活的扩展，比如必要时可以将一个网络切片与其他网络切片进行融合，以更灵活地适配用户动态的业务需求，对于用户而言，这种弹性的使用方式还使得根据使用量计费成为可能。

NFV 软硬件解耦及动态伸缩性是 5G 切片的实现基础，而 SDN 的控制与转发分离特性是 5G 切片的实现引擎。基于 SDN 和 NFV 的网络切片架构主要由 5 个部分组成：OSS/BSS 模块、虚拟化层、SDN 控制器、硬件资源层和 MANO 模块，如图 3-41 所示。

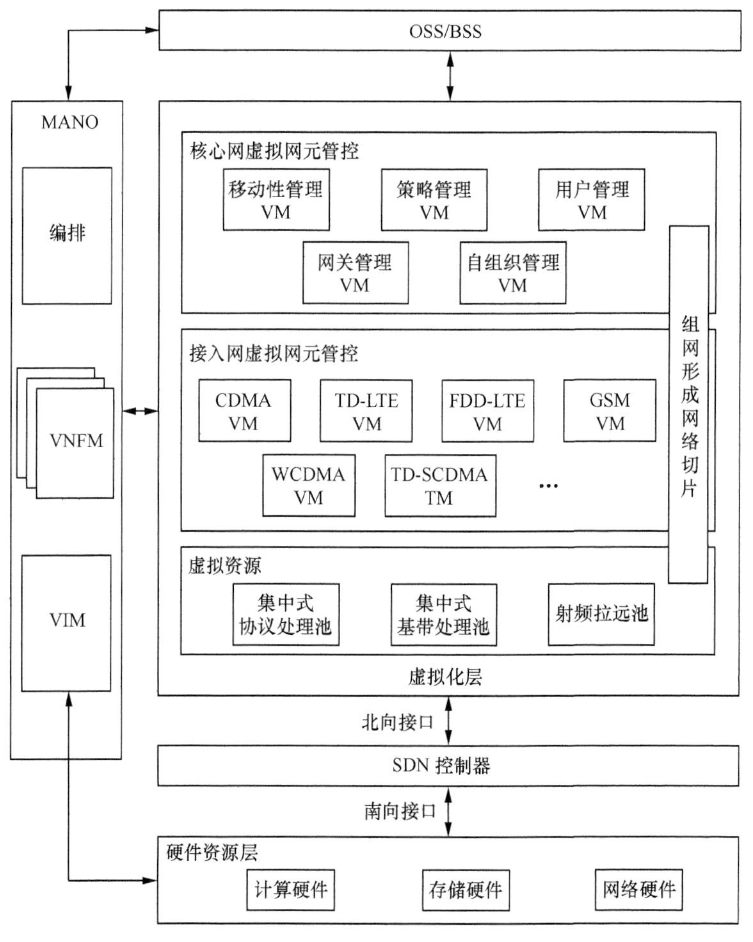

图 3-41　基于 SDN 和 NFV 的网络切片架构

运营支撑系统（OSS，Operation Support System）/ 业务支撑系统（BSS，Business Support System）全局管控，负责整个网络的基础设施和功能的静态配置，限制整体上对子网或者服务的资源，是整个网络的总管理模块，通过接收第三方（运营商、服务提供商）的需求来为虚拟化层中的网元管控模块提供定制化策略，在切片建立的过程中为切片生成相对应的切片标识符，通过分析第三方需求来对虚拟化层、SDN 控制器、硬件资源和 NFV 管理和编排模块进行管理和配置，更新模块配置信息，维护 SDN 控制器的运行环境。

虚拟化层主要由核心网虚拟网元管控、接入网虚拟网元管控和虚拟资源模块组成。其中，核心网虚拟网元管控利用 NFV 技术将 CN 中的网元进行解耦和重构，然后生成用户所需的功能网元，并能根据需求对核心网功能网元进行动态地修改、增加、释放；接入网虚拟网元管控生成多个不同制式的虚拟基站或基站群，是所属核心网的接入网网元，根据 OSS/BSS 模块和核心网虚拟网元管控模块的反馈信息来对接入网虚拟网元进行创建、释放。核心网将切片标识符发送给用户终端（UE，User Equipment），然后 UE 通过辨识切片标识符来正确地接入所属接入网网元，从而与运营商建立通信连接。虚拟资源模块包含集中式协议处理池、集中式基带处理池和射频拉远池，其中，集中式协议处理池包含接入网的控制面和用户面的协议，通过虚拟化技术和 SDN 技术，可实现软件定义协议栈；集中式基带处理池由多个 BBU 组成，BBU 与虚拟基站和虚拟基站群有直接的对应关系；射频拉远池由多个 RRU 组成，RRU 和 BBU 用光纤连接，主要的网络拓扑组网方式有星形、链型和环形等，可将不同的组网方式形成的网络看成不同的切片，用以满足具有特定需求的租户。

SDN 控制器是逻辑上可以集中或分散的控制实体。在控制面，通过对计算硬件、存储硬件和网络硬件资源进行统一的动态调配和软件编排，实现硬件资源与编程能力的衔接；在数据面，通过对虚拟化层的操作行为进行抽象，利用高级语言实现对虚拟化层各功能网元之间接口的定制化，从而达到面向性能要求和上层应用的资源优化配置目标。

硬件资源层主要包含计算硬件、存储硬件、网络硬件，如服务器、操作系统、交换机、管理程序和网络资源，以及用户连接到 VNF 的物理交换机等，它是支持整个通信网络的底层硬件资源池。

MANO（NFV Management and Orchestration）主要负责整个网络的基础设施和功能的动态配置，完成对虚拟化层、硬件资源层的管理和编排，负责虚拟网络和硬件资源间的映射以及 OSS/BSS 依据服务需求生成相关的 NS 用例。首先，OSS/BSS 依据服务需求生成相关 NS 用例，NS 用例中包含此服务所需的网络功能网元、网元间的接口和网元所需的网络资源，然后 MANO 按

照该 NS 用例来申请所需的网络资源，并在申请到的资源上实例化创建虚拟网络功能模块的接口。MANO 实现对 NS 的监督和管理，通过分析实际的业务量在网络资源分配时进行缩容、扩容和动态调整，在生命周期截止时释放 NS，利用大数据驱动网络优化实现合理的资源分配、自动化运维和 NS 切分，实时响应业务和网络的动态变化，保证高效的网络资源利用率和良好的用户体验。

网络切片实例管理分为 3 个阶段：设计激活、切片运行和切片删除。在设计激活阶段，根据业务需求设计切片，调用网络资源，进行功能配置，激活业务，输出网络切片蓝图，用来生成网络切片实例，一个网络切片蓝图可以生成多个网络切片；在网络切片运行阶段，通过软件对网络进行监控，汇报网络运行状态，对标网络指标，实时更新、调整、配置网络切片，满足租户的业务变化需求；在网络切片删除阶段，根据网络运营的调整需要，进行网络切片的删除或者迁移，对删除后的切片进行资源释放。

3.6.5 C-RAN——无线接入网架构优化

C-RAN 是根据现网条件和技术进步的趋势，提出的新型无线接入网构架，是基于集中化处理（Centralized Processing）、协作式无线电（Collaborative Radio）和实时云计算构架（Real-time Cloud Infrastructure）的绿色无线接入网构架（Clean System）。其本质是通过实现减少基站机房数量，减少能耗，采用协作化、虚拟化技术，实现资源共享和动态调度，提高频谱效率，以达到低成本、高带宽和灵活度的运营。C-RAN 的总目标是为解决移动互联网快速发展给运营商所带来的多方面挑战（能耗、建设和运维成本、频谱资源），追求未来可持续的业务和利润增长。

1G 和 2G 时代，基站是一体化的，每个基站自成体系，基站及配套设施全部位于机房内，基站通过馈线与铁塔上的天线相连；到 3G 时代，将传统一体化基站分为两部分，即 RRU 和 BBU。RRU 位于室外，BBU 位于室内，RRU 与 BBU 之间通过光纤连接，每个 BBU 可以带多个（3 ~ 4 个）RRU，这种方式即为 D-RAN（分布式无线接入网）。

C-RAN 是对分布式基站的进一步演进，最早由中国移动于 2009 年提出，其基本定义是：基于分布式拉远基站，C-RAN 将所有或部分的基带处理资源进行集中，形成一个基带资源池并对其进行统一管理与动态分配，在提升资源利用率、降低能耗的同时，通过对协作化技术的有效支持而提升网络性能。通过近些年的研究，C-RAN 的概念也在不断演进，尤其是针对 5G 高频段、大带宽、多天线、海量连接和低时延等需求，通过引入集中和分布单元 CU/DU 的功能重构及下一代前传网络接口 NGFI 前传架构，来实现无线接入网架构的优化。RAN 的演进示意如图 3-42 所示。

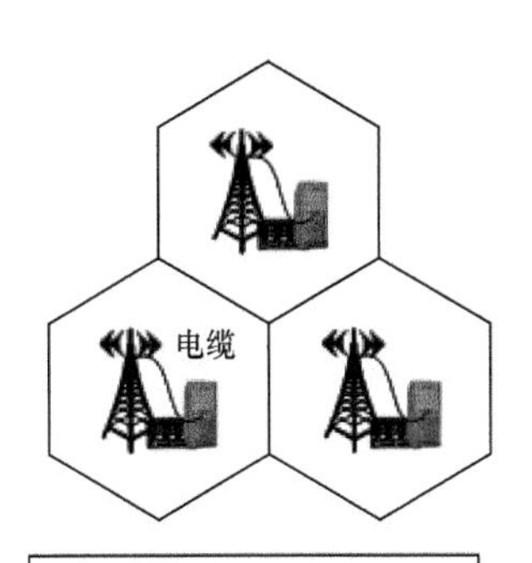

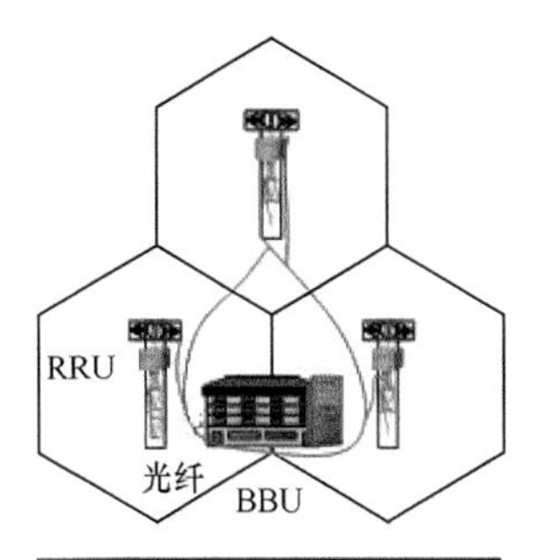

传统一体化基站
—每个基站自成体系；
—基站及配套全部位于机房内；
—基站通过馈线与天线连接

分布式基站
—室外 RRU，室内 BBU；
—BBU 可带多个 RRU；
—RRU 点对点光纤拉远

C-RAN
—基于分布式基站演进；
—集中化的资源池；
—开放平台，云计算化；
—结合有源一体化天线

图 3-42　RAN 的演进示意

如 3.6.4 节所述，5G 的 BBU 功能将被重构为 CU 和 DU 两个功能实体，以处理内容的实时性进行区分。CU 设备主要包括非实时的无线高层协议栈功能，同时也支持部分核心网功能下沉和边缘应用业务的部署，而 DU 设备主要处理物理层功能和实时性需求的二层功能，考虑节省 RRU/AAU 与 DU 之间的传输资源，部分物理层功能也可上移至 RRU/AAU 实现。在具体的实现方案上，CU 设备采用通用平台实现，这样不仅可支持无线网功能，还具备了支持核心网功能和边缘应用的能力；DU 设备可采用专用设备平台或通用 + 专用混合平台实现，支持高密度数学运算能力。引入网络功能虚拟化框架后，在 MANO 的统一管理和编排下，配合网络 SDN 控制器和穿通的操作维护中心 OMC 功能组件，可实现包括 CU/DU 在内的端到端灵活资源编排能力和配置能力，满足运营商快速按需的业务部署需求。

为解决 CU/DU/RRU 间的传输问题，运营商可引入 NGFI 架构，如图 3-43 所示，CU 通过交换网络连接远端的分布功能单元，这一架构的技术特点是，可依据场景需求灵活部署功能单元：传送网资源充足时，可集中化部署 DU 功能单元，实现物理层协作化技术，而在传送网资源不足时也可以分布式部署 DU 处理单元。而 CU 功能的存在，实现了原属 BBU 的部分功能的集中，既兼容了完全的集中化部署，又支持分布式的 DU 部署，可在最大化保证协作化能力的同时，兼容不同的传送网能力。

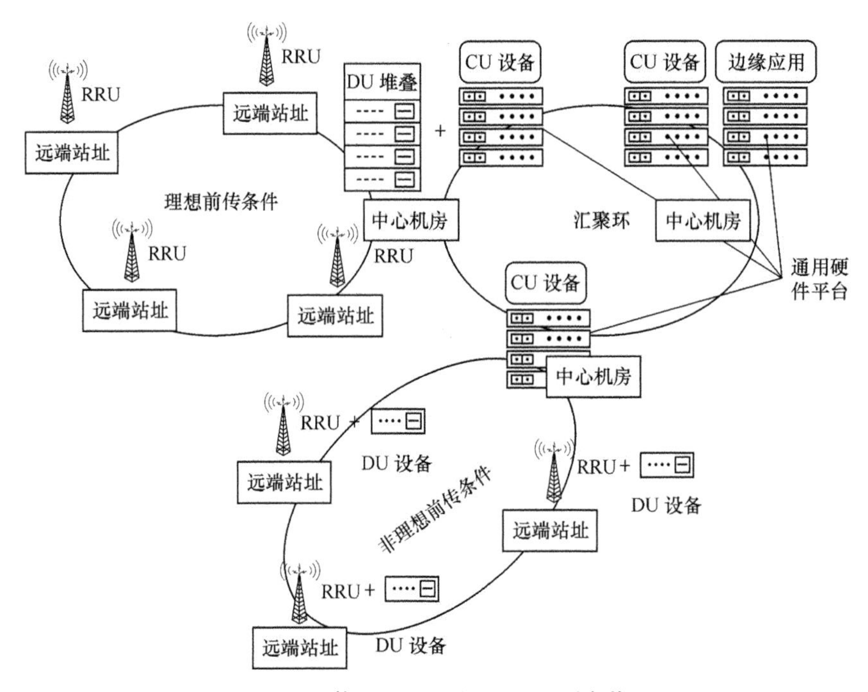

图 3-43 基于 CU/DU 的 C-RAN 网络架构

5G C-RAN 基于 CU/DU 的两级协议架构、NGFI 的传输架构及 NFV 的实现架构，形成了面向 5G 的灵活部署的两级网络云构架，将成为 5G 及未来网络架构演进的重要方向。与传统的 4G C-RAN 无线网络相比，5G C-RAN 网络依然具有集中化、协作化、云化和绿色四大特征，只是具体内涵有一些演进。

集中部署。传统 4G C-RAN 集中化是一定数量的 BBU 被集中放置在一个大的中心机房；随着 CU/DU 和 NGFI 的引入，5G C-RAN 逐渐演变为逻辑上两级集中的概念，第一级集中沿用 BBU 放置的概念，实现物理层处理的集中，这对降低站址选取难度、减少机房数量、共享配套设备等具有显而易见的优势，可选择合适的应用场景，有选择地进行小规模集中（比如百载波量级）；第二级集中是引入 CU/DU 后无线高层协议栈功能的集中，将原有的 eNodeB 功能进行切分，部分无线高层协议栈功能被集中部署。

协作能力。对应于两级集中的概念，第一级集中是小规模的物理层集中，可引入 CoMP、D-MIMO 等物理层技术实现多小区 / 多数据发送点间的联合发送和联合接收，提升小区边缘频谱效率和小区的平均吞吐量；第二级集中是大规模的无线高层协议栈功能的集中，可借此作为无线业务的控制面和用户面锚点，未来引入 5G 空口后，可实现多连接、无缝移动性管理、频谱资源高效协调等协作化能力。

无线云化。云化的核心思想是功能抽象，实现资源与应用的解耦。无线云化有两层含义：一方面，全部处理资源可属于一个完整的逻辑资源池，资源分配不再像传统网络在单独的基站内部进行，基于NFV架构，资源分配是在“池”的层面上进行，可以最大限度地获得处理资源的复用共享（如潮汐效应），降低系统的成本，并带来功能的灵活部署优势，从而实现业务到无线端到端的功能灵活分布，可将移动边缘计算视为无线云化带来的灵活部署方式的应用场景之一；另一方面，空口的无线资源也可以抽象为一类资源，实现无线资源与无线空口技术的解耦，支持灵活无线网络能力调整，满足特定客户的定制化要求（如为集团客户配置专有无线资源实现特定区域的覆盖）。因此，在C-RAN网络中，系统可以根据实际业务负载、用户分布、业务需求等实际情况动态实时调整处理资源和空口资源，实现按需的无线网络能力，提高新业务的快速部署能力。

绿色节能。利用集中化、协作化、无线云化等能力，减少运营商对无线机房的依赖，降低配套设备和机房建设的成本和整体综合能耗，也实现了按需的无线覆盖调整和处理资源调整，在优化无线资源利用率的条件下提升了全系统的整体效能比。

未来无线网络需要提供多种业务服务，根据3GPP定义可以分为三大类：增强的移动宽带业务、面向垂直行业的大规模机器通信业务、低时延高可靠业务。不同的业务对于网络架构的需求有所差异，主要体现在时延、前传和回传的传输能力、业务数据处理的容量等方面。因此，对无线云网络C-RAN的系统设计也会提出不同的要求。

1. 增强的移动宽带业务场景

对于移动宽带业务，无线网络需要考虑两个基本能力要求：一个是覆盖，另一个是容量。对于语音业务，对业务的带宽和时延要求不高，而对于交互式视频或者虚拟现实业务，则需要保证大带宽和低时延。在增强移动宽带（eMBB）网络中，数据的传输容量也有大幅度提高，比如支持几十或数百吉比特每秒的传输速率；在实时性方面需要考虑几毫秒量级的时延需求。

对于具体的业务指标，3GPP的技术文档TR22.891[2]和TR38.913[3]有相关的描述：

——对于慢速移动用户，用户的体验速率要达到1Gbit/s量级；

——对于高速移动或者信噪比比较恶劣的场景，用户的体验速率至少要达到100Mbit/s；

——业务密度最高可达Tbit/(s·km^2)量级；

——对于高速移动用户，最高需要支持500km/h的移动速率；

——用户平面的延时需要控制在4ms量级。

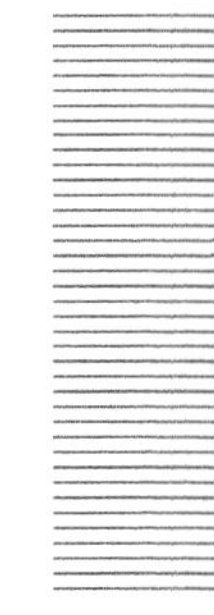

因此，作为一种通用的网络结构，无线云网络需要考虑 CU 和 DU 的分离。

根据实际网络的部署，下面列举 C-RAN 网络对于支持 eMBB 业务的典型用例。

用例 1：基于多连接的部署用于网络容量和覆盖的提升。

为了有利于支持 eMBB 业务的覆盖和容量需求，双连接或者多连接是一种有效的网络部署和技术实现手段。在多连接场景下，不同的连接可能对应不同的接入技术和频段，一个连接负责覆盖，一个连接负责容量提升，实现覆盖和数据的理想结合，比如，站间载波聚合的应用。由于 CU 和 DU 分离，两个连接的 DU 可以独立处理物理层信息，这样可以节省前传接口的传输开销，同时一个 CU 可以处理两个连接的非实时信息，如图 3-44 所示。

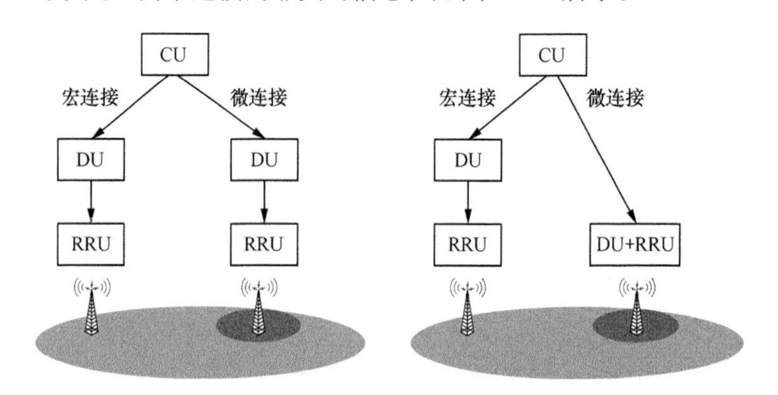

图 3-44 支持多连接的无线云网络结构

典型的部署场景如下。

——一个宏站覆盖一个宏小区，一个微站覆盖一个微小区，一个宏站可以连接一个或多个微站。宏微小区可以同频或者异频。

——对于宏站，DU 和 RRU 通常分离，但对于微站，DU 和 RRU 可以分离也可以集成在一起。

——对于宏站，CU、DU 可以部署在一起；对于微站，CU 和 DU 的连接一般需要专门的前传连接，根据具体的技术应用对前传的时延有不同的需求，如果无线承载需要合并，则时延要求一般小于 5ms，否则需求可以被放宽一些。

用例 2：基于基站协同管理的服务与小区间干扰协调和高密度业务的需求。

当业务的容量需求变高，在密集部署情况下，基于理想前传条件，多个 DU 可以聚合部署，形成基带池，优化基站资源池的利用率，并且可以利用多个小区的协作传输和协作处理以提高网络的覆盖和容量，如图 3-45 所示。

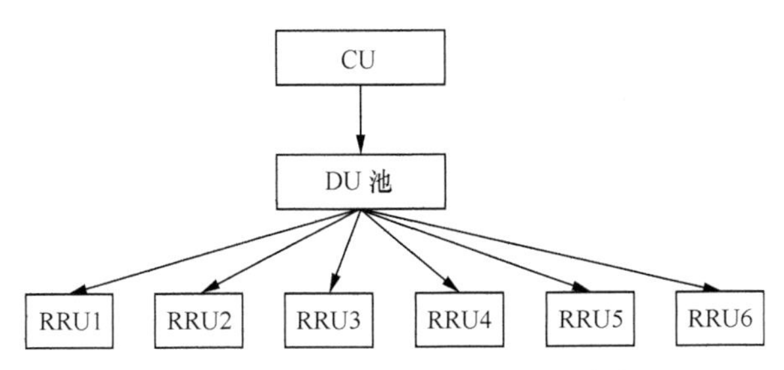

图 3-45　基于基带池的无线云网络结构

相关的部署需求如下。

——所有 RRU 需要和 DU 池通过直接光纤或高速传输网络连接，时延要求一般在微秒量级。

——DU 池支持的小区数目可以达到数十至数百个。

——CU 和 DU 的连接一般通过传输网络，时延要求则没有 RRU 和 DU 的前传连接严格。

用例 3：基于时延差异性的部署优化。

对于语音业务，带宽和时延要求不高，实时功能 DU 可以部署在站点侧，非实时功能可以部署在中心机房，而对于大带宽、低时延业务（如视频或者虚拟现实），一般需要高速传输网络或者光纤直接连接 RRU 和中心机房，并在中心机房部署缓存服务器，以降低时延并提升用户体验。

下面列举了两种可能的部署，并在图 3-46 给出了相应的部署示意图。

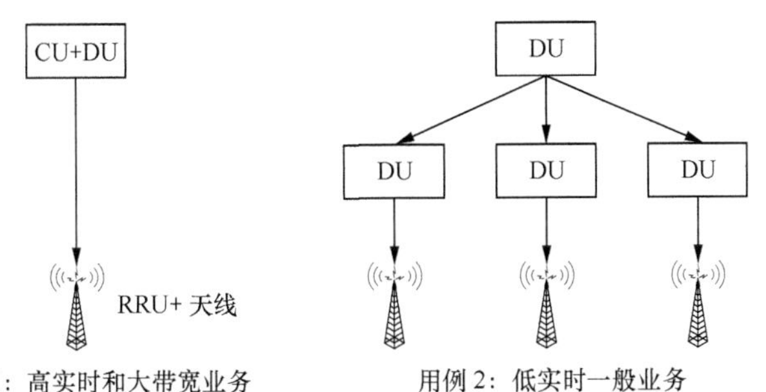

图 3-46　针对不同时延优化的无线云网络结构

——高实时、大带宽的业务（如视频和虚拟现实业务）：为了保证高效的时延控制，需要高速传输网络或光纤直连 RRU，数据统一传输到中心机房进行处理，减少中间的流程，同时，DU 和 CU 则可以部署在同一位置，网络实体则合而为一。

——低实时语音等一般业务：在这种场景下，带宽和实时性要求不高，实时功能 DU 可以部署在站点侧，多个 DU 通过前传连接到一个 CU，非实时功能 CU 可以部署在中心机房。

2. 垂直行业和机器通信需求场景

对于面向垂直行业的机器通信或者大规模机器通信连接业务，需要考虑机器通信的特点：数据量少而且稀疏，数量多，覆盖距离可大可小，实时性要求不高。在 3GPP 技术文档 TR22.891 中，对于传感器类的 MTC 要求一百万连接数 / 平方公里，如此巨大的数目需要设计合理的网络结构降低成本。

在和 Cloud RAN 的结合中，可以考虑一个具体的用例。

——物联网的集中化管控：可以让多个 DU 或者 RRU 连接到一个 CU，由 CU 进行区域物联网的集中管控。由于物联网业务实时性要求不高，可以将 CU 和核心网进行共平台部署，减少无线网和核心网的信令的交互，减少机房的数量。在图 3-47 基于物联网的无线云网络结构中，包括一个 CU 可以控制数量巨大的多个 DU 和 RRU，同时 CU 也可和核心网共享机房。

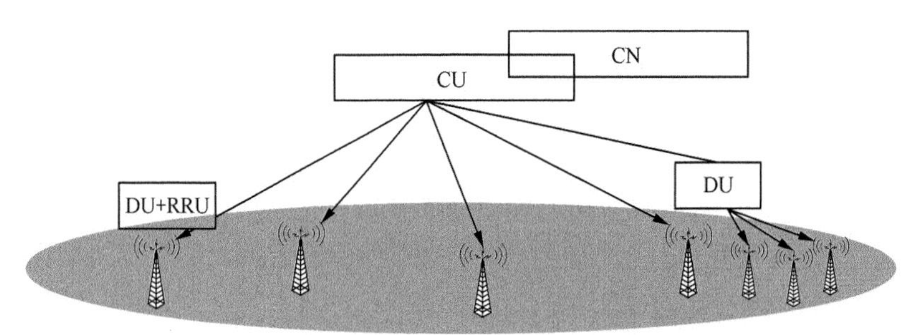

图 3-47　基于物联网的无线云网络结构

3. 低时延、高可靠需求场景

对于此类业务，可靠性和实时性是主要的技术需求，容量的需求并不高，因而面向这一业务，C-RAN 系统需要考虑时延的敏感性和传输的可靠性，对于系统的效率没有严格的要求。因此，针对这种业务，需要考虑的前传的理想传输以保证时延，同时可以采用多个小区信号的联合发送和接收以保证信号的可靠性。典型的业务场景包括自动驾驶、无人机控制、工业 4.0 等，对网络有着苛刻的时延要求。

3GPP 技术文档 TR22.891 有以下相关的技术要求。

——低时延小于 1ms。

——超可靠至少低于误包率（$<10^{-4}$）。

——对于高速移动场景如无人机控制，需要保证在飞行速度为 300km/h 时能提供上行 20Mbit/s 的传输速率。

在和 Cloud RAN 的结合中，与其他业务的差异性可以体现在以下用例中。

——基于高实时通信的自动驾驶：将 RAN 的实时处理 DU 和非实时处理功能单元 CU 部署在更加靠近用户的位置，并配置相应的服务器和业务网关，进而满足特定的时延和可靠性需求，如图 3-48 所示。

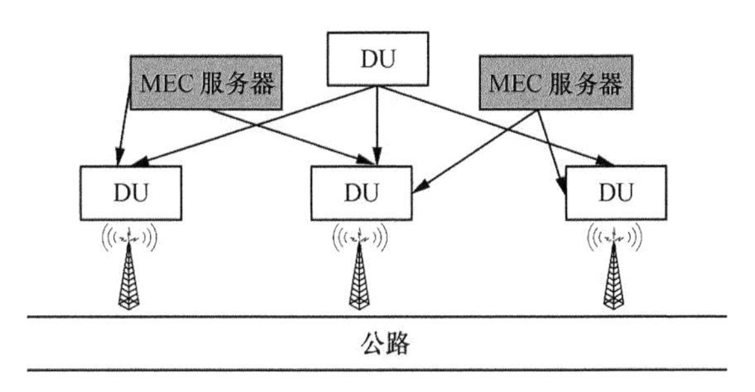

图 3-48　基于自动驾驶的无线云网络结构

以上针对不同业务做了单独的分析，在实际应用中，需要考虑对混合业务的支持，则需要考虑网络切片的应用，典型的应用方式有两种：如图 3-49 所示，一种是无线资源静态共享，由于不同频道和不同无线传输技术的使用，eMBB/mMTC/uRLLC 可以使用不同的 DU 和 RRU，无须统一集中处理，当然，网络接口仍然保持一致；另一种是无线资源动态共享，这种情况下 DU 的处理也更复杂，它必须同时支持不同的无线传输技术，因此，DU 的功能实体是 3 种业务共享的。

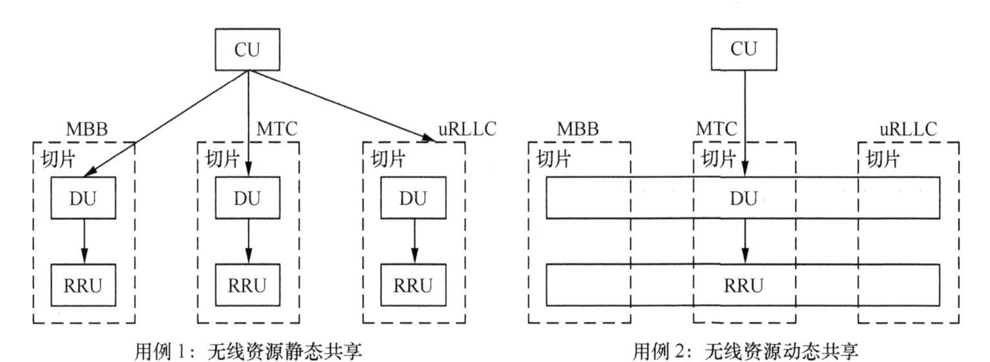

图 3-49　基于网络切片的无线云网络结构

从总体上看，无线云网络 C-RAN 对不同接入技术和不同的业务的混合使用，具有较好的适应性和兼容性，其灵活的网络架构可以满足不同业务场景中具有很大差异的时延、容量、频谱效率等需求。

第 4 章 5G 基站承载新结构

第 3 章主要介绍了 5G 的网络架构，并多次提到 RAN 的架构和多种不同的部署方案，第 4 章将介绍针对 RAN 的承载侧接口以及与无线基站接入对应的承载结构。第 5 ~ 7 章将聚焦承载需求、承载技术以及可能的多种承载方案，围绕 5G 承载网进行全面详细的阐述。

| 4.1 基站承载各节点新接口 |

在 3.3 节，我们讲过 5G 基站承载面临新的结构变化。根据 5G 网络设计架构，4G 网络中的 BBU 功能在 5G 网络中将被重构为 CU 和 DU 两个功能实体，CU 与 DU 的功能以处理内容的实时性与否进行区分，CU 设备主要包括非实时的无线高层协议栈功能，同时也支持部分核心网功能下沉和边缘应用业务的部署，而 DU 设备主要处理物理层功能和实时性需求的二层功能，根据 DU 和 CU 部署位置的差异，5G RAN 组网可以分为 3 种方式，如图 4-1 所示。

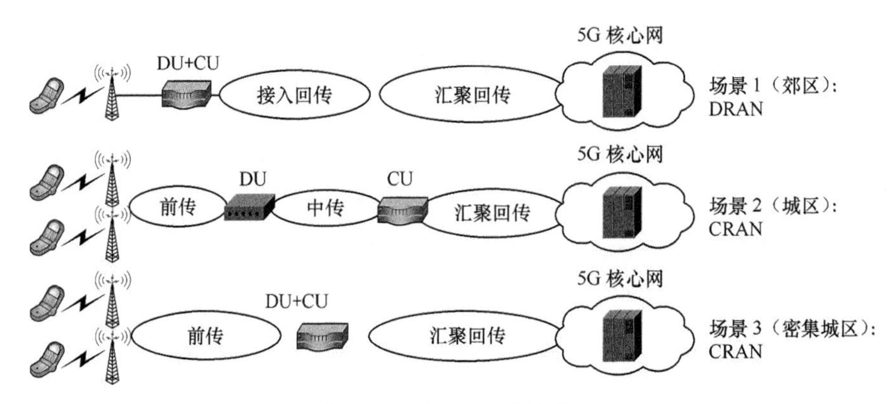

图 4-1　5G RAN 组网方案

在架构演进的基础上，5G 对基带处理功能与远端射频处理功能之间前传接口进行了新的定义。

4G 时代前传接口基于 CPRI 协议，5G 时代在大带宽、多流、Massive MIMO 等技术发展的驱动下，传统前传 CPRI 接口对传输带宽要求太高，根据计算，5G CPRI 流量在低频 100M/64T64R 配置下将达到 400G，CPRI 联盟为此对前传接口重新定义 eCPRI 标准，以降低带宽要求，eCPRI 接口（5G AAU 与 DU/CU 间接口）预计最大采用 25G 接口，支持以太封装、分组承载和统计复用。

5G 时代还将出现 DC 间流量，SI 流量根据核心网部署位置的不同，存在多流向，承载网需实现统一承载。

5G RAN 的部署方式。由于 CU、DU 功能的分离，带来多种组网方式，包括传统的 D-RAN 部署方式、BBU 集中的 C-RAN 部署方式及 CU 云化部署的 Cloud-RAN。当采用 Cloud-RAN 部署方式时 5G 承载网被分割为前传（Fronthaul，AAU 到 DU）、中传（Midhaul，DU 到 CU）和回传（Backhaul，CU 到核心网）3 个部分。与 4G 承载网相比，5G 承载网增加了中传网络。前传（Fronthaul，AAU 到 DU）：传递无线侧网元设备 AAU 和 DU 间的数据；中传（Middlehaul，DU 到 CU）：传递无线侧网元设备 DU 和 CU 间的数据；回传（Backhaul，CU 到核心网）：传递无线侧网元设备 CU 和核心网网元之间的数据。在 CU、DU 合设情况下，则只有回传和前传两级架构。5G RAN 架构演进中 RRU/BBU 的功能切分如图 4-2 所示。

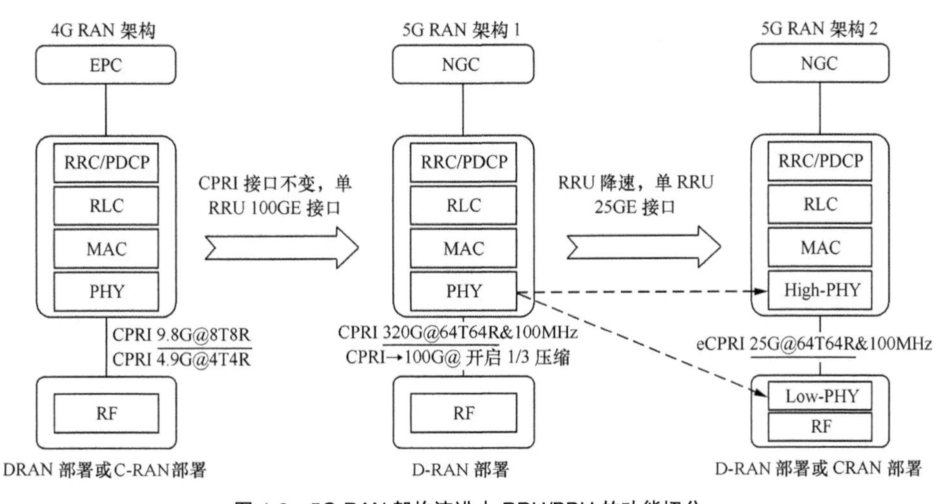

图 4-2　5G RAN 架构演进中 RRU/BBU 的功能切分

前传网络实现 5G C-RAN 部署场景接口信号的透明传送（D-RAN 场景下，

前传无须网络承载），与 4G 相比，接口速率（容量）和接口类型都发生了明显变化。对应于 5G CU 和 DU 物理层低层功能分割的几种典型方式，前传接口从 CPRI 向 eCPRI 演进，将由 10Gbit/s CPRI 升级到更高速率的 25Gbit/s eCPRI 或自定义 CPRI 接口，前传承载需求大带宽（单 RRU 带宽 25G）、低时延（<100us）等指标需求。实际部署时，前传网络将根据基站数量、位置和传输距离等，灵活采用链型，树形或环网等结构，应主要以光纤直连为主，在光纤资源不足的情况下，可少量引入波分方案或 WPON。

中传是面向 5G 新引入的承载网络层次。对于 5G 中传网络，由于 CU 的云化部署，目前，中传 DU 带宽与回传网络相当，从流量上看 CU/DU 分离对承载网无影响，且从简化网络架构与运维角度考虑，中传方案与回传方案应保持一致。随着 CU 和 DU 归属关系由相对固定向云化部署的方向发展，中传也需要支持面向云化应用的灵活承载。

5G 回传网络实现 CU 和核心网、CU 和 CU 之间等相关流量的承载，由接入、汇聚和核心 3 层构成。考虑到移动核心网将由 4G 演进的分组核心网（EPC）发展为 5G 新核心网和移动边缘计算（MEC）等，同时，核心网将云化部署在省干和城域核心的大型数据中心，MEC 将部署在城域汇聚或更低位置的边缘数据中心。因此，城域核心汇聚网络将演进为面向 5G 回传和数据中心互联统一承载的网络。

对于中传、回传承载，目前，4G 回传网络采用 IPRAN 承载的运营商，在 5G 初步建设时期可以通过现有 IPRAN 设备的升级，从投资保护以及 4G/5G 共站址的角度，通过 IPRAN 实现 4G/5G 的统一承载，可满足 5G 初期带宽的承载需求。另外，要求承载网根据业务实际需求提供相应的保护、恢复等生存性机制，包括光层、L1、L2 和 L3 等，以支撑 5G 业务的高可靠性要求。

4.2 5G 承载新结构

4.2.1 5G 前传

根据 DU 部署位置，5G 前传有大集中和小集中两种典型场景。

小集中：DU 部署位置较低，与 4G 宏站 BBU 部署位置基本一致，此时与

DU 相连的 5G AAU 数量一般小于 30 个（小于 10 个宏站）。

大集中：DU 部署位置较高，位于综合接入点机房，此场景与 DU 相连的 5G AAU 数量一般大于 30 个（大于 10 个宏站），依据光纤的资源及拓扑分布等，又可以再细分为 P2P 大集中和环网大集中。

前传方案 1

光纤直连方案：BBU 与每个 AAU 的端口全部采用光纤点到点直连组网。

前传方案 2

无源波分方案：采用波分复用（WDM）技术，将彩光模块安装在无线设备（AAU 和 DU）上，通过无源的合、分波板卡或设备实现 WDM 功能，利用一对甚至一根光纤可以提供多个 AAU 到 DU 之间的连接。

前传方案 3

有源 WDM-PON 方案：5G CU/DU 或 BBU 池与 AAU 之间通过 WDM-PON 无源光网络连接，多个前传信号通过 WDM 技术共享光纤资源，实现移动业务前传。

前传方案 4

有源波分方案：在 AAU 站点和 DU 机房配置城域接入型 WDM/OTN 设备，多个前传信号通过 WDM 技术共享光纤资源，通过 OTN 开销实现管理和保护，提供质量保证。

5G 时代，考虑基站密度的增加和潜在的多频点组网方案，光纤直连需要消耗大量的光纤，某些光纤资源紧张的地区难以满足光纤需求，需要设备承载方案作为补充。针对不同的组网场景，可以选择不同的承载技术。详细组网情况将在第 7 章阐述。

4.2.2　5G 中传及回传

图 4-3 为云化 5G 的组网架构，根据 CU/DU、CU 的部署，网络划分为前传、中传、回传，但是中传不一定存在独立的物理网络。

如图 4-4 所示，RAN 的建设方式受制于环境和光纤条件，高频、低频站型，边缘 DC 机房投资建设等因素，基站存在 4 种部署方式，在 5G 建设过程中，要求承载接入区域必须同时满足上述多种承载方式，承载技术灵活性、演进能力是重要的考虑因素。5G 大部分基站可能不会采用 CU/DU 分离的部署方式，特别是 5G 初期，基站部署与 4G 相差不大，以 D-RAN 和 C-RAN 的方式为主，局部可能采用 CU/DU 分离的 Cloud-RAN 架构。

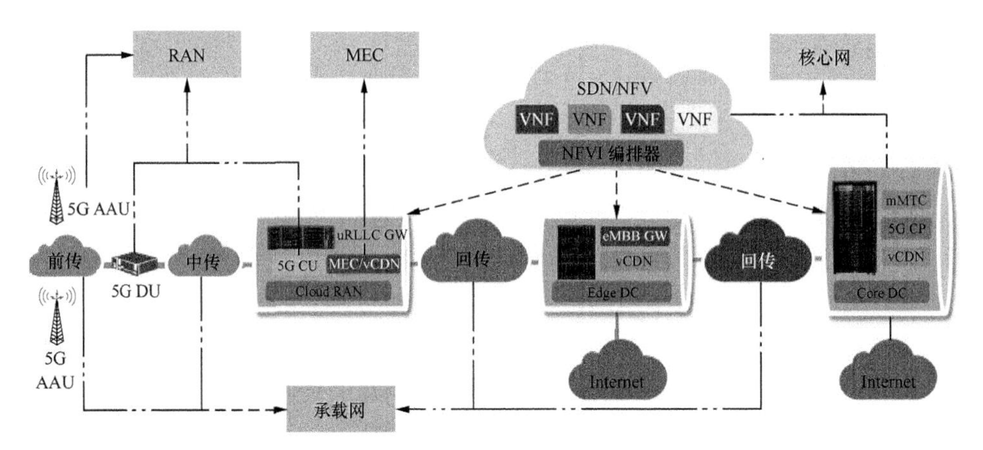

图 4-3　5G 云化组网架构

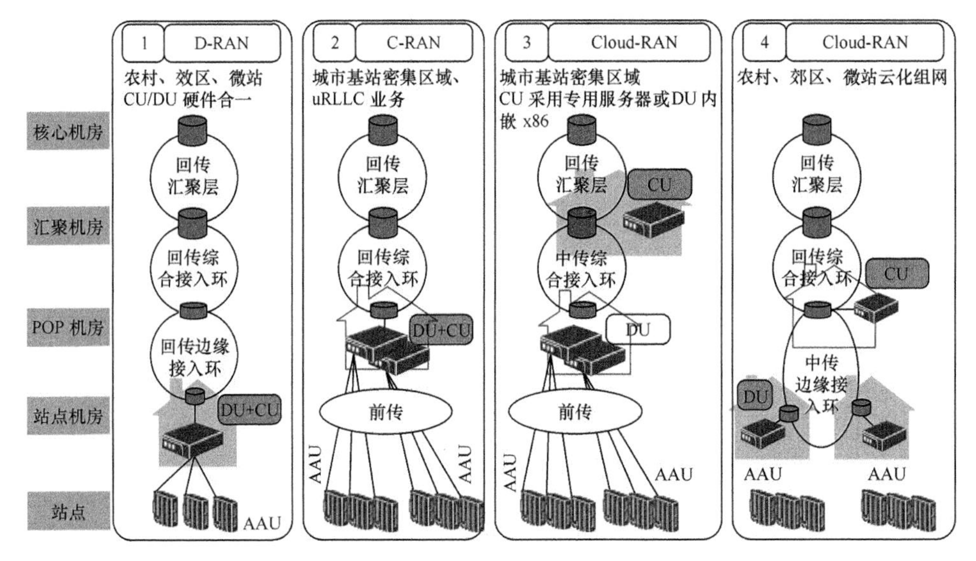

图 4-4　5G CU/DU 部署方式

如果 CU 和 DU 合设，就不存在中传，站内或者架内跳纤即可解决。如果 CU 和 DU 分设，就需要中传。

而回传是 5G 网络和 4G 网络最相似的一部分。不同的是，随着核心层的下移，回传的距离可能很短，也可能很长。根据业务两端的距离，最长的回传会穿过整个运营商的承载网。所以回传的组网和技术手段是最灵活多样化的。在组网上可能选择环形或者 Mesh 型的组网，在层次上可能跨越汇聚层、核心层甚至到干线层，在技术手段上有更多种选择方式。

中传和回传在承载网中基于带宽、网络切片、组网灵活性等方面的需求基本一致，所以在一般建设中也可以考虑统一承载。

从承载网络可能的演进方向看，PTN、OTN、IPRAN 和光纤直连等承载技术、前传回传统一承载等技术路线，应结合运营商现有网络基础以及技术发展成熟度进行灵活选择。我们将在后面的章节分别就各类技术路线和不同运营商的网络基础，针对 5G 时代承载网的不同演变方向详细阐述。

总体来讲，面对新的 5G 承载网的网络架构变化，近期阶段网络以维持架构稳定为主，在满足 4G 基站承载的基础上，按需提升系统容量和设备能力；远期阶段，由于带宽、业务流向模型、时延、智能化管理要求的变化，承载网络可视业务发展考虑架构整合或新建平面。三大电信运营商正在针对不同的 5G 承载解决方案进行试点和测试，并且处于并行推进的状态，比如 SPN、MS-OTN 和 IPRAN、OTN 等。其中，分组增强型 OTN、SPN 和 IPRAN 在 L2 和 L3 技术方案的共性较多，主要差异是 L3 的协议选择以及管控是集中式还是分布式，另外，分组增强型 OTN 的 L1 技术基于 ODU，SPN 和 IPRAN 的 L1 技术是基于以太网 PHY 和 FlexE。

针对 5G 单站的建设，我们可以划分前传、中传、回传的概念，而对于整体的城市城域网，总体上分为核心汇聚层和接入层两层，5G 的建设将会首选大城市，目前，运营商城域承载网建设基本都是逐步进行，并不会一步到位，具体的建设策略我们会在第 9 章展开阐述。

由于 5G 的需求，对承载网展开的话题有很多，比如多种技术手段的分析、多种业务需求引发的各种关键技术的发展。我们将在后面的章节详细剖析。

第 5 章

5G 承载网的需求

“5G 商用，承载先行”已经成为业内一句口头禅，承载网作为连接无线网、核心网的端到端网络，在5G商用之路上的重要性不言而喻。那么，5G承载网到底面临哪些需求和挑战呢？本章针对5G的业务特点，对承载网的诸多要求一一详解。

ITU 为 5G 定义了 eMBB（增强移动宽带）、mMTC（海量大连接）、uRLLC（低时延高可靠）三大应用场景。如图 5-1 所示，实际上不同行业往往在多个关键指标上存在差异化要求，因而 5G 系统还需要支持可靠性、时延、吞吐量、定位、计费、安全和可用性的定制组合。万物互联也带来更高的安全风险，5G 应能够为多样化的应用场景提供差异化的安全服务，保护用户隐私，并支持提供开放的安全能力。

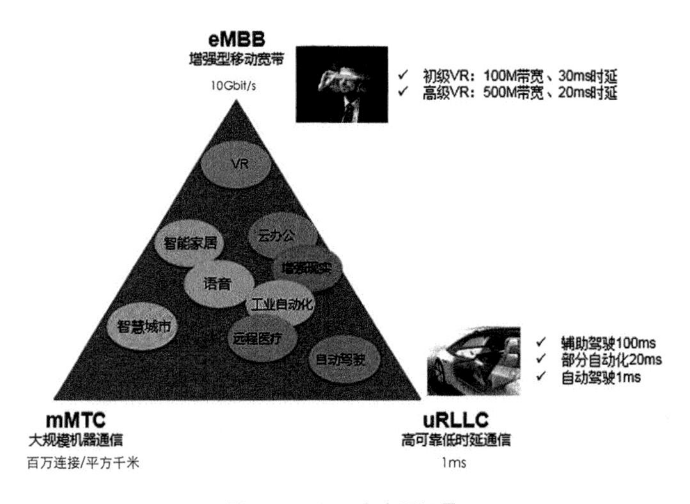

图 5-1　5G 三大应用场景

eMBB 典型应用包括超高清视频、虚拟现实、增强现实等。这类场景首先对带宽要求极高，关键的性能指标包括 100Mbit/s 用户体验速率（热点场景可达 lGbit/s）、数十吉比特每秒的峰值速率、每平方千米数十太比特每秒的流量密度、每小时 500km 以上的移动性等。其次，涉及交互类操作的应用还对时延敏感，例如，虚拟现实沉浸体验对时延要求在 10ms 量级。

uRLLC 典型应用包括工业控制，无人机控制、智能驾驶控制等。这类场景聚焦对时延极其敏感的业务，高可靠性也是其基本要求。自动驾驶实时监测等要求毫秒级的时延，汽车生产、工业机器设备加工制造时延要求为 1ms 级，可用性要求接近 100%。

mMTC 典型应用包括智慧城市、智能家居等。这类应用对连接密度要求较高，同时呈现行业多样性和差异化。智慧城市中的抄表应用要求终端低成本、低功耗，网络支持海量连接的小数据分组；视频监控不仅部署密度高，还要求终端和网络支持高速率；智能家居业务对时延要求相对宽松，但终端可能需要适应高温、低温、震动、高速旋转等不同家用电器 I 作环境的变化。

3GPP 标准第一个商用版本 R15 完成以后，主要满足 eMBB 和部分 uRLLC 业务场景需求，目前，国际上多数主流运营商计划在 2020 年正式开展 5G 网络商用。为完成这一布局，承载网必须先行。

承载网面临如下挑战。

（1）灵活高效承载技术的挑战。承载网络的高速率、低时延、灵活性需求和成本限制：5G 网络带宽相对 4G 预计有数十倍以上增长，导致承载网速率需求急剧增加，25G/50G 高速率将部署到网络边缘，25G/50G 光模块低成本实现和 WDM 传输是承载网的一大挑战。

（2）uRLLC 业务提出的毫秒量级超低时延要求则需要网络架构的扁平化、MEC 的引入以及站点的合理布局，微秒量级超低时延性能是承载设备的第二个挑战。低时延承载网络实现的关键依赖于超大的传输带宽，极低的设备处理时延，以及最短的光信号传输距离。前两个因素受限于设备能力，属于设备因素，最后一个因素受限于光信号在光纤介质中的固有传播速度，主要通过组网结构来改善，可以归结为网络结构因素。后面的章节将针对这两个因素，详细分析并提出解决方案。

（3）5G 核心网及部分功能下沉、网络切片等需求导致 5G 回传网络对连接灵活性的要求更高，如何优化路由转发和控制技术，满足 5G 承载网路由灵活性和运维便利性需求，是承载网的第三个挑战。

本章将介绍承载网面临的新的八大需求。

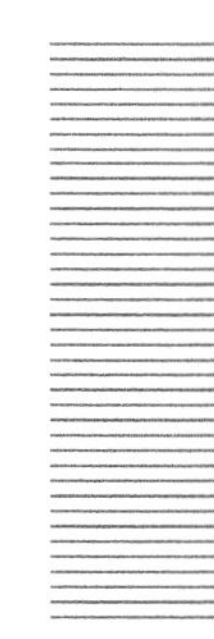

| 5.1 大带宽需求及模型计算 |

带宽是 5G 承载最为基础的关键技术指标之一。

根据 5G 无线接入网结构特性，承载将分为前传（承载 AAU 和 DU 之间流量）、中传（承载 DU 和 CU 之间流量）和回传（承载 CU 和核心网之间流量）。城域传送网按结构可划分为接入层、汇聚层和核心层。本节分别对单基站承载带宽需求、回传带宽需求，以及前传及中传带宽需求进行分析和评估。

1. **单基站承载带宽需求**

10GE/25GE 接口出现。5G 业务目前在无线侧的切片机制尚未确定，带宽需求暂不区分业务类型。考虑到不同厂商和不同设备的 5G 基站能力存在一定差异，本节选择假设的 5G 单基站模型（暂不考虑基站分离）配置参数作为评估基准，参考下一代移动通信网络联盟（NGMN）带宽评估原则得出的单基站带宽需求见表 5-1。从评估结果中可以看出，典型 5G 低频单基站的峰值带宽达到 5Gbit/s 量级，高频单基站的峰值带宽达到 15Gbit/s 量级，4G 的峰值和均值理论带宽约为 300Mbit/s 和 120Mbit/s，5G 低频的带宽需求将达到 4G 的 15 倍以上，考虑低频和高频基站共同部署或高频基站单独部署情况，单基站将需要 2×10GE 或 25GE 的承载带宽，如果基站配置的参数提升，带宽需求还会相应增加。

表 5-1　5G 低频和高频单基站参数及承载带宽需求示例

参数	5G 低频	5G 高频
频谱资源	3.4 ～ 3.5GHz，100MHz 频宽	28GHz 以上频谱，800MHz 带宽
基站配置	3 Cells. 64T64R	3 Cells，4T4R
频谱效率峰值	40bit/Hz，均值 7.8bit/Hz	峰值 15bit/Hz，均值 2.6bit/Hz
其他考虑	10% 封装开销，5% *Xn* 流量，1:3 TDD 上下行配比	10% 封装开销，1:3 TDD 上下行配比
单小区峰值	100MHz×40bit/Hz×1.1×0.75=3.3Gbit/s	800MHz×15bit/Hz×1.1×0.75=9.9Gbit/s
单小区均值	100MHz×7.8bit/Hz×1.1×0.75×1.05=0.675Gbit/s	800MHz×2.6bit/Hz×1.1×0.75=1.716Gbit/s
	Xn 流量主要发生于均值场景	高频站主要用于补盲补热，*Xn* 流量已计入低频站

（续表）

参数	5G 低频	5G 高频
单站峰值	3.3+(3−1)×0.675=4.65Gbit/s	9.9+(3−1)×1.716=13.33Gbit/s
单站均值	0.675×3=2.03Gbit/s	1.716×3=5.15Gbit/s
a. 单小区峰值带宽 = 频宽 × 频谱效率峰值 ×（1+ 封装开销）×TDD 下行占比		
b. 单小区均值带宽 = 频宽 × 频谱效率均值 ×（1+ 封装开销）×TDD 下行占比 ×（1+*Xn*）		
c. 单站峰值带宽 = 单小区峰值带宽 ×1+ 单小区均值带宽 ×（*N*−1）		
d. 单站均值带宽 = 单小区均值带宽 ×*N*		

2. **回传带宽需求**

5G 承载接入、汇聚及核心层的带宽需求与站型、站密度以及运营商部署策略等众多因素密切相关，存在多种带宽需求评估模型。本节按照业务流量基本流向选取带宽收敛比、不同层环的节点个数、口字型结构上连个数、单基站配置等关键参数进行估算，并按照 D-RAN 和 C-RAN 不同部署方式、一般流量和热点流量等对于不同应用场景进行了区分。

（1）基本参数假设。

回传带宽估算假设的基础参数为：

① 按照业务流量较长期增长考虑，对于接入层、汇聚层和核心层不同承载层面的带宽收敛比为 8:4:1；

② 模型Ⅰ，汇聚层节点环形组网，D-RAN 接入环节点个数为 8，C-RAN 小集中节点个数为 3，汇聚环节点个数为 4，每对汇聚节点下挂 6 个接入环，核心环节点个数为 4，每对核心节点带 8 个汇聚环，如图 5-2 所示；

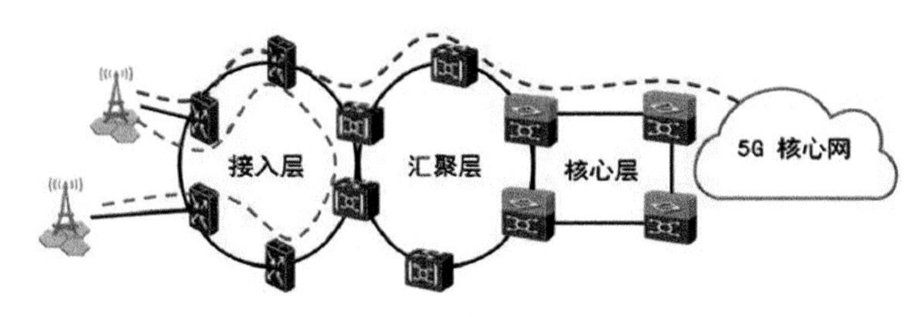

（a）模型 I

图 5-2　带宽需求估算参考模型

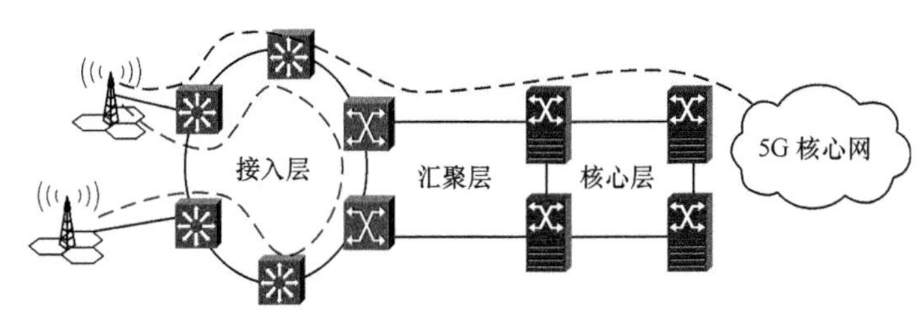

（b）模型Ⅱ

图 5-2　带宽需求估算参考模型（续）

③ 模型Ⅱ，汇聚层节点口字型上连组网，D-RAN 接入环节点个数为 8，C-RAN 小集中节点个数为 3，汇聚双节点口字型上连，每对汇聚节点下挂 6 个接入环，核心环节点个数为 4，每对核心节点下挂 16 对汇聚设备，如图 5-2 所示；

④ 基站配置及带宽需求按照单基站承载带宽需求。

（2）D-RAN 部署。

接入环达到 25/50Gbit/s，汇聚核心层为 N×100/200/400Gbit/s。

在 D-RAN 部署方式下，承载的带宽需求按一般场景和热点流量场景进行估算，其中接入环一般场景按照单节点单基站接入，热点流量场景按照单节点双基站（含部分高频站点）接入，如图 5-3 所示。

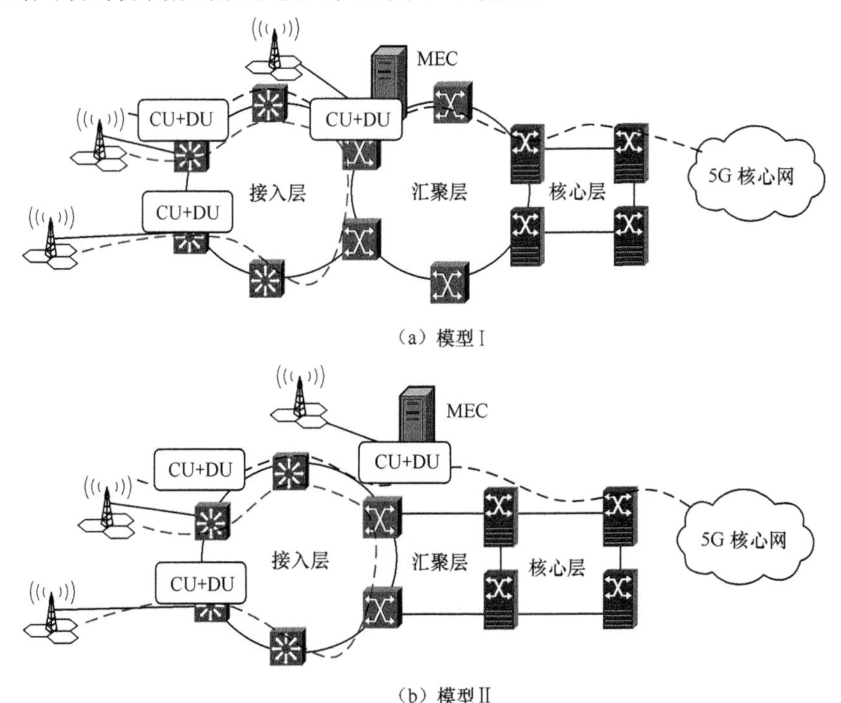

（a）模型Ⅰ

（b）模型Ⅱ

图 5-3　D-RAN 网络参考模型

模型Ⅰ和模型Ⅱ相应D-RAN带宽需求评估结果分别见表5-2和表5-3。

表5-2 D-RAN承载网回传带宽需求评估（模型Ⅰ）

网络层次		一般流量场景	热点流量场景
接入层	参数选取	假设接入环按8个节点考虑，每节点接入1个5G低频站，其中1个站取峰值	假设接入环按8个节点考虑，平均每个节点接入2个5G基站，共2个高频站、16个低频站，其中1个高频站取峰值
	带宽估算	接入环带宽＝低频单站均值×（N−1）＋低频单站峰值 2.03×（8−1）+4.65=18.86Gbit/s	接入环带宽＝低频单站均值×（N−2）＋高频单站峰值＋高频单站均值 2.03×（16−2）+13.33+5.15=46.90Gbit/s
汇聚层	参数选取	假设每个汇聚环有4个普通汇聚节点，每对汇聚点下挂6个接入环	
	带宽估算	汇聚环带宽＝接入环带宽×接入环数量×汇聚节点数/2×收敛比 18.86×6×4/2×1/2=113.16Gbit/s	汇聚环带宽＝接入环带宽×接入环数量×汇聚节点数/2×收敛比 46.90×6×4/2×1/2=281.40bit/s
核心层	参数选取	按照4个核心节点估算带宽需求，其中每对核心节点下挂8个汇聚环	
	带宽估算	核心层带宽＝汇聚环带宽×汇聚环数量×核心节点数/2×收敛比 113.16×8×4/2×1/4=452.64Gbit/s	核心层带宽＝汇聚环带宽×汇聚环数量×核心节点数/2×收敛比 281.4×8×4/2×1/4=1125.6Gbit/s

表5-3 D-RAN承载网回传带宽需求评估（模型Ⅱ）

网络层次		一般流量场景	热点流量场景
接入层	参数选取	假设接入环按8个节点考虑，每节点接入1个5G低频站，其中1个站取峰值	假设接入环按8个节点考虑，平均每个节点接入2个5G基站，共2个高频站、16个低频站，其中一个高频站取峰值
	带宽估算	接入环带宽＝低频单站均值×（N−1）＋低频单站峰值 2.03×（8−1）+4.65=18.86Gbit/s	接入环带宽＝低频单站均值×（N−2）＋高频单站峰值＋高频单站均值 2.03×（16−2）+13.33+5.15=46.90Gbit/s
汇聚层	参数选取	假设每对汇聚点下挂6个接入环，口子型上连	
	带宽估算	汇聚点上连单链路带宽＝接入环带宽×接入环数量×收敛比 18.86×6×1/2=56.58Gbit/s	汇聚点上连单链路带宽＝接入环带宽×接入环数量×收敛比 46.9×6×1/2=140.7Gbit/s
核心层	参数选取	按照4个核心节点估算带宽需求，其中每对核心节点下挂16个口字型汇聚对	
	带宽估算	核心层带宽＝汇聚环带宽×汇聚环数量×核心节点数/2×收敛比 113.16×8×4/2×1/4=452.64Gbit/s	核心层带宽＝汇聚环带宽×汇聚环数量×核心节点数/2×收敛比 281.4×8×4/2×1/4=1 125.6Gbit/s

从评估结果可以看出，在模型Ⅰ和模型Ⅱ假设参数下，D-RAN一般流量区域

对承载网提出接入环 20Gbit/s 量级、汇聚层 60 ~ 120Gbit/s 量级、核心层 $N\times$100/200 Gbit/s 量级的带宽需求；热点流量区域对承载网提出接入环 50Gbit/s 量级、汇聚层 150 ~ 280Gbit/s 量级、核心层 $N\times$100/200/400Gbit/s 量级的带宽需求。因此，对于 D-RAN 方式，承载接入环需具备 25/50Gbit/s 带宽能力，汇聚 / 核心层需具备 $N\times$100/200/400Gbit/s 带宽能力。

（3）C-RAN 部署。

接入环达到 50Gbit/s，汇聚核心层为 $N\times$100/200/400Gbit/s。

在 C-RAN 部署方式下，承载带宽需求也按小集中方式（普通流量场景）和大集中方式（热点流量场景）进行估算，其中，小集中方式按照单节点单基站接入 5 个 5G 低频站点考虑，归入 C-RAN 小集中部署模式；大集中方式按照单节点接入 20 个 5G 低频站点考虑，归入 C-RAN 大集中部署模式，如图 5-4 所示。

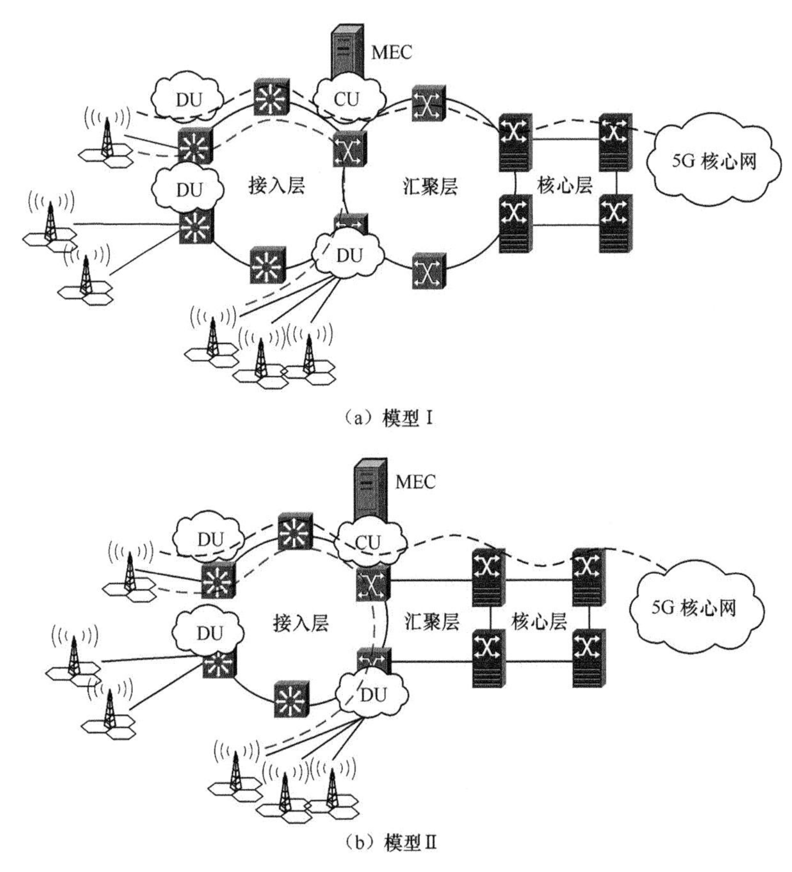

（a）模型 I

（b）模型 II

图 5-4　C-RAN 网络参考模型

一般情况下，C-RAN 小集中情况下基站由综合接入节点或普通基站节点接

入，C-RAN 大集中情况下基站由汇聚节点接入或者综合接入节点接入，为便于结合承载结构分析带宽需求又不失一般性，本书假设在 C-RAN 小集中和大集中模式下，基站分别在综合接入节点和汇聚节点接入。模型Ⅰ和模型Ⅱ相应 C-RAN 带宽需求评估结果分别见表 5-4 和表 5-5。

表 5-4　C-RAN 承载回传带宽需求评估（模型Ⅰ）

网络层次	一般流量场景（小集中）		热点流量场景（大集中）
接入层	参数选取	假设每个接入环 3 个节点，每节点接入 5 个 5G 低频站，其中 1 个站取峰值	—
	带宽估算	接入环带宽 = 单站均值 ×（N-1）+ 单站峰值 2.03×（15-1）+4.65=33.07Gbit/s	—
汇聚层	参数选取	每个汇聚环 4 个普通汇聚节点，每对汇聚点下挂 6 个接入环	每个汇聚环 4 个普通汇聚节点，每对汇聚节点接入 40 个低频基站（包括 20 个大集中和 20 个普通基站），其中 1 个站取峰值
	带宽估算	汇聚环带宽 = 接入环带宽 × 接入环数量 × 汇聚节点数 /2× 收敛比 33.07×6×4/2×1/2=198.42Gbit/s	汇聚点带宽 = 单站均值 ×（N-1）+ 单站峰值 2.03×（40-1）+4.65=83.82Gbit/s 汇聚环带宽 = 汇聚点带宽 × 汇聚点数量 /2× 收敛比 83.82×2/2=83.82Gbit/s
核心层	参数选取	按照 4 个核心节点估算带宽需求，其中每对核心节点下挂 8 个汇聚环	
	带宽估算	核心层带宽 = 汇聚环带宽 × 汇聚环数量 × 核心节点数 /2× 收敛比 198.42Gbit/s×8×4/2×1/4=793.68Gbit/s	核心层带宽 = 汇聚环带宽 × 汇聚环数量 × 核心节点数 /2× 收敛比 83.82Gbit/s×8×4/2×1/4=355.28Gbit/s

表 5-5　C-RAN 承载回传带宽需求评估（模型Ⅱ）

网络层次	一般流量场景（小集中）		热点流量场景（大集中）
接入层	参数选取	假设每个接入环 3 个节点，每节点接入 5 个 5G 低频站，其中 1 个站取峰值	—
	带宽估算	接入环带宽 = 单站均值 ×（N-1）+ 单站峰值 2.03×（15-1）+4.65=33.07Gbit/s	—
汇聚层	参数选取	假设每对汇聚点下挂 6 个接入环，口字型上连	每个汇聚环 4 个普通汇聚节点，每对汇聚节点接入 40 个基站（包括 20 个大集中和 20 个普通基站），其中 1 个站取峰值；口字型上连

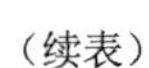
（续表）

网络层次	一般流量场景（小集中）		热点流量场景（大集中）
汇聚层	带宽估算	汇聚上连带宽＝接入环带宽 × 接入环数量 × 收敛比 33.07×6/2=99.21Gbit/s	汇聚点带宽＝单站均值 ×（*N*-1）+ 单站峰值 2.03×（40-1）+4.65=83.82Gbit/s 汇聚上连带宽＝汇聚点带宽 × 汇聚节点数 /2× 收敛比 83.82×4/2/2=83.82Gbit/s
核心层	参数选取	按照 4 个核心节点估算带宽需求，其中每对核心节点下挂 16 个口字型汇聚对	
	带宽估算	核心层带宽＝汇聚层带宽 × 汇聚对数量 × 核心节点数 /2× 收敛比 99.21Gbit/s×16×4/2/4=793.68Gbit/s	核心层带宽＝汇聚层带宽 × 汇聚对数量 × 核心节点数量 /2× 收敛比 83.82Gbit/s×16×4/2/4=679.56Gbit/s

从评估结果可以看出，在模型Ⅰ和模型Ⅱ假设参数下，C-RAN 小集中式对承载网络提出接入环 50Gbit/s（节点数增加后可到 100Gbit/s）量级、汇聚和核心层 *N*×100/200/400Gbit/s 量级的带宽需求；C-RAN 大集中时承载网络提出接入、汇聚和核心层 *N*×100/200/400Gbit/s 量级的带宽需求。因此，对于 C-RAN 方式，承载接入环需具备 50Gbit/s 及以上带宽能力，汇聚 / 核心层需具备 *N*×100/200/400Gbit/s 带宽能力。

3. **前传和中传带宽需求**

（1）前传带宽需求与 CU/DU 物理层分割位置密切相关。

5G 前传带宽需求与 CU/DU 物理层功能分割位置、基站参数配置（天线端口、层数、调制阶数等）、部署方式等密切相关。按照 3GPP 和 CPRI 组织等最新研究进展，CU 和 DU 在低层的物理层分割存在多种方式，典型的包括射频模拟到数字转换后分割（Option8，CPRI 接口）、低层物理层到高层物理层分割（Option7）、高层物理层到 MAC 分割（Option6）等，其中，Option7 又可进一步细分，图 5-5 所示是其中一种分割方式。

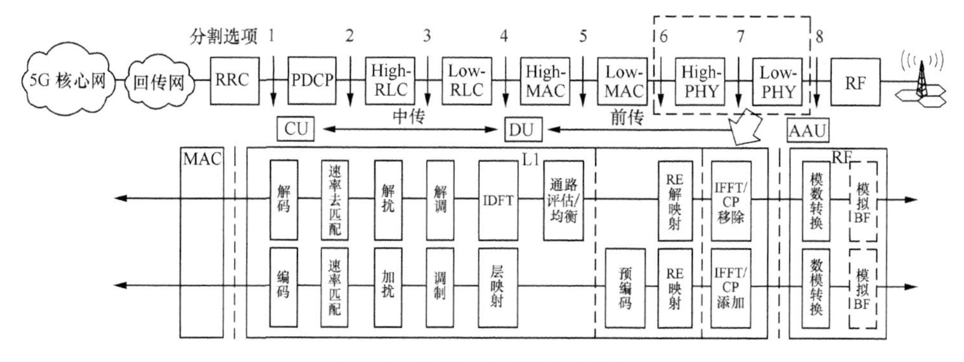

图 5-5　CU/DU 物理层分割示意

为了估算前传所需的带宽，假设基站前传相关的参数如下：

① 考虑下行带宽大于上行，本书仅估算下行（DL）带宽；

② 工作频段，3.4 ~ 3.5GHz，100MHz 频宽；

③ MIMO 参数：32T32R，映射数据流 / 层为 8(DL)；

④ I/Q 量化比特 2×16，调制格式：256 QAM(DL)。

参考 3GPP TR38.801 和 3GPP TR38.816，对于不同分割方式的前传带宽估算结果见表 5-6。

表 5-6　前传带宽需求评估

CU/DU 分割方式	前传带宽（DL）(Gbit/s)
Option8（CPRI）	157.3
Option7-1	113.6
Option7-2	29.3
Option6	4.546

从评估结果可以看出，前传的带宽需求与 CU 和 DU 物理层分割的位置密切相关，范围为几个吉比特每秒到几百吉比特每秒。因此，对于 5G 前传，需要根据实际的站点配置选择合理的承载接口和承载方案，目前业界对于 Option 2、Option 7 的关注度较高，也即前传将采用大于 10Gbit/s 的接口，即 25Gbit/s、*N*×25Gbit/s 速率接口，对应的组网带宽将为 25Gbit/s、50Gbit/s、*N*×25/50Gbit/s 或 100Gbit/s 等，具体选择取决于技术成熟度和建设成本等多种因素。

（2）中传带宽需求。

中传主要实现 DU 和 CU 之间的流量承载，相当于回传网络中接入层流量带宽需求，在此不再赘述。综上，5G 承载前传、中传、回传（接入、汇聚、核心）的典型带宽需求相对 4G 增加非常明显，具体见表 5-7。

表 5-7　5G 承载带宽需求评估

承载方式	前传	中传	回传
D-RAN	—	—	接入环：25Gbit/s、50Gbit/s； 汇聚 / 核心：*N*×100/200/400Gbit/s
C-RAN	接口：25Gbit/s、*N*×25Gbit/s 的 eCPRI、自定 CPRI 接口等	同回传接入环	接入环：50Gbit/s 及以上； 汇聚 / 核心：*N*×100/200/400Gbit/s
4G	接口：CPRI < 10G（Option8）	—	接入环：以 GE 为主，少量 10GE； 汇聚 / 核心：以 10GE 为主，少量 40GE

5.2 低时延需求

超低时延是 5G 关键特征之一，NGMN、3GPP、CPRI 等标准组织对 5G 时延技术的指标进行了研究和初步规范。3GPP 在 TR38.913 中对用 eMBB 和 uRLLC 的用户面和控制面时延指标进行了描述，要求 eMBB 业务用户面时延小于 4ms，控制面时延小于 10ms；uRLLC 业务用户面时延小于 0.5ms，控制面时延小于 10ms，如表 5-8 所示。

表 5-8　5G 时延技术指标

时延类型		时延指标（ms）	参考标准
eMBB	用户面时延（UE-CU）	4	3GPP TR38.913
	控制面时延（UE-CN）	10	
uRlLC	用户面时延（UE-CU）	0.5	
	控制面时延（UE-CN）	10	

目前，5G 规范的时延指标是无线网络与承载网络共同承担的时延要求，为了进一步分析时延与承载之间的关系，本章节列出了 eMBB 和 uRLLC 两种业务所涉及的时延处理环节分配示意图，见图 5-6。

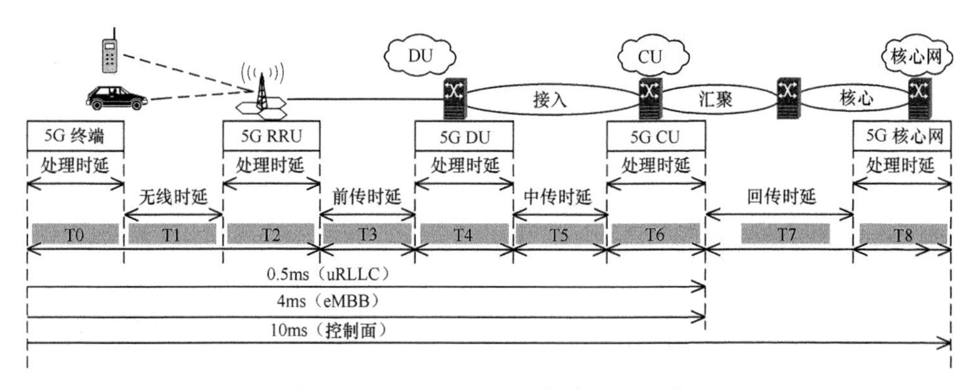

图 5-6　eMBB 和 uRLLC 业务时延处理示意

考虑到时延除了与传输距离有关之外，还与无线设备和承载设备的处理能力密切相关。

按照目前 eCPRI 接口的时延分配，前传时延约为 100μs 量级，在不考虑节点处理时延的情况下，按光纤传输时延 5μs/km，前传距离将为 10 ~ 20km 量级，目前，承载节点的处理时延一般是 20 ~ 50μs 量级，这样在前传网络中需要引入承载设备进行组网时，要尽可能降低节点的处理时延，譬如 10μs 以内或更低。由于光纤传输的时延无法优化，当前传承载节点处理时延降低到一定程度以后，进一步优化的必要性不强，例如，当节点处理时延降低到 1μs 量级时，1km 光纤传输时间相当于 5 个节点处理时间，进一步优化节点时延的意义不大。未来为了进一步支撑 uRLLC 业务的应用与部署，无线网络与承载网络之间的时延分配协同日趋重要。

端到端时延需求缩短，主要体现在 uRLLC 超低时延业务方面，eMBB 及 mMTC 业务相对于 4G 变化不大，通过对图 5-6 时延的分析我们可以看出，设备时延不是影响 5G 时延的关键因素。南北向测算时延＜ 4ms，满足 eMBB 模型；设备转发时延 =20×4+25×42+25×44=230μs，约 0.25ms；光纤时延 =500×5=2500μs=2.5ms；其他时延 =0.2ms；光纤时延占比 85%，设备时延占比 8%，对于时延要求严格的业务，可见目前降低时延的关键措施为核心网和 CDN 下沉、CU/DU 合设等调整网络架构，降低光纤距离。

如果按超低时延要求 0.1ms 来考虑，现有承载网所有设备均不满足。承载网时延预算模型如图 5-7 所示。

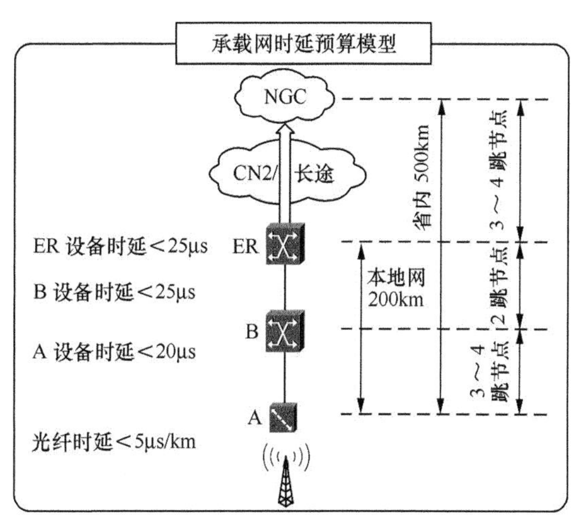

图 5-7 承载网时延预算模型

5.3 高可靠性需求

4G 网络传统的业务应用比如上网、语音、视频业务等，对可靠性的要求没那么严苛，但在一些关键应用领域，网络的可靠性至关重要，5G 目前已经准备在自动驾驶、机器人、医疗健康等领域大量部署，这些行业的应用在可靠性出现问题时会造成巨大的经济损失和安全问题，这就需要 5G 网络保证绝对的可靠性。

车联网、工业控制等垂直行业对时延、可靠性要求苛刻，需要实现毫秒级端到端时延和几乎 100% 的可靠性。这要求承载网既能提供极低的传送时延、极低的处理时延、严格的频率同步和时间同步能力，又能提供极强的故障恢复能力。

随着网络的演变，云化和池化对承载网络的可靠性要求提高，部分业务要求近乎 100% 的可靠性，相较于 4G 有很大提升，具体体现在：（1）多 GW 池备份，云化的 GW 物理位置动态可调，灾难快速恢复，到不同位置 GW 灵活可达，均要求承载网络多路径、多层次协同保护；（2）随着 Cloud B 的按需部署，部分 BBU 集中布放，一旦出现故障，影响范围广，对可靠性提出更高的要求，需要支持 BBU 容灾备份，即 BBU 池化，当 RRU 归属的 BBU 出现故障后，可以实时切换归属到其他 BBU；（3）根据 802.1CM 标准定义，RRU-BBU 间需要支持点到点、点到多点、多点到多点的通信模型，即提供灵活的转发调度能力；（4）BBU 部分非实时功能（例如 PDCP）虚拟化，上移到 MCE 集中部署，也带来池化容灾诉求。

| 5.4　高精度时间同步需求 |

高精度时间同步是 5G 承载的关键需求之一。根据不同技术实现或业务场景，需要提供不同的同步精度。5G 同步需求主要体现在 3 个方面：基本业务时间同步需求、协同业务时间同步需求和新业务同步需求。

基本业务时间同步需求是所有 TDD 制式无线系统的共性要求，主要是为了避免上下行时隙干扰。5G 系统根据子载波间隔可灵活扩展的特点（NR 的子载波间隔可设为 $15\times(2^m)$kHz，$m\in\{-2, 0, 1, \cdots, 5\}$），通过在保护周期（GP）中灵活配置多个符号的方式，与 4G TDD 维持相同的基本时间同步需求，即要求不同基站空口间时间偏差优于 3μs。

协同业务时间同步需求是 5G 高精度时间同步需求的集中体现。在 5G 系统将广泛使用的 MIMO、多点协同（CoMP）、载波聚合（CA）等协同技术对时间同步均有严格的要求。这些无线协同技术通常应用于同一 RRU/AAU 的不同天线，或是共站的两个 RRU/AAU 之间。根据 3GPP 规范，在不同应用场景下，同步需求可包括 65ns/130ns/260ns/3μs 等不同精度级别，其中，260ns 或优于 260ns 的同步需求绝大部分发生在同一 RRU/AAU 的不同天线，其可通过 RRU/AAU 相对同步实现，无须外部网同步，部分百纳秒量级时间同步需求场景（如带内连续 CA）可能发生在同一基站的不同 RRU/AAU 之间，需要基于前传网进行高精度网同步，而备受关注的带内非连续载波聚合以及带间载波聚合则发生在同一基站的不同RRU/AAU之间，时间同步需求从最初的260ns（见3GPP TS36.104）降低到3μs（见3GPPTS 38.104）。

5G网络在承载车联网、工业互联网等新型业务时，可能需要提供基于到达时间差（TDOA）的基站定位业务。由于定位精度和基站之间的时间相位误差直接相关，这时可能需要更高精度的时间同步需求，比如，3m的定位精度对应的基站同步误差约为10ns。

总体来看，在一般情况下，5G系统基站间同步需求仍为3μs，与4G TDD相同，即同一基站的不同RRU/AAU之间的同步需求主要为3μs，少量应用场景可能需要百纳秒量级，另外，基站定位等新业务可能提出更高的时间同步需求。

为了满足5G高精度同步需求，需专门设计同步组网架构，并加大同步关键技术研究。在同步组网架构方面，可考虑将同步源头设备下沉，减少时钟跳数，进行扁平化组网；在同步关键技术方面，需重点进行双频卫星、卫星共模共视、高精度时钟锁相环、高精度时戳、单纤双向等技术的研究和应用。

5.5 灵活组网的需求

首先，5G无线接入网络架构的变化，即CU和DU分离，带来了前传、中传和回传的3级网络，5G核心网架构的数据中心化和UPF/MEC等功能分层部署，使得5G回传的N2/N3连接和核心网元之间的N4/N6/N9等连接，以及基站之间的Xn连接，都呈现出了网状化的连接需求，因此，承载网第一要支持多层级的网络架构，第二要支持灵活化的连接调度能力，L3路由功能要下沉到CU和MEC位置，即汇聚节点或综合业务接入节点。

下面对回传和中传网络的灵活组网需求分别进行分析。

1. **回传网络**

5G网络的CU与核心网之间（S1接口）以及相邻CU之间（eX2接口）都有连接需求，其中，CU之间的eX2接口流量主要包括站间载波聚合（CA，Carrier Aggregation）和协作多点发送/接收（CoMP，Coordinated Multipoint Transmission/Reception）流量，一般认为是S1流量的10%～20%。如果采用人工配置静态连接的方式，配置工作量会非常繁重，且灵活性差，因此回传网络需要支持IP寻址和转发功能。

另外，为了满足uRLLC应用场景对超低时延的需求，需要采用CU/DU合设的方式，这样承载网就只有前传和回传两部分了。此时DU/CU合设位置的承载网同样需要支持 IP 寻址和转发能力。

2. **中传网络**

在 5G 网络部署初期，DU 与 CU 归属关系相对固定，一般是一个 DU 固定归属到一个 CU，因此，中传网络可以不需要 IP 寻址和转发功能。但是未来考虑 CU 云化部署后，需要提供冗余保护、动态扩容和负载分担的能力，从而使得 DU 与 CU 之间的归属关系发生变化，DU 需要灵活连接到两个或多个 CU 池。这样 DU 与 CU 之间的中传网络就需要支持 IP 寻址和转发功能。

如前所述，在 5G 中传和回传承载网络中，网络流量仍然以南北向流量为主，东西向流量为辅。并且不存在一个 DU/CU 会与其他所有 DU/CU 有东西向流量的应用场景，一个 DU/CU 只会与周边相邻小区的 DU/CU 有东西向流量，因此业务流向相对简单和稳定，承载网只需要提供简化的 IP 寻址和转发功能即可。

5G 核心网、无线接入网的云化和功能分布式部署给承载网带来的最大变化是业务连接的灵活调度需求。在 4G 时代，基站到核心网的连接是以南北向 S1 流量为主，并且终结 S1-U 和 S1-C 的 EPC 网元部署位置基本相同。5G 核心网的 UPF 下移以后，基站到不同层面核心网元的 S1-C(N2 连接)和 S1-U(N3 连接) 流量的终结位置存在差异，并且存在不同层面核心网元之间的网状东西向流量的传送需求，如图 5-8 所示，存在 UPF 与 UPF 之间的 N9 连接、UPF 与 SMF 之间的 N4 连接等。此外，无线接入网的相邻基站之间的 eX2(Xn) 连接也属于动态的东西向流量，为了降低时延和提高带宽效率可部署 L3 功能到接入层节点以实现就近转发，或通过部署 L3 功能到汇聚节点实现间接转发。为了应对网状化的动态业务连接需求，5G 承载应至少将 L3 功能下移到 UPF 和 MEC 的位置，根据网元之间不同流向的业务需求，为 5G 网络提供业务连接的灵活调度和组网路由功能，提升业务质量体验和网络带宽效率。

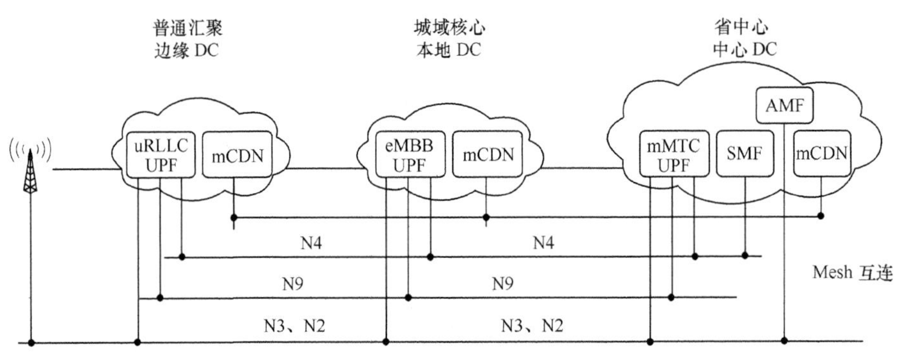

注：N2 是 RAN 和 AMF 之间的参考点；N3 是 RAN 和 UPF 之间的参考点；N4 是 SMF 和 UPF 之间的参考点；N9 是两个 UPF 之间的参考点。

图 5-8　5G 网状连接灵活调度需求

5.6 网络切片需求

5G网络有三大类业务：eMBB、uRLLC和mMTC。不同应用场景对网络要求差异明显，如时延、峰值速率、服务质量等要求都不一样。为了更好地支持不同的应用，5G将支持网络切片能力，每个网络切片将拥有自己独立的网络资源和管控能力。另外，可以将物理网络按不同租户（如虚拟运营商）需求进行切片，形成多个并行的虚拟网络。

5G无线网络需要核心网到UE的端到端网络切片，减少业务（切片）间相互影响。因此，5G承载网络也需要有相应的技术方案，满足不同5G网络切片的差异化承载需求。

5G网络切片对承载网的核心诉求体现在一张统一的物理网络中，将相关的业务功能、网络资源组织在一起，形成一个完整、自治、独立运维的虚拟网络（VN），满足特定的用户和业务需求。构建虚拟网络的关键技术包括SDN/NFV管控功能和转发面的网络切片技术。SDN/NFV负责实现对资源的虚拟化抽象，转发面的网络切片负责实现对资源的隔离和分配，从而满足差异化的虚拟网络要求。

前传网络对于5G采用的eCPRI信号一般采用透明传送的处理方式，无须感知传送的具体内容，因此，对不同的5G网络切片不需要进行特殊处理。中传/回传承载网则需要考虑如何满足不同5G网络切片在带宽、时延和组网灵活性方面的不同需求，提供面向5G网络切片的承载方案。

5G承载需要提供支持硬隔离和软隔离的层次化网络切片方案，满足不同等级的5G网络切片需求，如图5-9所示。譬如，uRLLC和金融政企专线等业务要求独享资源、低时延和高可靠性，承载网络可提供基于L1 TDM隔离的网络硬切片；eMBB和mMTC的互联网接入和AR/VR视频业务具有大带宽、时延不敏感、动态突发性等特点，承载网络可提供基于L2或L3逻辑隔离的网络软切片。

为了满足5G网络大带宽和网络硬切片的需求，承载网需支持带宽捆绑和L1 TDM隔离的灵活带宽接口技术，其中，基于以太网物理接口的FlexE技术和基于OTN ODUflex+FlexO技术是5G承载网络切片的两种主要候选方案，结合多种L2和L3技术可实现软切片承载方案。

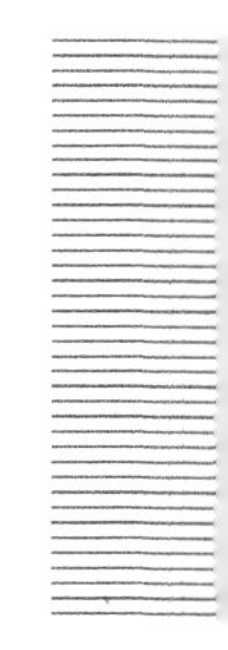

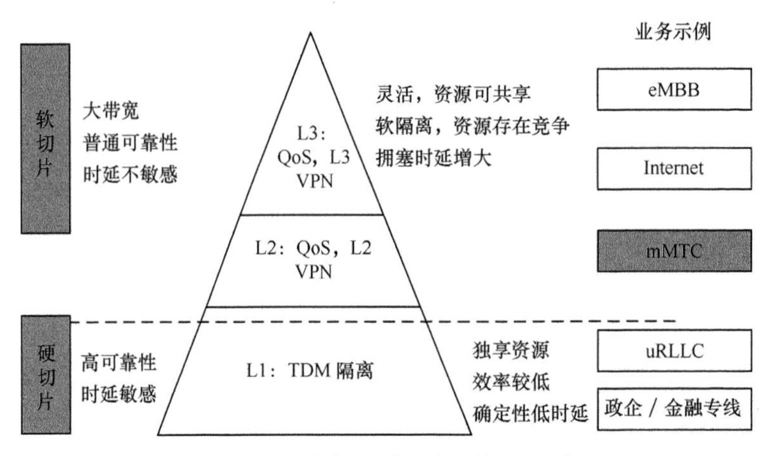

图 5-9　5G 承载层次化网络切片应用示意

5.7　智能化需求

5G 网络切片是端到端的，包括无线接入网、核心网和承载网。作为承载网有 SDN 化的需求，具体为：可以开展带宽按需配置和调整 BoD、光虚拟专网（OVPN）等应用；可在跨域跨厂商的大网环境下实现快速业务部署，减少运营人力；可进行分组 + 光的跨层协同，降低整网的建设和运营成本；可对数据中心间互联带宽进行自动调度。这些都为未来融入整体的网络架构、支持端到端的 5G 网络分片和智能化运营做好充足的准备。

5G 网络以 SDN 作为基础技术，控制面和转发面分离，整个网络会更加灵活、智能、高效和开放。作为 5G 转发面的一部分，承载网也必须具备 SDN 功能，从而构建面向业务的网络能力开放接口，支持多域协同、网络分片，满足业务的差异化需求，提升业务的部署效率。

5G 承载网络架构的变化带来网络切片、L3 功能下沉、网状网络连接、SDN 化等新型特征，此外，还将同时支持 4G、5G、家庭宽带、专线等多种业务的承载，业务组织方式也将更加多样，对承载网络的管控带来诸多新的智能化需求，如图 5-10 所示。

5G 承载网相关的智能化管控需求具体如下所述。

1. **端到端 SDN 化灵活管控**

根据 5G 网络的业务特性，要实现端到端前传到回传网络的灵活承载，5G

承载网管控要求能够实现 L0 到 L3 网络的端到端管控，支持跨层的业务联动控制。此外，还需要实现这种异构网络环境下的跨厂商业务端到端控制功能，以实现业务的快速提供。

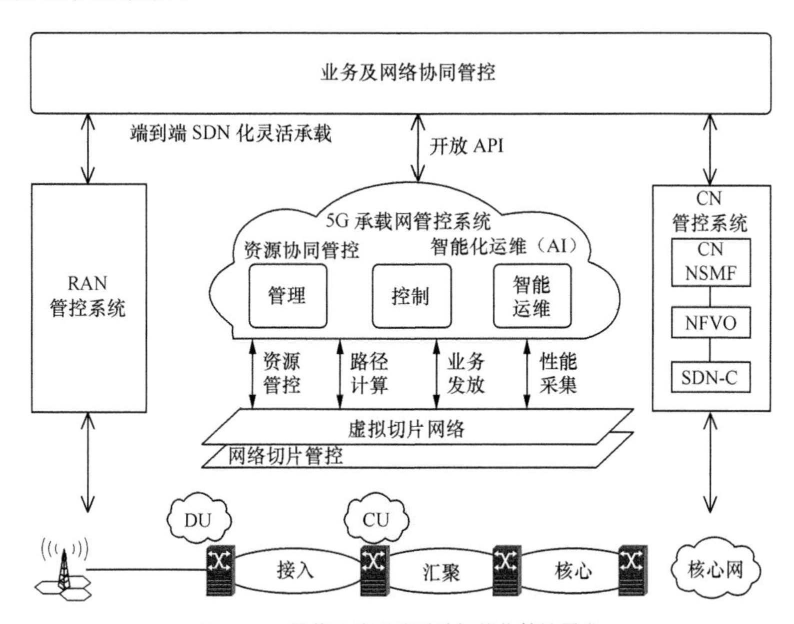

图 5-10　承载网端到端系统智能化管控需求

2. 网络切片管控

承载网的切片要求管控系统能够对切片网络进行管理，由于网络切片一般由上层系统发起，携带客户的 SLA 需求，采用传统的人工规划设计构建 VPN 的方法，不仅业务提供速度慢，网络资源使用效能还难以达到最优。承载网管控系统应能够支持切片网络的自动化部署和计算，支持网络切片的按需定制，实现切片用户的隔离，并对切片网络进行智能运维。

3. 资源协同管控

5G 承载网管控系统应能够和上层的编排器、管控系统、业务系统进行协同交互，接收来自上层系统的需求，完成自上而下的自动化业务编排。为此承载网管控系统应能够提供开放、标准的北向管控接口，以便实现和上层管控系统的能力交互、数据交互、告警和性能检测交互等功能。

4. 统一管控

SDN 控制器系统的引入会增加运营商运维人员维护界面的增多，管理操作维护更复杂，将提高运维成本。因此，基于云化、弹性的部署方案，将管理、控制、智能运维等功能协调统一，提供统一的维护界面，以提高运维的效率。

5. **智能化运维**

随着网络功能层次增多、网络结构变得复杂，以及网络切片管控等需求的引入，人工维护的复杂性越来越高，要求能够提供智能化运维功能，以降低运维的复杂度。通过引入 AI 等智能化技术，对网络配置、流量、告警、操作等网络数据进行采集和分析，以实现告警快速定位分析和排障、流量预测分析和网络优化等智能化运维功能。

5.8 综合承载需求

为了提高网络的使用效率以及运营维护的方便性，使用一张 5G 承载网接入多种业务是发展的趋势，主要的业务包括原有 3G/4G 网络的承载、集团政企专线业务，以及家庭客户 OLT 上联业务，未来集团政企专线业务有大带宽和低时延的趋势，10GE 及以上的带宽接入需求逐渐增加，家庭带宽和普通政企带宽的提速下，未来 PON 网络中 OLT 上联带宽有向 100G 以上方向延伸的需求，综合业务的承载示意图如图 5-11 所示。

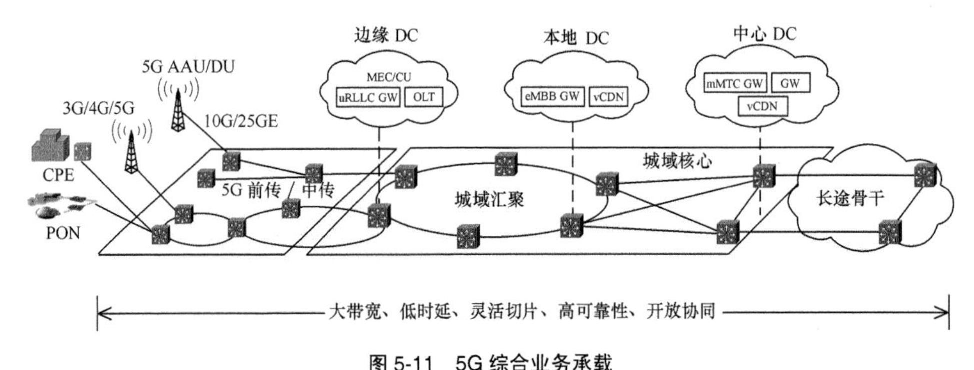

图 5-11　5G 综合业务承载

1. **4G/5G 混合承载**

考虑到 4G 和 5G 网络之间的协作关系，3GPP 目前定义了独立部署（SA，主要是 Option2 等）和非独立部署（NSA，包括 Option3/Option3a/Option3x 等）不同类型的网络架构，因此提出了 4G 和 5G 混合承载需求。

对于 SA 部署方式，5G 和 4G 形成了两张独立的网络，为了保持业务连续性，现网的 LTE 基站和 EPC 需要升级来支持跨核心网的移动性。考虑到未来新型业务支撑和扩展能力，5G NR SA 方案的承载网可新建，但须在省干或城域的核心层实现 4G 和 5G 控制面核心网元之间的互通，也可结合实际需求构建 4G 和 5G 混合承载网络，具体选择除了技术方案之外，还与建网成本、维护成本等密切相关。

对于 NSA 部署方式，5G 和 4G 形成了混合网络，目前国外运营商计划支持得较多。整体来看，纯 NG-eNB 网络难以支持 5G 全业务，特别是低时延类业务。为了改善部分低时延类业务的体验，可以下沉部分核心网功能，减少基站与核心网之间的传输时延。对于承载网络而言，若运营商选择部署这些 NSA 方案，则需要采用 4G 和 5G 混合承载的网络方案。

2. **低成本高速组网**

在 5G eMBB 等业务的强力推动下，除了在面向 5G 回传的城域汇聚和核心层引入新的 N×100/200/400Gbit/s 等高速接口速率之外，25Gbit/s、50Gbit/s 和 100Gbit/s 等新型高速接口将逐步在前传和城域接入层引入和应用，新型设备及全新高速接口的成本相对昂贵，承载网络的低成本需求逐步凸显，尤其是在前传和回传接入层（中传）网络，占据规模数量的 25Gbit/s、50Gbit/s 和 100Gbit/s 等新型接口及设备的成本非常关键。

目前，业界已经关注到新型光接口设备及模块低成本的重要性，结合应用需求及低成本方案，已出现一些低成本的高速接口光模块样品，部分高速模块应用需求及典型速率接口特性见表 5-9 5G 承载光模块需求分析示例。

表 5-9　5G 承载光模块需求分析示例

应用场景	传输距离典型值（km）	接口速率（Gbit/s）	工作波段	调制方式	传输方式
前传	10 ～ 20	25 ～ 100	C/O	NRZ/PAM4/DMT（直调直检）	双纤双向 / 单纤双向
中传	20 ～ 40	25 ～ 100	C/O	NRZ/PAM4/DMT（直调直检）	双纤双向 / 单纤双向
回传	2 ～ 20	25 ～ 100	C/O	NRZ/PAM4/DMT（直调直检）	双纤双向 / 单纤双向
	40 ～ 80	N×100/200/400	C/O	n-QAM（相干）/ PAM4/DMT（直调直检）	双纤双向
	＞ 80	N×100/200/400	C	n-QAM（相干）	双纤双向

第 3 篇
承载技术和组网分析

第6章 几种承载关键技术

第3章介绍了整个5G网络架构的演变，第4章推演出5G承载网架构将演变为前传、中传、回传三大部分。结合第5章5G的三大业务和对承载的八大需求可知，现在所使用的承载技术都将进行革新，以适应5G的变化和要求。现有主要的承载技术包括光传送网（OTN）、基于IP的无线接入网（IPRAN）、分组传送网（PTN）、切片分组网（SPN）、无源光网络（PON）、光纤直连承载等，下面将对各种技术的特点进行介绍，并对5G时代各种技术的发展方向和关键技术做简要分析。

| 6.1 OTN 概述 |

6.1.1 OTN 的产生背景

在 OTN 产生之前，两大传统的传输技术是 SDH/MSTP 和 WDM，两者各有优缺点。

SDH/MSTP 技术采用标准化结构，配置灵活、保护完善、管理维护开销丰富，但缺点是带宽较小，不能满足城域网和骨干网大容量 IP 业务承载和调度的需求。

WDM 技术的出现给传送网带来了质的飞越，优点主要有：

（1）超大带宽，波分复用技术使单光纤的传送带宽得到了极大的提升，为业务流量较大的干线、本地网核心汇聚层节省了大量的光纤资源，波分将传送网带进了一个高速时代；

（2）扩容便捷性大大提高，在建成 DWDM 系统之后，传送网系统需要新增大容量电路，只需要增加一些波分板件就可以轻松实现，相比较敷设光缆来说，大大缩短了建设周期；

（3）超长的传输距离，无电中继传输距离能够达到几千千米，大大提高了传送网的传输距离。

WDM 技术带来的飞跃对于传送网有着重大意义，但随着 DWDM 的大规模应用和业务、需求的多元化发展，波分技术逐渐暴露了一些不足，主要有：

（1）DWDM 业务调度不灵活，DWDM 不能对业务信号的内部进行处理，需要增加 MSTP 设备才能支持 GE、2.5G 颗粒业务并且使用成本较高，对于100G 的 DWDM 来说，40G 和 10G 都是需要交叉进入 100G 波道的，这些大客户的业务 MSTP 都无法接入；

（2）DWDM 仅支持点到点组网结构，所谓的环实际上是用多个点到点系统组成的；

（3）网络运行维护、管理不灵活，前面说过 SDH 的 STM-1 的帧结构中各种开销带宽达到了 20 多兆，而 DWDM 对整个 40 路 10G 信号的监控仅仅只有2M，所以可想而知 DWDM 如此低的带宽只能对整个光通道的一些非常重要的指标和性能进行监控；

（4）DWDM 系统保护方式仅支持对光缆线路和单个波道进行保护，因为DWDM 的最小业务单元就是波道，而对于波道以下的低速信号 DWDM 并不关心。

在发现 DWDM 的种种不足之后，对于能结合 DWDM 大容量的优势和SDH 的组网灵活、保护完善、管理功能强大等特点的新技术需求愈发强烈，OTN 就是此需求下产生的改良版技术。

OTN 作为目前承载网的主流技术，广泛应用于运营商的国家干线、二级干线本地网骨干网、城域网以及县乡组网，承载的业务面也非常广泛。

6.1.2 OTN 的概念

光传送网（OTN，Optical Transport Network）是由 ITU-T 定义的一种全新的光传送技术体制，它包括光层和电层的完整体系结构，对于各层网络都有相应的管理监控机制和网络生存性机制：

（1）光信号由波长来表征，光信号的处理可以基于单个波长，或基于一个波分复用组；

（2）OTN 在光域内可以实现业务信号的传递、复用、路由选择、监控，并保证其性能要求和生存性；

（3）OTN 可以支持多种上层业务或协议，是未来网络演进的理想基础。

6.1.3 OTN 的主要功能

OTN 是以波分复用技术为基础、在光层组织网络的传送网，是 DWDM 下一代的骨干传送网，可以解决传统 WDM 网络对于波长 / 子波长业务调度能力差、组网保护能力弱等问题；主要实现了以下功能。

（1）OTN 定义了帧结构。OTN 定义了 OTU*k*、ODU*k*、OPU*k* 一系列速率等级和帧结构，就像 MSTP 的 C、VC、AU、STM-*N* 一样，OTN 和 WDM 的最大区别也在于此，OTN 将 WDM 的一个波道的内部结构进行了定义，也像 SDH 那样规定了一些大大小小的箱子，可以容纳各种速率的支路信号。

（2）OTN 实现了电交叉。OTN 有了自己的帧结构之后，基于不同等级的 ODU*k* 颗粒，就可以实现电交叉功能，使小颗粒的信号可以合并在大的通道中传送，对于小于波道速率的低速信号，如 10G 波道速率下的 GE 和 2.5G，OTN 从体制上具备了接入和处理的能力，而不用再去通过增加 SDH 设备实现这部分功能。

（3）OTN 实现了光交叉。光交叉是纯光信号的调度，是 OTN 系统独有的概念，OTN 通过波长选择开关等技术，可以在一个站点的各个方向之间自由地调度光波长信号，波长信号在一个站点的穿通不再需要尾纤跳接来实现。

（4）OTN 增强了监控开销。既然 OTN 有了自己的帧结构，顺便规定了一些字节用于管理，这也是从 SDH 中学来的方法，OTN 帧结构中引入了丰富的开销机制，增强了网管能力，OTN 从光层到电层支持多达 6 级的开销监控能力。

6.1.4 OTN 的优点

OTN 集中了 SDH 与 WDM 两者的技术优势，其优点主要表现如下。

（1）透明传送能力：OTN 定义的 OPU*k* 容器，可以适配任意客户业务，包含 SDH、ATM Ethernet、SAN、Video 业务而不更改任何净荷和开销信息，异步映射模式也保证了客户信号定时信息的“透明”，并提供有效的管理。

（2）支持多种客户信号的封装传送：OTN 利用数字包封技术承载各种类型的用户业务信号。对于同步信号 SDH，OTN 可以不进行改变地直接适配到光通路净荷单元中；对于其他用户信号，OTN 大多采用通用成帧规程（GFP）进行封装，然后再适配到光通路净荷单元中。

（3）交叉连接的可升级性：OTN 体系消除了交叉速率上的限制，可随着线路速率的增加而增加，也可以通过反向复用来适应线路速率上的限制。即各部分可分别设计、独立发展，可扩展性好，比较容易实现几十倍 T 级别的交换容量，且成本低，易于管理。

（4）强大的带外前向纠错功能（FEC）：OTN 帧结构中专门有一个带外 FEC 区域，通过前向纠错可获得 5 ~ 6dB 的增益，从而降低了对光信噪比的要求，增加了系统的传输距离。

（5）串联监控：相对于SDH只能提供1级串联监控，OTN可以提供多达6级的串联监控并支持虚级联与嵌套的连接监控，因此，可以适应多运营商、多设备、多子网的工作环境。

（6）丰富的维护信号：OTN定义了一整套用于运行、维护、管理和指配的开销，利用这些开销可以对光传送网进行全面精细的检测与管理，为用户提供一个可操作、可管理的光缆网络。

其缺点主要表现如下。

（1）相对造价偏高。

（2）对小颗粒的业务支持不如MSTP/SDH。

（3）无三层交换处理能力。

6.1.5 OTN下一代关键技术

未来各种业务对OTN传输网的需求都将出现新的变化，业务类型的主要需求有如下几个方面。

移动网的需求。根据当前ITU关于5G应用场景与关键能力指标的研究，5G单基站带宽均值可以达到5Gbit/s，峰值带宽可以达到20Gbit/s。经测算，城域网汇聚层将采用100Gbit/s以上更高速率的技术，城域网接入层将采用50G或100G技术，核心及汇聚机房之间部署OTN网络，以适应5G规模部署阶段的基站回传需求。

PON接入网的需求。OLT上行带宽将以10GE上联为主，2～3年内将到达10个10GE。总体上，OLT上行升级为10GE，可以降低光纤消耗，因此，城区现有的中继光缆基本可以满足OLT上行需求，但在以下两种场景下，OLT上行会需要波分进行承载。

长距承载。目前根据成本测算来看，如果距离大于10～15km，采用波分承载具有成本优势。

光缆资源紧张。在农村地区，有很多段落建设年份较早、芯数较小的乡镇光缆，随着有线、无线的统筹规划使用，存在光纤资源不足的情况；城区也存在光缆无法进入的商务楼宇。

IP网的需求。当前WDM、OTN网络结构满足IP骨干网的组网需求，仅需结合IP流量增长扩充网络容量，进一步优化网络结构，降低网络时延，扩大ROADM部署范围、提高网络调度能力。城域网内随着上网流量增长和视频用户的普及，BRAS上行带宽将成倍增长，2～3年内将到达10～50个10GE，将产生 100GE 链路上联需求。

政企业务的需求。首先是提速需求，客户电路预计普遍提速至 50M 以上，电路接口将以 FE、GE 为主；根据规划统计数据，政企业务每年的复合增长率为 20% ~ 30%；其次是低时延需求随着“互联网 +”的深入发展，运营商通信网络开始与各行各业深度融合，某些新兴行业和新兴业务对网络时延提出了近乎苛刻的需求，如金融和电子交易类用户、高清视频类业务、部分实时性要求比较高的云桌面业务以及未来 5G 移动业务等都对承载层的时延指标提出了苛刻的要求。

综上所述，随着 4G 全覆盖、PON、IP 网的发展，对承载网络在带宽、节点容量以及网络扁平化等方面提出了更高的要求；大带宽政企业务和普遍提速的中小带宽政企业务，需要提供刚性、透明、带宽灵活可变、高安全性的传输通道，现有 SDH/MSTP 系统难以满足，尤其是在 5G 网络在承载上的大带宽、低时延、灵活组网、高精度时间同步等多方面需求的驱动下，可以得出未来 OTN 的演进方向主要有以下几个：（1）ROADM 全光组网调度技术；（2）超低时延 OTN 传送技术；（3）ODUflex 灵活带宽调整技术；（4）FlexO 灵活互联接口技术；（5）超 100G 的大带宽技术；（6）网络切片技术；（7）5G 时代实现多网融合互通和所有类型业务的归一化承载。

1. ROADM 全光组网调度技术

通过光层 ROADM 设备实现网络节点之间的光层直通，免去了中间不必要的光—电—光转换，可以大幅降低时延。

在技术实现上，基于波长选择开关（WSS，Wavelength Selective Switching）技术的 ROADM 已经成为业界的方向，如图 6-1 所示，这是一个典型的波长无关、方向无关、无阻塞 RODAM（CDC-ROADM，Colorless，Directionless &Contentionless ROADM）的技术实现方式，基于 1×*N* WSS 以及多路广播开关（MCS，Multi-cast Switching）器件，通过各类 WSS、耦合器、分离器等组件支持最多 20 个维度方向上的任意信道上下波。

随着 ROADM 技术的持续演进，下一代 ROADM 将朝着更高维度、简化运维的方向发展，基于 MCS 技术的 WSS 由于分光比太大，需要采用光放大器阵列进行补偿，其未来演进受到限制，尤其是难以向更高维度发展。如图 6-2 所示，*M*×*N* WSS 技术是一个重要的发展方向，相对于 MCS，其优势包括以下几点。

（1）*M*×*N* WSS 具有波长选择性，能够大幅降低分光损耗，减少光放大器需求，从而降低功耗，提高可靠性，能够支持更多的维度方向（例如 32 维）。

（2）*M*×*N* WSS 具有更紧凑的结构，有利于设备小型化。

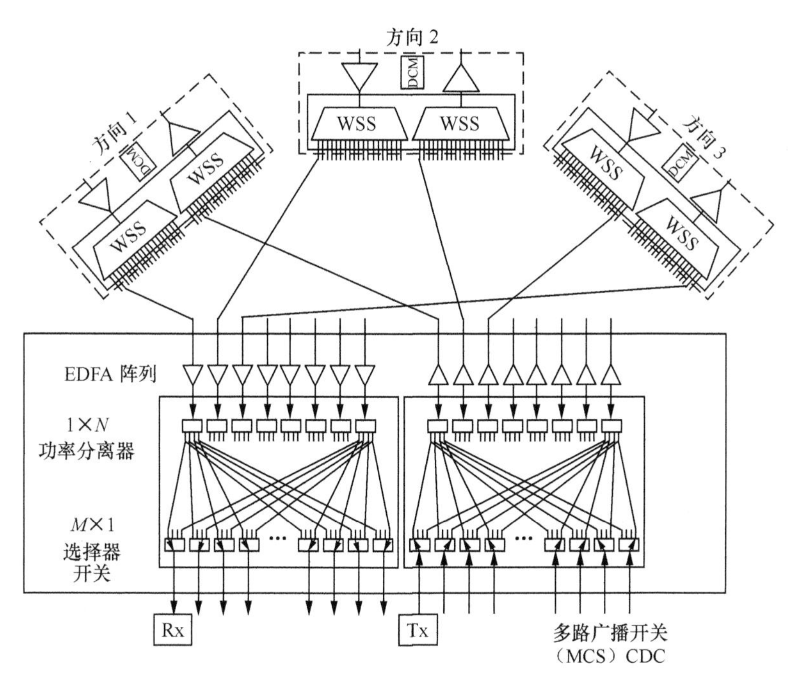

图 6-1　典型 CDC-ROADM 架构示意

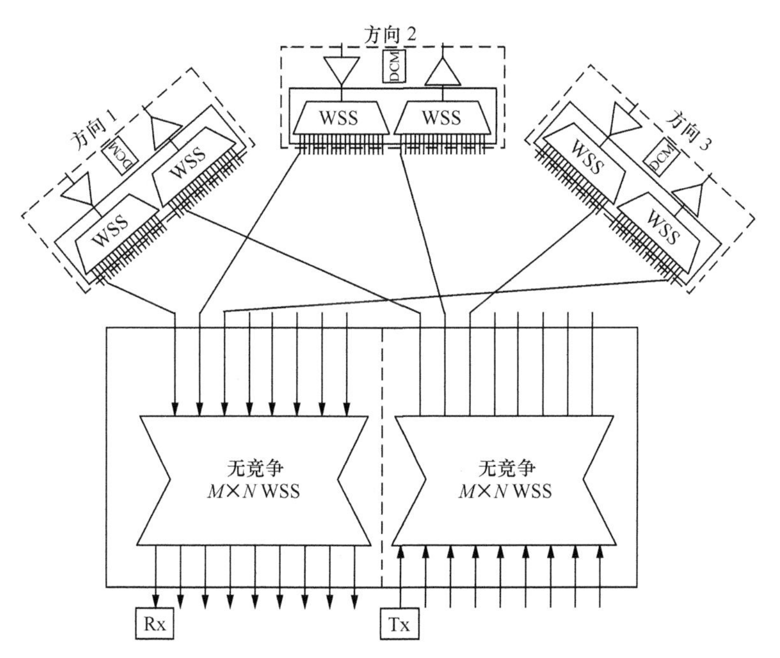

图 6-2　基于 $M\times N$ WSS 技术的下一代 CDC-ROADM 架构示意

当网络逐渐走向全光架构，波长数目大幅增长时，需要对全网光层实施有效管理、监测和追踪，这是全光缆网中最重要的技术。通过给光信道分配波长标签，可以在网络中的关键节点设置监测点，提取标签信息，由此获取每一个波长在网络中的传输路线、业务信息与状态，提高波长规划、管理的效率。

2. 超低时延 OTN 传送技术

目前，商用 OTN 设备单点时延一般在 10 ~ 20μs，主要是为了覆盖多样化的业务场景（比如承载多种业务、多种颗粒度），添加了很多非必要的映射、封装步骤，造成时延大幅上升。

随着时延要求越来越高，未来在某些时延极其苛刻的场景下，针对特定场景需求进行优化，超低时延的 OTN 设备单节点时延可以达到 1μs 量级。具体可以通过以下 3 个思路对现有产品进行优化。

（1）针对特定场景，优化封装时隙。

目前，OTN 采用的是 1.25G 时隙，以传送一个 25Gbit/s 的业务流为例，需要先分解成 20 个不同时隙来传输，再将这 20 个时隙提取恢复原始业务，这个分解提取的过程需要花费不少时延（约为 5μs）。

如果将时隙增大到 5Gbit/s，这样就可以简化解复用流程，能够有效降低时延（1 ~ 2μs），并且节省芯片内的缓存资源。

（2）简化映射封装路线。

在常规 OTN 中，以太业务的映射方式需要经过通用成帧规程（GFP，Generic Framing Procedure）封装与缓冲器中间环节，再装载到 ODUflex 容器。

而在 OTU 线路侧，需要时钟滤波、缓冲器、串并转换，整体时延因引入缓冲器和多层映射封装而增大。

新一代的 Cell 映射方式基于业务容量要求做严格速率调度，映射过程采用固定容器进行封装，可以跳过 GFP 封装、缓冲器、串并转换等过程降低时延。

（3）简化 ODU 映射复用路径。

OTN 同时支持单级复用和多级复用，理论上每增加一级复用，时延将增加 512ns。因此，在组网时采用单级复用可以有效降低时延，如针对 GE 业务，多级复用（GE → ODU0 → ODU2 → ODU3 → ODU4 → OTU4）的时延约为 4.5μs，而单级复用（GE → ODU0 → ODU4 → OTU4）的时延约为 2.2μs。

值得注意的是，在实际项目中，当追求极致时延特性时，也应当权衡适用性、功耗、体积、芯片可获得性、可靠性等其他因素，比如针对特定场景进行优化，可能就会导致应用场景受限。总之，随着未来芯片架构、工艺技术进一步提升，OTN 设备可以通过多种渠道实现超低时延，逐步向理论极限逼近，同时更好地平衡其他性能参数。

3. ODUflex 灵活带宽调整技术

传统 ODUk 按照一定标准容量大小进行封装，受到容量标准的限制，容易出现某些较小颗粒的业务不得不用更大的标准管道容量进行封装（如图 6-3 所示），造成网络资源浪费。ODUflex，即灵活速率的 ODU，能够灵活调整通道带宽，调整范围为 1.25 ~ 100G，其特点如下。

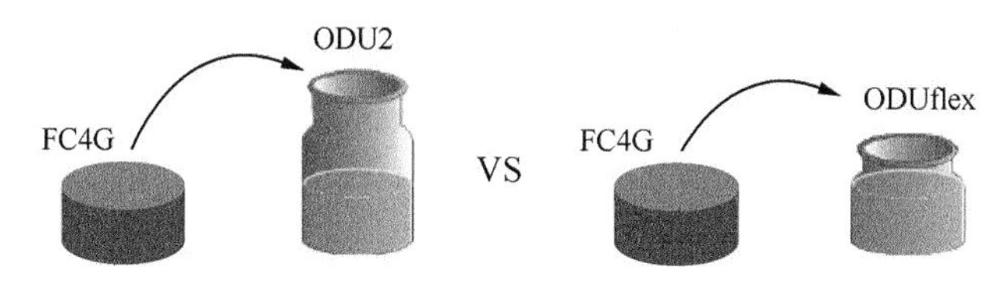

图 6-3　ODUflex 灵活配置容器容量示意

（1）高效承载。提供灵活可变的速率适应机制，用户可根据业务大小，灵活配置容器容量，保证带宽的高效利用，降低每比特传输成本。

（2）兼容性强。适配视频、存储、数据等各种业务类型，并兼容未来 IP 业务的传送需求。

图 6-4 中映射路径为 FC4G → ODUflex → ODU2；其中，ODUflex 映射到 ODU2 中 4 个时隙，剩余时隙可用来承载其他业务，带宽利用率可达 100%。

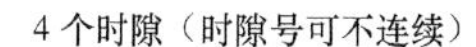

图 6-4　ODUflex 映射过程示意（FC4G → ODUflex → ODU2）

由于网络边缘接入业务将会非常复杂，如 5G、物联网、专线等，业务也具有临时性，因此，还需要管道能够根据实际业务带宽大小进行无损调节，这就要求支持 ITU-T 的 ODUflex 的无损伤调整（G.HAO，Hitless Adjustment of ODUflex）协议，该协议支持根据接入业务速率大小，动态地为其分配 N 个时隙，然后再映射到高阶 ODU 管道中，如果接入业务速率发生变化，通过 G.HAO 协议，网管控制信号源宿之间所有站点都会相应调整分配时隙个数，从而调整 ODUflex 的大小，保证业务无损调节。

针对 5G 承载，ODUflex 是应对 5G 网络切片的有效承载手段，通过不同的 ODUflex 实现不同 5G 切片网络在承载网上的隔离。

4. FlexO 灵活互联接口技术

光层 FlexGrid 技术的进步、客户业务灵活性适配的发展，催生了 OTN 层进一步灵活适应光层和业务适配层的发展，业界提出了 FlexO 技术。灵活的线路接口受限于实际的光模块速率，同时域间短距接口应用需要低成本方案，FlexO 应运而生。

FlexO 接口可以重用支持 OTU4 以太网的灰光模块，实现 N×100G 短距互联接口，使得不同设备商能够通过该接口互联互通。FlexO 提供一种灵活 OTN 的短距互联接口，称作 FlexO Group，用于承载 OTUCn，通过绑定 N×100G FlexO 接口实现，其中每路 100G FlexO 接口速率等同于 OTU4 的标准速率。FlexO 主要用于如下两种应用场景。

场景一用于路由器和传送设备之间，如图 6-5 所示，路由器将数据流量封装到 ODUk/ ODUflex，然后复用到 ODUCn/OTUCn 完成复用段及链路监控，最终通过 N×100G FlexO 接口承载 OTUCn 信号完成路由器和传送设备之间互联互通。

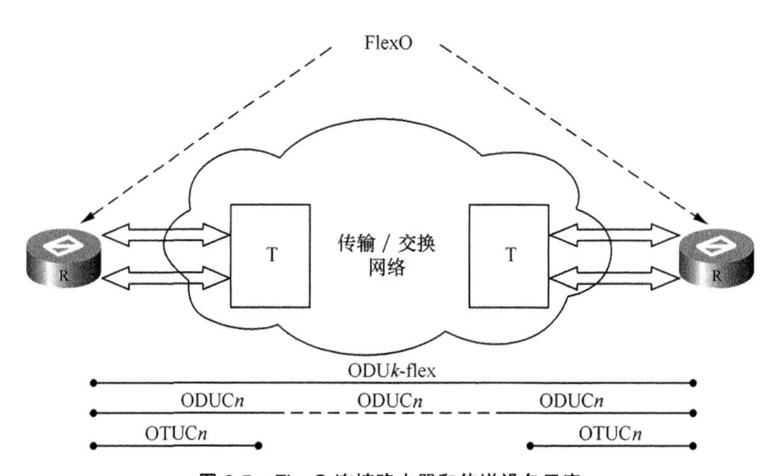

图 6-5　FlexO 连接路由器和传送设备示意

场景二作为域间接口用于不同管理域之间的互联互通，如图 6-6 所示，该域间接口的 OTN 信号为 OTUCn，通过 N×100G FlexO 接口承载 OTUCn 信号实现。

当前 N×100G FlexO 接口的标准化工作已经完成，随着 IEEE 802.3 200GE/400GE 标准的逐步完善，ITU-T/SG15 正逐步开展相关 M×200G/400G

FlexO 接口研究和标准制定工作，丰富 OTN 的短距互联接口能力。

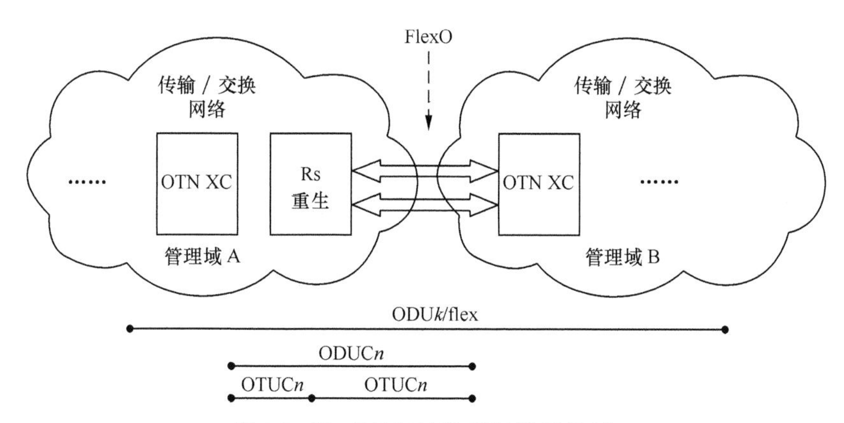

图 6-6　FlexO TrDI 连接 OTN 管理域示意

5. **超 100G OTN 技术**

随着 $N\times$100Gbit/s WDM 技术路线的趋同和商用产品的逐渐推出，超 100Gbit/s 技术逐渐成为未来高速传输的研究焦点，借鉴传输速率逐渐从 2.5Gbit/s、10Gbit/s、40Gbit/s 到 100Gbit/s 技术积累和市场选择机制，超 100G 技术路线目前面临的问题可归纳为速率选择、谱效和距离、性能和成本。

（1）速率选择。

按照目前传送网络和数据网络的带宽发展历史，新一代速率的提升相对上一代不是 4 倍就是 10 倍，按此逻辑，那么超 100Gbit/s 技术的速率将面临 400Gbit/s 和 1Tbit/s 的速率选择问题。从目前可预见的发展前景来看，综合考虑承载未来业务需求的技术实现难度，综合成本以及 40Gbit/s 和 100Gbit/s 竞争历史等因素，400Gbit/s 技术相对要更现实一些，但是也不排除传输带宽增长过快、新型 1Tbit/s 低成本创新技术出现等情况。

（2）频谱和距离。

谱效和传输距离是一对矛盾体，实际商用系统的实现就是这两者参数的折衷与平衡，既然基于 50GHz 通路间隔的 $N\times$100Gbit/s WDM 目前的谱效已经达到了 2bit/(s·Hz)，那么超 100Gbit/s 长距传输技术的谱效至少要大于该量级。目前提升谱效的典型方式是采用降低波特率的调制方式，典型如 QPSK 调制、QAM 调制、多载波或者调制和多载波结合等，但在相同速率下降低波特率意味着系统灵敏度或者信噪比容限的降低，这将明显影响系统的传输距离，具体参见图 6-7 和图 6-8。

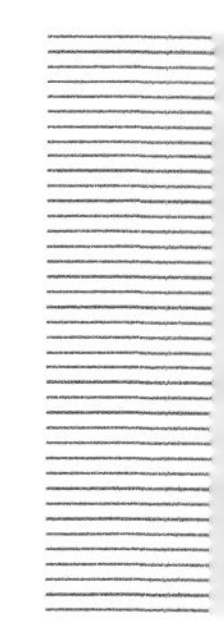

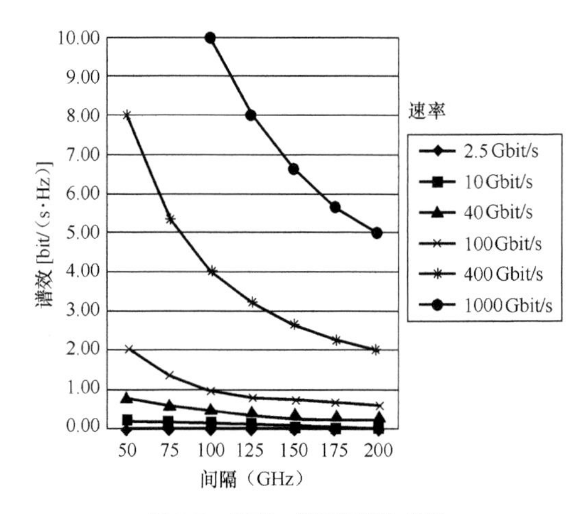

图 6-7　速率、通路间隔与谱效

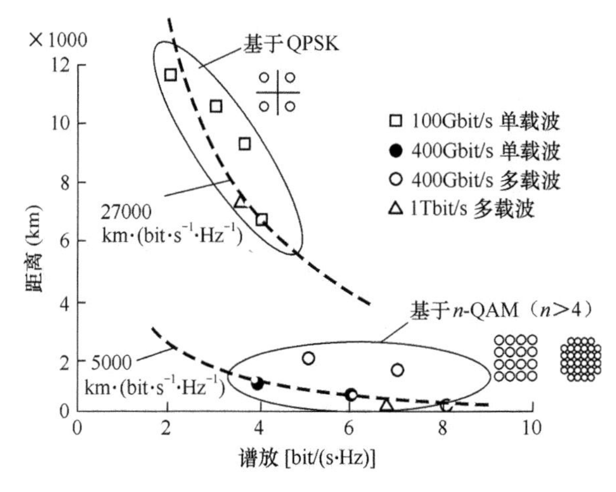

图 6-8　谱效与传输距离

（3）性能和成本。

无论 400Gbit/s 还是 1Tbit/s，性能和成本也是一对矛盾体，实际商用系统的实现也是这两者参数的折衷与平衡，从目前超 100Gbit/s 的长距离传输可选技术来看，除了必选的偏振复用和相干接收技术之外，目前，主要包括基于单载波的 QAM 调制，以及基于多载波的 OFDM、奈奎斯特 WDM 或者正交 WDM 等多种技术，而且国内外研究机构都已经公开报道了多篇关于 400Gbit/s 和 1Tbit/s 的实验室研究成果，其中，400Gbit/s 速率的实验室传输距离可达到 1000km 量级。从简单的传输距离数量上来看，可以满足一般的应用场景，但这只是实验室探索创新，暂不考虑实现成本和商用要求的理想场景，与实际以成本考核的商用系统要求相距甚远。

从总体的技术实现路线来看，超100Gbit/s技术在未来选择400Gbit/s的可能性较大（包括客厂接口和线路接口）。其中，客户接口可能会依然采用目前的$N\times25$Gbit/s并行结构，而线路接口的选择竞争性则较大综合考虑未来可用技术、器件发展水平和商用特点，相对简单、性能适中的基于单载波的16 QAM，以及奈奎斯特WDM多载波QPSK等技术路线采用的可能性较大，而基于正交频率复用（OFDM）在400Gbit/s商用系统预计暂不会被采用。另外，由于超100Gbit/s的谱宽一般已经不允许基于50GHz的通路间隔传输，因此如何基于动态可变的通路间隔来提高光缆网络的谱效和能效成为目前研究的热点。

6. **网络切片技术**

从本质上来看，网络切片就是对网络资源的划分。而光传送网具有天然的网络切片承载能力，每种5G网络切片可以由独立的光波长/ODU通道来承载，提供严格的业务隔离和服务质量保障。具体到5G网络切片的承载需求，以分组增强型OTN为例说明可以提供一层和二层的网络切片承载方案。

（1）基于一层网络切片承载方案。

该方案主要基于ODUflex进行网络资源划分，可以将不同的ODUflex带宽通过通道标识划分来承载不同的5G网络切片，并可根据业务流量的变化动态无损调整ODUflex的带宽。也可以通过物理端口进行承载资源的划分，需要将物理端口对应的所有电层链路都进行标签隔离处理，实现较简单，粒度较大。

（2）基于二层网络切片承载方案。

该方案通过MPLS-TP标签或以太网虚拟局域网（VLAN，Virtual Local Area Network）ID划分隔离二层端口带宽资源，即逻辑隔离。采用不同的逻辑通道承载不同的5G网络切片，同时，通过QoS控制策略来满足不同网络切片的带宽、时延和分组丢失率等性能需求。

其中，一层网络切片承载方案的切片间业务属于物理隔离，不会相互影响。二层网络切片承载方案的切片间业务是逻辑隔离，不同切片间的业务可以共享物理带宽。可根据5G不同网络切片的性能需求选择不同的承载方案。

OTN网络切片承载方案可以结合软件定义网络（SDN，Software-defined Network）智能控制技术，实现对网络资源的端到端快速配置和管理，提高网络资源使用效率，提升业务开通效率和网络维护效率。并通过开放北向接口，采用如虚拟传送网业务（VTNS，Virtual Transport Network Service）向上层5G网络提供对光传送网资源的管控能力，如图6-9所示。

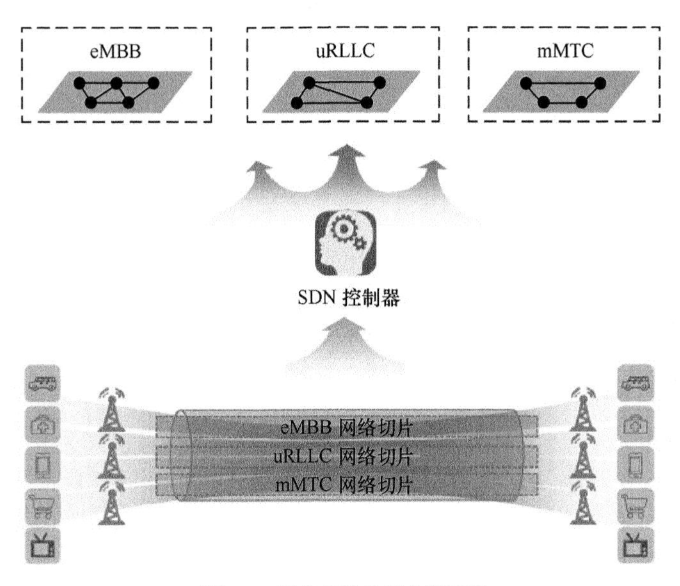

图 6-9　网络切片承载方案示意

6.1.6　MS-OTN

1. MS-OTN 的定义

分组增强型光传送网（OTN）设备是指具有 ODU*k* 交叉、分组交换、VC 交叉和光交叉处理能力，可实现对 TDM 和分组业务统一传送的设备。

2. MS-OTN 的关键技术及特点

MS-OTN 经过多年的研发，所采用的关键技术和协议众多。这里简单介绍 3 个关键技术：GMP、ODUflex、ODUflex(GFP）无损调整技术。GMP 的主要功能是根据客户信号速率和服务层传送通道的速率，自动计算每个服务帧中需要携带的客户信号数量，并分布式适配到服务帧中，以支持多业务的混合传送；而 ODUflex 容器负责完成支持任意客户业务，现阶段厂家的 MS-OTN 传送平台已经具备了任意 CBR 业务的传送能力，包括 SDH 业务、以太网业务、公共无线接口业务（CPRI）和光线通道业务（FC）等；MS-OTN 的 ODUflex(GFP）无损调整 （HAO）技术，目的在于能够提高 MS-OTN 传送分组业务的带宽利用率，增强 MS-OTN 网络部署的灵活性，这样运营商在使用过程中能通过统一的网络管理及低成本的带宽调整来智能调度资源。

这三大关键技术造就了新一代 OTN 设备，智能分配带宽、支持多种业务、弹性、开放、智能、超大容量的波分网络正是运营商现阶段的需求。

3. 分组增强型OTN涉及的主要标准

（1）以太网功能主要遵循的标准。

IEEE 802.1 协议组包括了以太网功能的各个协议，IEEE 802.1d 定义生成树；IEEE 802.1q 定义 VLAN 标记协议；IEEE802.1ag 定义了故障链路管理等。

YD/T 1948.3-2010《传送网承载以太网（EoT）技术要求 第3部分：以太网业务框架》。

YD/T 1948.5-2011《传送网承载以太网（EoT）技术要求 第5部分：以太网专线（EPL）业务和以太网虚拟专线（EVPL）业务》。

Y.1731《基于以太网络 OAM 功能和机制》。

（2）MPLS-TP 功能主要遵循的标准。

YD/T 2374-2011《分组传送网（PTN）总体技术要求》。

YD/T 2397-2012 《分组传送网（PTN）设备技术要求》。

4. MS-OTN 重点关注的功能

重点关注的功能主要从两个方面分析：VC 的封装、调度、保护功能要求与 SDH 设备基本一致；分组功能的主要要求。

分组功能的主要要求有如下几条：

（1）至少支持 EPL、EVPL 业务，能够实现端口汇聚功能和流量汇聚功能；

（2）支持端口限速功能；

（3）实现基于业务流的 OAM 机制，可对以太网业务流进行告警检测和性能监测；

（4）保护机制，保证业务的高可靠性；

（5）对分组功能的网管功能。

下面就几条重要的要求展开叙述。

（1）EPL 业务和 EVPL 业务。

EPL 业务为透传专线，一条业务独占一个 ODU 通道。EVPL 业务为多条业务占用一个 ODU 通道，采用 VLAN 对业务进行区分。

EVPL 业务的实现主要有两个功能。

基于容器的 SVLAN 划分：一个 ODU0 容器中，根据需求以某一个带宽作为固定带宽，类似时隙；同时即固定了 SVLAN 的数量，用 SVLAN（CVLAN 留给客户使用）实现 ODU0 内不同业务的区分，类似时隙编号。

SVLAN 交换：每个 ODU0 通道分配了 20 个 SVLAN 号，比如 1 ~ 20，业务流进入管道时按照 1 ~ 20 占用 SVLAN 号，类似于 VC4 的时隙占用。

调度节点处进行 SVLAN 交换，从源 ODU0 通道交换到目的 ODU0 通道时，也是按照从 1 ~ 20 占用，已被占用的 SVLAN 号不再可用，如图 6-10 所示。

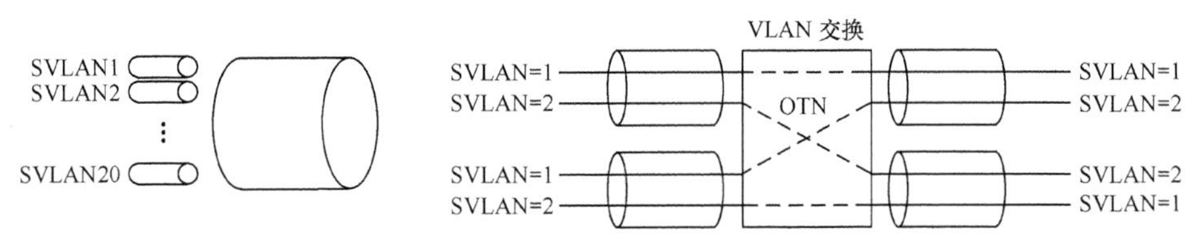

图 6-10 EPL 业务和 EVPL 业务

（2）实现基于业务流的 OAM 机制，可对以太网业务流进行告警检测和性能监测。

以太网 OAM 功能维护组配置如下。

维护域（MD，Maintenance Domain）：OAM 管理所覆盖的部分网络称为维护域，用维护域名来标识 MD。MD 具有 0 ～ 7 层次级别，配置需一致。

维护集（MA，Maintenance Assosiation）：MD 中的一个集合，包含一些 MP。用"MD 名 +MA"来标识。MA 服务于一个 VLAN，MA 中的 MP 所发送的报文在该 VLAN 内被转发，同时也接收 MA 内其他 MP 发送的报文。

维护点（MP，Maintenance Point）：可以是维护连接的终结点（MEP，Maintenance End Point）或维护中间点（MIP，Maintenance Intermediate Point）。维护点配置在端口上，属于某个 MAP。MEP 用整数标识，即 MEP ID，在配置 OAM 时需要配置近端 MEP ID 和远端 MEP ID，以形成一组 MP。

OAM 告警管理功能如下（如图 6-11 所示）。

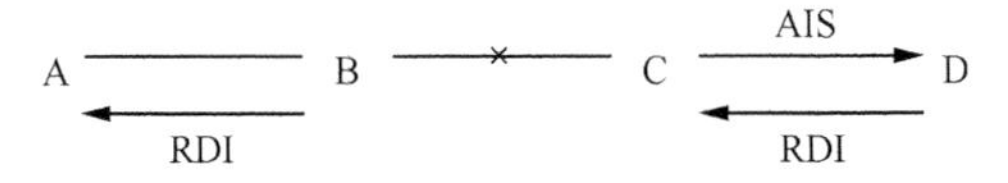

图 6-11 OAM 告警管理

连续性校验（CC）：验证 OAM 协议包的连通性。

环回功能（LB）：发送探测包检查双向路径是否通。

链路跟踪功能（LT）：发送探测包检查全程路径的连接关系，可以发现故障所在位置。

以太网告警指示（AIS）信号和以太网远端缺陷指示（ETH-RDI）。

OAM 性能管理功能如下（如图 6-12 所示）。

帧丢失测量（ETH-LM）：双端 LM 是一种主动性能监视 OAM 功能，其信息在 CV 帧中携带。在点到点的维护实体中，源 MEP 向目的 MEP 周期性地发送带有双端 LM 信息的 CV 帧，实现目的节点中的帧丢失测量。

单端 LM 是一种按需性能监视 OAM 功能，测量过程通过源 MEP 向目的 MEP 周期性地发送请求 LMM 帧和接收反馈的应答 LMR 帧来实现。

帧时延测量（ETH-DM）。

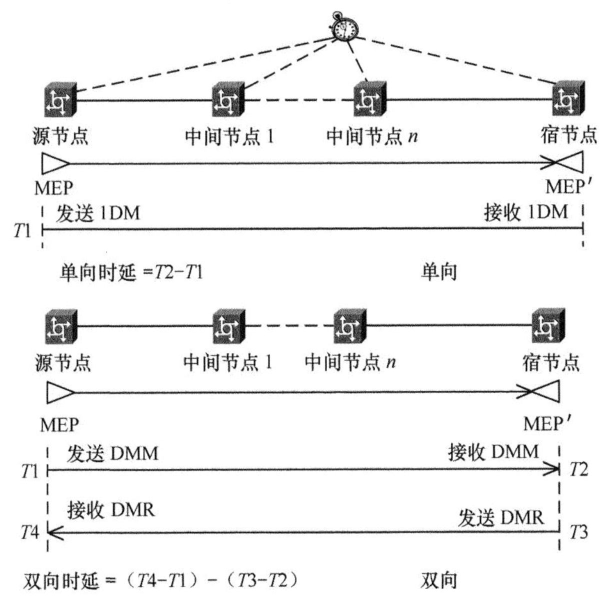

图 6-12　OAM 性能管理

5. MS-OTN 的设备情况

中国电信联合几大设备厂商在 2012 年年底就完成了测试“分组化 OTN”设备。这次测试的目的是考验厂家的设备是否能提升现网整体速率和容量，能否应对高带宽增长的客户需求，同时充分考虑新设备引入与现网的融合优化步骤。目前，厂家有两种设备形态：板卡型和集中型（通用交叉矩阵），小容量末端设备多为板卡型，大容量的设备多支持集中型。

板卡式分组增强型 OTN 设备的设计思路与 SDH 设备向多业务传送平台（MSTP，Multi-service Transport Platform）设备演进的思路类似，其逻辑功能模型如图 6-13 所示。设备增加的分组处理、分组交换、层间适配、VC 适配 / 交叉等功能被放置在支路侧上完成，不涉及对 OTN 设备原有架构、背板总线、交叉板卡和线路板卡的调整。因此，OTN 设备只需通过网管升级并加载支持相应功能模块的支路板卡即可实现板卡式分组增强型 OTN 设备的演进。

板卡式分组增强型 OTN 设备主要针对快速增长的大带宽以太网业务，响应其在带宽限速、链路聚合组（LAG，Link Aggregation Group）保护、虚拟局域网（VLAN，Virtual Local Area Network）处理、流量监控等方面的要求。目前，主流传输设备厂商都已经推出了较为成熟的支持以太网处理、二层交换和层间适配的分组支路板卡。相关支路板卡对以太网 QoS 和 OAM 支持较好，能够满足以太网接入用户的部分功能需求。但受限于二层交换芯片的集成度和原有 OTN 设备架构，分组支路板卡与以太网交换机相比，在功能和性能方面仍存在一定的差距，单块分组支路板卡的分组交换容量一般不超过 100Gbit/s，不同分组支路板卡之间不能共享分组交换容量，不支持板卡之间的 LAG 保护，从而限制了其对以太网业务调度的灵活性。此外，受限于现网业务需求和 OTN 架构的演进，支持 MPLS-TP 处理和 VC 交叉功能的支路板卡研发进展较慢。

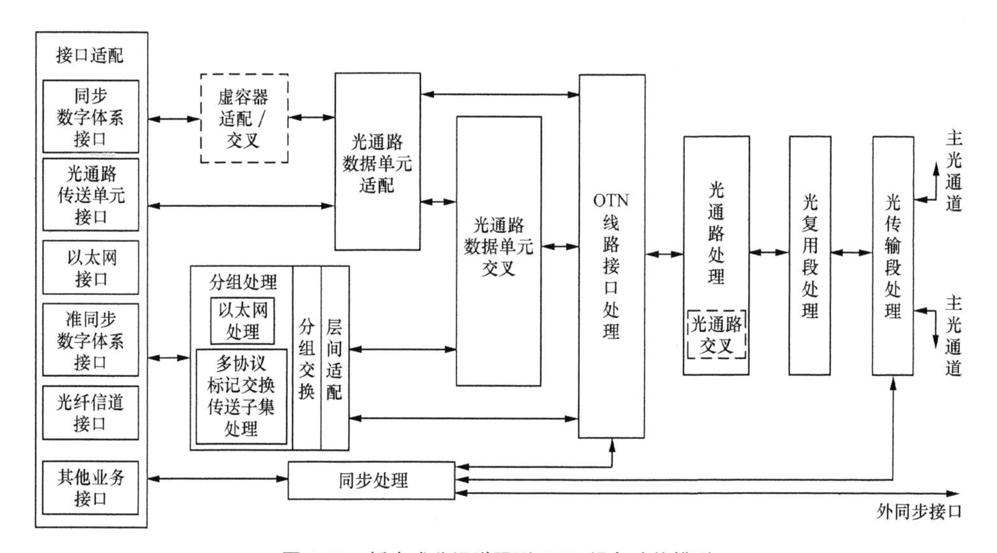

图 6-13　板卡式分组增强型 OTN 设备功能模型

集中交叉式分组增强型 OTN 设备的逻辑功能模型如图 6-14 所示。集中交叉式分组增强型 OTN 设备将 ODU*k* 交叉分组交换和 VC 交叉等调度功能集中放置在交叉板卡上完成。与板卡式设备相比，集中交叉式设备在业务调度方面更加灵活，也更具备可扩展性。根据集中交叉功能具体实现方式的不同，集中交叉式分组增强型 OTN 设备可以分为两种类型：基于多核的交换结构和基于信元的统一交换结构。

基于多核的交换结构是对现有交换技术的整合，其 ODU*k* 交叉、分组交换和 VC 交叉功能由不同的独立交换芯片完成。其优点在于可以不重新开发设备平台，只对 OTN、PTN 或 SDH 设备平台进行改造升级和更换交换板卡即可，能够较好地兼容原有 OTN、PTN 和 SDH 设备板卡，缺点在于原有 OTN、PTN 和 SDH 设备的背板总线需要调整，交换芯片利用率低，设备平台的演进空间有限，难以同时满足分组交换和时分复用（TDM，Time Division Multiplexing）交叉容量的增长需求。

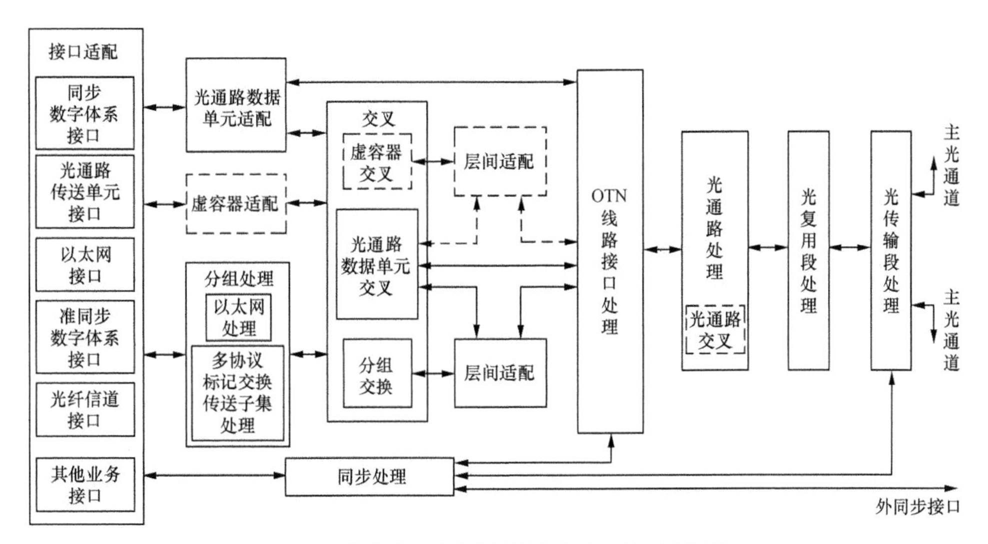

图 6-14 集中交叉式分组增强型 OTN 设备功能模型

基于信元的统一交换结构设备对 TDM 和分组业务完成适配和处理后进行统一切片，然后根据业务和链路的调度信息，由网管控制实现不同层面的交换调度。其优点在于该设备平台能够同时满足分组技术和 TDM 技术的需求，有效提高了交换容量的利用率，具备良好的通用性、可扩展性和组网灵活性，适应于不同类型的应用场景和业务承载需求。缺点在于设备前期研发投入巨大，需要规划和设计新的通用设备平台架构及基于该平台的各种业务板卡，不兼容原有 OTN 和 SDH 板卡，TDM 交叉的时延将增加。

已有部分厂商推出了基于多核交换结构的集中交叉式分组增强型 OTN 设备，该设备在现网得到了商用，其主要对交叉板卡和设备背板总线进行了改造，较好地兼容了原有 OTN 设备和 PTN 设备的板卡，通过开发增强型的支路和线路板卡拓展其设备功能，主要定位为过渡时期的增强型 OTN 或 PTN 设备。该类型设备在架构上不支持专门的适配板卡进行层间适配，其分组和 VC 到 ODUk 的层间适配功能主要在线路板卡上实现。实际设备的分组支路板卡和线路板卡类型较少，分组业务处理能力较弱，支持层间适配的线路板卡也有待完善，但已不是厂商的主要研发方向。

基于统一交换结构的集中交叉式分组增强型 OTN 设备的硬件平台具备通用性和良好的可扩展性，是传输设备厂商的重点研发方向。目前，部分厂商能够提供商用设备，其设备整体硬件架构已基本成熟，但相关业务板卡类型较少，规模商用板卡以支持传统 OTN 或 PTN 应用为主，层间适配功能主要在线路板卡或支路板卡上实现，支持分组或 VC 处理的相关板卡还有待在实际网络中进

行规模商用的检验。

目前，主要针对 MS-OTN 的设备技术要求的相关文件有如下几个：YD/T 2484-2013《分组增强型光传送网（OTN）设备技术要求》、Q/CT 2513-2013《中国电信分组增强型 OTN 设备技术要求》和 Q/CT 2534-2013《中国电信分组增强型 OTN 设备测试方法》等。

目前，主流的通信设备厂商对 MS-OTN 的设备技术支持情况如表 6-1 所示。

表 6-1　设备厂商 MS-OTN 设备支持情况

设备厂商	设备名称	分组	VC
华为	OSN 9600	集中方式和板卡方式	VC4 集中，VC12 单板交叉
	OSN 1800		
烽火	FONST 6000	集中方式	VC4 集中，VC12 单板交叉
	FONST 1600		VC4/VC12 集中方式
中兴	ZXONE 9700	集中方式和板卡方式	VC4 集中，VC12 单板交叉
	ZXMP M721		
诺基亚上海贝尔	1830 PSS-24x	集中方式（未测试）	外部设备（未测试）
	1830 PSS-8		

6. MS-OTN 承接不同业务

如图 6-15 所示多种业务的统一承载，TDM/ODUk/ETH 等多种业务同时支持，不同业务采用不同客户侧板卡，混合线卡完成线路上的统一。

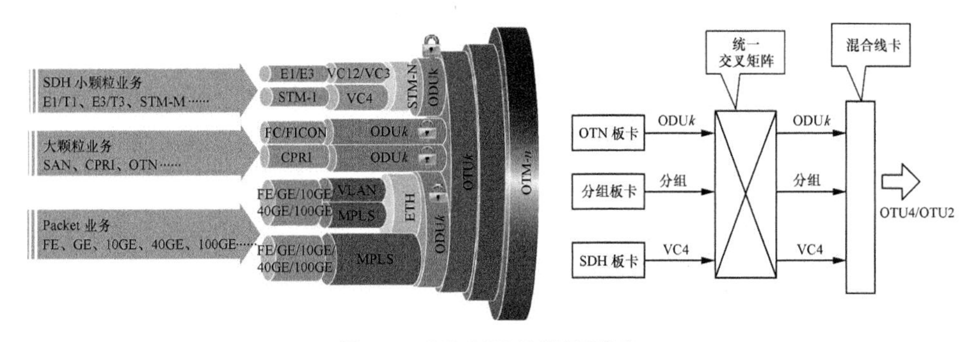

图 6-15　MS-OTN 承接不同业务

面向未来的统一基础传送网的目标架构是从接入层、汇聚层到核心层都能形成智能管道，对于多类型综合承载网实现兼顾 SDH/OTN/L2 多样业务。从网络过渡与演进来看：第一，无线网络架构不变，为无线业务流量增长提供基础管道资源；第二，可以更好地兼顾专线多元化需求，传承 SDH、ODUflex 弹性、L2、L3VPN 灵活性等多样业务；第三，能为宽带业务提供多样选择性，大流量波长直达、小流量共享波长。

对于大颗粒专线业务，比如 IDC 互联、存储类专线，通过端到端 OTN 承载，可以实现基于 ODU*k* 管道调度。对于分组专线客户，比如 GE/10GE 分组汇聚专线，通过路由器 /MS-OTN 接入，核心 / 汇聚层采用 MS-OTN 可以实现承载。对于低速专线业务，比如低速 TDM，FE/GE 业务通过增强型 MSTP 接入，充分利用现网的 MSTP 资源，核心层采用 MS-OTN 统一调度，也可以承接。

出于保护旧网投资的考虑，引入 MS-OTN 能对接 SDH MS-OTN，解决 MSTP 交叉和槽位资源问题、机房空间及电源不堪重负问题，让老旧的 SDH 设备逐步退网，保证网络稳定；MS-OTN 的高密度端口能承接更大 SDH 交叉容量，提供 ODU*k* 和 VC 两种高低带宽管道选择，提高效率和灵活性；高质量要求的政企客户能采用 MS-OTN TDM 专线平滑传承大带宽、大容量，全面提升专线承载能力；现网已有中小政企客户通过 OTN/MS-OTN+MSTP/MASP 组网方式进行政企业务迁移和承载，通过标准 SDH 接口打通 OTN 和 MSTP/MSAP 网络，发挥 MSTP/MASP 广覆盖的优势，保护原有投资；最后，还可以为 IPRAN 汇聚承载提供带宽，解决光纤瓶颈。

6.2 IPRAN 技术

6.2.1 IPRAN 的产生背景

2G/3G 时代，RAN 网络主要承载 TDM 语音业务，数据通信业务需求较低，接口主要为 E1(2Mbit/s)，SDH/MSTP 可以满足承载需求，接入层一般为 155 ~ 622Mbit/s 环或链结构，汇聚层速率一般在 2.5 ~ 10Gbit/s。

当 3G 进入 HSDPA 时代，业务接口由 E1 向 FE 转变，业务颗粒度向 100Mbit/s 发展，由 SDH 演化而来的 MSTP，其 IP 化仅停留在接口上，内核仍是时分交叉连接复用，不具备统计复用功能，组网基于刚性管道模式，带宽利用率低，已不能满足业务 IP 化、组网扁平化和带宽爆炸式增长的发展需求，MSTP 无论在接入层还是汇聚层，都已表现得力不从心。

到 4G 时代，LTE 突出了网络的高效率、高带宽、低时延、高可靠性要求，S1、X2 接口全 IP 化，以及将原 RNC 的控制功能拆分给 MME 和 eNodeB 实

现网络扁平化等，给 RAN 传送技术提出几点明确的需求。

（1）多业务承载能力，支持 2G、3G、LTE 长期共存。运营商从保护投资和节省建设成本的角度考虑，2G、3G、LTE 将会长期共存，大量基站共址建设，传送网必须满足 TDM 业务和 IP 业务的承载能力，甚至具备将来固网和移动网融合后对互联网宽带业务、大客户专线业务、固话 NGN 业务等的承载能力。

（2）超高带宽。随着业务日趋宽带化，LTE 部署后用户带宽可达 300M，因此，基站传送设备需要提供吉比特每秒级的上联速率才能满足 LTE 对承载网的需求。

（3）全分布式基于接口的 IP 技术。首先，LTE 的 S1 接口有 Flex 要求，可以实现与核心侧多个 MME、SGW 相连，实现容灾备份和流量分担，这就要求传送网具备 L3 的智能路由发现能力和 IP 转发能力；其次，eNodeB 的 X2 接口实现了在相邻基站间直接进行分组转发，提出了 X2 接口 Mesh 组网的要求，从物理连接上实现 Mesh 显然不现实，考虑到 X2 业务时延要求较低，并且只传送仅占总流量 3% 的信令数据，可以通过在传送网核心侧引入 L3 VPN 功能，使 X2 与 S1 共享承载通道，建立 X2 接口间逻辑上的 Mesh 组网，即相邻基站间都可以通过移动核心层的转发实现逻辑上的 Mesh。综上，传送网为实现 S1-Flex 和 X2 互连，需要支持 L3 VPN。

（4）严格的网络同步，即时钟同步和时间同步。如 LTE-TDD 时钟频率误差在 ±0.05ppm 范围内，时间同步要求在 ±1.25μs 内。

（5）完善可靠的端到端 QoS 能力。移动回传网同时承载移动 PS 域和 CS 域的业务，CS 域业务通常需要更高的 QoS 保证。此外，承载网还承载大客户专线等高价值业务，网络必须具备完备的 QoS 能力。

（6）丰富的 OAM 能力。具备端到端的操作、管理和维护（OAM）故障检测机制，可以从业务层面和隧道层面对业务质量和网络质量进行管控。此外，网络还需要电信级的保护倒换能力，确保语音、视频等高实时性业务的服务质量。

面对 4G（LTE）的传送技术要求，业界提出了几种取代传统 MSTP 的承载方式来实现 IP 化的无线接入网，其中包括由国内提出并由中国移动主导的 PTN 方式和以思科等路由器厂商为主提出的 IPRAN 方式。在 4G 建设过程中，已有运营商采用 IPRAN 建立了庞大的承载网络。

6.2.2 IPRAN 的概念

IPRAN（IP Radio Access Network）指用 IP 技术实现无线接入网的数据回传，即无线接入网 IP 化，简单地说就是满足目前及未来 RAN 传送需求的技术解决方案。它并不是一项全新的技术，而是在已有IP/MPLS等技术的基础上，进行优化组合，而且不同的应用场景会出现不同的组合。

广义的IPRAN是实现RAN的IP化传送技术的总称，并不特指某种具体的网络承载技术或设备形态，PTN也可以称为IPRAN技术的一种。后来思科提出以IP/MPLS为核心的RAN技术，并直接命名为IPRAN，目前，业界普遍将IP/MPLS-RAN承载方式称为IPRAN，其实这是一种狭义的说法，事实上，PTN和IPRAN都是移动回传适应分组化要求的产物。在3G初期，运营商主要通过MSTP技术来实现移动回传。但随着3G发展速度的加快，数据流量飞涨，运营商必须进行移动回传网的扩容来增加带宽。同时，移动网络ALL IP的发展趋势也越来越明显。在这两方面的推动下，回传网分组化的趋势日益突出。为了适应分组化的要求，在借鉴一些传统的传送网思路的基础上，对MPLS技术进行改造（比如增加数据处理能力）后形成的技术称为PTN；而原有的数据处理设备，例如路由器、交换机等，也从过去单纯地承载IP流量逐渐进入移动回传领域，形成了IPRAN。

如无特别说明，本书所指IPRAN均采用狭义概念，其设备形态为一种具备多业务接口（PDH、SDH、Ethernet等）的突出IP/MPLS/VPN能力的新型路由器。

6.2.3 IPRAN的关键技术

1. **转发与控制协议**

多协议标签交换（MPLS，Multi-Protocol Label Switching）是IPRAN的核心技术，支持任意的网络层协议（如IPv6、IPX、IP等）和数据链路层协议（如ATM、FR、PPP等）。

传统的IP转发必须在每一跳处进行路由表的最长匹配查找，速度缓慢；MPLS通过给报文打上事先分配好的标签（label），为报文建立一条标签转发路径（LSP），在通道经过的每一设备处，只需要进行快速的标签交换即可，在面向无连接的IP网络中增加了面向连接的属性，从而为IP网络提供了一定的QoS保证、基于连接的端到端配置、OAM和保护，提升了分组网的可靠性和可维护性。

MPLS标签（如图6-16所示）位于2层数据链路层头部和3层IP层头部之间，因此也常被称为2.5层协议。它共有4Byte，前20bit为标签值（其中0～15保留为特殊用途），3bit为EXP字段，协议中无明确规定，通常用于服务等级（CoS，Class of Service），8bit用于生存时间（TTL，Time to

Live），另外有 1bit 的 S 用于标识是否为标签栈的栈底，用来进行标签的嵌套，理论上 MPLS 支持无限多重的标签嵌套使用。

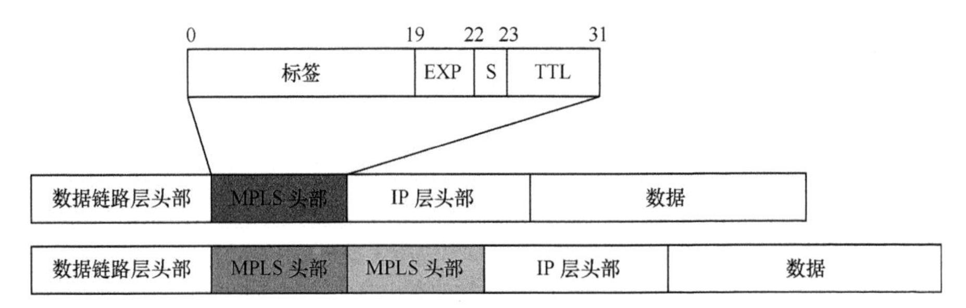

图 6-16　MPLS 标签格式

IPRAN 方案中通常使用二层标签，其中靠近数据链路层头部的称为外层标签，靠近 IP 头部的称为内层标签，外层标签是隧道标签，内层标签是 VPN 标签，如图 6-16 所示。

如图 6-17 所示，MPLS 体系分为两个独立单元：控制单元和转发单元。控制单元面向无连接服务，支持 IP 网络强大灵活的路由功能，使用标准的路由协议如 IS-IS、OSPF、BGP4 等与邻居交换路由信息和维护路由表，同时使用的标签交换协议如 LDP、RSVP-TE、MP-BGP 等与互联的标签交换设备交换标签转发信息来创建和维护标签转发表，利用现有 IP 网络实现；转发单元是面向连接的，决定一个报文的转发处理，即根据报头中的信息查找标签转发表，按照查找结果进行标签处理转发，可以使用 ATM、帧中继等二层网络。

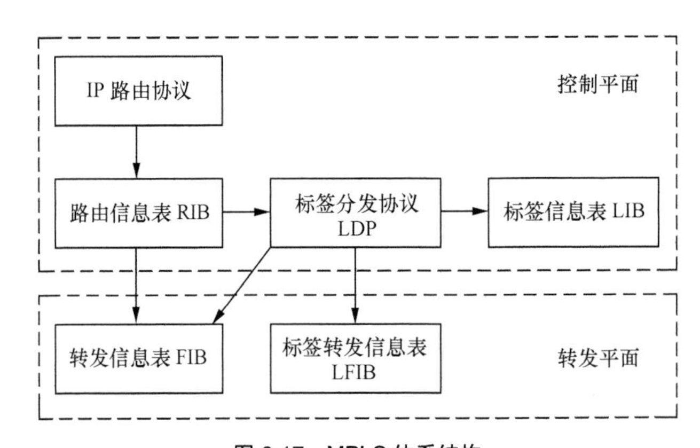

图 6-17　MPLS 体系结构

在 MPLS 体系中，有如下关键定义。

（1）转发等价类（FEC，Forwording Equivalence Class），在转发过程

中以等价方式处理的一组数据分组，转发等价类的划分方式非常灵活，可以是源地址、目的地址、源端口、目的端口、协议类型、VPN等的任意组合，通常对一个FEC分配相同的标签。

（2）标签交换路由器（LSR，Label Switching Router）是MPLS网络的核心交换机或路由器，提供标签交换和标签分发功能。

（3）标签交换路径（LSP，Label Switching Path），一个FEC的数据流在MPLS网络中传送所经历的路径，一条LSP中的第一台LSR是入站LSR，而LSP中最后一台LSR是出站LSR，所有在入站和出站LSR之间的LSR都是链路中的LSR。

（4）标签交换边缘路由器（LER，Label Switching Edge Router），位于MPLS网络边缘，进入MPLS网络的流量由LER分为不同的FEC，并为这些FEC请求相应的标签，提供流量分类和标签的映射、移除功能。

（5）标签分发协议，用于LSR之间交换信息，完成LSP的建立、维护和拆除等功能。共分为3种：标签分发协议（LDP，Label Distribution Protocol），为所有的内部路由条目分发标签；资源预留协议（RSVP，Resource Reservation Protocol）为MPLS流量工程分发标签；MP-BGP协议为BGP路由条目分发标签。

如图6-18所示为MPLS基本拓扑。

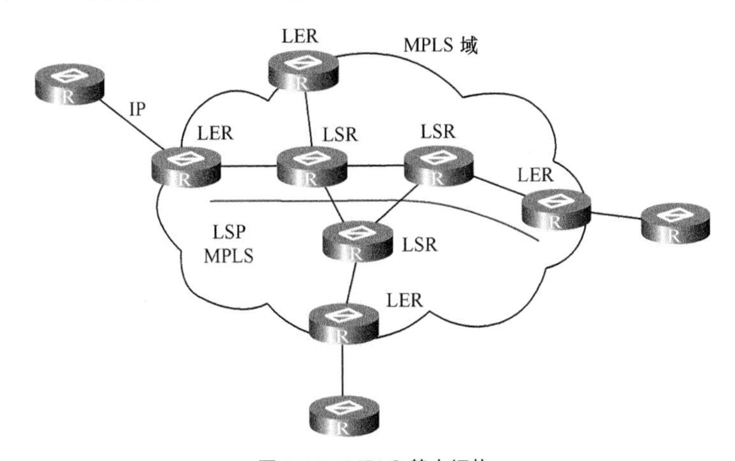

图6-18 MPLS基本拓扑

MPLS的工作流程分为标签分发与标签转发两部分，下面分别进行简要介绍。

（1）标签分发、控制与保持。

① 标签分发方式。

标签分发是指为某FEC建立相应LSP的过程。在MPLS体系中，将特定标签分配给某个 FEC 由下游 LSR 决定，然后通知上游 LSR，分配的标签按从下游到上游的方向分发，再将数据分组打上分配好的标签，从上游向下游发送，标签分配与数据转发的方向是相反的。

MPLS 使用的标签分发方式有两种。

下游自主标签分发方式 DU，是指对于一个特定的 FEC，LSR 无须从上游获得标签请求消息即进行标签分配与分发的方式，下游主动向上游发出标记映射消息，标签是设备随机生成的。

下游按需标签分发方式 DoD，是指对于一个特定的 FEC，LSR 获得标签请求消息后才进行标签分配与分发的方式。

具有标签分发邻接关系的上游 LSR 和下游 LSR 之间，必须对使用哪种分发方式达成一致，否则 LSP 无法建立。

② 标签控制方式。MPLS 使用的标签控制方式有独立和有序两种：

独立方式标签控制（Independent），每个 LSR 可以在任意时间向和它连接的 LSR 通告标签映射；

有序方式标签控制（Ordered），只有当 LSR 收到某一特定 FEC 下一跳的特定标签映射消息或 LSR 是 LSP 的出口节点时，LSR 才可以向上游发送标签映射消息。

③ 标签保持方式。MPLS 中对于收到的标签有两种保持方式：

保守方式：只保留来自下一跳邻居的标签，丢弃所有非下一跳邻居发来的标签；

自由方式：保留来自邻居发送来的所有标签。

以上标签分发方式、控制方式和保持方式共有两种常见组合。

DoD+ 有序 + 保守：在使用 RSVP-TE 作为标签分发协议时常使用这种组合。

DU+ 有序 + 自由：在使用 LDP 作为标签分发协议时常使用这种组合。

在 IPRAN 方案中，使用的标签分发协议主要有以下几种。

外层标签分发协议：即隧道标签的分发协议，主要是 LDP 或 RSVP-TE。

内层标签分发协议：即 VPN 标签的分发协议，二层 VPN 主要使用由 LDP 扩展而来的 Remote LDP，三层 VPN 主要使用由 BGP 扩展而来的 MP-BGP。

（2）标签的转发。

MPLS 域中的各个节点使用标记分配协议建立，LSP、各路由器都形成一张标签转发表后，就可以进行数据传送了。入口 LER 对接收到的数据分组进行分类，将属于不同 FEC 的数据分组映射到不同的 LSP，然后给数据分组打上标签（该操作称作 Push 或 Ingress），并转发给下一个 LSR，LSR 对收到的每一个 MPLS 数据分组，利用输入端口号和输入标记查找标签转发表，找到相应的输出标签和输出端口号，LSR 用新的输出标记代替 MPLS 数据分组中的旧标签，然后将 MPLS 数据分组从输出端口发送出去（该操作称作 Swap 或 Transit），当 MPLS 数据分组将要离开 MPLS 域时，出口 LER 根据标签转发表将数据分组的标签弹出，恢复成普通的 IP 数据分组，根据 IP 包头（或内层标签）进行下一步操作（该操作称为 Pop 或 Egress）。图 6-19 所示是标签的转发过程，即 Push/Swap/Swap/…/Pop 的过程。标签转发表如表 6-2 所示。

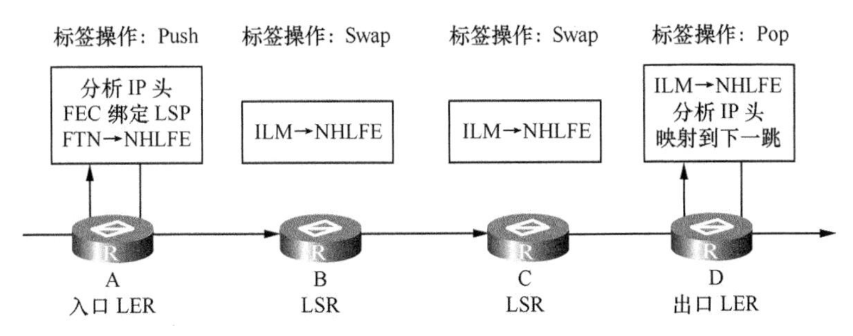

图 6-19　标签转发过程示意

表 6-2　标签转发表示例

入接口	入标签	FEC 前缀和掩码	出接口（下一跳）	出标签
Serial0	50	10.1.1.0/24	Eth0（3.3.3.3）	80
Serial1	51	10.1.1.0/24	Eth0（3.3.3.3）	80
Serial1	62	70.1.2.0/24	Eth0（3.3.3.3）	52
Serial1	52	20.1.2.0/24	Eth1（4.4.4.4）	52
Serial2	77	30.1.2.0/24	Serial3（5.5.5.5）	3（Pop）

在标签的整个转发过程中，中间的 LSR 都不需要查看数据分组的 IP 包头，只需要根据包头前面的 MPLS 标签进行相应的交换操作，这样 IP 数据分组就被标签“保护”起来了，所以也可认为，MPLS 的 LSP 是一种天然的“隧道”，也是 MPLS 被广泛使用的最重要的原因。

2. MPLS VPN

MPLS VPN 是指利用 MPLS 技术实现 VPN 的方案，基于标签转发，被认为是 2.5 层方案。

在 MPLS VPN 中定义了 3 种设备角色，如图 6-20 所示。

（1）用户网络边缘（CE，Customer Edge）路由器设备直接与服务提供商网络相连，可以是路由器或交换机，也可以是一台主机。它“感知”不到 VPN 的存在，也不需要支持 MPLS。

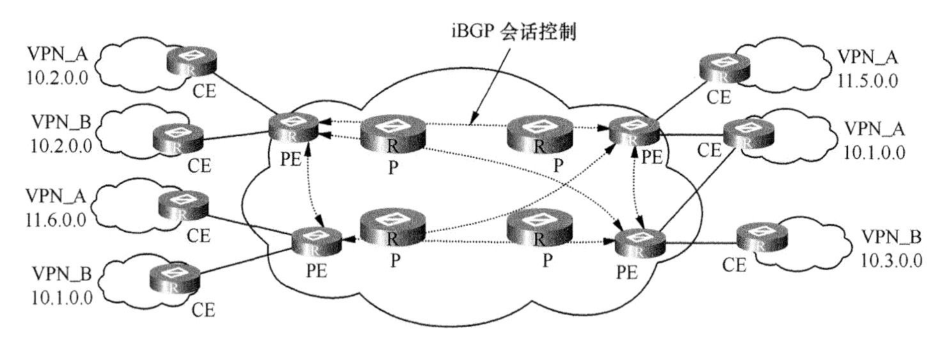

图 6-20　MPLS VPN 网络结构示意

（2）服务提供商边缘（PE，Provider Edge）路由器设备与用户的 CE 直接相连，负责 VPN 业务接入，对 VPN 的所有处理都发生在 PE 上。

（3）服务提供商核心（P，Provider）路由器设备完成路由和快速转发功能，只需要具备基本的 MPLS 转发能力，不维护 VPN 信息。

与 MPLS 体系相比，可以看到，通常 PE 路由器是 LER，P 路由器是 LSR。在 IPRAN 的网络应用中，也定义 3 种网络角色。

（1）CSG：用于接入基站业务，通常也叫作接入节点或接入层设备，是 MPLS VPN 中的 PE（UPE）。

（2）ASG：用于汇聚区域的基站业务，通常也叫作汇聚节点或汇聚层设备，由于 IPRAN 通常使用分层方案，因此 ASG 也是 MPLS VPN 中的 PE（SPE）。

（3）RSG：用于与无线侧业务接入，通常也叫作核心节点或核心层设备，是 MPLS VPN 中的 PE（NPE）。

另外，在大型的 IPRAN 组网中，可能会设计单独的核心路由器作为 P 路由器，即只进行转发不进行业务接入，而在小型的 IPRAN 组网中，RSG 通常兼作 P 路由器和 PE 路由器。

MPLS L2 VPN 是在 IP 网络上基于 MPLS 方式来实现二层 VPN 服务，即在 MPLS 网络上透明传输用户二层数据，从用户角度看，MPLS 网络就是一个二层交换网络，可以在不同节点间建立二层连接，提供不同用户端介质的二层 VPN 互连，包括 ATM、FR、VLAN、Ethernet、PPP 等。MPLS L2 VPN 分为点到点的 VLL（虚拟租用线）和点到多点的 VPLS，IPRAN 中使用的 PWE3 属于点到点二层 VPN 中的一种。

如图 6-21 所示，MPLS L3 VPN 是一种基于 PE 的 L3 VPN 技术，它通过 BGP 在服务提供商骨干网上发布 VPN 路由，使用 MPLS 方式转发 VPN 报文，组网方式灵活、可扩展性好，并能够方便地支持 MPLS QoS 和 MPLS-TE。MPLS BGP VPN 是目前三层 VPN 的一种主流解决方案。

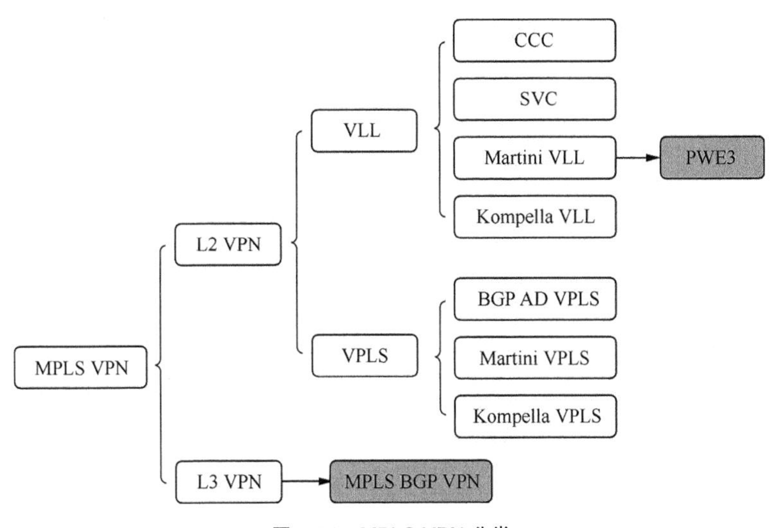

图 6-21　MPLS VPN 分类

下面对 IPRAN 中使用较多的 PWE3 和 MPLS BGP VPN 进行简要介绍。

（1）PWE3。

伪线（PW，Pesudo Wire）是通信领域对各种仿真技术的统称，主要功能是仿真一些常见的业务，例如帧中继、时分复用业务（TDM）、异步传输业务（ATM）和以太网等，将被仿真的业务通过一个隐藏的核心 MPLS（多协议标签交换）网络封装到一个共同的 MPLS 格式中。

端到端的伪线仿真（PWE3，Pseudo Wire Emulation Edge-to-Edge）是一种端到端的二层业务承载技术，在分组网上实现面向连接的业务承载，属于点到点方式的 L2 VPN，是 Martini 协议的扩展，其扩展了新的信令，优化了信令的开销，规定了多伪线协商方式，使得协议本身的组网方式更加灵活。

如图 6-22 所示，PWE3 定义了 3 种连接。

① 接入链路（AC，Attachment Circuit）：CE 到 PE 之间的连接链路或虚链路。AC 上的所有用户报文一般都要求原封不动地转发到对端 Site 去，包括用户的二、三层协议报文。

② 虚链路（PW，Pseudo Wire）：简单地说，虚连接就是 VC 加隧道，隧道可以是 LSP、L2TPV3、GRE 或者 TE。虚连接是有方向的，PWE3 中虚连接的建立是需要通过信令（LDP 或者 RSVP）来传递 VC 信息，使 VC 信息和隧道管理形成一个 PW 的。PW 对于 PWE3 系统来说，就像是一条本地 AC 到对端 AC 之间的一条直连通道，完成用户的二层数据透传。

③ 隧道（Tunnel）：用于承载 PW，一条隧道上可以承载多条 PW，一般情况下为 MPLS 隧道。隧道是一条本地 PE 与对端 PE 之间的直连通道，完成

PE 之间的数据透传。

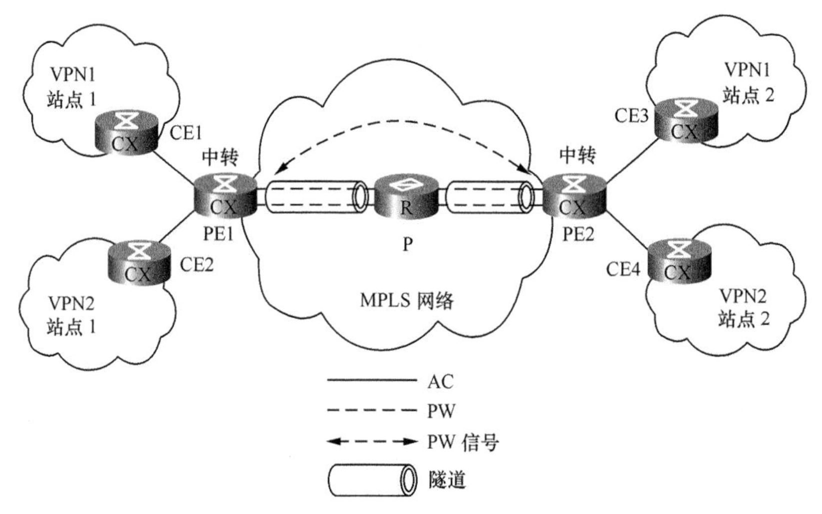

图 6-22　PWE3 中的连接

PW 进一步可分为静态 PW 和动态 PW。其中静态 PW 通过命令手工指定相关信息，数据通过隧道在 PE 之间传递；动态 PW 是通过信令协议如 LDP、RSVP 建立起来的。

IPRAN 中一般采用动态 PW。

（2）MPLS BGP VPN。

MPLS BGP VPN 是目前三层 VPN 的一种主流解决方案，在此之前，三层 VPN 的实现主要有两种模式：重叠模式也称覆盖模式（Overlay）和点对点模式（Peer-to-Peer），这两种模式在应用中有各自的缺点和局限性，而 MPLS BGP VPN 将这两种模式完美地整合到一起，推动了三层 VPN 的发展，如图 6-23 所示。

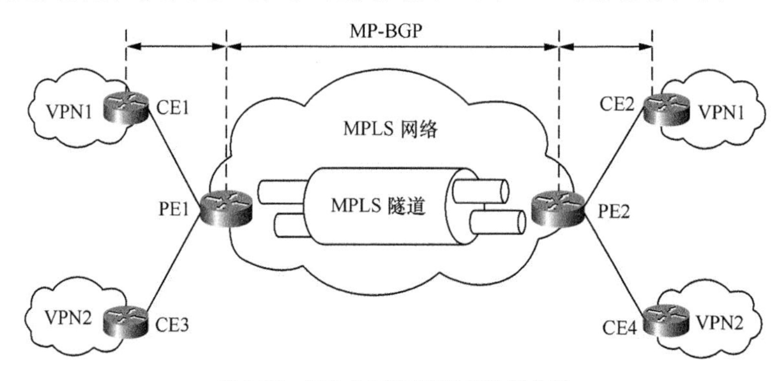

图 6-23　MPLS BGP VPN 整体架构图

在同一台路由器上创建不同的路由表，而不同的接口可以分属不同的路由表，这就相当于将一台共享 PE 模拟成多台专用 PE，这就是 VPN 路由转发实例（VRF，VPN Routing and Forwarding Instance）的作用，解决了本地路由冲突问题。

不同 VPN 相同路由的区分可以在路由传递过程中为这条路由再添加一个标识，用于区分不同的 VPN，这是通过 MP-BGP 实现的。

在 IP 头之外加上一些信息，由始发的 VPN 打上标记，这样 PE 在接收报文时可以通过这个标记转发到相应的 VPN，解决 IP 报文目标地址相同的问题，这是通过 MPLS 实现的。

MPLS BGP VPN 中有以下重要概念。

VRF：VPN 实例，也称为 VPN 路由转发表，是 PE 为直接相连的站点建立并维护的一个专门实体，每个站点在 PE 上都有自己的 VPN 实例，通过 CE 与 PE 之间的路由发布获得。

VPN-IPv4 地址：用于 PE 路由器之间传递 VPN 路由，仅被用于服务提供商网络内部，在 PE 发布路由时添加，在 PE 接收路由后放在本地路由表中，用于与后来接收到的路由进行比较，解决地址空间重叠的 VPN 的区分问题。

路由标识符（RD，Routing Distinguisher）位于 VPN-IPv4 地址前部，用于区分使用相同地址空间的 VPN。

（RT，Route Target）控制 VPN 路由信息的发布，本质上是每个 VRF 表达自己路由取舍及喜好的方式。

MP-BGP：是 BGP-4 的扩展，在 PE 之间传播 VPN 组成信息和 VPN-IPv4 路由，用于完成三层 VPN 中私网标签的分配。

对于 MPLS L3 VPN 组网来说，MPLS 隧道中的 P 路由器不用知道用户的路由，因为外层标签已有全部的转发信息；对于服务提供商来说，没有必要在全网部署高性能的路由器，只需要把高性能路由器部署在 PE，P 路由器只需要进行 Label Switching 即可。这一方面节约了成本，另一方面方便管理。

CE-PE/PE-CE 之间都是普通的路由转发，采用标准的路由交换协议。对于 CE 来说，完全不需要知道 VPN 相关的任何信息，IP 地址也可以任意使用。用户虽然使用了 VPN 服务，但除了成本以外，基本不需要付出什么，另外，CE 路由器的要求也大大降低，这也降低了用户的使用成本。因此，MPLS L3 VPN 获得了广泛的应用。

3. IPRAN 的保护机制

从网络的不同层面来分析，IPRAN 的保护有以下几类。

（1）隧道保护：LSP 1:1 保护是 IPRAN 网络中基本的保护方式，在建立 LSP 主隧道的同时，建立 LSP 备份隧道，同时下发到转发平面，当主隧道出现故障时，业务快速切换到备份隧道承载，实现保护。

（2）业务保护：接入层采用 PW 冗余，在建立主用 PW 的同时，建立备份 PW 和 Bypass PW，当主 PW 出现故障时，业务切换到备份 PW，之后从 Bypass PW 迂回到原 PE 设备，可采用 BFD for PW 实现快速故障检测；汇聚核心层则采用 VPN FRR 的保护方式，该方式是基于 VPN 的私网路由快速切换技术，立足于 CE 双归属的网络模型，通过预先在远端 PE 中设置指向主用 PE 和备用 PE 的主备用转发项，并结合 BFD 等故障快速检测，在网络失效后，主备 PE 快速切换，端到端可达 200ms 的可靠性。

（3）网络保护：BSC 双归到 IPRAN 网络，两台 RAN-CE 之间采用 VRRP 以及心跳报文的传送方式，VRRP 作为容错协议，能够在保证当主机下一跳路由器坏掉时，可以及时地由另一台路由器代替，从而保持通信的连续性和可靠性，实现网间保护。

在以上保护机制的实现中，有 3 个关键技术：BFD、FRR 和 VRRP，以实现快速故障检测、路由重建，以下进行简单介绍。

1. BFD

在 IPRAN 网络中，不管是隧道层面、业务层面还是网络层面，均可采用 BFD 进行快速故障检测。

双向转发检测（BFD，Bidirectional Forwarding Detection）是一套用来实现快速检测的国际标准协议，提供负荷轻、持续时间短的检测，主要工作过程为：首先 BFD 在两个端点之间的一条链路上先建立一个 BFD 会话，如果两个端点之间存在多条链路，则可以为每条链路建立一个 BFD 会话，然后 BFD 在建立会话的两个网络节点之间进行 BFD 检测，如果发现链路故障就拆除 BFD 邻居，并立刻通知上层协议，则上层协议会立刻进行相应的切换。BFD 能够在系统之间任何类型的通道上进行故障检测，这些通道包括直接的物理链路、虚电路、隧道、MPLS LSP、多跳路由通道，以及非直接的通道。

BFD 提供了一个标准化的与介质和上层协议无关的快速故障检测机制，具有以下优点：

（1）对两个网络节点之间的链路进行双向故障检测，链路可以是物理链路也可以是逻辑链路（如 LSP、隧道等）；

（2）可以为不同的上层应用（如 MPLS、OSPF、IS-IS 等）提供故障检测的服务，并提供相同的故障检测时间；

（3）BFD 的故障检测时间远小于 1s，可以更快地加速网络收敛，减少上层应用中断的时间，提高网络的可靠性和服务质量。

在 IPRAN 网络部署中，BFD 检测的内容主要包括 BFD for LSP、BFD for PW、BFD for VRRP、BFD for FRR。

2. FRR

快速重路由（FRR，Fast Reroute）能够实现以下功能：快速地发现链路失效，当链路失效后，迅速地提供一条恢复路径，以及在后继网络恢复过程中，避免出现转发环路。FRR 的工作过程如下：

（1）故障快速检测，常用技术包括 BFD、物理信号检测等；

（2）修改转发平面，将流量切换到预先计算好的备份路径上去；

（3）路由重收敛；

（4）重收敛结束后，将流量又重新切换至最优路径。

FRR 技术涵盖的内容非常丰富，包括 IP FRR、LDP FRR、TE FRR、VPN FRR、PWE3 FRR 等。在可靠性组网中，通常根据网络的需求，在不同的组网环境中部署一种或者多种 FRR 技术配合使用，从而提高网络的可靠性。

3. VRRP

虚拟路由冗余协议（VRRP，Virtual Router Redundancy Protocol）是一种路由容错协议，也可以叫作备份路由协议。一个局域网络内的所有主机都设置缺省路由，当网内主机发出的目的地址不在本网段时，报文将通过缺省路由发往外部路由器，从而实现了主机与外部网络的通信。当缺省路由器端口关闭之后，内部主机将无法与外部通信，如果路由器设置了 VRRP，此时，虚拟路由将启用备份路由器，从而实现全网通信。

VRRP 的工作过程如下：路由器开启 VRRP 功能后，会根据优先级确定自己在备份组中的角色，优先级高的路由器成为主用路由器，优先级低的成为备用路由器。主用路由器定期发送 VRRP 通告报文，通知备份组内的其他路由器自己工作正常；备用路由器则启动定时器等待通告报文的到来。

VRRP 在不同的主用抢占方式下，主用角色的替换方式不同：

（1）在抢占方式下，当主用路由器收到 VRRP 通告报文后，会将自己的优先级与通告报文中的优先级进行比较，如果大于通告报文中的优先级，则成为主用路由器，否则将保持备用状态；

（2）在非抢占方式下，只要主用路由器不出现故障，备份组中的路由器就始终保持主用或备用状态，备份组中的路由器即使随后被配置了更高的优先级也不会成为主用路由器；

（3）如果备用路由器的定时器超时后仍未收到主用路由器发送来的 VRRP 通告报文，则认为主用路由器已经无法正常工作，此时备用路由器会认为自己是主用路由器，并对外发送 VRRP 通告报文。备份组内的路由器根据优先级选举出主用路由器，承担报文的转发功能。

VRRP 在提高可靠性的同时，简化了主机的配置。在具有多播或广播能力

的局域网中，借助 VRRP 能在某台路由器出现故障时仍然提供高可靠的缺省链路，有效避免了单一链路发生故障后网络中断的问题，而无须修改动态路由协议、路由发现协议等配置信息。

4. IPRAN OAM 技术

IPRAN 网络提供业务层面端到端的 OAM 机制、提供接入链路的 OAM 机制，通过告警信息的实时监测，实现故障管理、故障定位、性能监测等功能。IPRAN 采用的 OAM 机制主要有基于以太网和基于 MPLS 两大类。

（1）以太网 OAM。

传统以太网可维护、可运营能力较弱，一直缺乏有效的管理维护机制，成为以太网应用于城域网和广域网的主要障碍。因此，在以太网上实现操作、管理和维护（OAM，Operations Administration and Maintenance）成为必然的发展趋势。以太网 OAM 遵循的协议目前为 IEEE 制定的两套标准 802.3ah 和 802.1ag，以及 ITU-T 提出的 Y.1731，可以完成故障管理和性能管理两大功能。

以太网 OAM 主要功能分为最后一英里以太网（EFM，Ethernet in the First Mile）和连接性故障管理（CFM，Connectivity Fault Management），分别工作在以太网链路层和以太网业务层。

EFM 针对以太网中的点到点或者虚拟点到点链路进行监控和故障管理，主要的功能如下。

① OAM 发现能力，是设备用来发现周围设备具有哪些 OAM 能力和功能的，以便于后面进入 Ethernet OAM 交互阶段，实现正常的 OAM 功能。

② 链路监控，通过本端和远端设备定期发送检测报文来查探链路连通性，并且在检测到有事件发生后会通知给远端设备。

③ 远端环回，当链路发生了某种故障，需要进行性能检测和故障定位时，远端设备在环回状态中向链路发送检测报文，这时设备不再正常转发数据报文，而是对接收到的所有非 OAM 报文都会返回到发送端口。

④ 变量请求和变量响应，用来请求和回应一个或者多个远端数据终端设备（DTE，Data Terminal Equipment）的管理信息库（MIB，Management Information Base）变量，通过 OAM 的变量请求和变量响应功能，可以实现最后一公里接入设备对用户设备的监控和管理功能。

CFM 可以实现业务层的端到端 OAM 监控和管理功能，能够在运营商、服务提供商和用户的桥网络中进行任意的检查、隔离和连接性故障报告。CFM 根据网络管理者的需要，工作于虚拟桥局域网中，具有相当大的统治范围。CFM 能够实现的功能包括如下。

① 连通性监测（CC，Connectivity Check），用 CCM 报文实现，可以用

来检测连接失败和连接错误，一旦 CCM 检测到连接故障时，立即启动保护倒换功能。

② 链路跟踪（LT，Link Trace），这个功能可以按需定位两个维护点间业务连接线路的故障点，以此来帮助维护业务的正常传送。

③ 环回（LB，Loop Back），在验证维护节点之间的连通性和在故障确认时使用，利用 LBM 和 LBR 的一问一答来完成。

在 IPRAN 网络中，EFM 特性的部署负责无线设备到边缘 CSG1 设备的检测，为无线运营商提供用户边缘的物理层和二层的检测；CFM 特性的部署负责传输网络中端到端链路的故障检测和故障定位；对于业务性能的检测，则可以在部署 CFM 的地方同时部署 Y.1731，对链路性能进行检测，保证用户语音、数据通信的质量。

（2）MPLS OAM。

在 MPLS 网络中，为能进行标签转发层面的故障检测和维护，采用了 MPLS OAM，这是一个完全不依赖于任何上层或下层的机制，使用路由器警报标签、MPLS LSP Ping、MPLS LSP Tracerouter、VCCV Ping、VCCV Tracerouter、BFD 等技术，有效检测、识别和定位 MPLS 用户层面故障，在链路或节点出现缺陷或故障时迅速进行保护倒换，减少故障持续的时间，提高网络可靠性。

① MPLS OAM 基本检测功能。

MPLS OAM 基本检测功能主要用来检测连通性，工作过程如图 7-9 所示。

A. 入节点发送 CV/FFD 报文，报文通过被检测的 LSP 到达出节点。

B. 出节点通过将接收到的报文类型、频率、TTSI 等信息字段与本地记录的对应值相比较来判断报文的正误，并统计检测周期内收到的正确报文与错误报文的数量，从而对 LSP 的连通性随时进行监控。

C. 当出节点检测到 LSP 缺陷后，分析 LSP 缺陷类型，通过反向通道将携带缺陷信息的 BDI 报文发送给入节点，从而使入节点及时获知缺陷状态，如果正确配置了保护组，则还会触发相应的保护倒换。

如图 6-24 所示，在配置 MPLS OAM 基本检测功能时，需要为被检测 LSP 绑定一个反向通道。反向通道是与被检测 LSP 具有相反的入节点和出节点的 LSP。承载 BDI 报文的反向通道，有以下两种类型：

独占反向 LSP，每条前向 LSP 都有自己的反向 LSP，这种方法相对稳定，但可能造成资源浪费；

共享反向 LSP，多条前向 LSP 共用一条反向 LSP，所有 LSP 返回 BDI 报文均通过这一条反向 LSP，这种方法可以减少资源浪费，但当多条前向 LSP 同时出现缺陷时，这条反向 LSP 上可能会出现拥堵。

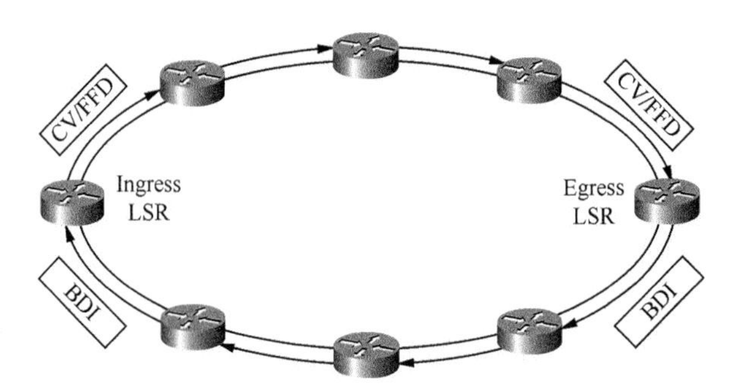

图 6-24　MPLS OAM 连通性检测示意

② MPLS OAM 首包触发功能。

当 LSP 入节点晚于出节点开启 MPLS OAM 功能，或出节点开启而入节点不开启 MPLS OAM 功能时，会造成出节点的连通性检测缺陷（LOCV，Loss of Connectivity Verification Defect）告警，可以通过首包触发功能解决这个问题。

首包触发功能是指出节点在超时等待时间（Over Time）内接收到第一个 CV/FFD 报文，以此时作为连通性检测的起点。如果出节点在配置完 MPLS OAM 功能的超时等待时间之后没有接收到 CV/FFD 报文，则产生 BDI 报文。

③ 远程链路状态通告功能。

远程链路状态通告（RLSN，Remote Link Status Notification）功能是指 LSP 出节点可以监控某一个接口的状态，监控的接口可以是出节点上的任意一个接口。当接口关闭时，触发扩展 BDI 报文通知入节点，入节点不会通知保护倒换，但记录 RLSN 状态信息，以便用户查询；当接口重新打开时，停止发送扩展 BDI 报文，入节点不会通知保护倒换，但记录 RLSN 状态信息，以便用户查询。

④ 保护倒换功能。

保护倒换（PS，Protection Switching）是为主隧道建立相应的保护隧道（备用隧道），主隧道和备用隧道构成一个保护组。在主隧道发生缺陷时，数据流能迅速地倒换到备用隧道，从而大大提高网络的可靠性。

设备目前实现的保护倒换为 1:1 保护倒换。在隧道的入节点和出节点之间提供主备两条隧道。正常情况下，数据在主隧道上传输；当入节点通过检测机制（如 MPLS OAM）发现主隧道发生缺陷，需要进行保护倒换时，将数据切换到备用隧道上继续传输。

5. IPRAN 同步的实现

IPRAN 本身并不要求时钟 / 时间的同步，支持同步主要是为了满足移动回传中基站对时钟 / 时间同步的要求。无线基站之间的时钟需要同步，不同基站之间的频率必须同步在一定精度内，否则手机进行基站切换时会出现掉话，而某些无线制式，在时钟之外，还要求时间同步。

目前，基站同步的实现方案有两种。

（1）基站卫星同步方案，为每个基站设置卫星接收装置，通过跟踪卫星信号获得同步，因我国北斗系统服役卫星较少，无法全面取代，一般配置为 GPS 或 GPS+ 北斗，是目前主要的基站同步实现方式。部署需要较高的成本，工程施工和维护要求高，并且存在室内基站因建筑遮挡等原因无法接收卫星信号的问题。

（2）地面传送同步方案，通过传送网将同步信号从同步源送到基站处，建立基站与同步源之间的跟踪关系，目前作为卫星同步方案的辅助存在。

本节讨论的即为后一种方案，该方案目前主要有两种实现技术：基于 IEEE 1588v2 时间同步协议的同步方式和基于同步以太网的同步方式。

IEEE 1588v2 全称为"联网检测和控制系统的精确时间同步协议"，简称 PTP（Precision Time Protocol），是目前唯一能够同时提供时钟同步和时间同步的地面同步技术，是 IPRAN 时间同步和时钟同步采用的主要技术和演进方向。1588v2 同步精度高，可以达到亚微秒级，缺点是不支持非对称网络，由于实际组网中普遍存在光纤不对称的情况，需要针对光纤不对称进行补偿，导致交付困难，目前在室内等场景有部分试点，未推广使用。

同步以太网是一种采用以太网链路码流恢复时钟的技术，简称 SyncE，通过物理层实现网络同步，特点是使用以太网物理层，仅能分配同步频率，不能分配同步时间，时钟性能有物理层保证，与以太链路层负载和分组转发时延无关，不会因为网络高层产生损伤而受到影响，同步质量好，可靠性高。以太网同步需要发送专用的 SSM 协议报文，用于承载时钟质量等级信息，并需要同步信息所经过节点的设备全部支持，不能透传，在不同运营商的传输网边界附近，无法实现同步。目前，主流厂家的 IPRAN 设备均支持 SyncE。

从不同无线制式对同步的要求的角度，IPRAN 的同步实现方式分为两种：仅满足时钟同步需求的 IPRAN 同步实现方式，以及同时满足时钟和时间同步需求的 IPRAN 同步实现方式，如表 6-3 所示。

表 6-3　各制式移动网络同步要求

无线制式	时钟频率精度要求	时钟相位同步要求
GSM	0.05ppm	NA
WCDMA	0.05ppm	NA
TD-SCDMA	0.05ppm	±1.5μs
CDMA2000	0.05ppm	±3μs
WiMax FDD	0.05ppm	NA

（续表）

无线制式	时钟频率精度要求	时钟相位同步要求
WiMax TDD	0.05ppm	±0.5μs
LTE-FDD	0.05ppm	4μs（MBMS/SFN）
LTE-TDD	0.05ppm	0.4μs/0.1μs（定位业务）

（1）仅满足时钟同步需求的 IPRAN 同步实现方式。

如 WCDMA、LTE-FDD 制式的无线基站，仅保证其空口的发射频率满足 ±0.05ppm 的精度即可，不开通如 MBMS、SFN 等特殊服务时，不需要时间同步。IPRAN 支持的时钟同步机制主要有 3 种，即同步以太网技术、CES ACR 技术和 1588v2 技术，当前主要使用的是同步以太网方式。

① 同步以太网方式。

如图 6-25 所示，在核心层设置有 BITS 设备的 IPRAN 节点，引接 BITS 设备输出的 2048kbit/s 或 2048kHz 外参考时钟信号，作为 IPRAN 网络的时钟参考输入，网内采用 SyncE 的方式逐点传递至基站侧末端 IPRAN 节点，再通过该节点同基站的 FE 或 GE 接口将 SyncE 信号传给基站，基站通过跟踪锁定该 SyncE 信号来同步自身时钟。该方式要求基站必须支持 SyncE 功能。如果基站不支持 SyncE 功能，则由末端 IPRAN 节点从上游来的 SyncE 信号中恢复输出 2048Kbit/s 或 2048kHz 时钟信号，再由基站的外同步输入口提供给基站，保证基站的时钟同步，此方式要求基站具备外同步输入接口。

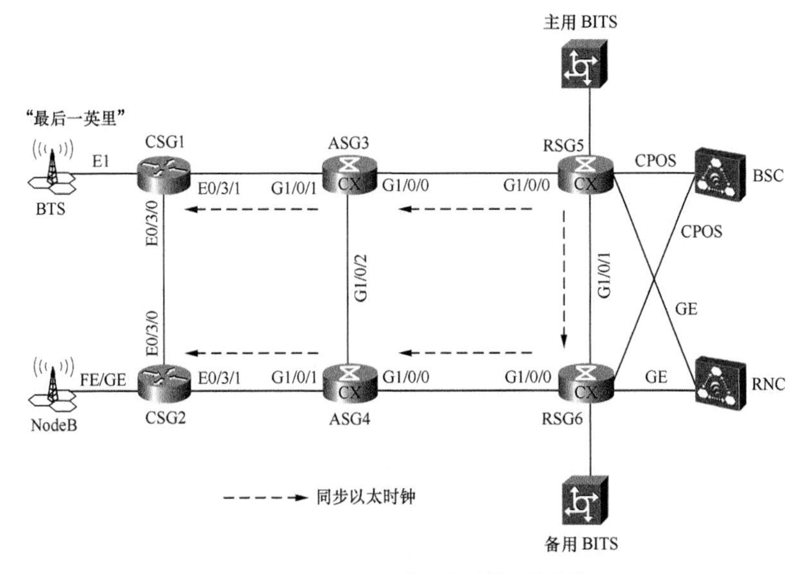

图 6-25　IPRAN 同步以太时钟跟踪路径

如图7-10所示，IPRAN采用双BITS备份时钟同步方案，来自BITS的时钟源通过RSG上的外时钟口注入，再通过各业务口传递到各下游网元。全网启用SSM功能，按规划值设置网元各端口的时钟优先级。

全网启用SSM协议后，当发生时钟源或链路中断时，时钟跟踪路径也能得到相应的保护。

② 采用1588v2的纯PTP方式。

该方式即从PTP包中恢复出频率信号，没有物理层频率同步的支持，要求所有中间网元必须支持1588功能。基站控制器或高精度时钟源设备在锁定卫星定位系统信号后，输出1PPS+ToD信号作为IPRAN首端节点的外参考输入，IPRAN网内以PTP方式传递。如果基站也支持1588功能，可通过基站从PTP报文中直接恢复频率；如果不支持，可通过基站侧IPRAN末端节点恢复后再通过基站的外时钟接口输入至基站来保证基站的频率同步。由于该方式是从分组层恢复频率，恢复精度低于SyncE从物理层恢复方式的精度，且对网内IPRAN的节点数量、网络流量有一定要求，比如节点数量小于20个、网络要处于轻载等。以目前了解的情况看，这种纯PTP方式并未被主流厂家推广采用。

（2）既满足时钟又满足时间同步需求的IPRAN同步实现方式。

① SyncE+PTP方式。

该场景主要是用于需要时间同步的无线基站移动回传多业务综合承载的环境下，从实现方式看，业界倾向于采用SyncE+PTP方式，并已对这种方式在未来5G网络中的应用展开了实验室测试，可以说是同步机制的业界导向。

该方式时钟同步采用SyncE，PTP仅用来恢复时间，时间信号的恢复精度在IPRAN网络有无频率保证的不同情况下还是有所区别的。IPRAN网内有物理层频率同步的支持，末端网元从PTP报文中恢复输出1PPS时间信号精度相对比较好。从多个主流厂家搭建的实验室场景测试结果看，采用SyncE+PTP的方式，网内IPRAN节点均设置为BC或TC时钟模式，在节点数小于20的情况下，承载部分的时间信号恢复精度可以满足小于1μs的要求。

② 采用1588v2纯PTP方式。

该方式下，末端IPRAN网元或基站从PTP报文中恢复时钟和时间信号。纯PTP方式最大的优点是频率通路和时间通路在一起，频率通路出问题时，时间通路可以立即感知并进行调整；而SyncE+PTP方式，频率通路在物理层，时间通路在分组层，目前，还没有比较好的办法解决它们之间的协同关系，在具体网络中运用时仍会带来一些问题，其应用还有待进一步研究。

6. IPRAN的优缺点

IPRAN的优点主要有以下几个方面。

（1）网络调整体验更简单。

IPRAN 网络是端到端的 IP 化。这种端到端的 IP 化方式使运营商网络扁平化、简单化，同时简化了网络资源配置，能极大地提高基站开通、割接和调整的工作效率。此外，IPRAN 网络提供的 L3 承载方案归属灵活调整的优势非常突出，并且网络侧不需要进行调整，还可以最大限度地提升无线网络的运维效率。而 MSTP 网络基站归属调整需要删除原有承载的管道，根据原有路径的约束条件，重新建立一个目标承载管道。这种类型的归属调整承载管道具有用户影响面大、数量大等问题；同时，调整工作多数是在夜里进行，并要求在规定的时间段内完成，因此，对网络工程师的能力要求更高，相对 IPRAN 网络调整而言压力较大。

（2）处理故障效率更高。

从故障处理方法和常见的故障类型角度来看，MSTP 网络和 IPRAN 网络非常相似。IPRAN 网络常见的故障主要是硬件方面的，如由于业务单板损坏，导致该单板所带的业务中断或业务异常等情况，这种类型的故障可以通过告警进行定位解决。并且，IPRAN 网络还可以提供告警相关性分析功能，对于由于硬件故障导致的业务故障，可以将其标识为衍生告警，并且可以在故障定位中将其快速排出。而对于不经常发生的业务故障，IPRAN 网络负责人可以通过查看路径，并基于路径逐段环回进行定位。此外，IPRAN 网络可以根据动态业务的不同特点提供业务路径自动发现功能，因而可以通过可视化的拓扑界面展开由设备自动协商而成的路径，与 MSTP 静态路径效果相似。

（3）更高效的网络资源利用率。

与 MSTP 网络对比，IPRAN 网络资源利用率效果更好，因为 IPRAN 网络采取动态寻址方式，实现承载网络内自动的路由优化，采用分组交换和统计复用技术大大地提高网络利用率，而 MSTP 网络带宽提供的是刚性管道方式，容易导致网络利用率低下，如某一个客户申请了 10M 的带宽资源，但他并不是每时每刻都充分使用 10M 带宽资源，空闲的资源也无法提供给其他客户，这样就会导致带宽资源利用率较低。

（4）网络扩展性更强。

IPRAN 网络采用动态三层组网方式，可以支持多业务融合承载，实现资源统一协调和控制层面统一管理，达到提升运营商的综合运营能力的目的。IPRAN 技术的使用，不仅能降低每数据比特的成本，还提高了运营商在同行之间的技术竞争力：IPRAN 技术可以提供更高的带宽资源来满足客户日益增长的数据带宽需求；同时，该技术可扩展性更强，可维护性比 MSTP 技术更好；IPRAN 网络中丰富的三层功能提供了更高的传输效率，支持综合业务承载和向

LTE 的无缝演进；即插即用功能可以快速建网，响应市场需求；借助 P 网络的通用性特点，一方面降低运维人员的技术门槛，可以节约维护成本，另一方面可以快速地与互联网以及企业网进行融合。

IPRAN 的缺点主要有以下几个方面。

（1）与原有 MSTP/SDH 网络互联互通的问题。

因为传统 MSTP 网路的部署规模比较大，也提供了基于 TDM 内核的以太网接口来满足多业务和 IP 化的承载需求，承载了现网中的许多业务，尤其是有高可靠保密性要求的政企金融客户业务，所以 IPRAN 网络一时还无法完全取代 MSTP 网络，业务的分割有一个循序渐进的过程。

（2）OAM 能力较弱。

传统的回传网络可以做到端到端的故障检测，IPRAN 技术的 OAM 能力较传统的网络技术存在一定的劣势，而 IPRAN 技术因其业务路由是不透明的，其网络维护工作十分复杂；其次，传统路由器组网的网络配置管理通常是使用命令行方式，特点在于命令非常丰富，并且可以轻松使用各种网络和平台，配置速度也非常快，而传统传输设备的配置方式主要是图形界面，如 MSTP 等，特点在于使用简单、适合批量管理、配置直观，因此，IPRAN 的设备管理方式需向 MSTP 网络的管理方式转变，给运维人员带来了一定的困难。

（3）自愈保护方面较弱。

IPRAN 在网络技术自愈保护能力上相对于传统网络有明显的不足，目前，IPRAN 技术的网络保护技术有流量工程（TE）、双向转发检测（BFD）、双归组网和虚路由器冗余协议（VRRP）等，在对这些技术进行测试和验证后，虽然其基本上可以支撑业务的需求，但是还是弱于其他技术。

6.2.4 下一代 IPRAN

IPRAN 技术在当前阶段承载了 2G、3G、4G 移动回传和大客户专线业务，满足了当前阶段的需求，但随着用户需求的不断提升、网络技术的不断发展和业务智能化的不断演进，对底层承载网络的要求也越来越高，需要底层网络向业务层开放更多的能力。尤其随着 5G 标准的落地和 5G 商用化进程的确定，向承载网提出了更大带宽、更灵活的组网、更低时延、网络分片等要求，促使下一代关键技术的发展。

1. 低成本、大带宽技术

5G 承载网的最大挑战是海量的带宽增长，而带宽的增长势必带来成本的增加，因此，5G 带宽传输技术的关键是降低每比特、每千米的传输成本和功耗。

依据传输距离不同，5G 低成本大带宽传输技术分为短距非相干技术和中长距低成本相干技术两大类。

（1）短距非相干技术。

对于传输距离较短的场景（如 5G 前传，光纤传输距离小于 20km），基于低成本光器件和 DSP 算法的超频非相干技术成为重要趋势。此类技术通过频谱复用、多电平叠加、带宽补偿等 DSP 算法，利用较低波特率光电器件实现多倍（2 倍、4 倍或更高）传输带宽的增长，举例说明如下。

① 离散多频音调制（DMT，Discrete Multi-Tone）技术。DMT 对频谱进行切割分成若干个子载波，各个子载波的信噪比质量决定调制模式，从而最大程度地利用频谱资源。DMT 提速效果最大，应用比较成熟，基于 10G 光模块能够实现 50G 信号传输。

② 四电平脉冲幅度调制（PAM4，Pulse Amplitude Modulation）技术。在传统 OOK 调制下，每个光信号只有高低两个电平状态，分别代表 0 和 1；PAM4 技术是一个多电平技术，每个光信号具有 4 种电平状态，可以分别代表 00、01、10 和 11，因此，PAM4 光信号携带的信息量是 OOK 信号的两倍，从而将传输速率提高一倍。

（2）中长距低成本相干技术。

对于更长的传输距离和更高的传输速率，例如，中 / 回传网络 50/60km 甚至几百千米的核心网 DCI 互联、200G/400G 以上带宽，相干技术是必需的，关键在于如何实现低成本相干。基于硅光技术的低成本相干可插拔彩光模块，是目前的一个技术发展方向，包括如下特点。

① 低成本。采用硅光技术，利用成熟高效的互补金属氧化物半导体（CMOS，Complementary Metal Oxide Semiconductor）平台，实现光器件大规模集成，减少流程和工序，提升产能，使原先分立相干器件的总体成本下降。

② 相干通信。采用相干通信可以实现远距离通信，频谱效率高，支持多种速率可调节，如单波 100G、200G、400G。

③ 可插拔模块。硅光模块采用单一材料实现光器件的多功能单元（除光源），消除不同材料界面晶格缺陷带来的功率损耗；由于硅光折射率高，其器件本身比传统器件小，加之光子集成，硅光模块尺寸可以比传统分离器件小一个数量级，体积缩小，功耗降低，常见的封装方式有封装可插拔（CFP，Centum Form-factor Pluggable）、CFP2、CFP4、四通道小型化封装可插拔（QSFP，Quad Small Form-factor Pluggable）等，如图 6-26 所示。

④ DCO 和 ACO 模块。DCO 将光器件和 DSP 芯片一块封装在模块中，以数字信号输出，具有传输性能好、抗干扰能力强、集成度高、整体功耗低、易

于统一管理维护的特点，其难点是较高的功耗限制了封装的大小。ACO 模块的 DSP 芯片放置在模块外面，以模拟信号输出，光模块功耗更低，可以实现更小的封装，但是模拟信号互联会带来性能劣化。

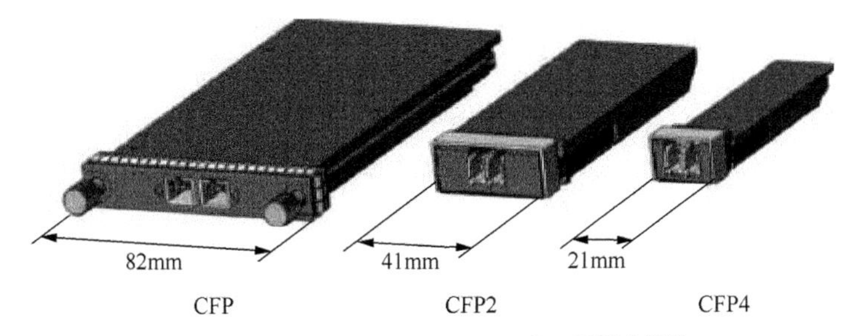

图 6-26　CFP、CFP2、CFP4 3 种可插拔光模块

2. EVPN

EVPN(Ethernet VPN)技术最初起源于改进传统 L2 VPN 技术的需求。传统的 L2 VPN 技术是转发面通过全网洪泛学习 L2 转发表，扩展性差，同时一旦 MAC 地址变化或故障发生切换，需要重新泛洪学习 L2 转发表，切换慢，对 PE 设备的规格要求高，需要进行大量的手工配置，网络部署难。

EVPN 技术是下一代 Ethernet L2 VPN 解决方案，目标是实现控制平面和转发平面分离，引入 BGP 协议承载 MAC 可达信息，从控制平面学习远端 MAC 地址，将 IPVPN 的技术优势引入以太网络中。

EVPN 技术从业务层面区分，包括 EVPN L2 VPN、EVPN L3 VPN。在 IPRAN 演进方案中，建议采用 EVPN L2 VPN 替代传统的 L2 VPN 专线，尤其用于替代传统点到多点的 VPLS 专线。后续根据技术成熟度与标准化进展，可采用 EVPN L3 VPN 替代基础承载方案的 HoVPN 技术，实现各承载协议向 EVPN 统一，简化运维。

3. Segment Routing

SR(Segment Routing)是一种只需在源节点（显式路径加载的节点）给报文增加一系列的段标识便可指导报文转发的技术方案。

SR 使用控制器或者 IGP 集中算路和分发标签，不再需要 RSVP-TE、LDP 等隧道协议。可以直接应用于 MPLS 架构，转发平面没有变化，通过对现有协议（例如 IGP）进行扩展，能使现有网络更好地平滑演进。在 SR 技术的基础上结合 RLFA(Remote Loop Free Alternate)FRR 算法，可以形成高效的 TI-LFA FR 算法，支持任意拓扑的节点和链路保护，能够弥补传统 LDP FRR 保护技术的不足。SR 技术同时支持控制器的集中控制模式和转发器的分布控制模式，可以实现集中控制和分布控制之间的平衡。

5G 时代，随着基站密度的增加以及 UE 双连接、站间协同等要求，eX2 流量占比相对 4G LTE 时期进一步增加，eX2 的连接就近转发可以避免流量绕行和降低时延。SR 技术可以通过 GP 自动扩散，无须人为规划即可满足海量基站之间的 Fullee Mesh 就近连接。同时南北向基站到核心网网关的数据面 / 控制面路径以及东西向 DC 间数据同步连接的流量走向，全部可以通过 SR 技术指定链路标签来规划。

主流 SR 技术目前包括 SR-BE(Segment Routing Best Effort) 与 SR-TE(Segment Routing Traffic Engineering) 两种。SR-BE 是指 GP 使用最短路径算法计算得到最优 SR LSP。SR-TE 是使用 SR 作为控制协议的 TE 隧道技术，控制器或者 IPRAN 设备计算隧道的转发路径，并将与路径严格对应的标签栈下发给转发平面，在 SR-TE 隧道的入节点上，转发器根据标签栈，即可控制报文在网络中的传输路径。

5G 回传的 S1 业务以及集客专线业务是确定性路径业务，可部署端到端的 SR-TE 隧道。在演进的 IPRAN 网络中，在接入设备和汇聚设备之间、汇聚设备和业务落地设备之间部署分段的 SR-TE 隧道，如超过设备支持的 SR 标签层数，则需要进行标签黏连。灵活度较高的业务（如 eX2 业务）存在路径不确定性，建议部署 SR-BE 隧道。在演进的 IPRAN 网络中，接入环、核心汇聚环分属不同的 IGP 域，域内节点间自动生成 Full Mesh 的 SR-BE 隧道。

4. 网络切片 &Flex-E

5G 承载网作为一张基础设施网络，可以通过网络切片提供逻辑网络，满足不同应用场景差异化承载需求。网络切片除了满足 5G 的不同应用场景隔离之外，也为满足宽带业务、集客业务的差异化承载要求提供了可能性。

目前主流的切片方式包括软切片与硬切片两种。软切片可以借助传统的 VPN、VLAN、DSCP 等技术实现隔离度较低的业务层切片；硬切片基于网元的切片和链路的 L0/L1 层通道化，实现物理隔离的网络。不同切片的隔离性较好，为高可靠性业务、高价值用户提供差异化服务成为可能，可以实现一网多用。

5G 承载网络 / 业务应按需进行切片部署，根据网络负载情况、业务转发质量需求、独立管控需求等综合考虑网络切片部署方案。Flex-E 技术是实现网络硬切片的技术方案之一，基于 Flexible Ethernet 可以建立端到端 Flex-E 硬管道，提供低延时、低抖动、实时业务的承载网络。由于 Flex-E 技术存在设备硬件要求，且目前标准化工作尚在继续推进，在 IPRAN 网络演进的基础承载方案中，可采用 VPN+DSCP 方式实现网络软切片，在具备条件后再按需部署硬切片。

目前，OIF 已完成了 Flex-E1.0 标准的制定（继续制订 2.0 标准），基于 100GE 接口进行了技术规范，切片的最小颗粒度支持 5GE。业界后续将继续推进 50GE 接口的 Flex-E，100GE/50GE 接口最小分片颗粒度目标支持 1GE。

5．网络开放与智能化

5G 承载面临着业务、架构等方面的新需求和挑战，应充分利用 5G 网络的建设周期，加快网络转型，促进网络开放，实现网络建设和运营互联网化和智能化。面向 5G 的承载网络具有海量连接、大流量、灵活调度等特点，对于管理和运维均提出了新的挑战，因此，5G 承载传送网将全面引入 SDN 技术，实现端到端智能管控与业务灵活调度。

SDN 管控运维系统应同时具备网络规划仿真、网络业务部署和发放、网络监控、保障和优化等功能，目标是实现网络连接服务从月到天甚至分钟级的快速开通。实现规划、部署、监控、维护和保障的智能化运营，大幅度提升运维效率，极大地降低 OPEX。

基于 SDN 的管控系统应具备如下功能。

（1）全局管控，智能调优。应支持智能的路径计算，包括提供低时延路径、链路负载均衡，一方面可以满足用户体验要求，满足不同业务 SLA 需求；另一方面，基于全局算路和调优，可以提升整网的带宽利用效率。

（2）跨网协同，统一管控。应支持跨域协同，包括跨承载网自治域的协同，以及未来光缆网络等网络协同，将传统网络中部门之间的人工协作转变为机机交互，提升效率。通过北向开放，SDN 系统支持包括专线业务自动发放 App 等网络应用，具备网络业务快速发放、带宽快速调整、故障快速恢复等功能。

（3）智能运维。应支持针对用户的不同业务，对分组丢失率、误码率、时延、抖动等 KPI 指标进行高精度测量，支持快速故障定界和定位，对流量趋势进行精准评估和预测，对不同类型的客户提供差异化的服务和保障。同时，基于丰富的大数据汇总和实时分析，对告警数据、流量数据等进行智能分析，提高网络运维效率，自动提供有效的承载网络优化建议。

6.3　PTN 技术

6.3.1　PTN 的产生背景

业务驱动永远是技术和网络发展的原动力，传统的移动业务和固网业务 IP 化、宽带化已是大势所趋，IP 化后的各种业务仍然需要较高的服务质量和可靠

性，这就对承载网络提出了新的要求，尤其是面对 3G/LTE 以及后续综合的分组化业务承载需求，需要解决移动运营商面临的数据业务对带宽需求的增长和 ARPU 下降之间的矛盾。IPRAN/PTN 技术就是在这样的环境中应运而生的，IPRAN 和 PTN 都是移动回传适应分组化要求的产物。

PTN 技术最早的推动运营商是中国移动，原因是其原本没有传输网，从电信分营出去以后，一直租用电信的传输资源进行业务运营，要填补这一空缺，中国移动没必要大量采用旧的 MSTP 技术，而 PTN 适逢其时，比如，PTN 能更好地承载 TDM 的业务，也能满足 IP 化业务的承载。此外，中国移动当初建 PTN 就是为了移动回传，并没有考虑全业务运营。运营重点在于移动业务的通信，RAN 的 IP 化是 UMTS 演进的关键部分，PTN 相比于 IPRAN 具有定向的端到端的特性，适合于处理基站无线业务的回传，而且随着 TD 向 LTE 的演进，为满足 LTE 网络的扩展性和灵活性要求，PTN 演进后已经具备了三层功能，可以在核心、汇聚和接入 3 个层面实现移动承载和应用，对于移动承载的解决方案也逐步多样化。

6.3.2 PTN 的概念

分组传送网（PTN，Packet Transport Network）是指这样一种光传送网络架构和具体技术：在 IP 业务和底层光传输媒质之间设置一个层面，它针对分组业务流量的突发性和统计复用传送的要求而设计，以分组业务为核心并支持多业务提供，具有更低的总体使用成本（TCO），同时秉承光传输的传统优势，包括高可用性和可靠性、高效的带宽管理机制和流量工程、便捷的 OAM 和网管、可扩展、较高的安全性等。

PTN 支持多种基于分组交换业务的双向点对点连接通道，具有适合各种粗细颗粒业务、端到端的组网能力，提供了更加适合于 IP 业务特性的“柔性”传输管道；具备丰富的保护方式，遇到网络故障时能够实现基于 50ms 的电信级业务保护倒换，实现传输级别的业务保护和恢复；继承了 SDH 技术的操作、管理和维护机制（OAM），具有点对点连接的完美 OAM 体系，保证网络具备保护切换、错误检测和通道监控能力；完成了与 IP/MPLS 多种方式的互联互通，无缝承载核心 IP 业务；网管系统可以控制连接信道的建立和设置，实现了业务 QoS 的区分和保证，灵活提供 SLA 等。

另外，它可利用各种底层传输通道（如 SDH/Ethernet/OTN）。总之，它具有完善的 OAM 机制，精确的故障定位和严格的业务隔离功能，最大限度地管理和利用光纤资源，保证了业务安全性，在结合 GMPLS 后，可实现资源的自动配置及网状网的高生存性。

业务驱动永远是技术和网络发展的原动力，PTN 技术的诞生也是如此。PTN 主要面向 3G/LTE 以及后续综合的分组化业务承载需求，解决移动运营商面临的数据业务对带宽需求的增长和 ARPU 下降之间的矛盾。PTN 为了适应 LTE 承载，已经具备了三层功能，可以在核心、汇聚和接入 3 个层面实现移动承载和应用。对于移动承载的解决方案也逐步多样化，PTN、IPRAN 和 PON 等在不同场景下发挥作用。

6.3.3　PTN 的关键技术

就实现方案而言，在目前的网络和技术条件下，总体来看，PTN 可分为以太网增强技术和传输技术结合 MPLS 两大类，前者以 PBB-TE 为代表，后者以 T-MPLS 为代表。当然，作为分组传送演进的另一个方向——电信级以太网（CE，Carrier Ethernet）也在逐步演进中，这是一种从数据层面以较低的成本实现多业务承载的改良方法，相比 PTN，在全网端到端的安全可靠性方面及组网方面还有待进一步改进。

图 6-27 所示为传送网技术融合和网络扁平化。

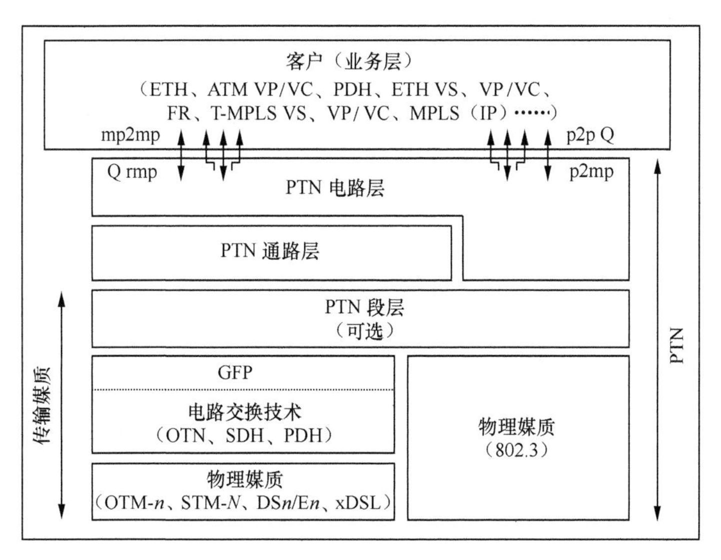

图 6-27　传送网技术融合和网络扁平化

PBB 技术的基本思路是将用户的以太网数据帧再封装一个运营商的以太网帧头，形成两个 MAC 地址，如图 6-28 所示。PBB 的主要优点是：具有清晰的运营网络和用户间的界限，可以屏蔽用户侧信息，实现二层信息的完全隔离，解决网络安全性问题；在体系架构上具有清晰的层次化结构，理论上可以支持1600 万用户，从根本上解决网络扩展性和业务扩展性问题；规避了广播风暴和潜在的转发环路问题，无须担心 VLAN 和 MAC 地址与用户网冲突，简化了网络的规划与运营；采用二层封装技术，无须复杂的三层信令机制，设备功耗和成本较低；对下可以接入 VLAN 或 SVLAN，对上可以与 VPLS 或其他 VPN 业务互通，具有很强的灵活性，非常适合接入汇聚层应用；无连接特性特别适合经济地支持无连接业务或功能，如多点对多点 VPN(E-LAN) 业务、IPTV 的多播功能等。PBB 的主要缺点是：依靠生成树协议进行保护，保护时间和性能都不符合电信级要求，不适用于大型网络；依然是无连接技术，OAM 能力很弱；内部不支持流量工程。在 PBB 的基础上，关掉复杂的泛洪广播、生成树协议以及 MAC 地址学习功能，增强一些电信级 OAM 功能，即可将无连接的以太网改造为面向连接的隧道技术，提供具有类似 SDH 可靠性和管理能力的硬 QoS 和电信级性能的专用以太网链路，这就是所谓的 PBT(网络提供商骨干传送) 技术，又称 PBB-TE。

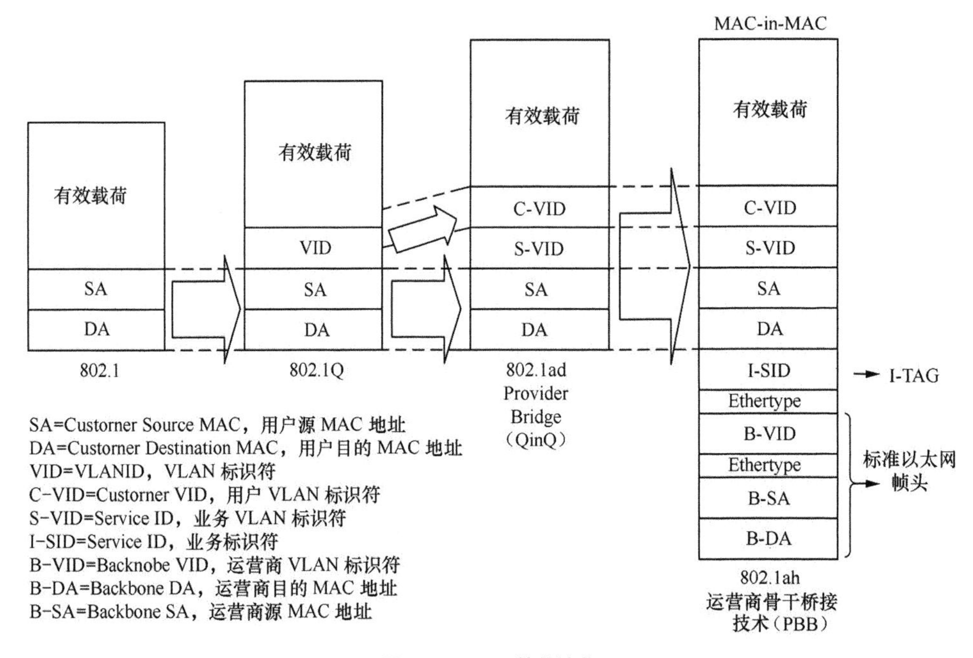

图 6-28 PBB 帧的演化

PBT 技术的显著特点是扩展性好。关掉 MAC 地址学习功能后，转发表通过管理或者控制平面产生，从而消除了导致 MAC 地址泛洪和限制网络规模的广播功能。同时，PBT 技术采用网管 / 控制平面替代传统以太网的“泛洪和学

习”方式来配置无环路 MAC 地址，提供转发表，这样每个 VID 仅具有本地意义，不再具有全局唯一性，从而消除了 12bit（4096）的 VID 数限制引起的全局业务扩展性限制，使网络具有几乎无限的隧道数目（260）。此外，PBT 技术还具有如下特点：转发信息由网管 / 控制平面直接提供，可以为网络提供预先确知的通道，容易实现带宽预留和 50ms 的保护倒换时间；作为二层隧道技术，PBT 具备多业务支持能力；屏蔽了用户的真实 MAC，去掉了泛洪功能，安全性较好；用大量交换机替代路由器，消除了复杂的 IGP 和信令协议，城域组网和运营成本都大幅度下降；将大量 IEEE 和 ITU 定义的电信级网管功能从物理层或重叠的网络层移植到数据链路层，使其能基本达到类似 SDH 的电信级网管功能。

然而，PBT 存在部分问题：首先，它需要大量连接，管理难度加大；其次，PBT 只能环形组网，灵活性受限；再次，PBT 不具备公平性算法，不太适合宽带上网等流量大、突发较强的业务，容易存在设备间带宽不公平占用问题；最后，PBT 比 PBB 多了一层封装，在硬件成本上必然要付出相应的代价。

如图 6-29 所示，T-MPLS（Transport MPLS）是一种面向连接的分组传送技术，在传送网络中，将客户信号映射进 MPLS 帧并利用 MPLS 机制（例如标签交换、标签堆栈）进行转发，同时它增加传送层的基本功能，例如连接和性能监测、生存性（保护恢复）、管理和控制面（ASON/GMPLS）。总体上，T-MPLS 选择了 MPLS 体系中有利于数据业务传送的一些特征，抛弃了 IETF（Internet Engineering Task Force）为 MPLS 定义的繁复的控制协议族，简化了数据平面，去掉了不必要的转发处理。T-MPLS 继承了现有 SDH 传送网的特点和优势，同时又可以满足未来分组化业务传送的需求。T-MPLS 采用与 SDH 类似的运营方式，这一点对于大型运营商尤为重要，因为它们可以继续使用现有的网络运营和管理系统，减少对员工的培训成本。由于 T-MPLS 的目标是成为一种通用的分组传送网，而不涉及 IP 路由方面的功能，因此，T-MPLS 的实现要比 IP/MPLS 简单，包括设备实现和网络运营方面。T-MPLS 最初主要是定位于支持以太网业务，但事实上它可以支持各种分组业务和电路业务，如 IP/MPLS、SDH 和 OTH 等。T-MPLS 是一种面向连接的网络技术，使用 MPLS 的一个功能子集。

T-MPLS 的主要功能特征包括以下几个方面。

（1）T-MPLS 的转发方式采用 MPLS 的一个子集：T-MPLS 的数据平面保留了 MPLS 的必要特征，以便实现与 MPLS 的互联互通。

（2）传送网的生存性：T-MPLS 支持传送网所具有的保护恢复机制，包括“1+1”“1:1”、环网保护和共享网状网恢复等。MPLS 的 FRR 机制由于要使用 LSP 聚合功能而没有被采纳。

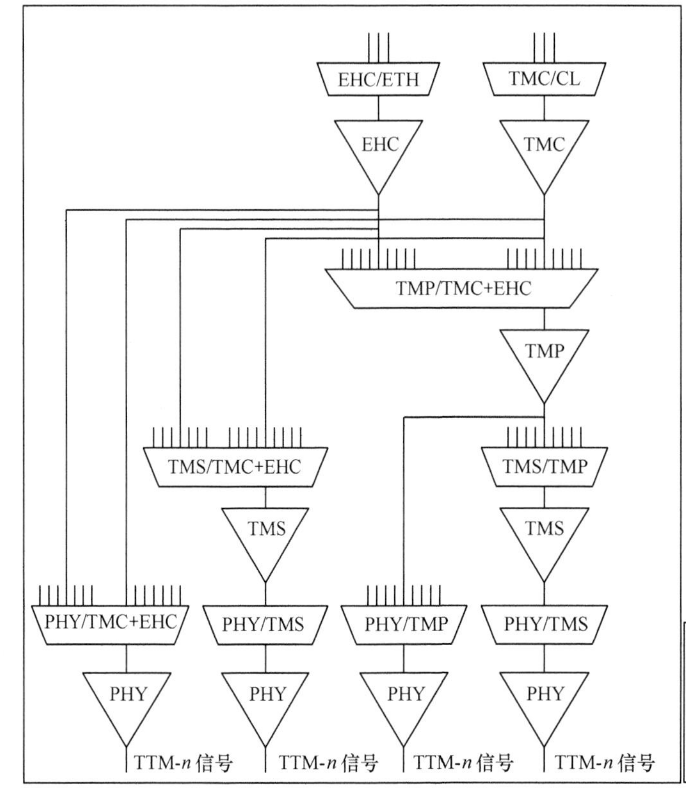

图 6-29　T-MPLS 网络架构

（3）传送网的 OAM 机制：T-MPLS 参考 Y.1711 定义的 MPLS OAM 机制，延用在其他传送网中广泛使用的 OAM 概念和机制，如连通性校验、告警抑制和远端缺陷指示等。

（4）T-MPLS 控制平面：初期 T-MPLS 将使用管理平面进行配置，与现有的 SDH 网络配置方式相同。目前，ITU-T 已经计划采用 ASON/GMPLS 作为 T-MPLS 的控制平面，下一步将开始具体的标准化工作。

（5）不使用保留标签：任何特定标签的分配都由 IETF 负责，遵循 MPLS 相关标准，从而确保与 MPLS 的互通性。

由于 T-MPLS 是利用 MPLS 的一个功能子集提供面向连接的分组传送，并且要使用传送网的 OAM 机制，因此，T-MPLS 取消了 MPLS 中一些与 IP 和无连接业务相关的功能特性。T-MPLS 与 MPLS 的主要区别如下。

（1）IP/MPLS 路由器是用于 IP 网络的，因此所有的节点都同时支持在 IP 层和 MPLS 层转发数据。而传送 MPLS 只工作在 L2，因此不需要 IP 层的转发功能。

（2）在 IP/MPLS 网络中存在大量的短生存周期业务流。而在传送 MPLS 网络中，业务流的数量相对较少，持续时间相对更长一些。

而在具体的功能实现方面，两者的主要区别如下。

（1）使用双向 LSP：MPLS LSP 都是单向的，而传送网通常使用的都是双向连接。因此 T-MPLS 将两条路由相同但方向相反的单向 LSP 组合成一条双向 LSP。

（2）不使用倒数第二跳弹出（PHP）选项：PHP 的目的是简化对出口节点的处理要求，但是它要求出口节点支持 IP 路由功能。另外由于到出口节点的数据已经没有 MPLS 标签，将对端到端的 OAM 造成困难。

（3）不使用 LSP 聚合选项：LSP 聚合是指所有经过相同路由到同一目的节点的数据分组可以使用相同的 MPLS 标签。虽然这样可以提高网络的扩展性，但是由于丢失了数据源的信息，从而使得 OAM 和性能监测变得很困难。

（4）不使用相同代价多路径（ECMP）选项：ECMP 允许同一 LSP 的数据流经过网络中的多条不同路径。它不仅增加了节点设备对 IP/MPLS 包头的处理要求，同时由于性能监测数据流可能经过不同的路径，从而使得 OAM 变得很困难。

（5）T-MPLS 支持端到端的 OAM 机制。

（6）T-MPLS 支持端到端的保护倒换机制，MPLS 支持本地保护技术 FRR。

（7）根据 RFC3443 中定义的管道模型和短管道模型处理 TTL。

（8）支持 RFC3270 中的 E-LSP 和 L-LSP。

（9）支持管道模型和短管道模型中的 EXP 处理方式。

（10）支持全局唯一和接口唯一两种标签空间。

PBT 和 T-MPLS 技术主要协议的简单比较如表 6-4 所示。

表 6-4　PBT 和 T-MPLS 技术主要协议的简单比较

技术方案	主要标准		扩展性	保护实现	管理、控制、实现		QoS 保证
PBT	G.PBT、802.1		8021ad、802.lah	VIDP、VID 交换、G.8031	802.1ag、Y.1731、802.3ah	GMPLS 控制平面（目标）、802.1ab	802.lp、网管 / 控制平面、CAC
T-MPLS	G8110、G.8110.1	G.8112、G.8121	MPIS ISP、HVPLS	Y.1720/G.8131、Ymrps	GMPLS 控制平面	Y.17111、Y.17tor、Y.17tom、802.lag	MPLS QoS、MPLS 流量工程、GMPLS 控制

PTN 可以看作二层数据技术的机制简化版与 OAM 增强版的结合体。在实现的技术上，两大主流技术 PBT 和 T-MPLS 都将是 SDH 的替代品而非 IP/MPLS 的竞争者，其网络原理相似，都是基于端到端、双向点对点的连接，并提供中心管理、在 50ms 内实现保护倒换的能力；两者都可以用来实现 SONET/SDH 向分组交换的转变，在保护已有的传输资源方面，都可以类似 SDH 网络功能在已有网络上实现向分组交换网络转变。

总体来看，T-MPLS 着眼于解决 IP/MPLS 的复杂性，在电信级承载方面具备较大的优势；PBT 着眼于解决以太网的缺点，在设备数据业务承载上成本相对较低。标准方面，T-MPLS 走在前列；PBT 即将开展标准化工作。在芯片支持程度方面，目前支持 Martini 格式 MPLS 的芯片可以用来支持 T-MPLS，成熟度和可商用度更高，而 PBT 技术需要多层封装，对芯片等硬件配置要求较高，所以已经逐渐被运营商和厂商所抛弃。目前，T-MPLS 除了在沃达丰和中国移动等世界顶级运营商得到大规模应用之外，在 T-MPLS 的基础上推出了更具备协议优势和成本优势的 MPLS-TP（MPLS Transport Profile）标准，MPLS-TP 标准可以在 T-MPLS 标准平滑升级，可能成为 PTN 的最佳技术体系。

6.3.4 PTN 的优缺点

PTN 技术本质上是一种基于分组的路由架构，能够提供多业务技术支持。它是一种更加适合 IP 业务传送的技术，同时继承了光传输的传统优势，包括良好的网络扩展性、丰富的操作维护（OAM）、快速的保护倒换和时钟传送能力、高可靠性和安全性、整网管理理念、端到端业务配置与精准的告警管理。PTN 的这些优势是传统路由器和增强以太网技术无法比拟的，这也正是其区别于两者的重要属性。我们可以从以下 4 个方面理解 PTN 的技术理念。

（1）管道化的承载理念，基于管道进行业务配置、网络管理与运维，实现承载层与业务层的分离，以“管道 + 仿真”的思路满足移动演进中的多业务需求。

首先，管道化保证了承载层面向连接的特质，业务质量得以保证。在管道化承载中，业务的建立、拆除依赖于管道的建立和拆除，完全面向连接，节点转发依照事先规划好的规定动作完成，无须查表、寻址等动作，在减少意外错误的同时，也能保证整个传送路径具有最小的时延和抖动，从而保证业务质量。管道化承载也简化了业务配置、网络管理与运维工作，增强了业务的可靠性。

以“管道 + 仿真”的思路满足移动网络演进中的多业务需求，从而有效保护投资。众所周知，TDM、ATM、IP 等各种通信技术将在演进中长期共存，

PTN 采用统一的分组管道实现多业务适配、管理与运维，从而满足移动业务长期演进和共存的要求。在 PTN 的管道化理念中，业务层始终位于承载层之上，两者之间具有清晰的结构和界限，无数的业界经验也证明，管道化承载对于建成一张高质量的承载网络是至关重要的。

（2）变刚性管道为弹性管道，提升网络承载效率，降低 CAPEX。

2G 时代的 TDM 移动承载网，采用 VC 刚性管道，带宽独立分配给每一条业务并由其独占，造成了实际网络运行中大量的空闲可用资源释放不出来、效率低的状况。PTN 采用由标签交换生成的弹性分组管道 LSP，当满业务时，通过精细的 QoS 划分和调度，保证高质量的业务带宽需求优先得到满足；在业务空闲时，带宽可灵活地释放和实现共享，网络效率得到极大的提升，从而有效降低了承载网的建设投资 CAPEX。

（3）以集中式的网络控制 / 管理替代传统 IP 网络的动态协议控制，同时提高 IP 可视化运维能力，降低 OPEX。

移动承载网的特点是网络规模大、覆盖面积广、站点数量多，这对于网络运维是极大的挑战，而网络维护的难易属性直接影响着 OPEX 的高低。

传统 IP 网络的动态协议控制平面适合部署规模较小、站点数量有限，同时具有更加灵活调度要求的核心网，而在承载网面前显得力不从心，而且越靠近网络下层，其问题就越突出。

首先，动态协议给传统 IP 网络带来了“云团”特征，网络一旦出现故障，由于不知道“云团”内的实际路由而给故障定位带来很大困难，这对于规模巨大、对 OPEX 敏感，同时可能会经常调整和扩容的承载网来说无疑是一场灾难。

其次，动态协议在技术上的复杂性，不但对维护人员的技能提出很高的要求，而且对维护团队的人员数量的需求将是过去的几倍，这将颠覆基层维护团队的组织结构和人力构成，与此同时维护人员数量的增加带来的 OPEX 增加不可避免。

因此，以可管理、可运维为前提的 IP 化创新对大规模的网络部署非常重要。不可管理的传统 IP 看起来很好，但实际上存在太多的陷阱。移动承载网的 IP 化必须继承 TDM 承载网的运维经验，以网管可视化丰富 IP 网络的运维手段，降低运维难度，同时实现维护团队的维护经验、维护体验可继承，这就是 PTN 移动 IP 承载网的管理运维理念。

（4）植入新技术，补齐移动承载 IP 化过程在电信级能力上的短板。

时钟同步是移动承载的必备能力，而传统的 IP 网络都是异步的，移动承载网在 IP 化转型中必须要补齐这个短板。所有的移动制式都对频率同步有 50×10^{-9} 的要求，同时某些移动制式如 TD-SCDMA 和 cdma2000，包括未来的

LTE 还有对相位同步的要求，目前，业界能够通过网络解决相位同步要求的只有 IEEE1588v2 技术，植入该技术已成为移动承载 IP 化的必选项。

事实上，PTN 的思想理念已在大量实际的网络建设实践中被广泛验证，是基于对移动承载 IP 化诉求的深刻理解，给移动承载网的 IP 化指出了一条可行的道路。

PTN 的缺点主要有以下两个方面。

（1）保护机制不完善，IETF 和 ITUT 两大阵营在 PTN 保护机制上存在分歧，导致其保护功能不如 MSTP 完善。现主要有“1+1”备份保护以及“1:1”保护。环保护支持 Steering 保护或 Wrapping 保护，倒换时间较长，Wrapping 保护在保护倒换时出现大量分组丢失。

（2）不能与现有 MSTP 网络进行互通。

从目前的标准化、产品、产业链及运营商应用情况等方面看，PTN 已占据了中国移动的传输主流地位。PTN 的关键特征有以下几个方面：①用于分组交换内核，采用面向连接的分组交换技术，突显了业务和网络全面 IP 化的深刻变革；②用于 PW 和 MPLS 标签的多业务统一承载功能，顺应了全面业务统一承载的发展方向；③完善的 OAM 故障修复和性能管理功能；④严格的 QoS 能力，衔接了电信及网络的可靠性、可管理、可运营的一贯传统；⑤完善的时间同步，迎合了 4G 背景下建设的切实需求。

| 6.4 SPN 技术 |

6.4.1 SPN 的产生背景

4G 时代，移动的大规模 PTN 建设形成了中国移动的现网资源，随着 5G 时代承载网在带宽、时延、分片、管控、同步方面提出了新的要求，原有的 PTN 网络难以适应 5G 的业务承载需求，切片分组网（SPN）就是在这样的背景下产生的。

SPN 5G 传输解决方案秉承“新架构、新服务、新运营”的理念，支持全新的云服务传输和敏捷网络运营。SPN 利用一个高效的以太网生态系统提供低成本和高带宽的传输通道。以太网灰光 PAM4 技术结合 WDM 技术实现城域和本地网传输成本优化。SPN 有效地集成了多层网络技术，实现了 L1 ~ L3 服务的传输和软硬管片切割。针对大三层问题，SPN 引入 SR-TP 实现可管可控的 L3 隧道，构建端到端 L3 的部署业务模型，并引入高性能集中管控 L3 控制平面；针对分片和极低时延业务，SPN 引入 FlexE 接口及融合交换架构。与此同时，SPN 通过管控融合 SDN 平台，实现对网元物理资源（如转发、计算、存储等资源）进行逻辑抽象和虚拟化，形成虚拟资源，并按需组织形成虚拟网络，呈现“一个物理网络、多种组网架构”的网络形态，为用户提供了一个开放、灵活、高效的网络操作系统。

6.4.2 SPN 的技术架构

SPN 采用创新以太分片组网（Ethernet Cross Connect）技术和面向传送的分段路由（SR-TP）技术，并融合光层 DWDM 技术的层网络技术体制，可实现基于以太网的多层技术融合。SPN 层次包括切片分组层（SPL，Slicing Packet Layer），实现分组数据的路由处理；切片通道层（SCL，Slicing Channel Layer），实现切片以太网通道的组网处理；切片传送层（STL，Slicing Transport Layer），实现切片物理层编解码及 DWDM 光传送处理。SPN 的技术架构如图 6-30 所示。

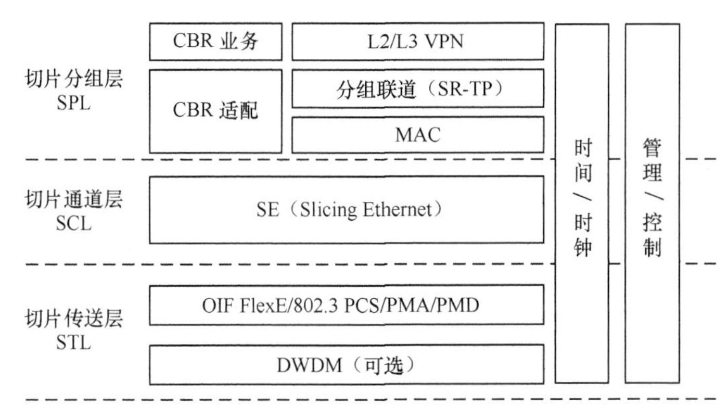

图 6-30 运营商 SPN 总体架构

其中，切片分组层（SPL）为分组业务提供封装和调度能力，包括两大关键技术：SR-TP 和 SDN Based L3 VPN。

SR-TP：基于 MPLS 分段路由的传送网络应用，实现业务与网络解耦，支持连接和无连接业务模型，基于分段路由（Segment Routing）的传送网应用，增加“双向 SR-TP 隧道”和“面向连接 OAM”特性，业务与网络解耦。业务建立仅在边缘节点操作，网络不感知，与 SDN 集中控制无缝衔接，同时提供“面向连接”和“无连接”管道，满足 5G 云化网络灵活连接要求。

SDN Based L3 VPN：基于 SDN 集中控制的 IP 路由技术，实现灵活业务调度，提供集中式路由控制能力、路由策略灵活可编程能力，实现业务灵活调度，利用路由集中策略和分布式协议之间的适度结合，降低 SPN 转发设备复杂度

切片通道层（SCL）为多业务提供基于 L1 的低时延、硬隔离切片通道，包括三大关键技术：SC、EXC 和 SCO。

SC(SPN Channel)：基于以太网 802.3 码流的通道，实现端到端切片通道 L1 组网。

EXC(Ethernet Cross Connect)：基于以太网的 L1 通道化交叉技术。

SCO(SPN Channel Overhead)：基于 802.3 码块扩展，替换 IDLE 码块，实现 SC 的 OAM 功能。

切片传送层（STL），以 IEEE 802.3 以太网为基础，包括灰光方案（50GE、100GE、200GE、400GE）和彩光方案。

6.4.3 SPN 关键技术

1. 信道化分片技术

5G 的 3 种典型业务以及专线、家庭宽带等多样性的业务要求提供不同类型的管道，通过结合硬管道分片和软管道分片，可以更好地满足业务要求，因此，SPN 需具备信道化分片技术。

信道化分片技术主要有 FlexE 和 FlexO 两种，两种技术的对比如表 6-5 所示。

表 6-5 FlexE 和 FlexO 的对比

	FlexE 信道化	FlexO 信道化
承载效率	100%（OAM 不占用业务带宽）	93.3%（含带内 FEC）
	10×1GE 超 10GE	8×1G（1.25G）超 OTU2
统计复用	刚性管道 + 统计复用	刚性管道
产业链	共享以太产业链，与以太端口带宽标准同步发展	专业产业链
与 IP 亲和度	以太天生支持 IP 封装，与 IP 封装可以无缝融合	ODU 近年开始支持 IP 封装
成熟度	比较成熟	非常成熟

FlexE 方案：融合 FlexE L1 交叉与分组转发分片，层次更简洁；OTN 方案：需 OTN L1 交叉叠加分组转发，层次复杂。

在信道化分片技术上，FlexE 是基于以太网的轻量级增强，映射结构简单、

效率高，是以 PTN 为网络基础的运营商 5G 信道化分片演进的方向。

2. 大带宽技术

FlexE 与 DWDM 的结合能够实现承载网带宽的灵活扩展和分割。FlexE 支持通过多个接口绑定提供超过接口速率的带宽，比如 4 个 100GE 接口绑定能够提供 1 个 400G 带宽的管道；FlexE 同时支持以 N×5G 带宽进行子接口信道化，满足网络切片物理隔离；FlexE+DWDM 不但提供单纤大带宽能力，同时结合 DWDM 波道灵活增加按需平滑扩带宽能力，如图 6-31 所示。

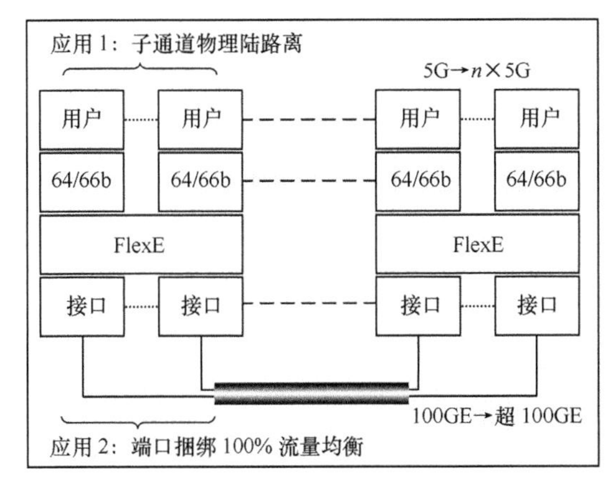

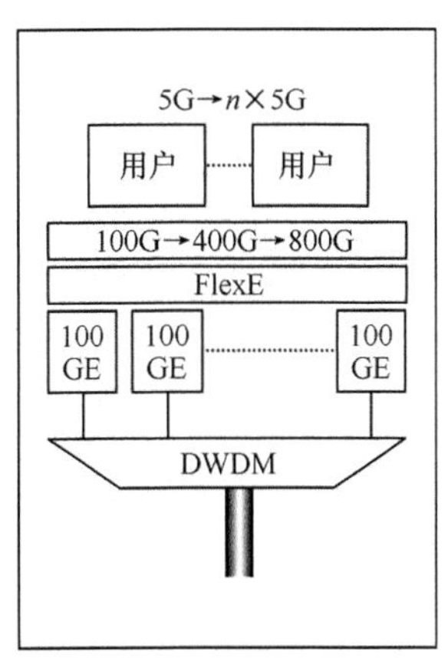

图 6-31 FlexE 实现物理或者带宽扩展以及与 DWDM 技术融合

3. 低时延技术

5G 的 uRLLC 业务和 CU/DU 的部署对时延提出了新的挑战，分组网络时延的关键影响因素是距离、转发速度，克服拥塞、采用转发面新技术和信道化隔离可以有效地控制时延。降低时延的具体做法如下。（1）架构优化降低时延，L3 下沉、eX2 就近转发、MEC 下沉，降低回传距离；（2）引入分组层低时延技术（如图 6-32 所示），包括 802.1TSN+ 低时延转发技术和 CUT THROUGH 技术；（3）利用信道化隔离技术，主要指 FlexE 带宽隔离和低时延业务专用通道技术。目前，现网 PTN 设备处理的时延是 50μs 级别，如果采用 802.1TSN+ 低时延转发技术，设备转发时延可以下降一个数量级，达到 5 ~ 10μs 级别；如果采用 FlexE 带宽隔离技术，设备转发时延最低可达到百纳秒级。

4. 灵活连接技术

对于 5G 业务来说，流量流向更趋多样化，不仅有传统的南北向流量，东西向流量也会更加的普遍和重要，L3 下沉是必然。首先建议下沉到普通汇聚层，然后进一步下沉到接入层。L3 下沉到汇聚层的优点是 L3 域的规模可控，运维难度低，适合现网平滑演进；L3 下沉到接入层的优点是 eX2 可就近转发、承载效率高、时延低而且节省带宽。L3 下沉的两种方案如图 6-33 所示。

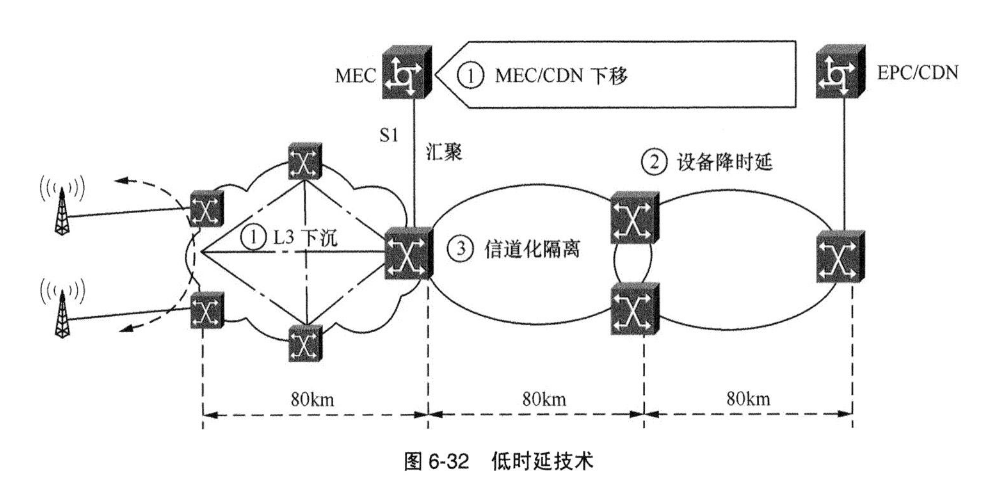

图 6-32 低时延技术

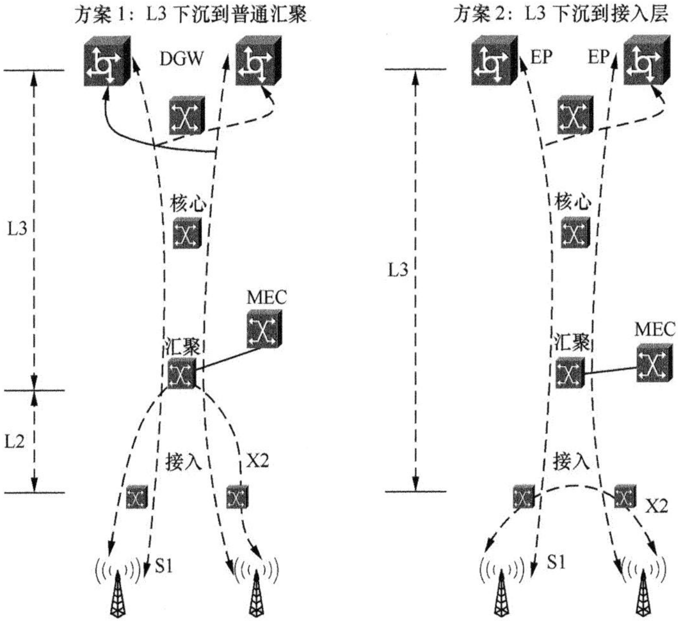

图 6-33 L3 下沉的两种方案

L3 的核心技术是基于 SDN 的 L3 集中控制。SR 隧道通过首节点的标签栈来控制网络中的传输路径，基于 SDN 控制器算路，各转发设备通过内部网关协议（IGP）收集域的 SR 信息，再结合 IGP 拓扑信息，通过边界网关协议－域内链路状态（BGP-LS）发给 SDN 控制器，计算出到达各转发设备的 SR 转发表项并下发至转发设备，通过配置隧道策略，将流量封装到 SR 隧道转发。必须通过管控系统的升级，转发平面不变，实现现网静态L3向智能L3的平滑演进。

L3 的优化技术包括 SR 隧道技术，它的价值在于提供智能分布式和集中优化之间的平衡，提高路径调整效率。另一个优点在于更易于提供隧道，满足 eX2 灵活连接要求。SR-TP 引入了面向连接的隧道技术，提升了 SR 通道的管控能力，实现电信级的操作维护管理（OAM）和保护。

5. 超高精度时间同步技术

5G 端到端网络同步精度提升一个数量级，由 4G 的 ±1.5μs 提升至 ±400ns 量级（基本空口需求）和 ±130ns(基站协作化业务)。同步网络架构的演进分超高精度时间源技术和超高精度时间传送技术，如图 6-34 所示。

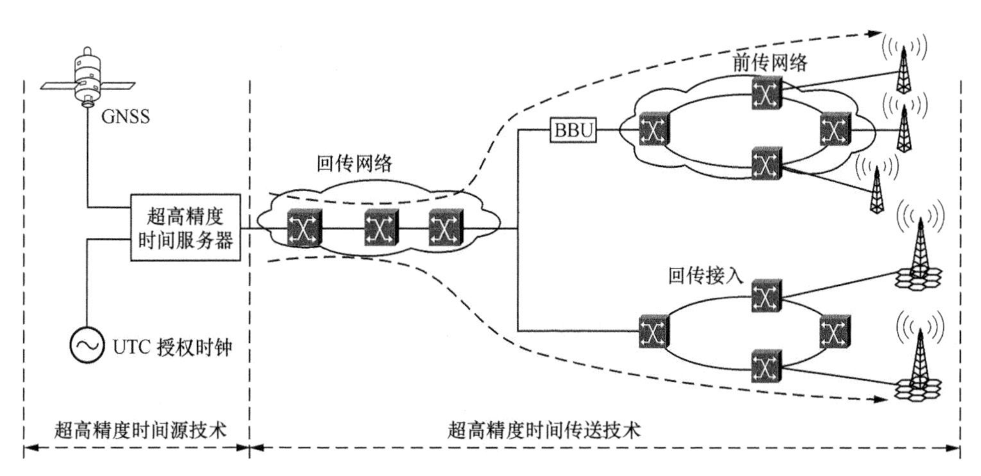

图 6-34 时间同步技术

其中，超高精度的时间基准源精度要求是 ±100ns 到 ±30ns；拟采用的创新技术手段有卫星接收技术：通过共模共视或者双频段接收等降低卫星接收噪声，准备在近期进行测试验证，需要升级卫星接收模块；另一个技术是高稳定频率源技术：单一时钟过渡到时钟组，提供丢失卫星的时间保持精度，目前也正在研究开发铷钟组方案。

超高精度的时间传送技术是指前传 + 回传网络：±1000ns 到（±100 ~ 300ns）。单节点：±30ns 到（±5 ~ 10ns）。拟采用的创新技术手段如下：（1）更高的接口时戳处理精度；（2）更精准的同步传送协议 1588V2 协议演进；（3）链路不对称控制——单纤双向。

作为 5G 的传输设备 SPN，需要更严苛地控制设备内部同步时戳和芯片延时处理，涉及同步硬件的更新，另外，可能出现的新的大速率接口需要支持同步功能。

6. SDN 技术

SDN 实现网络能力开放、承载与无线协同、集中化调度，是 5G 承载网的基础架构，并纳入整个编排管理中，实现南向、北向接口开放。

SDN 可以概括为网络集中控制、设备转发 / 控制分离和网络开放编制，如图 6-35 所示。SDN 定义了业务协同层、网络控制层和设备转发层的三层架构，提升网络可编程能力，标准的南向和北向接口实现全网资源高效调度，提供网络创新平台，增强网络智能。

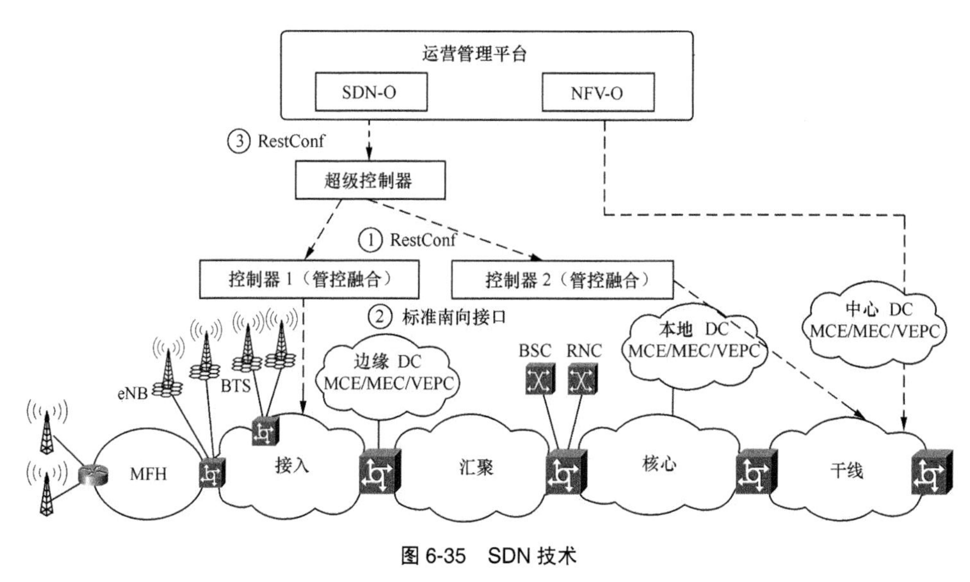

图 6-35　SDN 技术

域控制器分别管控一个域内的设备和连接，域之间通过超级控制器来管理调度，再通过协调器实现不同领域的业务编排以及业务端到端的管控。

6.4.4　SPN 的优缺点

切片分组网络（SPN）致力于构建高效、简化和超宽带传输网络，以支持城域网上的各种业务，SPN 有以下优点。

（1）友好地支持分组网络。利用以太网技术，SPN 共享 IP/ 以太网产业链系统（光学模块、协议和芯片组），并且友好地支持主流分组客户端。

（2）多层网络技术融合。通过 IP、以太网和光学技术的有效融合，可以实现 L0 ~ L3 的分层网络，以允许构建各种类型的管道。以太网分组调度用于分组业务的灵活连接，创新切片以太网数据流调度用于支持服务的硬管隔离和带宽保证，并提供低延迟服务传输网络信道。光波长级疏导用于支持平滑的容量扩展和大粒度的业务疏导。

（3）网络带宽和每比特成本。网络的带宽大幅提升，每比特的成本大幅下降。

（4）高效的软硬切片。高效的软硬切片提供了高度可靠的硬切片和弹性可扩展的软切片能力，这种能力隔离物理网络的资源以运行多个虚拟网络，并为多种类型的服务提供基于 SLA 的不同传输网络服务。

（5）SDN 集中管理与控制。SDN 有助于实现开放、灵活、高效的网络操作和维护，服务供应和 O&M 是自动化的。SPN 可以实时监测网络状态，触发网络自寻优。此外，融合基于 SDN 的管理和控制的体系结构，提供了其他功能，例如，简化的网络协议和开放网络，以及跨网络域和跨技术服务协调。

（6）电信级可靠性。SPN 支持网络级层次 OAM 和保护能力。OAM 用于监视逻辑层、网络连接和网络上的服务，实现了全方位网络可靠性和支持高可靠性的服务传输。全新的 O&M 平台提供敏捷的服务部署以及操作能力。OPEX 降低了 10 倍。

SPN 的缺点主要有以下两点。

（1）目前，SPN 标准、设备、芯片、测试仪表等未完全成熟，需要打造完整的 5G 传输产业链。

（2）SPN 作为新技术推出，使用成本存在不确定因素。

| 6.5 PON 技术 |

6.5.1 PON 的产生背景

从整个网络的结构来看，由于光纤的大量铺设，DWDM 等技术的应用使主干网络已经有了突破性的发展。同时由于以太网技术的进步，由其主导的城域网带宽也在迅猛发展。而目前受大家关注、最需要突破的地方在于连接网络主干和城域网以及家庭用户之间的一段，这就是常说的“最后一公里”，这是个瓶颈。必须打破这个瓶颈，才可能迎来网络世界的新天地。这就好像在一个国家的公路系统，干线和各地区干道都已经建成高等级的宽阔的公路，但通向家庭和商家的门口还是羊肠小道，这个公路网络的效率无法有效地发挥，原有的基于铜缆的 ADSL 宽度接入技术存在传输容量小、损耗大、传输距离短等问题，在 1km 以内，为用户提供 8 ~ 10M 的入户带宽，继续挖掘铜缆潜力，采用 FTTN+VDSL2+Vectoring 技术，在 1km 以内也只能为用户提供 20M 入户带宽，但是这种宽度接入能力远不能满足现有业务。另外，光纤传输具有容量大、损耗小、传输距离长等优势。光纤是如此的“便宜又好用”，因此，光纤接入（FTTx，Fiber to the x）作为新一代宽带解决方案被广泛应用，为用户提供高带宽、全业务的接入平台。而光纤到户（FTTH，Fiber to the Home），将光纤直接接至用户家中，更是被称为最理想的业务透明网络，是接入网发展的最终方式。

多年来，业界一直认为无源光网络（PON）是接入网未来发展的方向，一方面是由于它提供的带宽可以满足现在和未来各种宽带业务的需要，所以在解决宽带接入问题上被普遍看好；另一方面，无论在设备成本还是运维管理开销方面，其费用都相对较低。综合经济技术分析表明，目前，PON 是实现 FTTB/FTTH 的主要技术。

6.5.2 PON 的概念

无源光网络（PON，Passive Optical Network）技术是一种一点到多点的光纤接入技术，它由局侧的 OLT(光线路终端)、用户侧的 ONU(光网络单元)以及 ODN(光分配网络)组成，OLT 位于网络侧，放在中心局端，它可以是一个 L2 交换机或 L3 路由器，提供网络集中和接入，能完成光 / 电转换，带宽分配和控制各信道的连接，并有实时监控、管理及维护功能。ONU 位于用户侧，实现各种电信号的处理与维护管理，提供用户侧接口。OLT 与 ONU 之间通过无源光分路器连接，光分路器用于分发下行数据和集中上行数据。除了终端设备，PON 系统中无须电器件，因此，是无源的。

6.5.3 PON 的功能和原理

PON 网络主要由 OLT、ODN、ONU 3 个部分组成，各部分的功能如下。

（1）光线路终端（OLT）的作用是提供业务网络与 ODN 之间的光接口，提供各种手段来传递各种业务，OLT 内部由核心层、业务层和公共层组成。业务层主要提供业务端口，支持多种业务；核心层提供交叉连接、复用、传输；公共层提供供电、维护管理功能。

OLT 的存在可以降低上层业务网络对接入侧设备之间的具体接口、承载手段、组网形式、设备管理等的紧耦合，并可以提供统一的光接入网的管理接口。

OLT 的核心功能包括汇聚分发、ODN 适配。

OLT 的业务接口功能包括业务端口、业务接口适配、接口信令处理、业务接口保护。

OLT 的公共功能主要包括 OAM 功能和供电功能。

从 OLT 发出的光功率主要消耗在如下几处。

① 分路器：分路的数量越多损耗越大。

② 光纤：距离越长，损耗越大。

③ ONU：数量越多，需要的 OLT 发射功率越大。为了保证每一个到达 ONU 的功率都高于接收灵敏度且有一定的余量，在设计时要根据实际的数量和地理分布进行预算。

（2）光分配网（ODN）为 OLT 与 ONU 之间提供光传输手段，其主要功能是完成 OLT 与 ONU 之间的信息传输和分发作用，建立 ONU 与 OLT 之间的端到端信息传送通道。

ODN 的配置通常为点到多点方式，即多个 ONU 通过一个 ODN 与一个 OLT 相连，这样，多个 ONU 可以共享 OLT 到 ODN 之间的光传输媒质和 OLT 的光电设备。

① ODN 的组成。

组成 ODN 的主要无源器件有单模光纤和光缆、连接器、无源光分路器（OBD）、无源光衰减器、光纤接头。

② ODN 的拓扑结构。

ODN 网络的拓扑结构通常是点到多点的结构，可分为星形、树状型、总线型和环形等。

③ 主备保护的设置。

ODN 网络的主备保护设置主要是对其传输的光信号设置有主备两个光传输波道，当主信道发生故障时可自动转换到备用信道来传输光信号，包括光纤、OLT、ONU 和传输光纤的主备保护设置。主备传输光纤可以处于同一光缆中，也可以处于不同的光缆中，更可以将主备光缆安装设置在不同的管道中，这样其保护性能更好。

④ ODN 的光传输特性。

ODN 的设计特性应能保证可以提供任何目前可以预见的业务，而无须较大的改动，这一要求对各种无源器件的特性存在较大影响。可能直接影响 ODN 光特性的要求如下。

光波长透明性：各种光无源器件不应影响传输光信号的透明性，对设计的

光网络要求的光信号所占用的波段应当能全透明地传送，这为将来的 WDM 系统应用提供了基础。

可逆性：将 ODN 网络的输出端和输入端互换时，其 ODN 网络的传输特性不应发生明显的变化，即其传输带宽和光损耗特性的变化应微乎其微。这样可以简化网络的设计。

全网性能的一致性：ODN 网络对于传输的光信号应保持一致性，即 ODN 网络的传输特性应当与整个 OFSAN 乃至整个通信网保持一致，其传输带宽和光损耗特性应适合整个 OFSAN 的要求。

⑤ ODN 的性能参数。

决定整个系统光通道损耗性能的参数主要有如下 3 项。

- ODN 光通道损耗：即最小发送功率和最高接收灵敏度的差。
- 最大容许通道损耗：即最大发送功率和最高接收灵敏度的差。
- 最小容许通道损耗：即最小发送功率和最低接收灵敏度（过载点）的差。

⑥ ODN 的反射。

ODN 的反射取决于构成 ODN 的各种器件的回损以及光通道上的任意反射点。一般来说，所有离散反射必须优于 -35dB，光纤接入的最大离散反射则应优于 -50dB。

（3）光网络单元（ONU）位于 ODN 和用户设备之间，提供用户与 ODN 之间的光接口和用户侧的电接口，实现各种电信号的处理与维护管理。ONU 内部由核心层、业务层和公共层组成，业务层主要指用户端口；核心层提供复用、光接口；公共层提供供电、维护管理。

以 EPON 为例对 PON 的上下行工作原理进行介绍。

下行。OLT 将送达各个 ONU 的下行业务组装成帧，以广播的方式发给多个 ONU，即通过光分路器分为 *N* 路独立的信号，每路信号都含有发给所有特定 ONU 的帧，各个 ONU 只提取发给自己的帧，将其他 ONU 的帧丢弃，如图 6-36 所示。

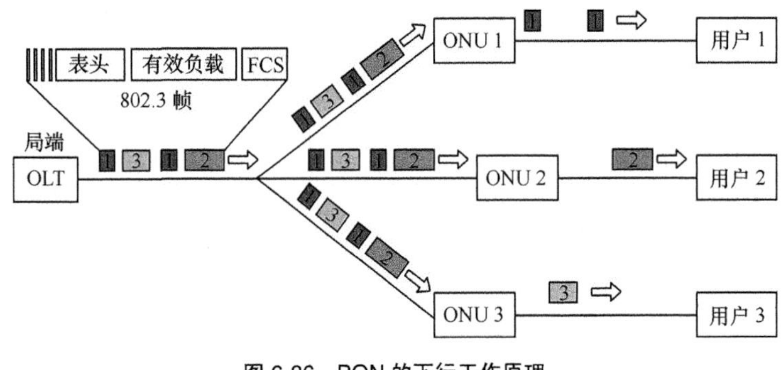

图 6-36　PON 的下行工作原理

上行。从各个 ONU 到 OLT 的上行数据通过时分多址（TDMA）方式共享信道进行传输，OLT 为每个 ONU 分配一个传输时隙。这些时隙是同步的，因此，当数据分组耦合到一根光纤中时，不同 ONU 的数据分组之间不会产生碰撞。如图 6-37 所示。

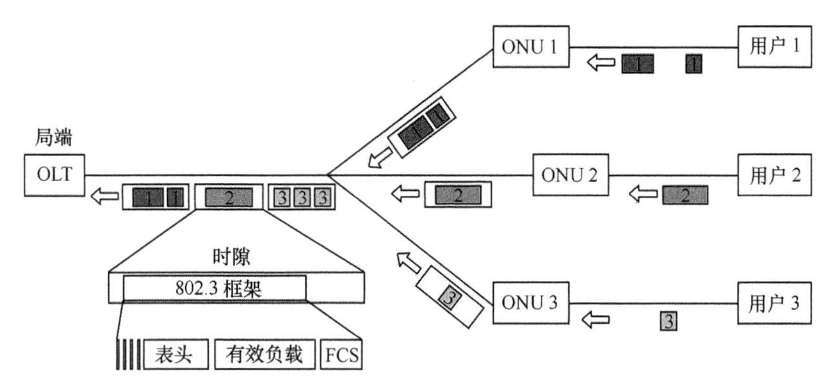

图 6-37　PON 的上行工作原理

目前，主流的 PON 技术有 EPON 和 GPON 两种，第一英里（1 英里≈1.6093 千米）以太网联盟（EFMA，Ethernetin the First Mile Alliance）于 2000 年年底提出了 EPON（Ethernet-PON）的概念。GPON（Gigabit-capable PON）由 FSAN 组织于 2002 年 9 月提出，2003 年 3 月 ITU 通过了 G.984.1 和 G.984.2 协议。G.984.1 对 GPON 接入系统的总体特性进行了规定；G.984.2 对 GPON 的 ODN（Optical Distribution Network）物理媒质相关子层进行了规定；2004 年 6 月，ITU 又通过了 G.984.3，它对传输汇聚（TC）层的相关要求进行了规定。对 EPON 和 GPON 做简要的速率对比：EPON 提供固定上下行 1.25Gbit/s 的速率，采用 8b/10b 线路编码，实际速率为 1Gbit/s。GPON 支持多种速率等级，可以支持上下行不对称速率，下行 2.5Gbit/s 或 1.25Gbit/s，上行 1.25Gbit/s 或 622Mbit/s，根据实际需求来决定上下行速率，选择相对应的光模块，提高光器件速率价格比。

分路比

分路比即一个 OLT 端口（局端）带多少个 ONU（用户端）。EPON 标准定义分路比 1 ：32。GPON 标准定义分路比有 1 ：32、1 ：64、1 ：128 等。

其实，技术上 EPON 系统也可以做到更高的分路比，如 1 ：64、1 ：128，EPON 的控制协议可以支持更多的 ONU。分路比主要受光模块性能指标的限制，大的分路比会造成光模块成本大幅度上升；另外，PON 插入损失 15 ~ 18dB，大的分路比会降低传输距离；过多的用户分享带宽也是大分路比的代价。

QoS

EPON 在 MAC 层 Ethernet 分组头增加了 64 字节的多点控制协议(MPCP，Multi Point Control Protocol)。

MPCP 通过消息、状态机和定时器来控制访问点到多点（P2MP）的拓扑结构，实现动态带宽分配（DBA）。MPCP 涉及的内容包括 ONU 发送时隙的分配、ONU 的自动发现和加入、向高层报告拥塞情况以便动态分配带宽。MPCP 提供了对 P2MP 拓扑架构的基本支持，但是协议中并没有对业务的优先级进行分类处理，所有的业务随机地竞争带宽，GPON 则拥有更加完善的 DBA，具有较好的 QoS 服务能力。

GPON 将业务带宽分配方式分成 4 种类型，优先级从高到低分别是固定(Fixed)带宽、保证(Assured)带宽、非保证(Non-Assured)带宽和尽力而为(Best Effort)带宽。DBA 又定义了业务容器（T-CONT，Traffic Container）作为上行流量调度单位，每个 T-CONT 由 Alloc-ID 标识。每个 T-CONT 可包含一个或多个 GEM Port-ID，T-CONT 分为 5 种业务类型，不同类型的 T-CONT 具有不同的带宽分配方式，可以满足不同业务流对时延、抖动、分组丢失率等不同的 QoS 要求。T-CONT 类型 1 的特点是固定带宽、固定时隙，对应固定带宽分配，适合于时延敏感的业务，如话音业务；T-CONT 类型 2 的特点是固定带宽，但时隙不确定，对应保证带宽分配，适合于抖动要求不高的固定带宽业务，如视频点播业务；T-CONT 类型 3 的特点是有最小带宽保证又能够动态共享富余带宽，并有最大带宽的约束，对应非保证带宽分配，适合于有服务保证要求而又突发流量较大的业务，如下载业务；类型 4 的特点是尽力而为，无带宽保证，适合于时延和抖动要求不高的业务，如 Web 浏览业务；类型 5 是组合类型，在分配完保证和非保证带宽后，额外的带宽需求尽力而为进行分配。

运营、维护 OAM

EPON 没有过多地考虑 OAM，只是简单地定义了对 ONT 远端故障指示、环回和链路监测，并且是可选支持。

GPON 在物理层定义了 PLOAM(Physical Layer OAM)，在高层定义了 OMCI(ONT Management and Control Interface)，在多个层面进行 OAM 管理。PLOAM 用于实现数据加密、状态检测、误码监视等功能。OMCI 信道协议用来管理高层定义的业务，包括 ONU 的功能参数集、T-CONT 业务种类与数量、QoS 参数，请求配置信息和性能统计，自动通知系统的运行事件，实现 OLT 对 ONT 的配置、故障诊断、性能和安全的管理。

链路层封装和多业务支持

EPON 沿用了简单的以太网数据格式，只是在以太网分组头增加了 64 字节的 MPCP 点到多点控制协议来实现 EPON 系统中的带宽分配、带宽轮讯、自动发现、测距等工作。对于数据业务以外的业务（如 TDM 同步业务）的支持没有做过多研究，很多 EPON 厂家开发了一些非标准的产品来解决这个问题，但是都不理想，很难满足电信级的 QoS 要求。

GPON 基于完全新的传输融合（TC）层，该子层能够完成对高层多样性业务的适配，定义了 ATM 封装和 GFP 封装（通用成帧协议），可以选择二者之一进行业务封装。鉴于目前 ATM 应用并不普及，一种只支持 GFP 封装的 GPON。Lite 设备应运而生，它把 ATM 从协议栈中去除以降低成本。

GFP 是一种通用的、适用于多种业务的链路层规程，ITU 定义为 G.7041。GPON 中对 GFP 做了少量的修改，在 GFP 帧的头部引入了 PortID，用于支持多端口复用；还引入了 Frag(Fragment）分段指示以提高系统的有效带宽，并且只支持面向变长数据的数据处理模式而不支持面向数据块的数据透明处理模式，GPON 具有强大的多业务承载能力。GPON 的 TC 层本质上是同步的，使用了标准的 8kHz(125μm）定长帧，这使 GPON 可以支持端到端的定时和其他准同步业务，特别是可以直接支持 TDM 业务，即 Native TDM，GPON 对 TDM 业务“天然”支持。

如图 6-38 所示，EPON 和 GPON 各有千秋，从性能指标上 GPON 要优于 EPON，但是 EPON 拥有时间和成本上的优势，GPON 正在迎头赶上，展望未来的宽带接入市场，也许并非谁替代谁，应该是共存互补。对于大带宽、多业务、QoS 和安全性要求较高以及以 ATM 技术作为骨干网的客户，GPON 会更加适合；而对于成本敏感，QoS、安全性要求不高的客户群，EPON 成为主导。

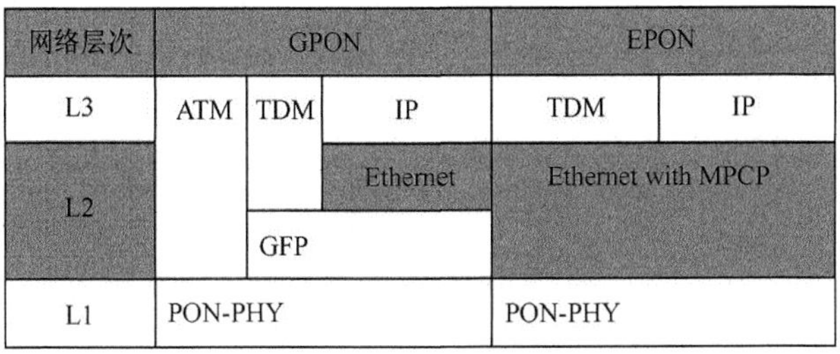

<table>
<tr><th>网络层次</th><th colspan="3">GPON</th><th colspan="2">EPON</th></tr>
<tr><td>L3</td><td rowspan="3">ATM</td><td rowspan="2">TDM</td><td>IP</td><td>TDM</td><td>IP</td></tr>
<tr><td rowspan="2">L2</td><td>Ethernet</td><td colspan="2" rowspan="2">Ethernet with MPCP</td></tr>
<tr><td colspan="2">GFP</td></tr>
<tr><td>L1</td><td colspan="3">PON-PHY</td><td colspan="2">PON-PHY</td></tr>
</table>

图 6-38　EPON 和 GPON

6.5.4　PON 下一代关键技术

1. 10G PON

无论是 EPON，还是 GPON，其提供的上下行带宽仅仅为 1G 或者 2G，但

随着目前交互式网络电视（IPTV）、高清晰度电视（HDTV）、网络游戏、视频业务等大流量、大宽带业务的开展和普及，每用户的带宽需求预计将以每 3 年一个数量级的趋势递增，从未来运营商长期发展趋势分析，每用户的带宽需求将会在 100 ~ 300 Mbit/s。这样，EPON 和 GPON 均无法满足未来宽带业务发展的需要，现有 PON 口带宽将会出现瓶颈。因此，ITU-T、FSAN、IEEE 等各大标准化组织开始 10G PON 技术的研究工作。

与 1G PON 技术类似，10G PON 技术仍然分为 10G EPON 和 10G GPON 两大“阵营”。10G EPON 以 IEEE 802.3av 标准为基础，最大限度地沿用了以往 IEEE 802.3ah 中的内容，具有很好的向上兼容性。IEEE 所定义的 802.3av 包括两点核心内容：首先，扩大了 802.3ah 标准中关于 1G EPON 的上下行带宽，达到 10G 速率；其次，充分考虑了与 1G EPON 的兼容性问题，在规定相关物理参数时，保证 10G EPON 的光节点（ONU）可以与 1G EPON 的 ONU 共存于同一个光配线网络（ODN）中，且该 ODN 的配置可以不做任何变化，最大限度地保证了运营商前期的投资。而 10G GPON 则以 ITU-TG.987 协议组为基础，定义了包括总体特征、物理媒质相关子层、传输汇聚子层和管理控制接口等一系列标准，提出上下行非对称 XGPON1 和下行对称 XGPON2 两种 10G GPON 的主要架构，并率先开始了非对称相关标准的制订工作。经过两年多的讨论和研究，标准草案已经初具规模，而相关的产品研发工作也正在进行。

10G EPON 标准及关键特性

10G EPON 国际标准规定了 10Gbit/s 下行、1Gbit/s 上行的非对称模式和 10Gbit/s 上行 / 下行对称两种速率模式。同时，在沿用 1G EPON 的 MAC 和 MPCP 协议的基础上，扩展增加了 10Gbit/s 能力的通信与协商机制，而对 1G EPON 的底层进行了重新定义，以专门处理 10G EPON 10G 上下行数据，而避免 MAC 层及以上各层的改动。

10G EPON 最大的特点是扩大了 EPON 的上、下行带宽，同时提供最大达到 1 ∶ 256 的分光比；充分考虑了与 EPON 的兼容性问题，实现 10G EPON 与 1G EPON 的兼容和网络的平滑演进。

高带宽。10G EPON 提供了 10Gbit/s 下行、1Gbit/s 上行的非对称模式和 10Gbit/s 上下行对称两种速率模式。在前期可以使用非对称模式，随着业务发展导致上行带宽需求增加，可以逐渐采用对称模式。

大分光比和长距离传输。目前，10G EPON 采用高功率预算 PR30/PRX30 时，最大可以支持 1 ∶ 256 分光比下 20km 的传输距离或者 1 ∶ 128 分光比下 30km 的传输距离。

向下兼容。在波长分配、多点控制机制方面都有专门的考虑，最大限度地沿用 EPON 的 MPCP 协议，以保证 10G EPON 与 1G EPON 系统在同一 ODN 下的共存，实现 10G EPON 和 1G EPON 在 ODN 网络、管理维护、业务承载、平滑升级等方面的一致性、兼容性和扩展性。

10G GPON 标准及关键特性

2004 年启动从 GPON 向下一代 PON 演进的可行性研究。2007 年 9 月规范了 GPON 和下一代 PON 系统的共存，制定了 NG-PON 的标准化路标：第一阶段是与 GPON 共存、重利用 GPON ODN 的 NG-PON1；第二阶段是建设全新的 ODN 的 NG-PON2，其主要特性如下。

兼容性。10G GPON 系统能够很好地兼容现有的 GPON 系统。10G GPON 的 ODN 系统可以有效地利用原有 GPON 网络已经布放的光纤、分路器和接插件等设备，仅需要升级更换 ONT 设备，而在 OLT 侧则可增加支持 10G 的接口板，这就大幅度降低了技术升级所需的成本，可将运营商的效益最大化。

超强的带宽能力。10G GPON 能够提供的带宽是 GPON 系统的 4 倍和 EPON 的 10 倍以上，因而其能够更好地满足光纤接入系统未来发展的需要。

可以完成灵活部署。10G GPON 既能够实现 10G/2.5G 上行 / 下行非对称的速率，又可以实现 10G/10G 上行 / 下行对称的速率。

良好的互通性。10G GPON 沿袭了 GPON 的管理控制协议，能够提供非常完备的与 GPON 的互通能力。

拥有更大的功率和更长的覆盖范围。10G GPON 最大能够完成在 1 ∶ 512 的大分光比下 20km 的长距传输，在不改变用户带宽的前提下，可通过增大分光比实现更多用户的接入。10G GPON 既适合在用户密集的城市使用，又适合在偏远地区使用，以便提高接入网的用户覆盖率，实现成本的最优化，为运营商带来更大的收益。

能够为全业务运营能力提供 QoS 保证。

更符合绿色节能的未来趋势。10G GPON 对 GPON 的 TC 层技术加以改进，在安全性和节能方面都有明显的提高和改善。

EPON 向 10G EPON 的升级

在 10G EPON 的引进及现网升级改造的过程中，主要会遇到以下两种情况。

（1）一种是新建 ODN 网络，通过新增 10G EPON OLT 单板和 ONU 设备，建立新的 ODN 网络，实现新增用户大带宽的需求。在这种情况下，网管系统升级并增加 10G EPON 业务配置及业务发放功能，OLT 侧版本升级并增加 10G EPON 的用户数据配置。同时，根据 10G EPON 的特性，在新建的 ODN 网络中，用户侧可以是 10G EPON 的 ONU，也可以是 EPON 的 ONU 设备。

（2）另一种情况是在原有 ODN 网络上进行用户宽带提速。新增 10G

EPON OLT 单板，并将需要提速的用户侧 ONU 设备更换为 10G EPON 的 ONU 设备，然后进行割接，将原 ODN 网络接入新增 OLT 单板，以实现用户的宽带提速。在这种情况下，需光纤线路割接，用户数据也要进行迁移。

GPON 向 10G GPON 的升级

（1）ONU 向 10G/2.5G 升级，OLT 向 10Gbit/s 的下行速率升级。由于存在 10Gbit/s 突发模式接收机等技术难题，要实现经济可靠的 10Gbit/s 的上行链路速率相对困难，所以 2.5Gbit/s 上行成为一个经济可行的方案。采用 2.5Gbit/s 的上行链路，将上行通道扩容了两倍，同时大幅降低了突发模式接收机的实现难度，从而降低了接入成本，而且 2.5Gbit/s 上行还可以有效满足用户的各种接入需求。

（2）ONU 向 10G/10G 升级，OLT 向 10Gbit/s 的上下行速率升级。在下行信道完成升级后，上行信道开始向 10Gbit/s 速率目标升级。这一过程的初期可能会花费较高成本，所以实现经济可靠的 10G/10G 上 / 下行对称的 10G GPON 系统还需要进一步研究。

（3）为了完成 GPON 向 10G GPON 的平稳过渡，通过采用 WDM 技术，10G GPON 能够很好地兼容已有的 GPON 系统，实现 GPON 向 10G GPON 的顺利过渡。

2. TWDM-PON

TWDM 是 TDM-PON 和 WDM 相结合的混合 PON 技术，是一种新型光网络技术，支持 FTTB、FTTH、P2P 等多种接入方式共存。

TWDM-PON 系统工作原理如图 6-39 所示，其原理是利用波分复用将 4 个（或以上）10G PON 堆叠，系统总带宽可达下行 40Gbit/s、上行 10Gbit/s 或 40Gbit/s。OLT 复用解复用不同的波长，ONU 同一时刻只能接收、发射一个波长。ONU 一般使用可调收发技术，光收发机可调谐至 4 对上下行波长中的任意一对。在一个波长通道内，TWDM-PON 可重用 10G PON 下行时分复用技术、上行时分多址接入技术、时隙大小、广播及带宽分配等技术。其主要优点是与现有 10G PON 的技术继承性好，复用效率与带宽利用率高。

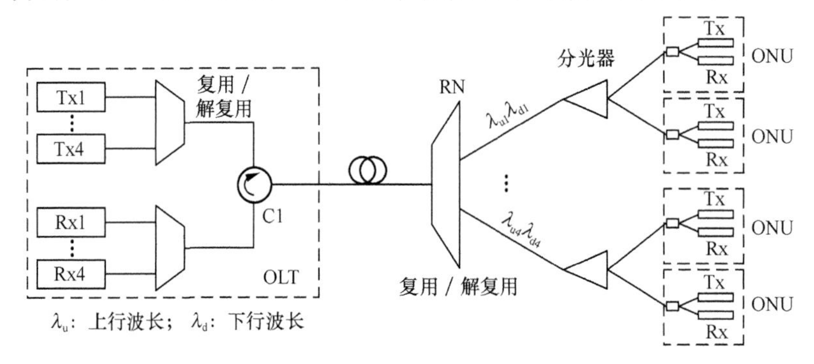

图 6-39　TWDM-PON 系统工作原理

TWDM-PON 波长规划是需要解决的关键问题，涉及技术优劣势、产业支撑度以及标准组织成员单位的利益问题，经过对产业链器件成熟度和原有 XPON、XGPON、RF 系统共存的综合评估，C 波段 +L 波段或 C 波段两种方案受到较多运营商支持。

对于 TWDM-PON，为了实现无色 ONU，ONU 采用可调收发技术。目前，可调收发技术已经普遍应用于骨干传输网，但这些技术都不适合用于 TWDM-PON。传输网可调发射机和可调滤波器可以在整个 C 波段或 L 波段范围进行调节，支持 80 波以上调谐。而 TWDM-PON 一般只需要几纳米调谐范围，支持 4 ~ 8 波长。而且传输网器件成本昂贵，难以在接入网用户侧大量使用。开发适合 TWDM-PON ONU 应用，其成本可与 10G PON ONU 模块基本相当的可调收发技术是关键技术难点。目前，可选的可调收发技术主要是 DFB 热调和 FP 腔热调等，但是对于接入网来说成本仍然偏高。

另一个需要重点研究的问题是波长调谐控制协议。为了重用 ODN，每个 ONU 需要选出自己所属波长的信号。因此，需要研究一种安全高效的波长控制协议，使得 ONU 能够快速地接入。此外，多个 10G PON 堆叠后，如何协调多个波长之间的资源使其负载均衡、保证生存性等也是重要研究内容。

3. WDM-PON

WDM-PON 波分复用 PON，结合了 WDM 技术和 PON 拓扑结构的优点，是一种高性能的接入方式，每个用户独享一个波长通道的带宽，但是缺乏国际标准、各种器件的技术不成熟导致其产业链不成熟，仍处于实验室阶段。

WDM-PON 工作原理如图 6-40 所示。WDM-PON 是采用波分复用技术的、点对点的无源光网络，每个 ONU 独享一个或多个波长。WDM-PON 系统一般包含 3 个部分：OLT、RN 和 ONU。OLT 包含多个波长通道光收发器，每个收发器件独立地发送或接收用户信号，OLT 也可以使用收发阵列以提高端口密度并降低功耗；RN 一般采用 AWG 等波分复用器将不同的波长分到相应的端口；ONU 支持无色，即每个 ONU 发射机能够发送不同波长的信号。

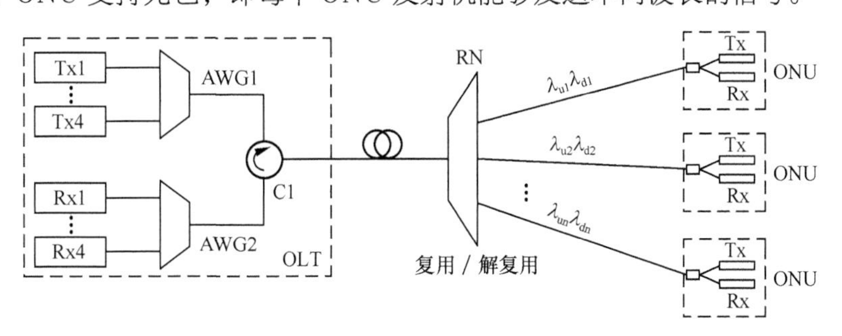

图 6-40　WDM-PON 工作原理

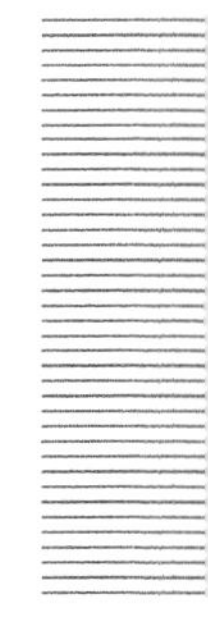

WDM-PON 为每个最终用户（可以是商业用户、基站、家庭客户等）提供了一个波长级的接入通道，在带宽能力上无疑比 TDM 方式有较大的提升及无限的想象空间。在讨论 WDM-PON 的技术特性时，业界公认的一点是 ONU 的无色化是实现 WDM-PON 规模应用，最终走进家庭宽带用户的关键。无色化是指虽然每个 ONU 的工作波长不同，但在 ONU 发布到用户手中时是不需要每个 ONU 预先配置不同波长的，工作波长的分配与选择完全由系统上电后，由 OLT 自动化地实现远程的配置，就好像 ONU 是无波长特性的，即“无色”。“无色”的概念既是 WDM-PON 最重要的应用特性之一，又是技术方案上最大的难点，业界在近些年进行了各种实现方案的探索。另外，WDM-PON 面向实际应用还有一些问题需要解决，如高端口密度、灵活支持多级分光、有效支持广播业务和支持光链路诊断等。

表 6-6 列出了 5 种经过尝试的实现无色光模块的技术方案。在这 5 种实现方案中，外部注入方案的要点是通过在 OLT 注入种子光源实现无色光模块，ONU 采用 RSOA 或 FP-LD；在实际部署时由于需要种子光源，整体实现成本较高，由于受到光链路反射影响严重，传输距离受限在 20 公里以内。波长重用型的方案要点是 ONU 采用 RSOA 激光器，上下行采用不同的调制格式（IRZ/RZ）；此方案由于不同方向的调制格式不同并且上行方向需要重用下行数据光作为种子光导致复杂性增加；此方案的优点是无须额外的种子光源，缺点是上行发射功率受限，光功率预算较小。可调激光器的方案要点是 ONU 采用可调激光器，可以灵活地调整上下行的波长；由于可调激光器内需要控制波长的电路，结构复杂，同时可调激光器的成本也比较高，需要采用新型的无制冷器和波长锁定器的激光器；此方案的优点也比较明显，功率预算高并且可以支持很高的带宽（10G 以上）。超密集的方案要点是相干 PON 技术，ONU 可调激光器作为上行发射和下行接收本振；由于上下行采用相干接收技术，光功率预算大，具有更高的灵敏度，从而支持更大的分光比（1:1000）和更远的传输距离（100km），但是成本过高、技术尚不成熟导致近几年来并无突破性进展，此方案适合作为未来 NG-PON3 的可选技术。自注入方案属于波长路由型 WDM-PON，采用自注入锁定 RSOA 方案，无须种子光源，采用法拉第旋转反射镜，可以控制注入种子光偏振，结构简单，成本很低，但是目前只能支持 2.5G 以下的速率。

在这些 WDM-PON 的技术方案中、业界普遍认为比较可行的是可调型、自注入型两种，主要原因是这两种方案性能好，实际部署上也比较可行。早期 2.5G 速率以下时，自注入型获得更多青睐，主要由于其成本较低、实现简单。但是随着近期 WDM-PON 的主要应用场景定位为无线前传，并且 CPRI 的速率逐渐升高到10G级别，目前，5G的前传带宽需求也基本确定为25G/50G，自注入型技术方案只能被放弃，可调激光器方案成为唯一有可能实现25G/50G速率的无色光模块技术方案。

表6-6 无色光模块的技术方案比较

技术方案	OLT	ONU	技术难点	性能	成本	备注
外部注入	RSOA阵列+LBLS	RSOA+远端CBLS	OLT阵列集成技术、RSOA温度性能	较差	高	器件相对成熟，受种子光功率、反射等影响，性能较差
波长重用	激光器阵列	RSOA	OLT阵列集成技术、RSOA温度性能，下行信号重用技术，反射问题	差	较高	不需要独立的种子光，成本较低，但性能差，业界认同较低
可调型	激光器阵列	可调收激光器	OLT阵列集成技术、低成本可调激光器技术	好	高	可以实现灵活的WDM-PON组网，结合可调滤波器可以重用ODN，可用于长短距等各种应用
超密集	相干接收机+MZI	可调激光器+相干接收机	相干接收技术、可调激光器技术	很好	超高	功率预算高，支持长距离、大分光比应用，但技术成熟度低，成本高昂。目前仍处于实验室研究阶段
自注入	RSOA	RSOA	OLT阵列集成技术、RSOA温度性能	差	较高	与重调制一样不需独立种子光，成本较低，但性能差，业界认同较低。仅限实验室研究

6.6 光纤直连承载技术

6.6.1 光纤直连技术应用

光纤直连技术是指以太网交换机、路由器、ATM交换机等IP城域网网络设备，不通过专用的传输设备（MSAP、SDH/MSTP、DWDM/OTN），采用光纤资源直接连接网络业务节点。目前主要应用的场景有IP城域网、无线基站射频拉远、政企客户接入等。

（1）IP 城域网。OLT 上联汇聚交换机、汇聚交换机的级联以及汇聚交换机上联 BRAS 等数据业务的承载方式很多采用的是光纤直连。

（2）无线基站射频拉远。射频拉远单元 RRU（Remote Radio Unit）带来了一种新型的分布式网络覆盖模式，它将大容量宏蜂窝基站集中放置在可获得的中心机房内，基带部分集中处理，采用光纤直连将基站中的射频模块拉到远端射频单元，分置于网络规划所确定的站点上，从而节省了常规解决方案所需要的大量机房；同时，通过采用大容量宏基站支持大量的光纤拉远，可实现容量与覆盖之间的转化。

（3）政企客户接入。政企客户接入提供光纤物理通道，采用双纤的光电收发器或者直接接入到用户设备的单模光口上为用户提供 10Mbit/s、100Mbit/s 以及 GE（吉比特以太网）以上的高速带宽。

光纤直连技术的优点：方案简单、建设较为简便、在距离较短的情况下节省投资、几乎不占用机房资源、节能。

光纤直连技术的缺点：如果传输距离较远，衰耗非常大，可能导致业务不可开通，传输距离受限明显；对于光纤直连业务无法对其工作状态进行监监控，中间转接节点较多时出现故障，无法在第一时间采取紧急措施，不利于业务的恢复；无法对业务进行多路由电信级保护；带宽扩容只能以堆叠建设方式实现，在业务增长较快的情况下，光缆资源消耗迅速。

6.6.2 光纤新技术

为了应对 5G RAN 带来海量光纤需求和有限的管道资源内布放大量光纤带来光纤尺寸和弯曲性能的挑战，已经有公司研制了两款接入网应用的新型光纤 Corning®SMF-28®Ultra 和 SMF-28®Ultra 200，兼具低损耗、高抗弯等特性，其中，SMF-28®Ultra 200 采用外径为 200μm 的高质量涂层，减少光纤截面积 30% 以上，在同样尺寸的光缆内允许容纳更多的光纤数量，缓解对管道资源的占用。光纤涂层如图 6-41 所示。

面对 5G 和全云化时代的到来，超大带宽已成为运营商最基本的网络需求。城域和骨干网中采用 400G 比采用 100G 有更高的频谱效率、单位比特成本和功耗的优势，也面临更大的技术挑战。这些挑战主要是来自于高阶调制带来的系统对 OSNR 更高的要求和非线性效应损伤。兼具大有效面积和低损耗特性的 G.654.E 光纤被认为是支撑下一代超高速、长距离和大容量传输的最佳选择。

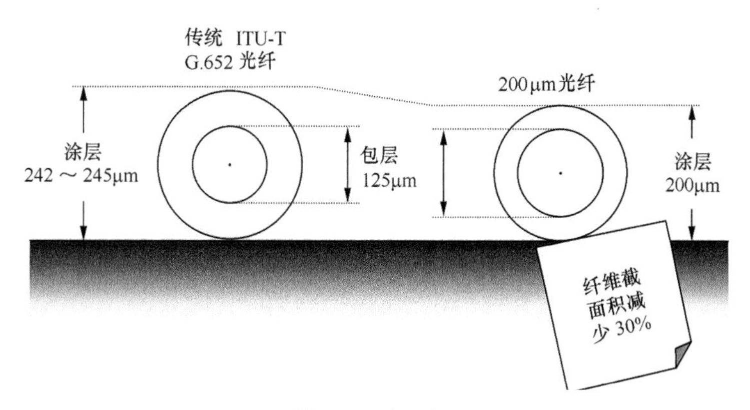

图 6-41　光纤涂层

最新研制的 G.654E 光纤的有效面积为 120 ~ 130μm^2，比常规 652D 光纤增大 50%，可有效降低高阶调制信号的非线性效应。在 1550nm 窗口的典型衰减值为 0.168dB/km，比常规 G.652D 光纤降低了 20%，这两种优势的叠加，该光纤比常规 G.652D 光纤的传输性能有大幅提升，可有效延长 400G 系统传输距离。

第 7 章
5G 承载组网方案详解

第6章对目前承载网的关键技术进行了分析，第7章将针对5G承载网可能的几种组网拓扑方式和可能应用的技术手段相组合展开分析。

我们前面已经阐述过，为提高无线基站间的协同能力，预计将 CU 和 DU 分离设置，根据其目标网络，其承载分为 3 段。

（1）RRU-DU：定义为前传，网络架构为星状连接，目前，暂时确定为 $N\times25$Gbit/s 带宽需求，单点失效对业务影响较小。

（2）DU-CU：为新增承载段落，定义为中传，其单节点速率在几百兆至吉比特级别，可靠性要求较高。

（3）CU- 核心网：该部分统称为回传网络。对承载网的要求和中传类似，可靠性要求更高，带宽流量更大。

根据以上分析，结合对传送网的承载需求，DU-CU 和 CU- 核心网段落均为需收敛、流量大、可靠性要求高，其承载方案相对一致，因此，将以上两段统一归并到回传网络进行论述。总之，传送网的解决方案可归纳为前传（RRU-DU）和回传（包括 DU-CU 和 CU- 核心网段）两个部分。

5G 承载网的不同部分在于以南北向流量为主，东西向流量占比较小。5G 业务存在大带宽、低时延的需求，光传送网提供的大带宽、低时延、一跳直达的承载能力具备天然优势。基于光传送网的 5G 端到端承载网如图 7-1 所示。

在综合业务接入点中心局（CO，Central Office）可以部署无线集中式设备（DU 或 CU+DU）。CO 节点承载设备可以将前传流量汇聚到此节点无线设备，也可以将中传 / 回传业务上传到上层承载设备。CO 节点作为综合接入节点，要求支持丰富的接入业务类型，同时对带宽和时延有很高的要求。

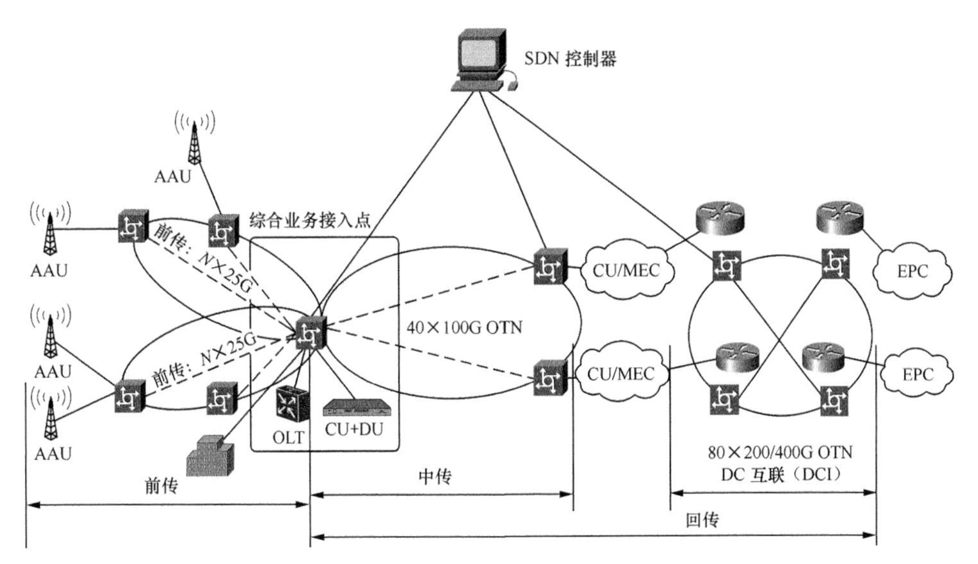

图 7-1　基于光传送网的 5G 端到端承载网示意

下面分别介绍基于光传送网的 5G 前传、中传、回传承载的多种可能适用的方案。

7.1　5G 前传承载方案

5G 初期主要是 eMBB 业务的应用，基本延用 4G 时代一个站点带 3 个 AAU 的方式。5G 成熟期将根据实际业务流量的需求，既有在低频站点基础上增加高频 AAU 的方案，也有扩展低频 AAU、新建高频基站等方案，以扩展网络容量。

7.1.1　5G 前传典型组网场景

根据 DU 部署位置，5G 前传有大集中和小集中两种典型场景。

（1）小集中：DU 部署位置较低，与 4G 宏站 BBU 部署位置基本一致，此时与 DU 相连的 5G AAU 数量一般小于 30 个（ < 10 个宏站）。

（2）大集中：DU 部署位置较高，位于综合接入点机房，此场景与 DU 相连的 5G AAU 数量一般大于 30 个（ > 10 个宏站）。进一步依据光纤的资源及拓

扑分布以及网络需求（保护、管理）等，又可以将大集中的场景再细分为 P2P 大集中和环网大集中，如图 7-2 所示。

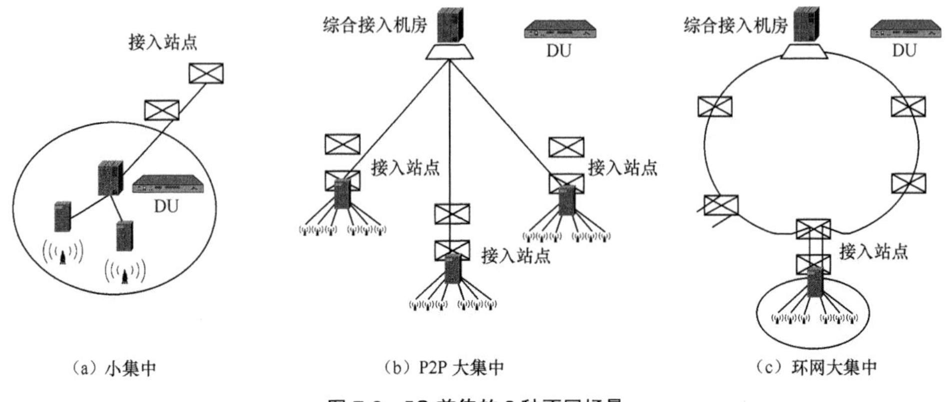

图 7-2　5G 前传的 3 种不同场景

图 7-2(a) 所示为小集中的场景，其特点是导入端可用光纤数目不少于 AAU 的数目，DU 放置在某个站点机房内，与该站点机房附近的 AAU 通过导入光纤实现连接。

图 7-2(b) 所示为 P2P(Point to Point) 大集中的场景，其特点是接入骨干层的光纤拓扑为树形结构，适合采用点到点 WDM 组网。DU 池放置在综合接入机房，便于对 DU 池进行集中维护。

图 7-2(c) 所示为环网大集中的场景，其特点是接入骨干层的光纤拓扑为环形结构，适合采用 WDM 环形组网，从而进一步节省光纤资源。

5G 的前传场景的基本特征有大带宽的 eCPRI 接口、低时延的要求、10km 以内的传输距离、无须路由转发功能、热点区域高密度站点分布等。在第 6 章我们介绍了几种主流的承载技术，结合对 5G 前传特征的分析，因为传输的距离较近并且无须路由的转发，因此，可以采用光纤直连的方案；前传的电路需求是大带宽的刚性传输需求，所以 IPRAN、PTN 以及 SPN 在性能和成本上没有优势，无源 WDM 和有源 WDM/OTN 技术能满足带宽的需求，并且节省光缆，有源 WDM-PON 技术能兼顾 5G 无线前传的需求和固网光接入的需求，下面分别介绍 5G 前传的主要承载技术（光纤直连、无源 WDM、有源 WDM-PON 技术、有源 WDM/OTN 技术等）。

7.1.2　光纤直连方案

6.6 节介绍过光纤直连技术，该技术可以用在 AAU 与 DU 的连接上。图 7-3

所示为光纤直连方案，即 DU 与每个 AAU 的端口全部采用光纤点到点直连组网。

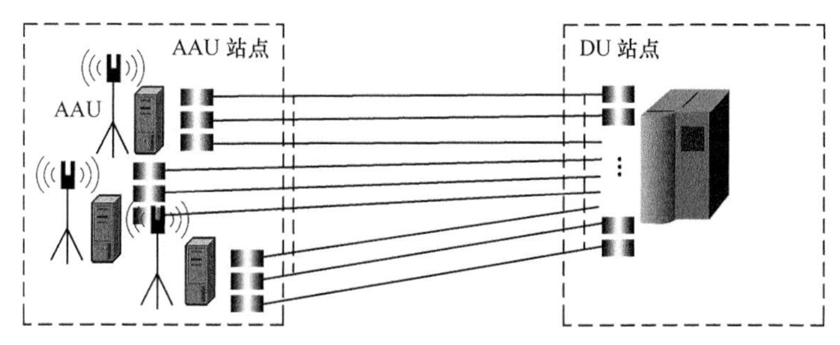

图 7-3　光纤直连方案架构

光纤直连方案实现简单，但最大的问题就是光纤资源占用很多。5G 时代，随着前传带宽和基站数量、载频数量的急剧增加，光纤直连方案对光纤的占用量的累加不容忽视。因此，光纤直连方案适用于光纤资源非常丰富的区域，在光纤资源紧张的地区，可以采用设备承载方案克服光纤资源紧缺的问题。

7.1.3　无源 WDM 方案

无源波分方案采用波分复用（WDM）技术，将彩光光模块安装在无线设备（AAU 和 DU）上，通过无源的合、分波板卡或设备完成 WDM 功能，利用一对甚至一根光纤可以提供多个 AAU 到 DU 之间的连接，如图 7-4 所示。

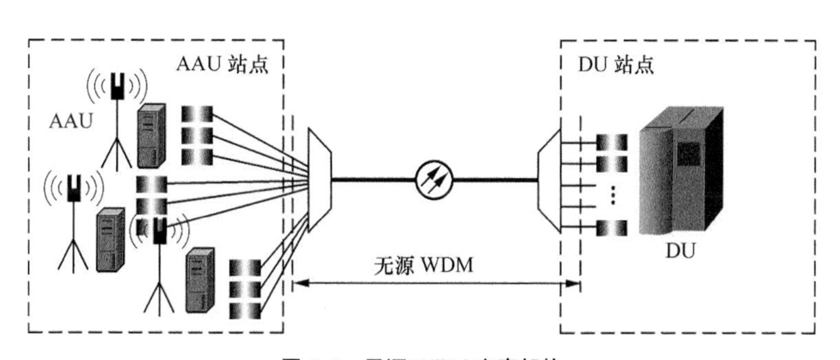

图 7-4　无源 WDM 方案架构

根据采用的波长属性，无源波分方案可以进一步区分为无源粗波分（CWDM，Coarse Wavelength Division Multiplexing）方案和无源密集波分（DWDM，Dense Wavelength Division Multiplexing）方案。

与光纤直连方案相比，无源波分方案显而易见的好处是节省了光纤，但是也存在一定的局限性。

1. 波长通道数受限

虽然粗波分复用（CWDM）技术标准定义了 16 个通道，但考虑到色散问题，用于 5G 前传的无源 CWDM 方案只能利用前几个通道（通常为 1271 ~ 1371nm），波长数量有限，可扩展性较差。

2. 波长规划复杂

WDM 方案需要每个 AAU 使用不同波长，因此前期需要做好波长规划和管理。可调谐彩光光模块成本较高，但若采用固定波长的彩光光模块，则会给波长规划、光模块的管理、备品备件等带来一系列工作量。

3. 运维困难，不易管理

彩光光模块的使用可能导致安装和维护界面不够清晰，缺少运行管理和维护（OAM，Operation，Administration and Maintenance）机制和保护机制。由于无法监测误码，无法在线路性能劣化时执行倒换。

4. 故障定位困难

无源 WDM 方案出现故障后，难以具体定界出问题的责任方。图 7-5 所示为无源波分方案的故障定位示意，可见其故障定位的复杂度。

图 7-5　无源 WDM 方案故障定位示意

相比无源 CWDM 方案，无源 DWDM 方案显然可以提供更多的波长。但是更多的波长也意味着更高的波长规划和管控复杂度，通常需要可调激光器，带来更高的成本。目前支持 25Gbit/s 速率的无源 DWDM 光模块还有待成熟。

为了适应 5G 承载的需求，基于可调谐波长的无源 DWDM 方案是一种可行方案，另外，基于远端集中光源的新型无源 DWDM 方案也成为业界研究的一个热点，其原理如图 7-6 所示。该方案在降低成本、特别是接入侧成本和提高性能和维护便利性方面具有一定的优势。

（1）AAU/RRU 侧光模块无源化：AAU/RRU 侧插入的光模块不含光源，因此所有光模块完全一样，不区分波长，称之为无色化或无源化，这极大地降低了成本，提高了可靠性和维护便利性。

（2）光源集中部署：在 CO 节点设置集中光源，并向各个无源模块节点输送直流光信号（不带调制），无源光模块通过接收来自集中光源的连续光波并加以调制，成为信号光后返回 CO 节点实现上行。

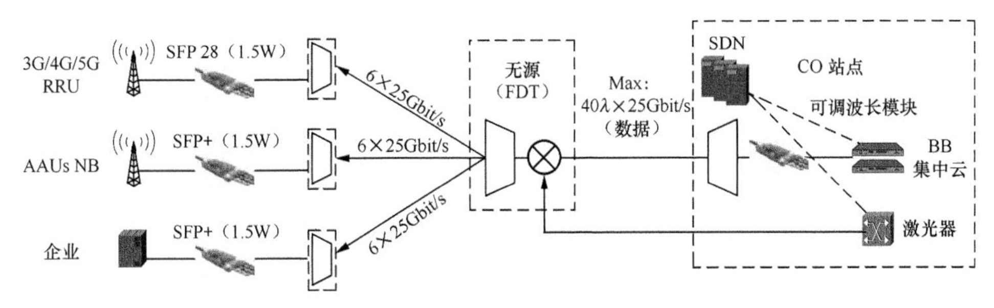

图 7-6　光源集中 DWDM 方案示意

因此，基于集中光源的下一代无源方案，不但继承了传统无源方案节省光纤、成本低、方便插入无线设备的优势，还补齐了其可靠性和运维管理上的短板，成为 5G 前传承载领域有竞争力的一种方案。

对于无源 WDM 方案，同样建议线路侧采用 OTN 封装，基于 OTN 的 OAM 能力实现有效的维护管理和故障定位。

7.1.4　有源 WDM-PON 方案

WDM-PON 目前已具备 25Gbit/s 速率的技术方案，符合 5G 前传 eCPRI 接口要求，与光纤直连和有源波分技术一样具备单波长 25Gbit/s 传输带宽的能力，25Gbit/s 高速率 WDM-PON 系统完全可满足前传高带宽需求。同时，WDM-PON 具备快速部署、实现快速开通业务及高效运维的优势。

WDM-PON 在 5G 中的应用场景如图 7-7 所示。

在运营商有基站选址压力或需要释放 BBU 机房的情况下，或当密集城区需要集中部署 DU 池时，在这些场景下，可将 DU 位置上移并集中起来部署。尤其是针对既有有线业务和无线业务的运营商的新建场景，非常适合采用 WDM-PON 进行前传接口的承载。OLT 可利用接入机房的优势，集中化部署 DU，DU 池和 OLT 可能共站址。针对 5G

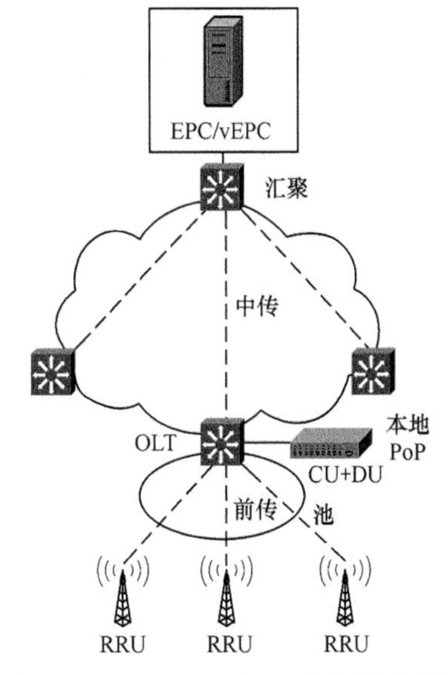

图 7-7　WDM-PON 在 5G 中的应用场景

uRLLC 业务，建议 CU 也可以与 OLT、DU 共站址。DU 池化共站址会使 DU 之间协同需求（如 CoMP）的用户面数据传输路径更近；DU 和 CU 共站，则可使中传消失，5G RAN 用户面传输时延更小。

WDM-PON 系统不仅可以完成 5G 移动前传的接入，同时可支持家庭用户、政企用户等有线光接入业务。5G DU 或 BBU 池与 RRU 之间通过 WDM-PON 无源光网络连接，实现移动业务前传。

WDM-PON 作为 5G 前传方案体现以下技术特点。

（1）WDM-PON 技术时延小，可为 5G、政企等业务提供单独组网和业务性能保障。

（2）大带宽，支持每通道 10Gbit/s 和 25Gbit/s 速率，可满足 25Gbit/s eCPRI 前传信号的带宽需求。

（3）高传输效率，体现在两个方面：一个是独占带宽无 DBA 调度，逻辑是点到点；另外一个是管理方面，采用 AMCC 信号调顶技术，管理信道叠加在每个波长，无 OMCC 预留，无 GEMPORT 资源预留而导致的浪费。

WDM-PON 作为 5G 前传方案在工程应用中也将体现价值。

（1）WDM-PON 方案适合于人口密集的城市居民区覆盖。因为其是“天然树形的线缆拓扑”“固移融合业务”“密集覆盖”。

（2）可以共享已有的光纤基础设置。5G 网络部署需要大量的光纤资源，网络架构基于无源光网络点对多点树形网络拓扑，能大量节省光纤布线资源。目前，FTTx 光纤网络覆盖广，线路和端口资源丰富，充分利用可降低 5G 网络部署成本，减少重复投资，提升现网资源利用率，快捷完善 5G 网络密集覆盖。

（3）多个波长经过 AWG 汇聚后分到分支光纤传输，节省大量主干光纤资源。

（4）AWG 与 Power Spliter 相比具有较小的损耗。同等 ODN 组网情况下，采用 AWG 替换 Power Spliter 意味着传输距离更远。

（5）5G 和有线接入可以共享机房资源，比如本地 PoP 接入点，尤其是基于 AO 重构的机房更能发挥综合建网、平摊投资的优势。

（6）可以共享 OLT，实现接入家庭用户、政企用户和 5G 基站合一接入，进一步提升设备的利用率，节省网络设备部署成本，降低机房等资源需求。

（7）DU 池化后，有助于实现无线和有线接入的资源共建共享，构建面向未来的固移融合网络，包括固移控制面融合，实现认证、计费和用户信息统一等；实现固移转发面融合 UPF 固移共平台设备；还可实现固移存储资源融合，如 CDN、MEC 资源等。

7.1.5　有源 WDM/OTN 方案

有源波分方案在 AAU 站点和 DU 机房配置城域接入型 WDM/OTN 设备，多个前传信号通过 WDM 技术共光纤资源，通过 OTN 开销实现管理和保护，提供质量保证。

接入型 WDM/OTN 设备与无线设备采用标准灰光接口对接，WDM/OTN 设备内部完成 OTN 承载、端口汇聚、彩光拉远等功能。与无源波分方案相比，有源 WDM/OTN 方案有更加自由的组网方式，可以支持点对点及环网两种场景。

图 7-8 所示为有源方案点到点组网架构，同样可以支持单纤单向、单纤双向等传输模式，与无源波分方案相比，光纤资源消耗是相同的。

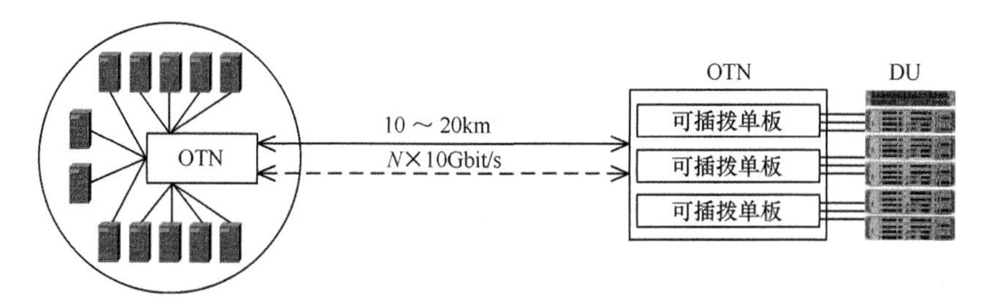

图 7-8　有源 WDM/OTN 方案点到点架构

图 7-9 所示为有源方案环网的架构。除了节约光纤以外，有源 WDM/OTN 方案可以进一步提供环网保护等功能，提高网络可靠性和资源利用率。此外，基于有源波分方案的 OTN 特性，还可以提供如下功能。

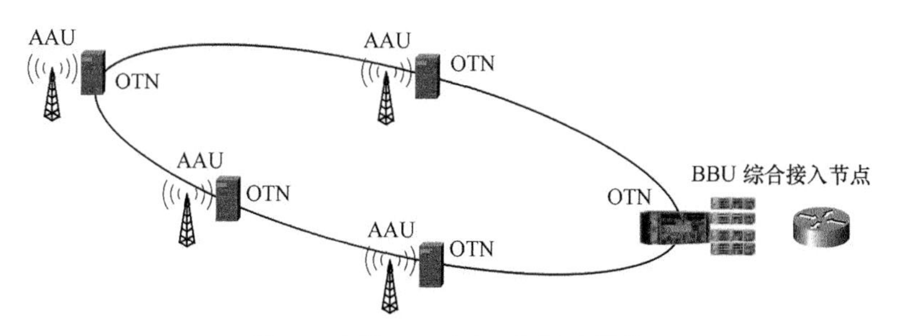

图 7-9　有源 WDM/OTN 方案环网架构

（1）通过有源设备天然的汇聚功能，满足大量 AAU 的汇聚组网需求。

（2）拥有高效完善的 OAM 管理，保障性能监控、告警上报和设备管理等网络功能，且维护界面清晰，提高前传网络的可管理性和可运维性。

（3）提供保护和自动倒换机制，实现方式包括光层保护［如光线路保护（OLP，Optical Line Protection）］和电层保护［如ODUk子网连接保护（SNCP，Subnetwork Connection Protection）等］，通过不同管道的主—备光纤路由，实现前传链路的实时备份，提升容错容灾能力。

（4）具有灵活的设备形态，适配DU集中部署后AAU设备形态和安装方式的多样化，包括室内型和室外型。对于室外型，如典型的全室外（FO，Full Outdoor）解决方案能够实现挂塔、抱杆和挂墙等多种安装方式，且能满足室外防护（防水、防尘、防雷等）和工作环境（更宽的工作温度范围等）要求。

（5）支持固网移动融合承载，具备综合业务接入能力，包括固定宽带和专线业务。

当前有源WDM/OTN方案成本相对较高，未来可以通过采用非相干超频技术或低成本可插拔光模块来降低成本。同时，为了满足5G前传低成本和低时延的需求，还需要简化OTN技术。

7.1.6 5G前传方案比较分析

5G前传速率的提升，为传输承载网络带来了挑战，其组网模式适宜采用点到多点的星状组网，具体说来有几种解决方案。

（1）光纤直连。直接采用光纤直连，点到点组网，可实现快速低成本的部署，但光纤资源消耗大；也可以通过RRU级联来减少光纤资源的消耗，该方案最大的特点是部署成本比较低，但受限于末端光纤资源和传输距离，只适用于小范围。对于在末端的管道和光纤资源仍有部分地区受限的运营商来说，如果采用此方案，对现有网络部署是极大挑战，需提前储备机房、管道、光缆等基础资源。

（2）无源WDM方案。采用无源合分波＋彩光直连方案，无线基站采用彩光口、传送网部署合分波设备。该方案可解决光纤资源问题，但需提前规划无线基站的彩光口，避免波长冲突，但仍无法解决长距离传输问题，只能在小范围拉远使用。

（3）有源WDM-PON技术。WDM-PON提供了丰富的带宽，时延小并且安全性好，能很好地满足5G基站前传的带宽需求，但目前业界WDM-PON尚缺成熟的商用技术，器件成本高昂，大规模应用需要降低系统成本和无色ONU技术。

（4）有源OTN方案。在RRU和DU间部署OTN，可采用环形、树形和Mesh型等多种方式组织网络，具有组网灵活、可管可维性强、安全可靠性高、

对光纤资源消耗较少等优点，但存在投资较高、部署地点条件要求高、维护要求高等问题。

5G 时代，考虑到基站密度的增加和潜在的多频点组网方案，光纤直连需要消耗大量的光纤，某些光纤资源紧张的地区难以满足光纤需求，需要设备承载方案作为补充。针对 5G 前传的 3 个组网场景，可选择的设备组网的承载技术方案建议如表 7-1 所示。

表 7-1　前传场景与相应的承载方案

组网场景	适用方案
小集中	有源 / 无源 CWDM/DWDM/OTN
P2P 大集中	有源 / 无源 DWDM/OTN
环网大集中	有源 DWDM/OTN

无论是小集中还是 P2P 大集中，以上方案都能满足，需要根据网络光纤、机房资源和需要达到的无线业务优化效果综合考虑，选择性价比最佳的解决方案。对于环网大集中，有源 DWDM/OTN 方案具有明显的比较优势，在节约光纤的同时还可以提供环网保护等功能。总之，以上方案各有优缺点，且部分技术尚未成熟，运营商应结合现网情况，根据各种传送技术的不断成熟，跟踪以上技术的发展、产业成熟和投资效益等情况，选择合适的建设方案。

7.2　5G 中传承载方案

5G 时期无线接入网架构采用 AAU+CU+DU 的全新模式。CU（用以实现 PDCP 层及以上的无线协议功能）是中央单元，既可以和多个 DU（用以实现 PDCP 以下的无线协议功能）分离相连，实现对 DU 的统一和集中化管理，降低总成本，又可以和 DU 整合实现协议栈全部功能，降低时延，满足特殊场景需求。

某运营商在 MWC 2018 上海峰会上正式发布《5G 技术白皮书》，提出了 5G 无线网络的具体演进策略：（1）基于 SA 组网架构，5G 发展初期采用部署成本低、业务时延小、建设周期短的 CU/DU 合设方案；（2）中远期适时引入 CU/DU 分离架构。

5G 建设初期 CU-DU 将以合设部署为主，未来视业务需要选择是否分离：CU-DU 分离架构优势显著，但也存在一定的问题。CU-DU 分离架构的三大显著优势：实现基带资源的共享，提升效率；降低运营成本和维护费；更适用于海量连接场景。CU-DU 分离架构可能遇到的三大问题包括单个机房的功率容量有限、网络规划及管理更复杂、时延问题。基于显著的优劣势对比，我们认为运营商在 5G 建设初期会以 CU-DU 合设的部署方案为主，未来将视业务的需要选择是否向分离架构演进。对于几大设备商来说，目前，两种架构都已可以实现，且现阶段 CU-DU 合设方案在技术上更为成熟。

如果 CU-DU 合设，那么中传跳纤连接即可；如果 CU-DU 分离，有光纤直连和设备承载两种选择。其中，设备组网又有 IPRAN 组网、OTN 组网、SPN 组网等多种选择。如果均考虑使用设备组网，中传和回传网络对于承载网在带宽、组网灵活性、网络切片等方面的需求基本一致，可以一并考虑。

| 7.3 5G 回传承载方案 |

从中 / 回传网络的主要需求可以看出，第 6 章介绍的光纤直连和无源 WDM 技术因传输距离受限、安全性较差、缺乏网络管理功能，难以满足要求。有源 WDM-PON 的组网结构以及性能也不适用于中 / 回传网络，因此，适用于中 / 回传的承载技术主要有 IPRAN、OTN、SPN 等。

城域 OTN 网络架构包括骨干层、汇聚层和接入层，如图 7-10 所示。城域 OTN 网络架构与 5G 中传 / 回传的承载需求是匹配的，其中骨干层 / 汇聚层与 5G 回传网络对应，接入层则与中传 / 前传对应。近几年 OTN 已经通过引入以太网、多协议标签交换流量监控（MPLS-TP，Multiprotocol Label Switching Traffic Policing）等分组交换和处理能力，演进到了分组增强型 OTN，可以很好地匹配 5G IP 化承载需求。

基于 OTN 的 5G 回传承载方案可以发挥分组增强型 OTN 强大高效的帧处理能力，通过现场可编程门阵列（FPGA，Field Programmable Gate Array）、专用芯片、数字信号处理（DSP，Digital Signal Processor）等专用硬件完成快速成帧、压缩解压和映射功能，有效实现 DU 传输连接中对空口 MAC/PHY 等时延要求极其敏感的功能。同时，对于 CU，分组增强型 OTN 构建了 CU、DU 间超大带宽、超低时延的连接，有效实现了 PDCP 处理的实时、高效与可靠性，支持快速的信令接入。而分组增强型 OTN 集成的 WDM 能力可以实现到郊县的长距传输，并按需增加传输链路的带宽容量。

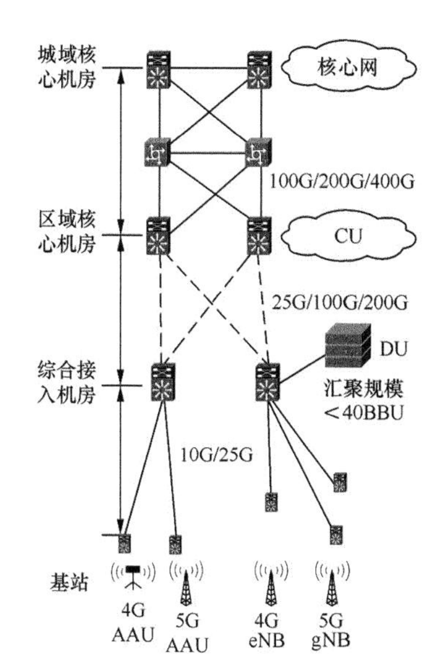

网层（收敛比）	子项	4G LTE	5G 初期	成熟期
核心层：1	节点数	4	4	4
	带宽	4T	4T	11T
	接口	20×200G	20×200G	30×400G
区域核心：2	节点数	20	20	20
	带宽	1.6T	1.6T	4.4T
	接口	16×100G	16×100G	23×200G
汇聚层：4	节点数	400	400	400
	带宽	157.8G	157.8G	442.6G
	接口	4×50G	4×50G	5×100G
接入层：8	节点数	10000	10000	10000
	带宽	5.28G	5.28G	19.8G
	接口	10G	10G	2×10G/1×25G

图 7-10　城域网 OTN 网络架构匹配 5G 承载需求示意

为了满足回传在灵活组网方面的需求，需要考虑在分组增强型 OTN 已经支持 MPLS-TP 技术的基础上，增强路由转发功能。目前考虑需要支持的基本路由转发功能包括 IP 层的报文处理和转发、IP QoS、开放式最短路径优先（OSPF/IS-IS，Open Shortest Path First）/ 中间系统 - 中间系统（Intermediate System to Intermediate System）域内路由协议、边界网关协议（BGP，Border Gateway Protocol）、分段路由（SR，Segment Routing）等，以及 Ping 和 IP 流性能测量（IPFPM，IP Flow Performance Measurement）等 OAM 协议。OTN 节点之间可以根据业务需求配置 IP/MPLS-TP over ODU*k* 通道，实现一跳直达，从而保证 5G 业务的低时延和大带宽需求。

基于 OTN 的 5G 回传承载方案可以细分为以下多种组网方式。

7.3.1　IPRAN 方案

回传部分的 IPRAN 方案指的是继续延用现有的 IP 化无线接入网（IPRAN，IP Radio Access Network）承载架构，如图 7-11 所示。为了满足 5G 承载对大容量和网络切片的承载需求，IPRAN 需要引入 25GE、50GE、100GE 等高速接口技术，并考虑采用灵活以太网（FlexE，Flexible Ethernet）等新型接口技术实现物理隔离，提供更好的承载质量保障。

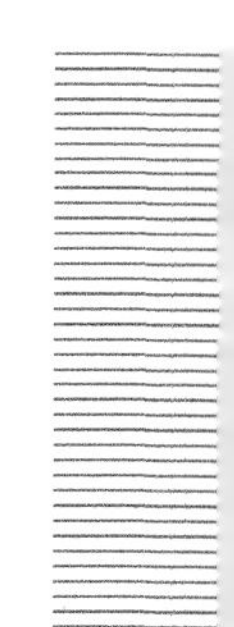

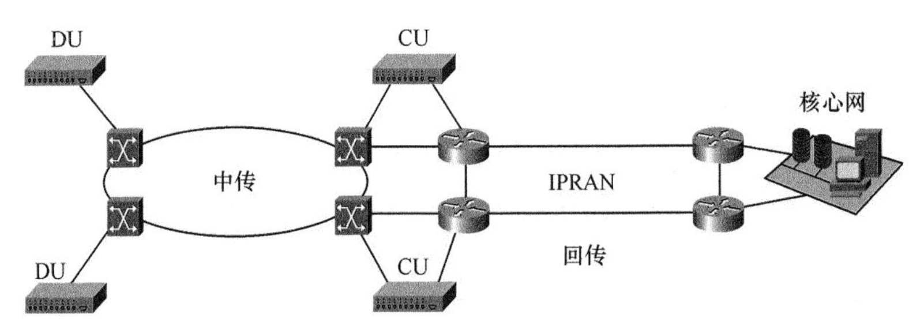

图 7-11　回传 IPRAN 组网方案示意

当回传使用 IPRAN 方案时，对应的中传部分除了分组增强 OTN 外，还有多种选择，比如光纤直连、IPRAN、PTN、甚至 PON 等均可。

7.3.2　分组增强型 OTN 方案

回传的 OTN 方案旨在回传中采用具备增强路由转发功能的分组增强型 OTN 设备来实现承载，如图 7-12 所示。这种 OTN 组网可以更好地发挥分组增强型 OTN 强大的组网能力和端到端的维护管理能力。

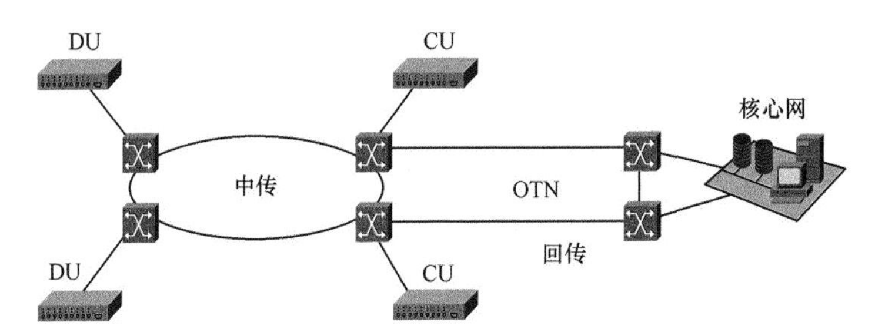

图 7-12　端到端分组增强型 OTN 方案示意

以上两种方案比较适合 4G 时代有庞大的 IPRAN 和 OTN 组网的运营商。5G 回传主要考虑 IPRAN 和 OTN 两种承载方案，初期业务量不太大，可以首先采用比较成熟的 IPRAN，后续根据业务的发展情况，在业务量大而集中的区域可以采用 OTN 方案；PON 技术在部分场景可作为补充。

IPRAN 方案沿用现有 4G 回传网络架构，支持完善的二、三层灵活组网功能，产业链成熟，具备跨厂家设备组网能力，可支持 4G/5G 业务统一承载，易与现有承载网及业务网衔接。通过扩容或升级可满足 5G 承载需求，回传的接入层按需引入长距高速率接口（如 25GE/50GE 等）；可考虑引入 FlexE 接口支持网络切片，为进一步简化控制协议、增强业务灵活调度能力，可选择引入 EVPN 和 SR 优化技术，基于 SDN 架构实现业务自动发放和灵活调整。在长距

离传输场景下，可采用 WDM/OTN 网络为 IPRAN 设备提供波长级连接。

OTN 方案可满足高速率需求，在已经具备的 ODUk 硬管道、以太网 / MPLS-TP 分组业务处理能力的基础上，业界正在研究进一步增强路由转发功能，以满足 5G 端到端承载的灵活组网需求。对于已部署的基于统一信元交换技术的分组增强型 OTN 设备，其增强路由转发功能可以重用已有变换板卡，但需开发新型路由转发线卡，并对主控板进行升级。OTN 方案支持“破环成树”的组网方式，根据业务需求配置波长或 ODU*k* 直达通道，从而保证 5G 业务的速率和低时延性能。ITU-T 正在研究简化封装的 M-OTN 技术和 25G/50G Flex0 接口，用于降低 5G 承载 OTN 设备的时延和成本。

另外，回传时，PON 方案也可作为补充，适用于 CU/DU 同站址部署在基站机房，或 CU/DU/AAU 一体化小站部署时的回传需求。需要支持 10Gbit/s 及以上速率，可利用 FTTH 网络的 ODN 及 OLT 设备，实现低成本快速部署。

7.3.3　回传 PTN/SPN 承载方案

另外一种，对于现网已经部署了大量 PTN 设备的运营商，在中传 / 回传采用 PTN 设备直接承载 5G，可以满足 5G 初期的承载需求，只是对于低时延、横向流量、网络切片方面仍有待进一步改善。

关于 SPN 目前的说法很多，5G 时代必须研发第二代 PTN（SPN）设备，即在第一代 PTN 设备基础上升级改造，第二代 PTN（SPN）主要基于 FlexE（接口技术和网络技术）和 SR（源路由技术）、SDN 为核心的分组承载技术，其具有以下特点。

（1）业务层：采用 SDN L3+SR 的业务组网，满足业务灵活调度的要求：通过 L3 为东西向流量提供低时延，通过 FlexE 交叉或者光层直通提供低时延转发通道。

（2）通路层：基于 FlexE 的接口和端到端组网能力，提供网络切片和低时延应用。

（3）物理层：接入层采用 25GE/50GE 组网，核心汇聚层采用高速率以太或者以太 +DWDM；也可承载在现有 100G OTN 平台上。

（4）设备：采用一套融合设备，延续现有 PTN 技术，可与现网兼容：从第一代传统 PTN →支持 FlexE 接口的 PTN →支持 FlexE 通道层的 PTN →第一代 PTN（完全基于 FlexE 接口和网络层技术的 PTN）；第二代的 PTN 与传统第一代 PTN 已经完全不兼容，在第二步和第三步设备的中间演变过程中逐步走向 SPN。

（5）成本：单纯从芯片来看，FlexE 接口技术延续以太网产业链，价格优势明显；但 FlexE 网络技术仍未规范，芯片及产业链尚不成熟，价格成本仍无法估算，引入的 SR 和 SDN 技术尚未估算。

FlexE 和 SR 目前均未在 PTN 上应用，其具有以下特点。

（1）FlexE 网络层技术：FlexE 网络层时隙交叉技术可减少中间穿通通道转发时延，但现网很少有单一的穿通节点，因此，减少的时延在实际网络应用中仍无法真正有效地实现。

（2）FlexE 接口技术：可实现对 PTN 统计复用的管道进行硬管道分离，满足网络切片需求，但目前的管道只能按照 5G 带宽倍数进行分配，所以对 5G 承载应用来说，仍不能满足 5G 网络切片带宽的灵活性需求。

（3）FlexE 接口支持的带宽捆绑：可有效提升系统容量，该方式可解决目前超 100G PTN 系统难题，同时也满足长距离传输要求。

（4）SR：SR 源路由技术可解决目前 PTN L3 VPN 静态配置的复杂性，通过源节点计算路由自动进行业务转发，由现在集中计算方式转换为分布式计算路由方式，提升了计算效率，但同时也给网络节点带来了更多挑战，支持三层的第二代 PTN（SPN）设备均能自动更新网络情况，尤其首节点需要计算路由，同时为实现保护、OAM 管理等功能，和二层对接的首节点功能需求较高，现有的产品均无法支持，需要新部署网元。

另一种说法则是，虽然切片分组网（SPN）面向 PTN 的演进升级被提出，但是与 PTN 有本质的不同。SPN 的新传输平面技术具备 3 个特点：第一，面向 PTN 演进升级、互通及 4G 与 5G 业务互操作，需前向兼容现网 PTN 功能；第二，面向大带宽和灵活转发的需求，需进行多层资源协同，需同时融合 L0 ~ L3 能力；而针对超低时延及垂直行业，需支持软、硬隔离切片，融合 TDM 和分组交换。SPN 架构融合了 L0 ~ L3 多层功能，设备形态为光电一体的融合设备，通过 SDN 架构能够实现城域内多业务承载需求。其中，L2 和 L3 分组层保证网络灵活连接的能力，灵活支持 MPLS-TP、SR 等分组转发机制；L1 通道层实现轻量级 TDM 交叉，支持基于 66bit 定长块 TDM 交换，提供分组网络硬切片；L0 传送层实现光接口以太网化，接入 PAM4 灰光模块，核心汇聚相干以太网彩光 DWDM 组网。

总之，PTN/SPN 方案在技术实现上有一定的优势，但在网络演进、产品成熟度、网络成本、维护管理等方面尚有欠缺，如果引入该方案，需大力推动产品和芯片等技术的成熟，同时现网需要重新部署一张第二代 PTN（SPN）新平面，存在一定的投资和研发风险。

7.3.4　回传的 3 种方案比较分析

回传的 3 种方案比较分析如表 7-2 所示。

表 7-2　3 种方案比较分析

	IPRAN 方案	L3 OTN 方案	下 - 代 PTN/SPN 方案
核心技术	IPRAN	OTN+ 融合 L3 功能线卡 + 选配 OXC	端口 FlexE 和 FlexE 交叉、以太网 PAM4
带宽	IPRAN 扩容实现，配备大带宽要求	通过 OTN 新建或者扩容，配备大带宽要求	通过 PTN 扩或者新建，配备大带宽要求
成本	短期成本低	较高	较低（以太网产业链大、成本低）
时延	时延较大，短期满足要求，后期不行	全光网，时延小	FlexE 交叉提供单跳小于 1μs 时延，L3 就近转发保证路径最短
产业链	IPRAN 和 OTN 两条产业链	OTN 一条产业链	以太网产业链（芯片、光模块）健全
资源消耗	两套设备，机房空间占用大	融合设备，节省机房空间	融合设备，节省机房空间
问题	距离近用 IPRAN，长途传输还需要与 OTN 叠加完成	成本高，技术未成熟	技术未成熟

| 7.4　5G 全程端到端 OTN 方案 |

7.1 ~ 7.3 节针对前传、中传、回传分别提出了不同的组网方案和技术手段。最后我们提出一种最理想的组网方式，即 5G 全程 OTN 组网，如图 7-13 所示。

在前传部分，基站通过裸纤与 DU 连接，满足未来移动用户大带宽、低时延、高可靠传送信息的要求；基站流量预测：5G 基站带宽均值将超过 1G，峰值将超 10G；对 S111 站型，CIR/PIR 将达到 4G/16G。

在中传部分，DU 汇聚基站后接入物理网光交配线端子，物理网光交汇聚 DU 上行光缆后，DU 通过物理网光交成环，物理网光交再通过主干光缆或波分设备上传至局端 CU。接入层流量预测：按每接入环 6 个站，一个站达到峰值带宽计算，接入环带宽将达到 40G，考虑到 5G 基站的密集程度，100G 组网可能性更大。

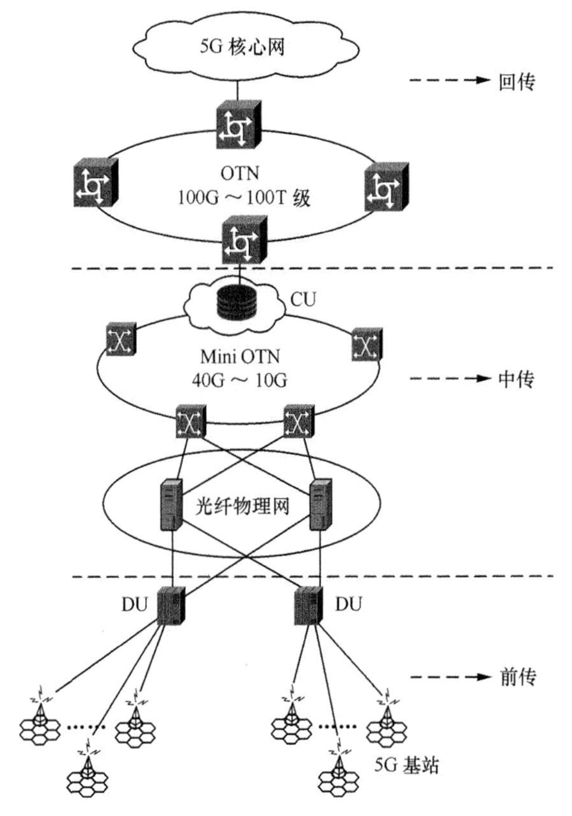

图 7-13　OTN 组网 5G 承载方案

在回传部分，CU 通过 100G ～ 100T 级别波分或中继光缆回传至 5G 核心网。汇聚层流量预测：CU 通过 100G ～ 100T 级别波分或中继光缆回传至 5G 核心网。汇聚层波分环考虑到将汇聚多个接入环，则有可能达到 T 级别组网。

该方案的优点如下。（1）大带宽、融合分组技术及超 100G 光传送技术，能有效支撑 5G 网络千倍接入速率；（2）低时延、融合形态，灵活实现业务穿透节点光层直通，应对 5G 端到端超低时延的巨大挑战；（3）物理链路高安全性，DU 至光纤物理网光交采用双上行，物理网光交至 MS-OTN 也采用双上行连接，极大地提高了 DU 设备的安全性；（4）大容量、少节点，通过 MS-OTN 汇接 DU 后再接入 CU，可以有效地收敛上行光缆，节省 CU 端口，并使 CU 覆盖较大的地域面积，减少 CU 部署点位，有效地降低设备组网、传输线路以及维护等需求；（5）线路带宽易升级，MS-OTN 设备只需要插卡，线路带宽可轻松从 100G 扩展至 400G，无须换设备、更改机房，平滑扩展，实现超 100G 带宽。

该方案的缺点是投资较大，需要搭建多个层次的 OTN 环网，在利用现有

OTN 设备的基础上，仍然需要新增较多节点，投资巨大。

| 7.5　5G 云化数据中心互连方案 |

如前所述，5G 时代的核心网下移并向云化架构转变，由此产生云化数据中心互连的需求，包括核心大型数据中心互连，对应 5G 核心网间及核心网与 MEC 间的连接；边缘中小型数据中心互联，本地 DC 互连承担 MEC、CDN 等功能。

7.5.1　大型数据中心互连方案

大型数据中心作为 5G 承载网中核心网的重要组成部分，承担着海量数据长距离的交互功能，需要高可靠长距离传输、分钟级业务开通能力以及大容量波长级互联。因此，需要采用高维度 ROADM 进行 Mesh 化组网、光层一跳直达，减少中间大容量业务电穿通端口成本。同时，还需要结合 OTN 技术以及 100G、200G、400G 高速相干通信技术，实现核心 DC 之间的大容量高速互联，并兼容各种颗粒灵活调度能力。

在网络安全性的保障上采用光层、电层双重保护，使保护效果与保护资源配置最优化：光层波长交换光缆网络（WSON，Wavelength Switched Optical Network）通过 ROADM 在现有光层路径实现重路由，抵抗多次断纤，无须额外单板备份；电层自动交换光缆网络（ASON，Automatically Switched Optical Network）通过 OTN 电交叉备份能够迅速倒换保护路径，保护时间低于 50ms。

7.5.2　中小型数据中心互连方案

随着 5G 的发展，中小型数据中心互连方案可考虑按照以下 3 个阶段演进：

（1）5G 初期，边缘互联流量较小，但接入业务种类繁多，颗粒度多样化。可充分利用现有的分组增强型 OTN 网络提供的低时延、高可靠互连通道，使用 ODU*k* 级别的互连方式即可。同时，分组增强型 OTN 能够很好地融合 OTN 硬性管道和分组特性，满足边缘 DC 接入业务多样化的要求。

（2）5G 中期，本地业务流量逐渐增大，需要在分组增强型 OTN 互连的基础上，结合光层 ROADM 进行边缘 DC 之间 Mesh 互连。但由于链接维度数量较小，适合采用低维度 ROADM，如 4 维或 9 维。考虑到边缘计算的规模和下移成本，此时 DCI 网络分为两层，核心 DCI 层与边缘 DCI 层，两层之间存在一定数量的连接，如图 7-14 所示。

（3）5G 后期，网络数据流量巨大，需要在全网范围内进行业务调度。此时需要在全网范围部署大量的高维度 ROADM（如 20 维，甚至采用 32 维的下一代 ROADM 技术）实现边缘 DC、核心 DC 之间全光连接，以满足业务的低时延需求。同时采用 OTN 实现小颗粒业务的汇聚和交换，如图 7-15 所示。

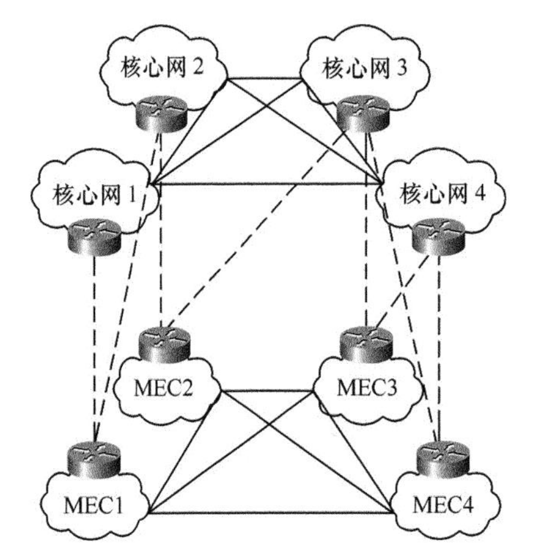

图 7-14　中期中小型 DC 互连方案示意

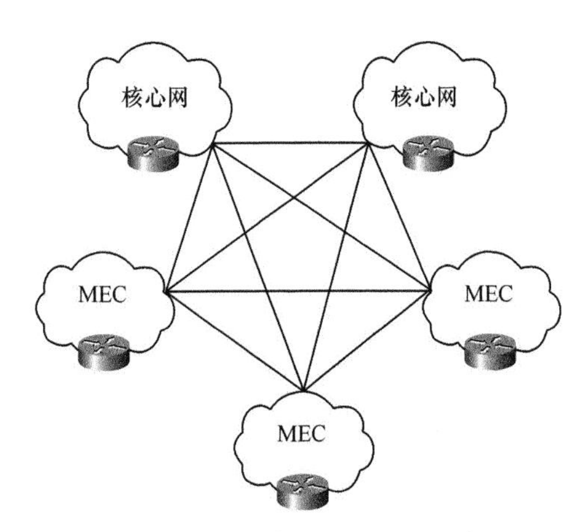

图 7-15　5G 后期中小型 DC 互连方案示意

第 4 篇
运营商的网络演变和我们的思考

第 8 章 运营商 5G 承载网络演进探讨

在前面的章节中，我们对当前几种主流的 5G 承载技术和 5G 承载的多种方案进行了论述，随着 5G 商用的临近，作为已经拥有巨大的 2G/3G/4G 网络存量的运营商，将会如何进行 5G 承载网的建设？5G 承载的建设耗资巨大，如何在满足业务需求的同时，充分利用运营商的现网资源，选取性价比最高的建设途径？本章将根据各种运营商的现网情况，结合技术发展的趋势，对于运营商的演变方向做进一步的探讨和分析。

8.1 运营商的 5G 网络重构战略

网络架构（Architecture）是一整套高层次的抽象设计准则和演进目标，是为设计、构建和管理一个通信网络所提供的技术方向和技术框架，包括但不限于网络的分层分域和演进、重要的接口类型和网络协议、命名和寻址、管理和安全边界的确定等。网络架构的设计属于网络的顶层设计，可用于指导网络的具体技术构思和工程设计，其角色是确保后续技术设计的一致性和相关性，并能够满足网络架构相关的网络功能要求。为此，网络架构比特定的技术设计更普遍、更稳定，技术的寿命更长，可以为几代不同的技术设计服务。

整个运营商通信网络经历了模拟通信、数字通信、互联网通信三大历史阶段后，各运营商均认同网络开始进入第 4 个历史阶段——软件定义网络。这一阶段的主要技术特征是网络架构的变革，即从垂直封闭架构转向水平开放架构，体现在网络控制与转发分离、网元软硬件的解耦和虚拟化、网络的云化和 IT 化等多个方面。这一阶段的来临为运营商通信网络的深化转型提供了强大的武器，不仅带来了历史性的发展机遇，还带来了前所未有的严峻挑战。

网络架构重构的战略目标致力于实现根本性的转变：一是互联网 /“互联网 +”被动地适应网络到网络主动、快速、灵活地适应网络应用；二是传统的“烟囱式”分省、分专业的网络转变为“水平整合”的扁平化网络；三是分层次、按专业基于 CO 组网转变为以 DC 为核心的组网模式。未来网络应该具备以下 4

个特征。

（1）简洁。网络的层级、种类、类型等尽量减少，降低运营和维护的复杂性和成本，有助于提升业务和应用的保障能力。比如通过网络层级简化、业务路由等的优化，在全国 90% 的地区实现小于或等于 30ms 的传输网时延，这对于时延敏感型业务是非常有益的。

（2）敏捷。网络需要提供软件可编程的能力，具备资源弹性可伸缩的能力，这非常有助于网络业务的快速部署和扩缩容。比如面向最终客户的“随选网络”可以提供分钟级的配套开通和调整能力，使客户可以按需来实时调整网络连接。

（3）开放。网络需要形成更丰富和边界的开放能力，能被不同类型的业务所调用，且不仅为自营业务所服务，更可以为第三方应用所使用。比如互联网的通信平台，可以根据其不同应用对网络能力的不同要求（服务质量、带宽、时延等）提供差异化的网络资源。

（4）集约。网络资源应该能够统一规划、部署和端到端运营，避免分散、非标准的网络服务。比如业务平台全面实现云化，使其支撑的所有网络服务的体验与地域无关。

自 2017 年起，网络重构工作成为各大运营商未来的重点举措之一，如国外某运营商提出的 Domain 2.0、国内某运营商提出的 CTNet 2025 等，都是希望通过未来 5 ~ 10 年的时间对现有的运营商网络进行根本性、革命性的改造和提升，从而适应和引领电信网络的新发展，满足物联网、“互联网 +”、人工智能等对网络的需求，实现网络即服务（NaaS）的效果。

SDN、NFV 和云计算是网络重构的关键技术基础，其中，SDN 主要解决网络智能控制和能力开放的问题；NFV 重点从网络功能和网元形态两个方面着手降低资本性支出（CAPEX）和运营成本（OPEX）；云计算则更多地作为基础设施，成为网络虚拟化和云化的前提。聚焦运营商需求，SDN 技术中需要关注南北向接口和控制器等的标准化；NFV 技术中需要关注管理和编排（MANO）规范及统一化网络功能虚拟化基础设施（NFVI）；云计算需要关注虚拟化和开源技术。

5G 的演进绝不仅仅是空口的演进，而是全局性、颠覆性的网络变革，期望打破传统的网络和业务烟囱群，使网络功能成为单一云化的敏捷实体，从而大大加快对商业目标、客户需求和行为以及流量和应用变化的响应速度。总体来看，相较 2G、3G、4G 网络，5G 网络云化、虚拟化、切片化趋势更加明显。

5G 核心网的设计融入了 SDN、NFV、云计算的核心思想，具备控制与承载分离的特征。控制面采用服务化架构，以虚拟化为最优实现方式，能够基于

统一的 NFVI 资源池，采用虚机、虚机上的容器等方式实现云化部署、弹性扩缩容，同时有利于方便、灵活地提供网络切片功能：通过用户面功能（UPF）下沉、业务应用虚拟化，实现边缘计算。用户面功能可根据性能要求和 NFV 转发性能加快技术的进展，基于通用硬件（x86 服务器或通转发硬件）或基于专用硬件实现。

5G 无线网短期内由于 DU 难以虚拟化，CU 虚拟化存在成本高、代价大的挑战，采用专用硬件实现更为合理：从长远看，随着 NFV 技术的发展，根据业务和网络演进的需要，再考虑实现 CU 等功能的虚拟化。

相对 4G，长远看来，5G 三大业务场景对承载网有许多刚性需求，业界普遍认为 5G 承载技术变革窗口来临，其中，以下四大变化影响着 5G 承载网架构。

第一，3GPP 5G RAN 功能切分定义了 CU、DU 两级架构，导致 5G 阶段站型多样化，不再主要是回传，而是前传、中传、回传网络并重，支持多业务。虽然不同的业务对于整个传输的要求是不一样的，但是有必要建立一张统一的承载网络，对它们进行统一承载。

第二，5G 核心网重构，UPF 及 MEC 根据具体业务需求进行灵活部署，MEC 之间的流量需就近转发，需要城域网 L3 功能下沉到汇聚层甚至接入层，L3 域增大，延伸至承载网汇聚层甚至接入层。

第三，5G 网络切片及垂直行业低时延业务要求，需要降低端到端的时延，要求每个节点支持极低的转发时延，需要既支持硬隔离又支持软隔离，实现软硬切片。

第四，5G 基于 SDN 架构，需要考虑引入控制器及运营管理平台，通过标准接口及信息模型实现各层解耦，要考虑管控系统管理大三层网络时的性能问题，还要考虑无线、核心网和承载网之间的协调和编排。

在承载网的前传网络、中传网络和回传网络 3 个部分中，对于前传网络，可以根据不同接入条件和场景，灵活地选择光纤直连、无源 WDM、有源 WDM/OTN 等方案，如第 7 章所述，并没有统一的承载方案；而中传、回传网络，对于承载网在带宽、组网灵活性、网络切片等方面需求基本一致，因此，运营商可采用统一的承载方案。当前，中 / 回传的众多方案基本源于已有承载资源的充分利用，保护原有投资基础上的演进。

不同的运营商需要根据自身网络的现状制订相应的演进策略。部署一个新的网络时，如何实现新网络和现有网络的融合，如何使现有网络发挥最大的作用，从而保护运营商的已有投资，同时又能满足新的业务需求，这些都是重点问题。因此，面向 5G 可能会出现多种不同的过渡型网络部署方案，本章以下的叙述重点基本着眼于中 / 回传网络。

8.2　国内运营商 A：基于 IPRAN 的承载网演进探讨

8.2.1　国内运营商 A 现有 4G 承载网

1. IPRAN 组网要求

国内运营商 A 在 4G 时代，即自 2014—2018 年进行了 IPRAN 综合承载网大规模部署应用。

该运营商对于 IPRAN 移动承载组网的总体要求如下。

（1）满足移动业务高品质、大带宽承载需求，网络具备标准化 IP 系统的接入、带宽扩展、差异化承载及端到端质量保障的能力，满足基站灵活互联、基站多归属及多播通信需求。

（2）网络具备业务综合承载的能力，首先实现移动业务以及点到点政企专线业务的承载，逐步实现多播类业务以及其他二层业务的承载。为保证网络以及承载业务的安全性，IPRAN 网络不考虑直接终结政企三层业务。

（3）组网策略遵循以太化、层次化、VPN 化、宽带化以及综合承载化的基本原则。

（4）满足移动承载业务的端到端质量要求，在单点故障场景下，城域内路由收敛控制在 300ms 以内，省内端到端收敛应控制在 500ms 以内，全网端到端收敛控制在 1s 以内。

（5）满足政企客户高品质的点到点的专线业务开放需求，提供灵活业务接入；对政企专线采用主备 PW 承载，保证典型故障场景下，可实现业务的快速切换，倒换指标可与 MSTP 相当。对重要站点，可在接入段提供双物理路由。

（6）满足移动业务 IPv6 的开放需求，网络逐步具备 6VPE 的能力。

（7）网络定位于多厂商设备的混合组网，通过第三方网管实现混合组网场景下的承载业务和网络的端到端管理，实现设备的即插即管理能力。此外，对于政企客户，提供维护延伸能力，具备在线性能测量手段，实时提供客户 SLA 报告。

（8）适应政企专线业务开放和省级集约化维护的要求，依托 CN2 搭建以省为单位的 IPRAN 网络，实现全网组网与策略的规范化和一致性。

2. IPRAN 整体架构

依托 CN2 骨干网，以省为单位，建设移动承载网络，长途通过 CN2 骨干网进行互通。省内每个本地网的移动承载网，统一采用省会 MCE 的自治域号。除省会外，每个本地网移动承载网的 ER 在与 CN2 的 PE 跨域对接时，在 CN2 的 PE 上启用 BGP AS override+SOO 功能，形成以省为单位的逻辑单域业务承载网络，如图 8-1 所示。

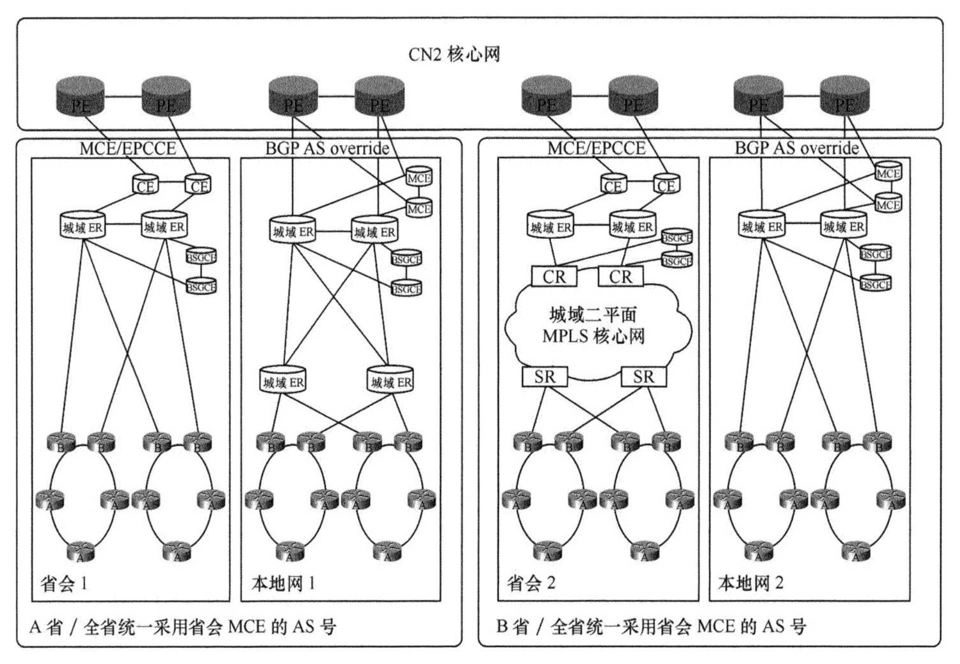

注：BGP AS override 在 MPLS/VPN 服务提供商和客户之间运行 BGP 路由协议，使客户在其不同的站点使用相同的 AS 号

图 8-1　国内运营商 A 的 IPRAN 整体架构

（1）本地网的组网结构。

方式 1：新建一对城域 ER 作为核心，直接汇聚 B 设备，同时 B 设备下连 A 设备。

方式 2：新建一对城域 ER 作为核心，在城域 ER 以下建设汇聚 ER，汇聚 ER 下连 B 设备，再由 B 设备汇聚接入 A 设备。

方案 3：新建一对城域 ER，连接到城域网二平面，利用二平面作为 MPLS 转发核心，实现与 B 设备的互通。

（2）省内层面的典型组网结构。

方式 1：利用 CN2 VLL 通过 overlay 方式搭建 IPRAN 网络。

方式 2：利用 CN2 VPN 搭建 IPRAN 逻辑网络。

方式 3：利用二干传输资源搭建 IPRAN 网络。

3. IPRAN **设备能力**

（1）A 设备能力。

A 设备为接入路由器，直接与 eNodeB 相连。为满足不同层数的需求，A 设备分为 A1 和 A2 两类，其中，A1 设备典型配置为 4×GE+4×GE/FE（自适应）+2×FE，A2 设备典型配置为 2×10GE+8×GE。具体设备能力如表 8-1 所示。

表 8-1　A 类路由器设备能力

项目	A 类	
	A1	A2
每槽位带宽要求	4Gbit/s	10Gbit/s
业务槽位数	—	≥ 2
可配置端口	4×GE+4×GE/FE（自适应）+2×FE	2×10GE+8×GE
FIB	2kbit/s	2kbit/s
网络端口	以太网接口：GE	以太网接口：10GE
业务端口	TDM 接口：E1；以太网接口：FE，GE	TDM 接口：E1 以太网接口：FE，GE

（2）B 设备能力。

B 设备为汇聚路由器，用于汇接来自 A 设备的流量至城域网。业务侧接口以 GE 为主，网络侧接口以 GE 和 10GE 为主。B 类路由器分为 B1 和 B2 两类，其中，B1 路由器可配置端口容量为 60G，B2 路由器可配置端口容量为 120G。具体设备能力如表 8-2 所示。

表 8-2　B 类路由器设备能力

项目	B 类	
	B1	B2
每槽位带宽要求	≥ 10Gbit/s	≥ 20Gbit/s
业务槽位数	≥ 3	≥ 5
单向可配置端口容量	60G	120G
FIB	128kbit/s	128kbit/s
网络端口	以太网接口：GE、10GE	以太网接口：GE、10GE
业务端口	以太网接口：FE、GE、10GE	以太网接口：FE、GE、10GE

4. IPRAN 设备能力组网方式

（1）A-B 互连要求。

A 与 B 设备间有 3 种互连组网方式，如图 8-2 所示。

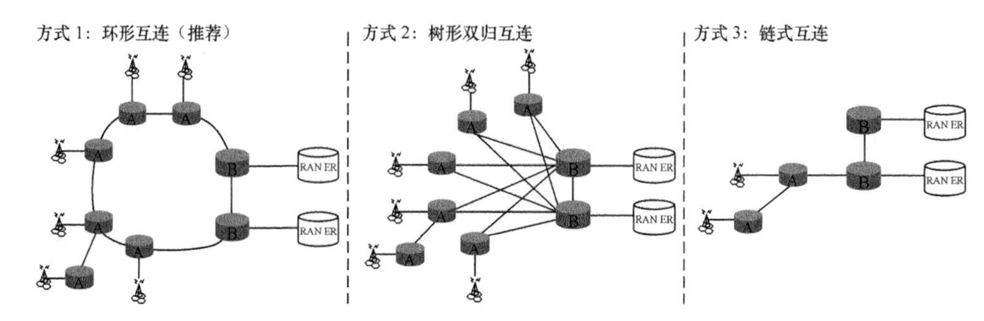

图 8-2　A-B 互连组网

各互连方式的适用范围如下。

优先选择环形互连方式，具体实施可根据光纤组网的实际情况。对于 A-B 采用 CE+L3 VPN 方案的情况，可选择树形双归互连方式。

对于 C/D 类基站，在光纤资源无法成环或双归的情况下可选择链式互连方式，环形和树形互连上的 A 设备的链式互连应最多不超过一级。

链式互连的 A 设备原则上最多不超过一级，特殊场景（如地铁、隧道）可多级链式互连。

各互连方式链路带宽设置如下。

采用环形互连方式时，A-B 设备的互连链路初期以 GE 为主；LTE 阶段对少数大汇聚场景可随流量增加扩容到 10GE 链路。

采用树形双归互连时，A-B 设备的互连链路推荐采用 GE。

采用链式互连方式时，A-A 设备的互连链路推荐采用 GE。

（2）B-B 互连要求。

B 设备需成对进行组网，有两个组网场景，一个是同机房的两台 B 设备进行成对组网，另一个是异机房的两台 B 设备进行成对组网，B 设备对建议接入 3 ~ 10 个接入环（连接 20 ~ 60 台 A 设备）。为实现故障冗余和保障业务快速恢复，一对 B 设备之间需配置物理直连链路。对于机房只设置一台 B 设备的情况，需要综合考虑接入环覆盖范围、光纤组网等实际情况，就近选择附近机房的另一台 B 设备，组成一对 B 设备对。同时为防止不同 B 设备对之间的相互影响，应通过 ER 汇聚 B 设备对的方式实现 B 设备对间的互通，不建议 B 设备对之间直接进行互连，如图 8-3 所示。

① 如方式 1，B 设备组对时，一个 B 设备原则上只应和另一个 B 设备组成

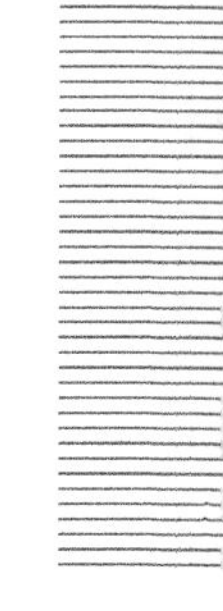

标准成对方式。

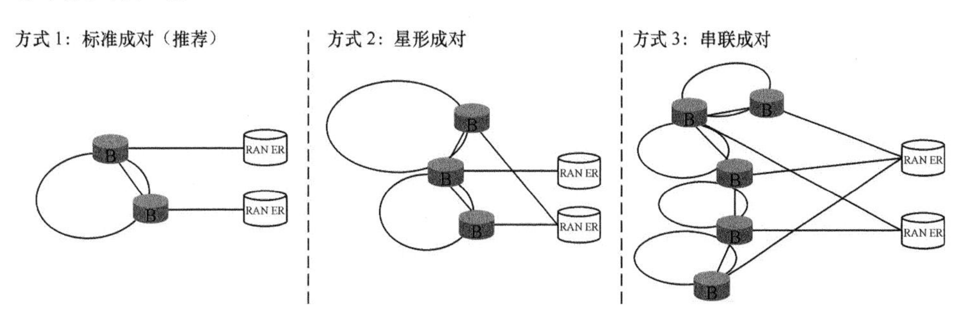

图 8-3　B-B 互连组网

② 在实际组网中受限于光纤资源，可能会出现一个 B 设备和多个 B 设备形成链式成对（星形对）等非理想状况，如方式 2。

若一个 B 设备同时和多个 B 设备成对，B 设备上行到 ER 的口子型链路规划和流量负载会带来极大的不平衡，且在网络出现故障时带来较大的业务风险。因此，在实际组网规划中，应严格控制此类场景，同时一个 B 设备最多与其他 2 个 B 设备成对组网。

③ 少数情况下会出现多个 B 设备串联成对的情况，如方式 3，多个 B 设备串联风险相对较小，但考虑控制路由收敛时间，以及减少未来网络的规划难度，建议 B 设备串联级数不超过 8 个。

（3）B-ER 互连要求。

B 设备就近接入两台 ER，优先采用 10GE 链路互连。部分业务量较少的 B 设备可以采用 GE 或多 GE 链路上连。若采用多链路上连，采用 L3 ECMP 进行负载分担，不建议采用链路聚合方式，如图 8-4 所示。

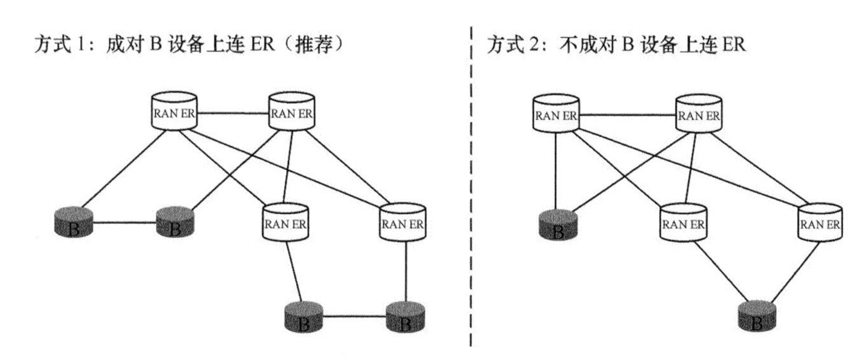

图 8-4　B-ER 互连组网

① 方式 1，成对 B 设备部署（缺省方式）。

单台 B 设备上连到一台 ER 设备，成对 B 设备之间存在互连链路，互联链路带宽大于或等于 B 设备上联链路带宽。互连 B 设备链路若存在多链路，参照上联多链路组网方式。

② 方式 2，不成对 B 设备部署。

部分情况下，B 设备无法做到成对部署，建议 B 设备双归上联到两台 ER，两条链路使用不同光缆路由。

（4）环形互连主备 PW 的选路方式。

方式 1：同一个接入环内，接入的 A 设备按照逆时针编号，奇数 A 设备主 PW 选择 B1，偶数 A 设备主 PW 选择 B2。破环加点后，新增节点仍遵循逆时针编号规则实施主备 PW 选择；对于破环加点或减点的情况，原有 A 节点的主备 PW 选择不进行调整，如图 8-5 所示。

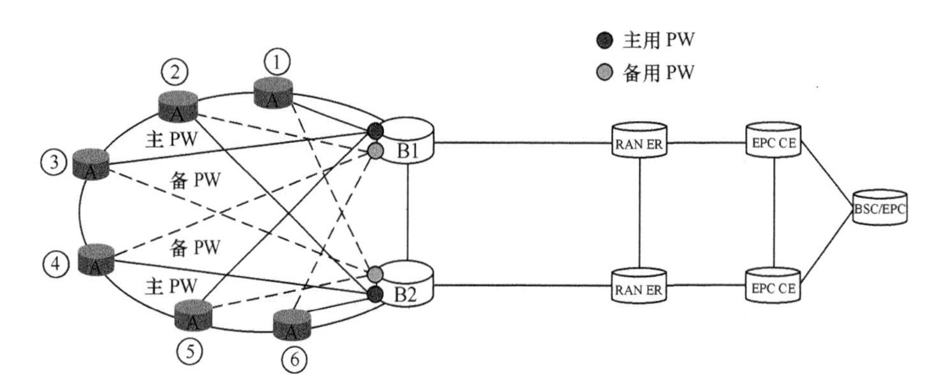

图 8-5　主备 PW 选路方式 1

方式 2：以接入环为单位，按 B1 下挂的接入环顺序编号，第一个环上所有 A 设备主 PW 选择 B1，第二个环上所有 A 设备主 PW 选择 B2，破环加减点不受影响，如图 8-6 所示。

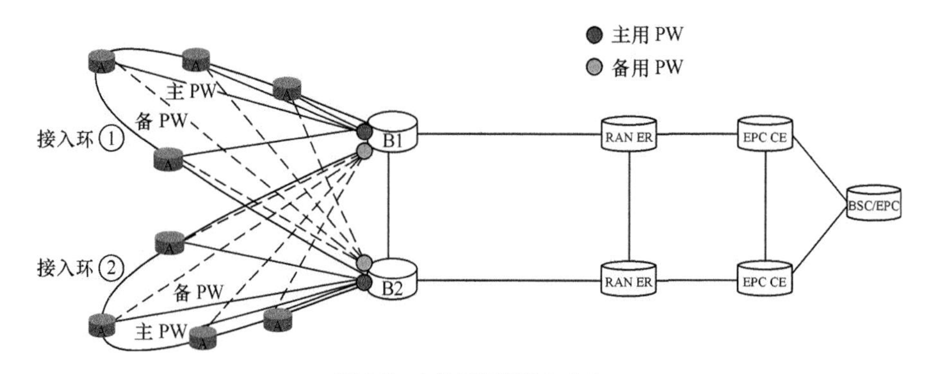

图 8-6　主备 PW 选路方式 2

（5）基站接入 A 设备的方式。

基站接入 A 设备分为 4 种场景，如图 8-7 所示。

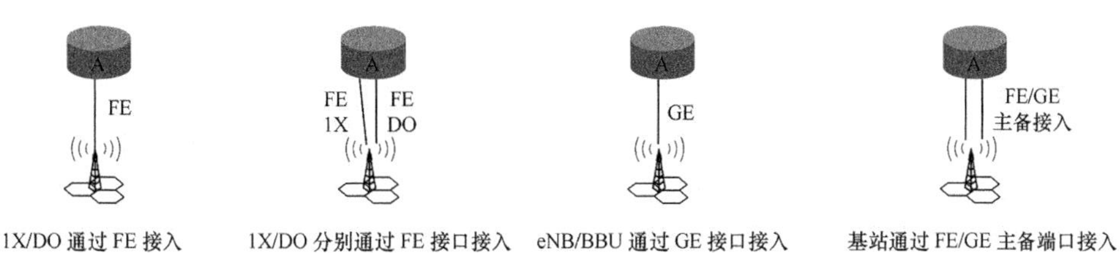

图 8-7　基站接入 A 设备场景

基站必须经过 A 设备后再接入 B 设备，不允许基站直接接入 B 设备。原则上要求 1X/DO 基站和 LTE eNB 共址的情况，在确保 A 上联能力前提下共用一台 A 设备接入。一台 A1 设备最多接入两个基站，每个基站包括 1X、DO 和 LTE。

5. IPRAN 业务承载方案

IPRAN 可采用 PW+L3 MPLS VPN 和 CE+L3 MPLS VPN 两种方案进行多业务综合承载。

（1）PW+L3 MPLS VPN 承载方案。

方案的特点是基站单播业务在 IPRAN 接入层采用 PW 承载，在汇聚层采用 L3 VPN 进行承载，具体如图 8-8 所示。

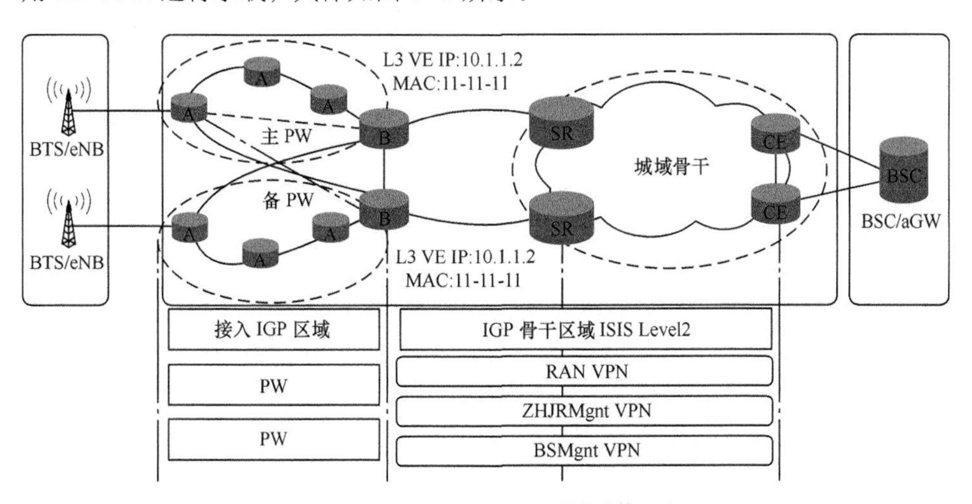

图 8-8　PW+L3 MPLS VPN 承载方案示意

设置 RAN VPN 用来承载基站单播业务、信令及网管的流量；1X/DO/LTE 合用 RAN VPN；设置 CTVPN193VPN 用来承载综合业务接入网的网管流量；

设置 CTVPN194VPN 用来承载基站环境监控等自营业务或者系统的流量。

基站单播业务通过 FE/GE 接入 A 设备，A 设备分别建立到两台 B 设备的冗余 PW，并配置 PW 双收、ARP 双发功能；B 设备终结 PW 并进入 RAN VPN。两台 B 设备分别作为三层网关，提供基站业务的双网关保护。

PW+L3VPN 网关保护方式有非联动和联动方式两种。

非联动方式。A 设备配置双 PW 分别终结到 B1 和 B2 设备的 L3 VPN，由 B1 和 B2 向上 L3 VPN 发布基站网段明细及汇总路由；A 设备双 PW 保持单发双收状态，冗余 PW 无须携带主备信息给 B 类设备，实现 A 设备和 B 设备松耦合互联。基站通过 A 设备与 B 设备之间的 PW 向上主动发送 ARP 请求，B 设备获取基站路由与 ARP 信息，由于 PW 是双收性质，回程数据在冗余 PW 上都可以接收。

联动方式。联动方式采用 PW-Redundancy 倒换机制。A 设备配置优先级来识别主备冗余 PW，该冗余 PW 分别终结在双汇聚 B1 或 B2 的 L3 VPN VRF 三层子接口上。A 设备携带 PW Active/Standby 等状态位信息发送给 B，B1 或 B2 识别 PW Active/Standby 状态位信息，终结 Active PW 的三层子接口将处于 UP 状态，并发布相关路由；终结 Standby PW 的三层子接口将处于关闭状态，不发布相关路由，以避免发生上、下行流量路径不一致的情况。联动方式要求 B 设备支持 PW-Redundancy 机制，A 设备和 B 设备耦合性强，目前存在跨厂家互通问题。

考虑技术复杂度、跨厂家支持能力等因素，L3 VPN 网关保护建议优先采用非联动方式，在不支持非联动方式情况下，可以选用联动方式。

（2）CE+L3 MPLS VPN 承载方案。

该方案的特点是 A 类路由器通过 Native IP 接入 B 类路由器，B 类路由器与 BSC/EPC 侧汇聚路由器间建立 MPLS L3 VPN（基站回传 VPN），如图 8-9 所示。

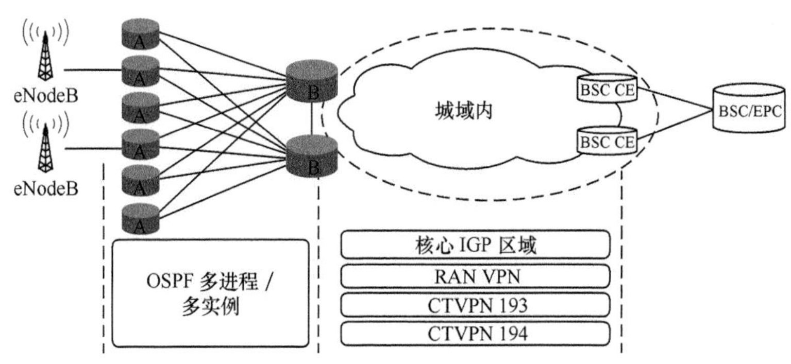

图 8-9　CE+L3 MPLS VPN 承载方案示意

该方案针对基站业务承载，为基站单播业务设置 RAN VPN，由 A 设备作为业务网络 CE 接入，在 B 设备上进入 RAN VPN；CTVPN194VPN 提供基站环境监控系统互联，CTVPN193VPN 提供 A 设备和 B 设备的网管通道；RAN VPN 采用双 RD 设计，实现 MP-BGP 的快速收敛；允许 A 设备启用多实例或是以 VPN 为单位启用 OSPF 多进程方式实现与相应 VPN 的互联。

CE+L3 VPN 组网方案仅适合于 A 设备双上行 B 设备的树形组网，不支持从 A 设备接入二层管道类业务，该方案不作为推荐方案。

6. IPRAN 保护方案

IPRAN 综合承载网在隧道、业务及网络层面进行保护策略的部署，不管接入层、汇聚层还是核心层的节点或者链路出现故障，网络都能快速检测并通过迂回路径及时解决问题，如图 8-10 所示。

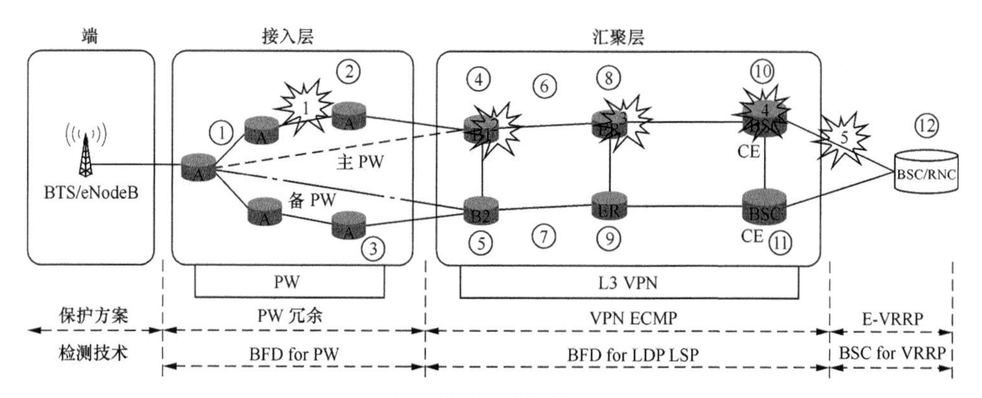

图 8-10　IPRAN 网络故障点示意

（1）接入环链路故障。

如图 8-11 所示，当链路发生故障，A 设备通过 BFD 检测到主 PW 故障，进行 PW 主备切换，上行流量通过 B2 设备直接到达 EPC；同时 B1 的对应基站的明细路由撤销，下行流量切换到 B2；IGP 重新收敛，LDP LSP 会重新建立，上行流量经过 PW WTR 后，会切换到主 PW 上，经过 B1 设备到达基站控制器，同时下行流量也切换到 B1 设备；当链路故障恢复后，主 LDP LSP 重新收敛，主 PW 会切换 LSP 隧道。

（2）B 节点故障。

如图 8-12 所示，当 B1 设备发生故障，A 设备通过 BFD for PW 检测到主 PW 故障，进行 PW 主备切换，上行流量通过 B2 设备直接到达 EPC；同时 EPC CE 通过 BFD for LSP 检测故障，进行 VPN ECMP 切换，下行流量切换到 B2 设备；当链路故障恢复后，经过 PW WTR 回切原来的 B1 网关节点。

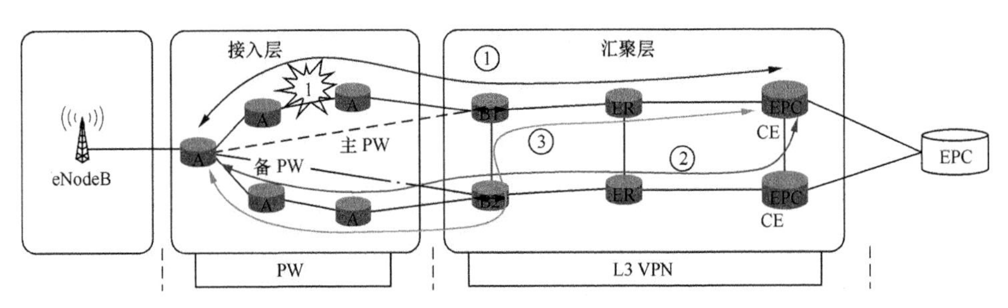

图 8-11 接入环链路故障保护机制示意

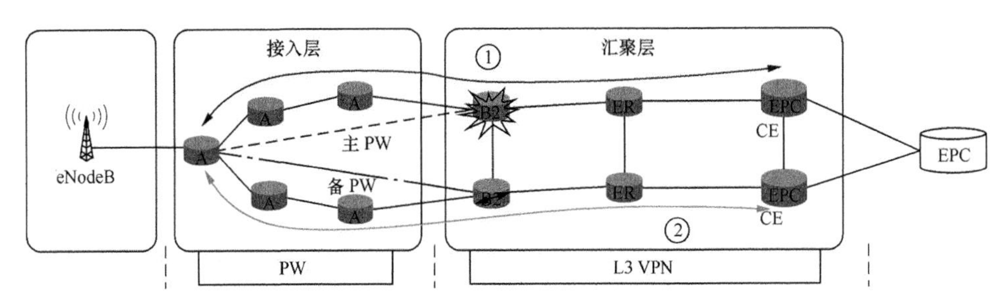

图 8-12 节点故障保护机制示意

（3）汇聚层链路故障。

如图 8-13 所示，故障链路如果能生成 LDP FRR，优先进行 LDP FRR 倒换。

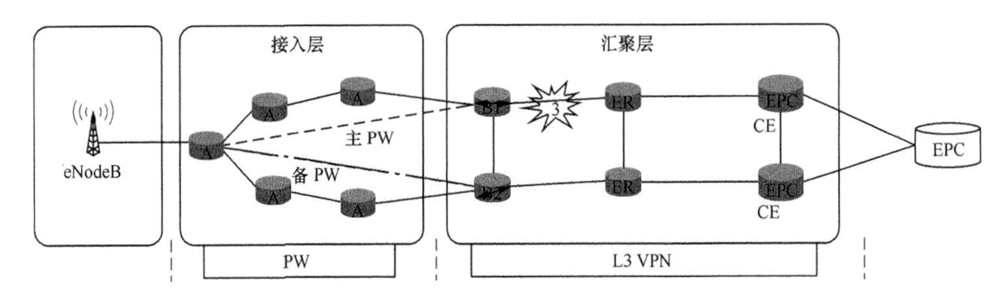

图 8-13 汇聚层链路故障保护机制示意

B 设备和 EPC CE 之间配置 BFD for LSP，BFD 检测到故障后，进行 VPN ECMP 切换。

如果没有配置端到端 BFD 检测，可以使用下一跳跟踪触发（NHT）机制进行 VPN ECMP 切换。

（4）多点故障。

B 设备同时检测上联链路和互联链路的状态，若两点同时发生故障，则触发 A 设备进行 PW 切换。在 N:1 方式下，如果出现图 8-14 中示意 2 的双点故障，还需要主网关撤销基站明细路由。

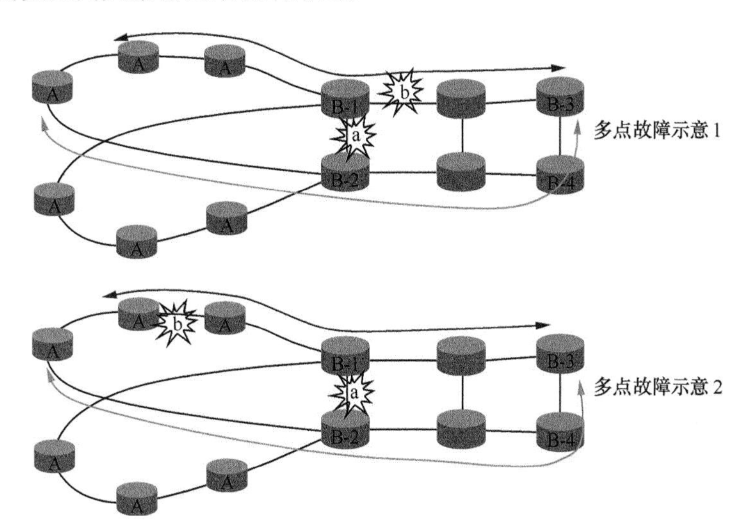

图 8-14　多点故障保护机制示意

图 8-15 是对故障点保护机制和迂回路由的汇总。

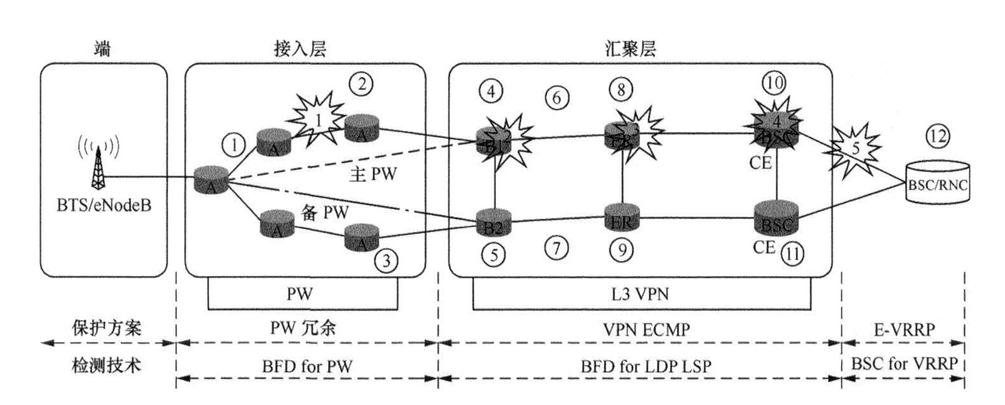

故障点	保护模式	保护方案	迂回路径
1	隧道保护	PW/IGP FC/BFD	①③⑤④⑥⑧⑩⑫
2	业务保护&网关保护	PW Redundancy&VPN ECMP&E-VRRP/BFD	①③⑤⑦⑨⑪⑩⑫
3	隧道保护	VPN ECMP/LDP FRR/NHT	①②④⑤⑦⑨⑪⑩⑫
4	业务保护&网关保护	VPN ECMP&E-VRRP/BFD	①②④⑤⑦⑨⑪⑫
5	网关保护	E-VRRP	①②④⑥⑧⑩⑪⑫
多点	协议收敛	BFD for IGP/接口跟踪	

图 8-15　故障点保护机制和迂回路由

8.2.2 从 4G 到 5G 的演进思路

国内运营商 A 在 2018 年上海世界移动大会上正式发布《5G 技术白皮书》，其中提出 5G 时代承载网络的演进策略：

5G 承载网应遵循固移融合、综合承载的原则和方向，与光纤宽带网络的建设统筹考虑，将光缆网作为固网和移动网业务的统一物理承载网络，在机房等基础设施及承载设备等方面尽量实现资源共享，以实现低成本快速部署，形成该运营商差异化的竞争优势。

承载网络应当满足 5G 网络的高速率、低时延、高可靠、高精度同步等性能需求，灵活性强，支持网络切片。

在光纤资源充足或 CU/DU 分布式部署的场景，5G 前传方案以光纤直连为主，应采用单纤双向（BiDi）技术；当光纤资源不足且 CU/DU 集中部署时，可采用基于 WDM 技术的承载方案，具体包括无源 WDM、有源 WDM/M-OTN、WDM-PON 等。

对于 5G 回传，初期业务量不太大，可以采用比较成熟的 IPRAN，后续根据业务发展情况，在业务量大而集中的区域可以采用 OTN 方案，PON 技术在部分场景可作为补充。初期基于已商用设备满足 5G 部署需求，逐步引入 SR、EVPN、FlexE/FlexO 接口、M-OTN 等新功能，回传接入层按需引入更高速率的（如 25G/50G）接口。中远期适应 5G 规模部署需求，建成高速率、超低时延、支持网络切片、基于 SDN 智能管控的回传网络。

8.2.3 云网一体化 DC+IPRAN

在 5G 网络的发展过程中，需要在满足未来新业务和新场景需求的同时，充分考虑与现有 4G 网络演进路径的兼容。

根据前面两节介绍的 4G 承载网现状，自 2014 年至 2018 年，IPRAN 综合承载网已大规模部署应用，成为深度广覆盖的基础网络，具备 L3 灵活连接能力，能很好地匹配 5G 时代无线接入网和核心网架构的变化，所以，在 4G 承载的基础上对 IPRAN 网络进行技术迭代升级具有经济性与实操性。而随着运营商网络的 DC 化网络重构，DC 将成为主要载体，用于对云化网络资源的承载，提供计算存储和转发能力。本节提出 DC+IPRAN 云网一体的综合承载解决方案，由多级的 DC 分层网络来承载云化的核心网与 CU 资源池，以及通过技术升级与改造后的 IPRAN 网络来承载 DU 到 CU、CU 到 DC 以及 DC 之间的互联互

通与承载需求。

1. **五级DC网络分层架构**

随着SDN/NFV/云计算等技术的引人，未来网络将向DC化演进，DC将作为未来网络的主要载体. 未来网络的业务流量将集中在云化DC。通过引入边缘DC(区县级)、核心DC(地市级)和省级DC(省级)的多级DC部署方案，传统设备网元NFV化后部署在DC上，提供计算、存储和转发能力。经过DC化重构，运营商机房重构为接入局所—边缘DC—核心DC—省级DC四级结构，而对于无线网络，由于射频单元、有源天线处理单元等均需要密集分布部署在基站上。所以，对于无线网络，四级DC网络结构演进为五级DC网络结构：基站—接入局所—边缘DC—核心DC—省级DC。

新核心网(New Core)和MEC云化后部署在DC上；CU若分散部署，则选择云化形成资源池，部分部署在DC上，部分部署到CO机房，若与DU合并部署，则无须云化；AAU和DU无法云化部署，需采用分布式方式部署到基站或接入局所。其中，接入局所充当集中部署场景下的汇聚机房。

5G网络各网元与DC机房各层级物理部署对应关系如表8-3所示。

表8-3　5G网元物理机房部署

网元设备	基站	接入局所	地市边缘DC	地市核心DC	省级DC
AAU	部署				
DU	部署	部署			
CU		部署	部署		
MEC			部署		
New Core				部署	部署

2. **DC+IPRAN网络承载架构**

目前，IPRAN网络主要用于3G、4G以及政企组网型业务的承载，在未来网络演进中，需充分考虑引入SDN，结合DC化网络重构。IPRAN设备作为专用设备进入各层级DC中部署。

移动网云化是未来演进的主要趋势，移动网将最终形成控制云、转发云和接入云的“三朵云”结构。IPRAN+DC将逐步构建移动“转发云”。5G承载网络将采用基础设施、网络功能和协同编排的三层组网架构，具体如图8-16所示。

A设备原则上部署在接入局所或基站机房. 具体方案需要根据DU和CU

的不同部署方式确定，具体如下。

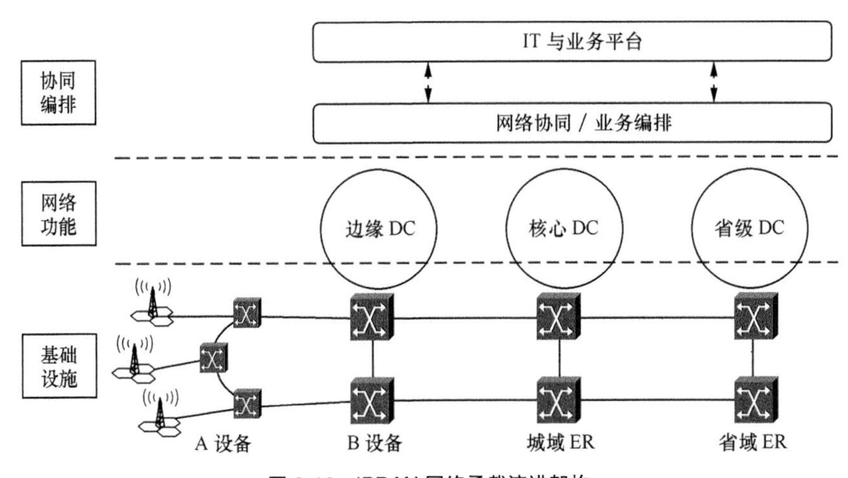

图 8-16 IPRAN 网络承载演进架构

（1）DU 和 CU 合并，部署在接入局所或者基站机房，A 设备与 CU、DU 合并部署，A 设备与 CU 连接，该场景没有中传网络。

（2）DU 和 CU 分散，DU 分布式部署在基站机房，A 设备与 DU 合并部署，A 设备与 DU 连接，解决 DU 到 CU 的中传问题。

（3）DU 和 CU 分散，DU 集中式部署在接入局所，A 设备与 DU 合并部署，A 设备与 DU 连接，解决 DU 到 CU 的中传问题。

B 设备部署需充分考虑 CU 云化形成资源池以及边缘 DC 的承载，按如下方案确定。

（1）CU 云化形成资源池，部署在边缘 DC，则 B 设备作为专用设备进人边缘 DC，用于回传网络承载；

（2）CU 云化形成资源池，部署在 co 机房，则 B 设备连接 CU 资源池，回传到就近的边缘 DC。

（3）边缘 DC 需同时承载 MEC、CDN（内容分发网络）以及部分云化 CU 资源池，由 B 设备实现回传承载，解决 CU 到 MEC、MEC 到 MEC 以及 MEC 到核心网的回传网络承载问题。

城域的 ER、省级 ER 主要用于核心 DC 和省级 DC 的承载，解决 MEC 到核心网以及核心网到核心网的回传网络承载问题。

3. IPRAN 网络分阶段升级改造方案

如图 8-17 所示，IPRAN 网络需要分阶段进行升级改造，以应对 5G 网络

大带宽、低时延和高可靠性的业务需求，以及DC化的承载需求。逻辑配置上，需结合云的承载需求，引入EPVN、VXLAN等协议，并通过SDN协同编排，实现全局路径统筹、智能配置和调度。物理网络上，IPRAN网络需分阶段升级改造，可以预见5G时代IPRAN的发展大体分以下3个阶段。

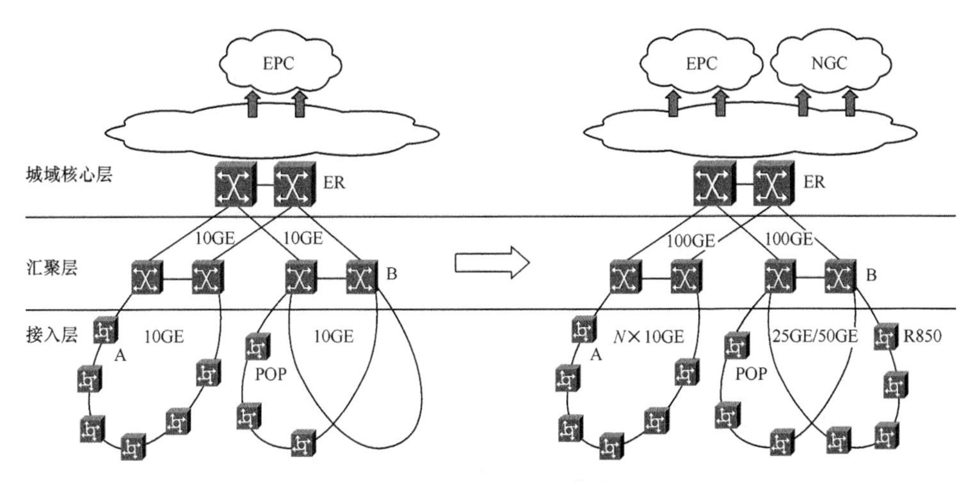

图8-17 IPRAN组网演变

第一阶段，2018年，完成测试及试点工程。主要满足eMBB的业务需求，接入层和汇聚层带宽需求为10GE，接入设备需要全部升级到10GE环，试点站点A2接入设备需要新增10GE板卡，部分试点城市会新建25G/50GE环，测试FLEXE、EVPN和SR等功能，现网目前接入环10GE可满足初期5G业务需求，L3到边缘，业务也可以灵活调度。

据初步推测，典型5G单站承载带宽峰值高达5～8Gbit/s，均值也高达3.4Gbit/s。如果按照10个基站组一个环来计算，带宽均值达到34Gbit/s。因此，在5G传送承载网的接入、汇聚层需要引入更高速率的接口，而在核心层，则需要广泛应用100Gbit/s及以上速率的接口。所以，原有的10GE接入环仅可以满足少量5G基站接入，热点地区接入环需升级支持50GE；汇聚层和核心层需逐步引入50GE、100GE等高速链路。A设备、B设备、ER设备升级支持50GE、100GE链路。

第二阶段，2019—2020年试商用期。这个阶段的业务需求还是以eMBB为主，非核心区域接入带宽需求10GE成环，流量密集区需要N×10G接入或25GE/50GE汇聚，100GE成环；站点需要A2设备接入，可升级A2设备更换主控，新增50GE板卡，原有10GE板卡用于DU接入，对于A2扩容后无法满足 5G 基站端口数量的站点，采用新设备 A 承载，这个阶段新增的设备需要提供 25/50GE、100GE 板卡、会适时引入 SDN、协议切换 SR 等，eMBB 核心网下沉城域核心。

第三阶段，5G 建设后期。预计 2020 年之后，5G 正式商用的时候，业务类别将覆盖 eMBB/uRLLC/mMTC，全网流量快速增长，相匹配的带宽需求，接入层将为 25GE/50GE 环，汇聚层为 100GE 成环，核心层达到 n×100GE，或者 400GE 成环。A 设备、B 设备，ER 设备全面支持高速链路以及网络分片功能。网络演进中会引入部署网络切片技术，新增 400GE 板卡，全网将按客户定制需求来配置软硬件。

综合以上论述，5G 网络的承载，除了带宽的升级外，还需要引入新的网络技术和架构。下一代 IPRAN 网络整体架构如图 8-18 所示。

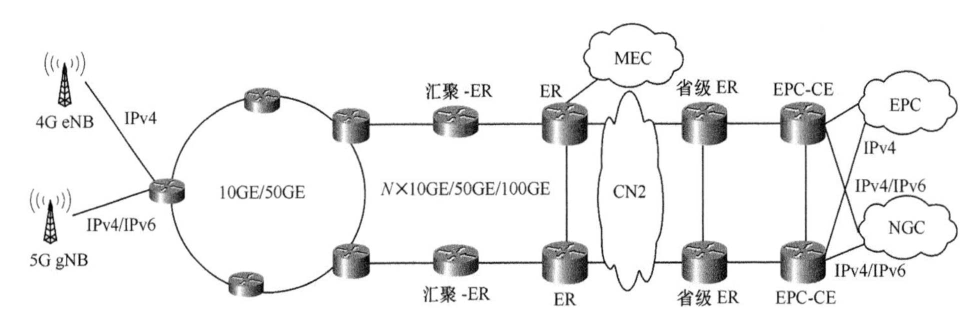

图 8-18　下一代 IPRAN 网络整体架构

（1）结合 DC 化网络重构，5G 网络各网元均部署在五级 DC 网络架构中，由 DC 作为云化网元的主要载体。

（2）5G 承载网络架构采用基础设施、网络功能和协同编排的 3 层组网架构；IPRAN 网路构建新型的转发平面，负责流量转发调度；DC 承载网元提供各种网络功能服务。

（3）为了满足 5G 承载需求，IPRAN 网络除了在硬件上进行带宽升级还要在软件上实现功能的升级改造。

总结以上内容，DC+IPRAN 的云网一体化承载方案（如图 8-19 所示）立足于 4G 原址布局，在 4G 承载的基础上进行技术迭代升级，有效地解决了 5G 中传和回传网络承载需求，实现容量平滑扩展、端到端协同、全场景智能、敏捷运营，构筑可持续演进的 5G 承载网络。

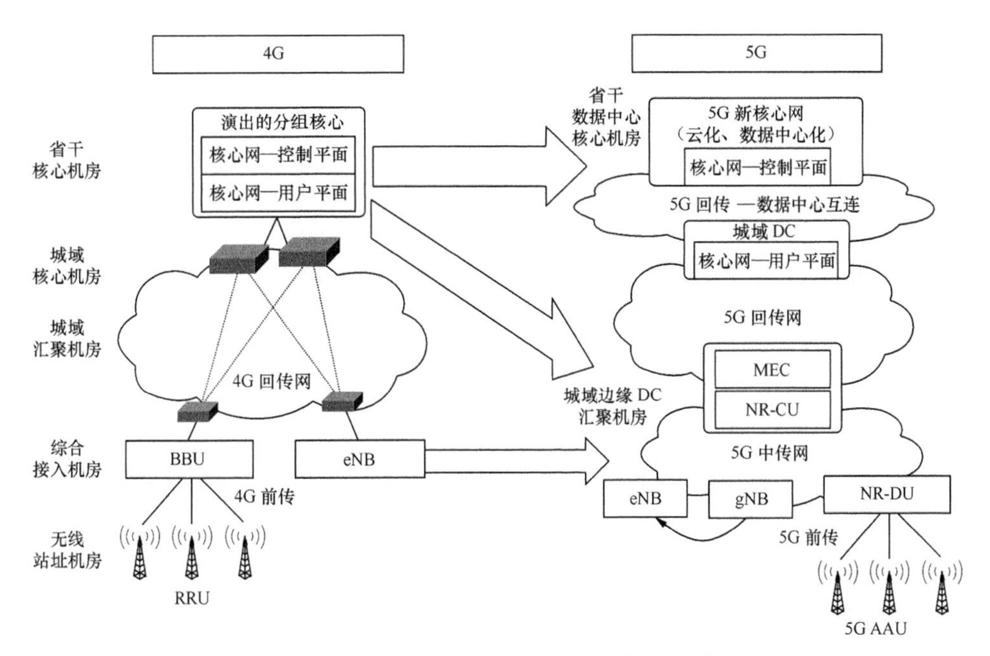

图 8-19　DC+IPRAN 云网一体承载方案组网架构

8.3　国内运营商 B：统一承载目标网 SPN

8.3.1　SPN 标准化和产业链发展

国内运营商 B 对 5G 业务需求以及技术发展做了深入的研究，对 5G 承载网提出了 3 个“10 倍”的需求：容量提升 10 倍、性能提升 10 倍、1bit/s 成本降低至现在的 1/10。为满足这 3 个需求，国内运营商 B 创新提出了切片分组网 SPN（Slicing Packet Network），在以太网传输技术的基础上，分别在物理层、链路层和转发控制层采用创新技术，满足包括 5G 业务在内的综合业务传输网络需要。对于 5G，该运营商希望 SPN 可以实现前传、中传、回传统一承载。对于中传 / 回传方案，可采用同一张网统一承载中传 / 回传，满足不同 RAN 侧网元组合需要，通过 FlexE 通道支持端到端网络硬切片；下沉 L3 功能至汇聚层甚至接入层；接入层引入 50GE（BIDI），核心汇聚层引入 100G/200G 彩光方案。在前传中，该运营商认为对于接入光纤丰富的区域建议采用光纤直连的方案承载，对于缺乏接入光纤、建设难度高的区域，可考虑采用 SPN 彩光方案承载前传。

国内运营商 B 正在积极推进 SPN 产业链的进展。在产业推动方面，于 OFC 2018 期间，OIF 联合华为、中兴、烽火等设备商、Xilinx 等芯片厂商、VIAVI 等仪表商……采用项目组提供的多厂家 SPN 设备共同完成“5G 承载网关键技术 -FlexE 多厂家互联互通”演示。与此同时，5G 承载对光模块需求明显，SPN 迫切需要低成本灰光和彩光模块，只有加快产业链研发进程，加大对光模块产业的投入，才能支持整个 5G 规模的部署。

在技术标准方面，国内运营商 B 正在积极推动 5G 传送国际标准，已完成 SPN 技术企标制定，CCSA 已立项 SPN 研究课题，国内运营商 B 还支撑 ITU-T SG15 发布 5G 传送技术报告，并在 ITU-T SG15 中主导立项 5G 传送标准 G.ctn5G，SPN 被作为该标准的重要内容。

尤为值得一提的是，2018 年 1 月底到 2 月初于日内瓦召开的 ITU-T SG15 全会引起业界关注。中国代表团在此次 ITU-T SG15 全会取得了历史性突破。此次在 ITU-T SG15 全会上围绕 5G 承载的文稿基本都是由中国的公司提出的，比如几大运营商和华为、中兴、烽火等，这是中国整个传输产业的进步，中国在传送领域的原创性概念和技术赢得了产业界的广泛好评。在 ITU-T SG15 全会上，国内运营商 B 代表主导推动的 5G 传输技术标准项目成功立项，该项目将 SPN 作为重要内容，成为 5G 承载网标准发展的重要里程碑。

在研发应用方面，国内运营商 B 已确定 SPN 技术架构，完成 SPN 系列样机研制和测试验证，还在 MWC 2018 发布 SPN 技术白皮书。

8.3.2 SPN 统一承载目标网

1. SPN 传送网总体目标网络

网络架构变化：总体网络以 DC 为核心组网，骨干网向扁平化、大带宽方向发展；城域网向一张网综合承载演进。

设备技术演进：基于 SDN，实现软硬件解耦，支持网络切片，城域设备向 SPN 演进，骨干设备向 SOTN 演进。

SPN 传送网总体目标网络如图 8-20 所示。

2. SPN 对多种业务的统一综合承载方案

针对大三层问题，SPN 引入 SR-TP 实现可管可控的 L3 隧道，构建端到端 L3 的部署业务模型，并引入高性能集中管控 L3 控制平面，针对分片和极低时延业务，SPN 引入 FlexE 接口及融合交换架构。与此同时，SPN 通过管控

融合 SDN 平台，实现对网元物理资源（如转发、计算、存储等）进行逻辑抽象和虚拟化形成虚拟资源，并按需组织形成虚拟网络，呈现“一个物理网络、多种组网架构”的网络形态。

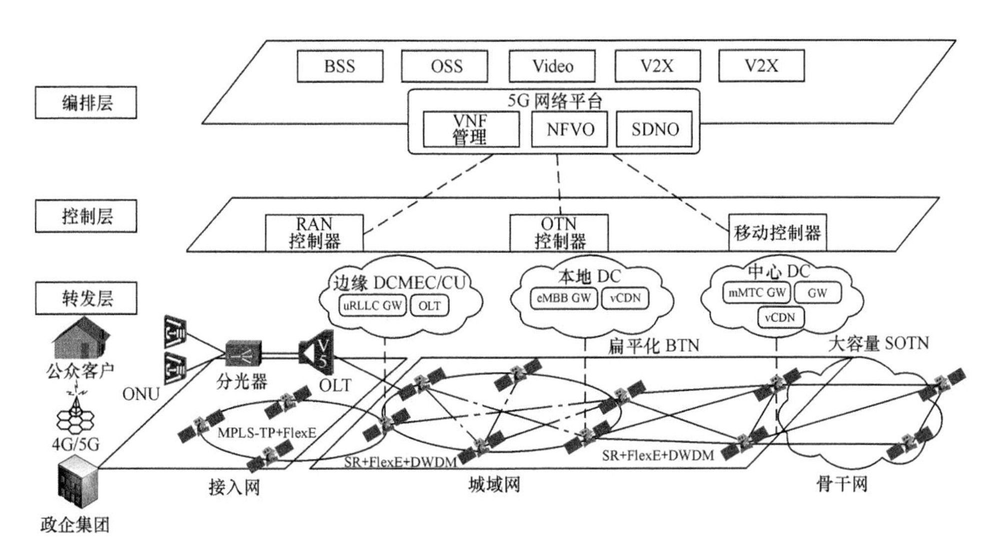

图 8-20　SPN 传送网总体目标网络

中国 SPN 技术白皮书中提到，SPN 作为下一代综合承载网络技术，适用于多种应用场景。基于全新的网络架构、多种关键技术和全新的运营模式，SPN 是 5G 时代用户在集成传输网络上承载多项服务的良好选择。

由 SPN 支持的统一的前端、中端和后端传输服务可以防止异构网络的互操作，这不但使整个网络的规划、供应、O&M 和优化更加容易，而且大大减少了网络的资本支出和 OPEX。基于 SPN 的移动传输网络的体系结构如图 8-21 所示。

在以集中式方式部署 DU 或集成 DU 和 CU 的 C-RAN 场景中，AAU 与 DU 或集成 DU/CU 之间的网络称为前传网络。前传网络需要高带宽（每 AAU 大于 20Gbit/s）和低延迟（小于 100μs）。

SPN 为前传网络提供以下功能。

（1）基于 SPN 通道交叉连接技术的超低延迟服务转发，满足 5G 前端网络对低延迟的需求。

（2）完整的 OAM 和保护机制支持实时的前端网络监控、快速故障定位和快速保护切换。

（3）采用低成本的 100GE 短程硅光学模块，降低网络建设成本。

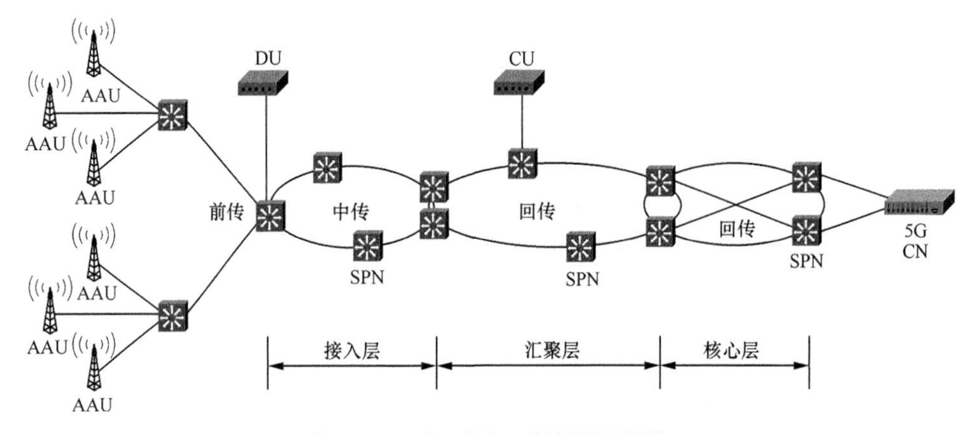

图 8-21　国内运营商 B 传输网体系结构

（4）业界领先的 CPRI 对 FlexE 技术提供兼容传统 3G/4G 前端接口。

5G 基站可以以不同的方式部署。例如，可以把 DU 和 CU 集中或者分开。如果已经部署了 DU 和 CU，传输网络需要将服务传输到核心网络。中传完成 DU 和 CU 之间的传输，以及回传完成 CU 到核心网络的传输。两种部署方法可以共存。尽管有不同的部署方式，5G 基站建立了统一的用于传输网络的标准，包括高带宽、低时延，L3 路由能力更强，L3 到边缘更灵活部署和安排南向、北向和东西向之间的服务。

基于 SPN 的网络由 3 层（接入、汇聚和核心层）组成，能够实现中传和回传服务的统一传输。

未来，DC 局点将更广泛地用于承载各种 NFV 云软件和 IT 应用，在运营商服务部署中发挥关键作用。与此同时，不同 DC 局点之间的服务互操作将会更加复杂。基于 SPN 的集成传输网络可用于 DC 的互联。

当一个用户同时存在多个 DC 时，需要网格网络。SPN 可以用来提供独立的网络切片来承载 DCI 服务。DC 网关通过 SPN L3 VPN 进行互联，满足了 DC 间流量调度的需求，如图 8-22 所示。

对于 DC 之间的点对点互联，SPN 能够提供具有 CBR 映射和高带宽的 L1 透明传输管道，以确保低延迟的 DC 服务。图 8-23 所示为 DC 网络之间的点对点互联。

随着互联网的普及，视频服务为运营商提供了重要的战略转型机遇。在大视频时代，4K、8K、VR/AR 等超高清视频对网络带宽、延迟和抖动提出了更高的要求。运营商可以利用自己的网络优势，提供比互联网 OTT 玩家质量更高、用户体验更好的视频服务。

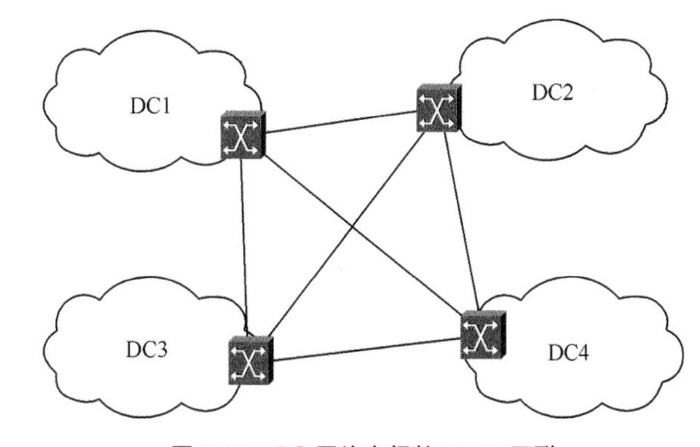

图 8-22 DC 网络之间的 Mesh 互联

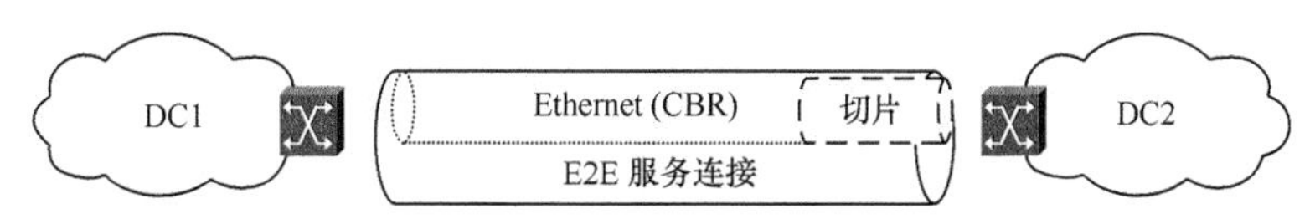

图 8-23 DC 网络之间的点对点互联

为了传输家庭宽带服务，如运行在光电终端（OLT）上的 HSI 和 IPTV，SPN 使用 SPN 通道将网络分割成多个独立的片，不同片上的服务是相互隔离的。根据实时交通状况，SPN 可以部署 QoS 来为不同的服务设置优先级。因此，视频服务可以获得相应的优先级。

为了防止网络拥塞导致的 IPTV 服务性能下降，可以使用独立的网络切片技术来进行 IPTV 服务。通过这种方式，这些 IPTV 服务严格地与普通的 Internet 访问服务隔离开来，使用户享受到与其他 OTT 服务截然不同的高质量服务。服务质量度量（SQM）技术用于监视视频通信性能，包括延迟、带宽和抖动。根据定期实施的统计和分析，可以对网络进行相应的修改，以保证服务质量。

随着大型视频服务的发展，OLT 的上行带宽已经从 N×GE 扩展到 N×10GE。可以通过这个扩展的 SPN。FlexE 和 DWDM 技术为家庭宽带提供了带宽保证服务，如图 8-24 所示。

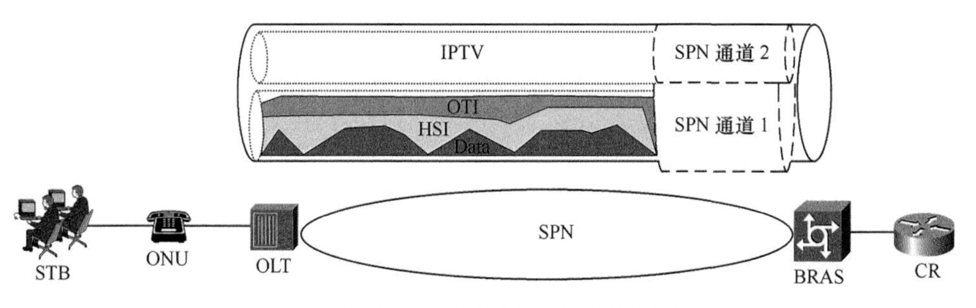

图 8-24 基于 SPN 的大容量视频传输业务

SPN 是 SDN 技术和包传输网络的优秀组合，能够实现快速的网络重构，为私有线路提供合适的网络切片，并提供云连接。SPN 还可以通过连接 DC 或部署本地计算节点来解决云应用程序需求。

根据端口、波长和 FlexE 通道等资源，SPN 可以被划分为网络切片。物理网络可以划分为多个虚拟网络，每个虚拟网络都承载各自的私有服务，彼此不影响。

另外，SPN 可以根据企业用户的实际需求提供差异化的 L2/L3 服务。这允许企业分支机构和总部之间进行灵活的服务调度，并为客户提供 L2 VPN/L3 VPN 功能，如图 8-25 所示。

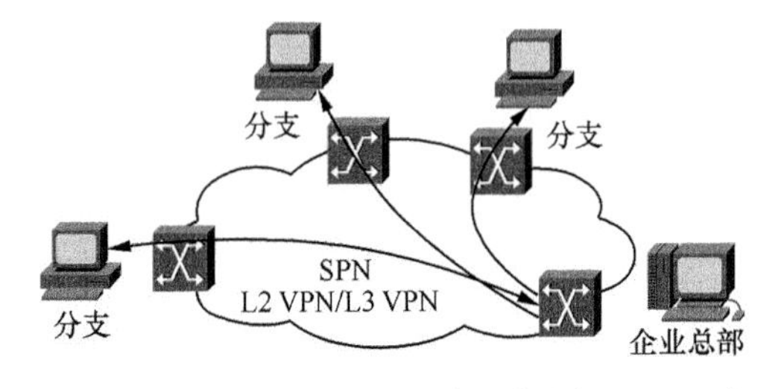

图 8-25 基于 SPN 提供的企业差异化 L2/L3 服务

具有更高隔离要求的私人线路服务，如用于金融和证券部门的以太网和 SDH 服务，可以由基于 SPN 通道的硬管独立承担。SPN 设备的客户端使用 CBR 映射将物理层上的比特流直接转发到 SPN 大核，网络服务的中间节点使用 SE-XC 进行服务调度。这个实现满足了硬服务隔离、安全性和超低延迟的要求，如图 8-26 所示。

图 8-26 基于 SPN 提供的 CBR 专线服务

如图 8-27 所示，在涉及云与网络协同的私有线路服务场景中，用户端 CPE 支持用户访问和企业虚拟化服务。或接入分支以提供虚拟专用线路连接。

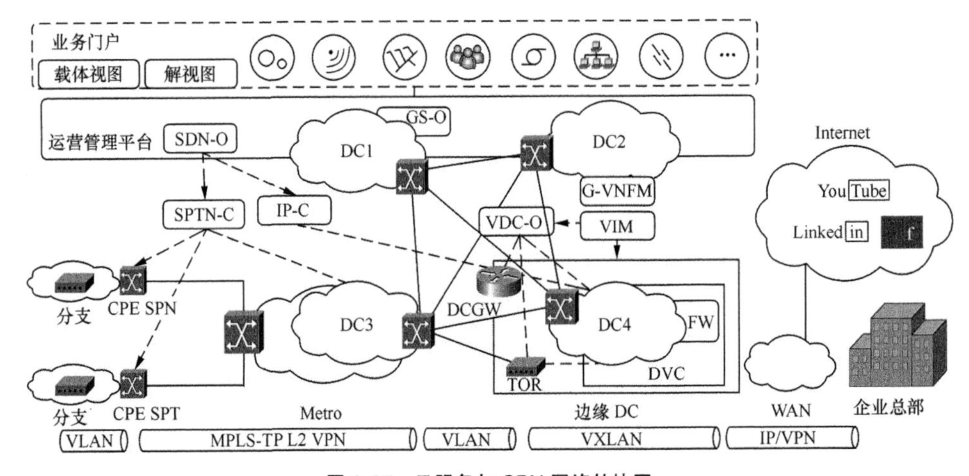

图 8-27 云服务与 SPN 网络的协同

用户服务通过 SPN 访问 DC 用户网关 vMSR 来访问 Internet 和站点。分支中的交换机通过 L2 VLAN 连接 SPN，SPN 将服务传输到 DC 的分支子节点上的 TOR 交换机。DVS 将 L2 业务引导到 vMSR。

SPN 5G 传输解决方案秉承"新架构、新服务、新运营"的理念，支持全新的云服务传输和敏捷网络运营。SPN 利用一个高效的以太网生态系统提供低成本和高带宽的传输通道。SPN 有效集成了多层网络技术，实现了 L1 ~ L3 服务的传输和软硬管片切割。通过基于 SDN 的集中管理和控制，为用户提供了一个开放、灵活、高效的网络操作系统。

除了深入研究，国内运营商 B 还在实验室对 SPN 网络架构和关键技术进行了验证。2017 年 8 月 ~ 12 月，该运营商研究院（CMRI）组织大型设备供应商完成 SPN 原型的实验室测试。测试涵盖各种项目，例如，STL、SCL 和 SPL 不同供应商之间的时间同步和互操作。试验结果表明，SPN 能够满足集成化传输 5G 和人类其他服务的要求。

2018 年，该运营商在多个城市进行小型 5G 服务传输领域的试运行，以促进 SPN 的商业化，使 SPN 在 2019 年能够大规模商业化使用。国内运营商 B 5G 传输网络模型如图 8-28 所示。

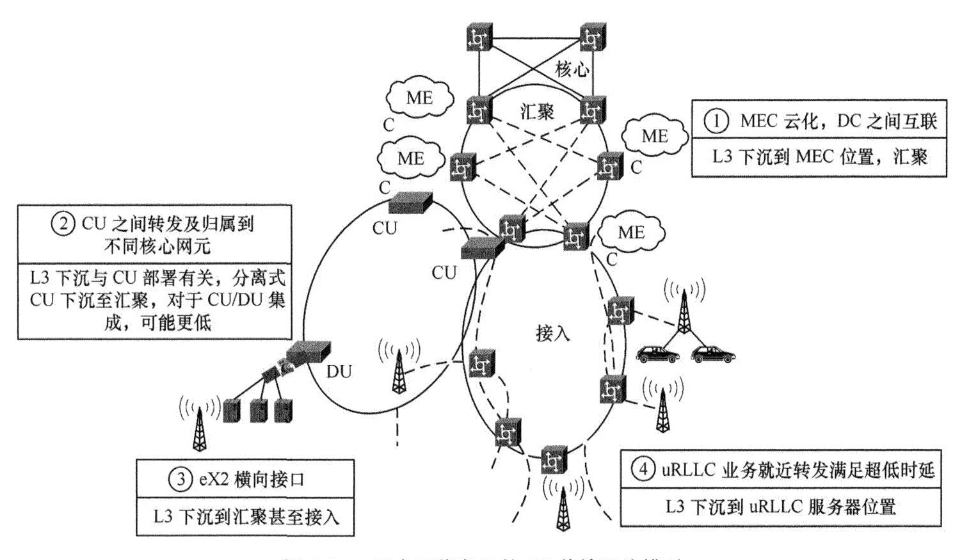

图 8-28　国内运营商 B 的 5G 传输网络模型

8.3.3　城域 5G 传输网可能的演进方向

根据 3GPP 标准制订的进度，2017—2018 年，标准演进到 R15 版本。单站最

大带宽为吉比特每秒量级，端到端时延在 10ms 级别，站间时延在 1 ~ 4ms。

该阶段城域传送网主要围绕 4G 及部分 LTE-A Pro 基站需求，网络重点围绕 PTN、OTN 网络，以提升系统容量为主，适度优化结构或新建承载网络，网络管理方面应加快智能化、信息化部署，推进 SPN、智能 ODN 等建设。

对于网络，仍采用核心、汇聚、接入 3 层组网结构。

（1）核心层面应兼顾物联网需求，满足连接电路数的需求，考虑到单站带宽和站点规模的提升，线路侧应支持 $N \times 1000$ 或 2000 的连接速率，核心节点单设备容量应达到 6.4T 甚至更高。考虑到 CoMP 功能部署后对承载网时延的需求，目前光纤时延的典型值为每千米 5μs，设备时延的典型值为每节点 20 ~ 50μs，对于部分郊县，如果时延超出业务需求，可适当扩大 L3 网络部署范围，下沉 L3 网络至郊县的核心业务收敛节点。

（2）汇聚、接入层面考虑到无线基站带宽需求，应综合提升网络容量和设备处理能力，汇聚层面应提升设备端口集成度能力至 40G/100G，接入层面可能仍以 10G 组网为主，按需叠加 10GE/40GE/50GE 扩容，实现基站回传，随着单站载频增加，集中拉远建站模式下，CPRI 接口带宽不断增长，应视光缆纤芯资源情况，适度扩大有源、无源波分部署规模。

在网络管理方面，应在 PTN 网络中引入并应用 SDN，重点解决 L3 VPN 部署优化、业务快速调整等功能。

根据 3GPP 标准制定的进度，预计 2020—2022 年，5G 标准将发展到 R16 版本。单站最大带宽为 10Gbit/s，端到端最低时延为 1ms 级别。远期网络将面向 LTE-A Pro、5G 为主进行承载。

从演进思路来看，主要方向有网络系统容量提升、网络扁平化、前传承载方式演进、L3 网络下沉、网络智能化及网络切片等。在网络容量方面，核心层单链路速率达到 400G/1T 级别，系统配置容量达到几十太比特每秒级别；汇聚层单链路速率达到 400G/1T 级别，系统配置容量达到 100T 级别；接入层单链路速率达到 40G/100G 级别。网络结构方面，将向扁平化方向进一步演进。核心层逐步简化结构，采用 Mesh 结构，可考虑骨干汇聚点和 L2/L3 桥接设备合一设置，其优点主要在于：（1）减少网络层级；（2）减少一跳设备时延；（3）节省同机房空间和电源等配套资源。汇聚层综合考虑到容量和演进等需求，可考虑优先采用双上联结构。

前传承载方式的演进主要是基于下一代前传接口（NGFI，Next Generation Fronthaul Interface）标准的实现。当前，CPRI 接口被认为无法支持 5G 网络，主要原因在于带宽太大，将达到 100G，这会带来巨大的成本压力。因此，需要重新定义 BIIU 和 RRU 之间的接口，将 BBU 和 RRU 的逻辑功能重新划分，目标是将其分组化，从根本上改变 CPRI 接口结构，减少 HBU 和 RRU 之间带宽。

与之相关的是 L3 网络下沉。不考虑 L3 网络下沉到接入层，未来的网络演进可能方向主要有两种。

（1）L3 下沉到汇聚点。汇聚点内 X2 通过其转发；汇聚点间 X2 通过桥接设备转发；桥接设备间 X2 通过 L3 落地设备转发。

（2）L3 不下沉，仍维持在核心层面，采用集中机房 +C-RAN（NGFI）方式建站。X2 主要通过同集中机房跨设备转发；拉远方式建站；前传通过 NGFI 压缩带宽，这种方案要求以 NGFI 的实现为前提条件。

L3 网络的位置取决于网络建设、工程投资等多方面因素，但三层域越大，配置维护工作量越大，可结合核心网网元 EPC 下沉策略同步考虑 L3 网络下沉。

在网络智能化方面，要能够基于 5G 应用场景自动进行网络资源的适配，通过网络切片，实现"一个逻辑架构、多种组网架构"的形态。从部署角度看，网络切片包括两个阶段，第一阶段主要实现管理平面和转发平面切片，第二阶段主要实现控制平面切片。

受网络、终端、业务、市场及各技术发展的影响，未来 4G 网络与 5G 网络两者会在较长的生命周期内共存，部分 4G 基站会向 LTE-A Pro 演进，LTE-A Pro、5G 初期可能只是在 4G 网络基础上进行补充，比如先实现热点区域覆盖等。

无论是 LTE-A Pro 承载还是 5G 承载，在 SPN 部署、大容量大带宽设备需求、基础资源部署等方面的演进趋势是一致的，传送网络演进应基于可持续发展的原则进行。因此，传送网应适度超前建设，首先满足近中期的需求，同时做好储备，判断明确的发展趋势，通过建设补齐短板，适应未来网络变革。

从演进方案来讲，很可能有 3 种方案，如图 8-29 所示。

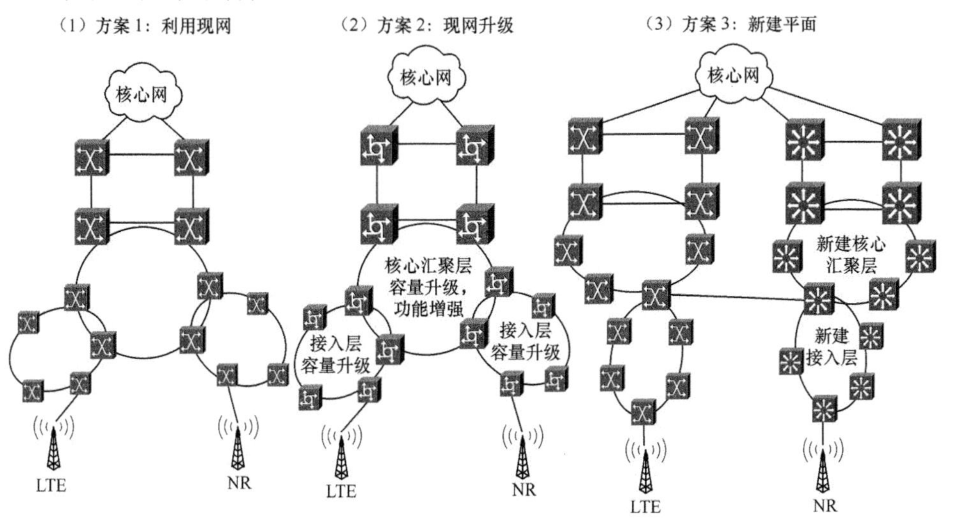

图 8-29　5G 城域传送网演进方案

方案 1：利用现网 5G 业务直接部署在现有传输网上，5G 基站、核心网设备直接接入现有传输设备；在现有平面上新增配置承载 5G 业务，与集客、3/4G 业务共平面；

方案 2：现网升级 5G 业务就部署在升级后的传输网上，现网设备仅小部分支持 5G 业务，大部分需要升级。

方案 3：新建一张传输网承载 5G 业务，新平面采用大容量，新技术。

运营商 B 在 2017—2018 年完成 5G 技术实验，完成无线基本性能测试、标准方案验证及参数选择、面向规划技术验证、面向组网技术验证；从 2018—2019 年完成 5G 规模试验，增加新技术、端到端互通试验和终端样机试验；从 2019—2010 年完成 5G 网络（预）商用，形成面向运营的技术体系、面向友好的业务体验测试、开展规划、组网、建设工作。该运营商认为 5G 不仅是空口的变革，它实际上还是端到端的网络走向虚拟化、云化的一个重构过程。目前已不可能进行现网大规模改造，但是我们可以随着新设备、新技术的引入，逐步过渡到 5G 虚拟化，然后再把 4G 慢慢发展过来。根据该运营商 NovoNet 发展规划图，该运营商希望在 2017—2018 年推动 vMIS 发展，2018—2019 年完成 NB-IoT、vCPE、ONAP 建设，2019—2020 年完成 vEPC、vBRAS、vCDN 建设，在 2020 年实现 5G 网络虚拟化。

传统网络时代，网络被动地响应业务上线、变更和故障处理的需求，基于经验解决各类网络问题，一套网络系统需要 7×24 小时待命。应用 OpenFlow 之后，流表控制的思想就赋予了细粒度控制网络数据的方式，也带来了全局控制的思想。经过每一个网络设备转发的流量和流经网络的全部流量，都可以通过流表的方式来定义，每一个包、每一条流的动作，都可以被精细设置并控制。

与此同时，5G 时代的网络架构重构同样面临挑战，需要有长远的战略规划，同时又要脚踏实地逐步推进网络演进路线。网络架构的重构为现有的网络组织架构、网络的规划建设和运维思路、生产流程和人才带来巨大挑战。

（1）在组织架构方面，未来的网络设施将逐步达到标准化和归一化，除少数务必要采用特制的硬件设备和系统外，其余设备将大规模部署标准化和可云化的硬件设备，并与抽象层技术相结合，达到对于非云化部署，设备实现跨网、跨域、跨专业的端到端资源管控和统一管理，这些都会对目前的专业、行政区域管控的组织架构带来改变。

（2）在运营能力方面，现有网络运营多是刚性固化的，网络扩容成本很高，

扩容周期很长且系统复杂而封闭。未来的网络架构需要按需伸缩，通过 SDN 和 NFV 的跨域协同，真正实现云网的深度协同，为业务、IT 和网络带来了更大的挑战。

（3）在人才队伍方面，现有设备厂商的技术人员大都是基于现网设备，未来 SDN 网络将忽略基础层硬件差异，因此，需要加强设备厂家和运营商专业人员对软件的业务创新和开发能力，以及开源代码的控制能力。

除此之外，当前的 SDN 主要面临技术欠成熟和现网如何演进两大障碍，NFV 主要面临技术欠成熟、现网如何演进与缺乏知识和经验三大障碍，这些也都会制约网络重构的进程。

国内运营商 B 面对以上诸多挑战，要实现网络架构重构，在组织架构方面，要打破专业界限，顺应技术发展；在运营能力方面，则加快建设快速响应、高效灵活的网络运用体系，加强网络的运营和管理；在人才队伍方面，则需要培养新一代网络技术人才，加强服务厂商与运营商之间的培训质量，做好组织架构、运营管理和人才队伍培养的协同工作。

| 8.4　国外运营商：日本软银 |

8.4.1　运营商概况

软银股份有限公司，简称软银，是日本一家电信与媒体领导公司，业务包括宽带网络、固网电话、电子商务、互联网服务、网络电话、科技服务、控股、金融、媒体与市场销售等。软银主要致力于 IT 产业的投资，包括网络和电信，已投资的公司有 Yahoo！、Etrade、eloan、Verisign、ZDnet 等。2015 年 7 月 10 日，中兴通讯宣布和日本软银签订 5G 战略合作协议。双方将针对 Pre5G 商用开展相关验证实验、技术评估和研究开发。

中兴已有明确的推进时间表。在 2015 年第三季度，中兴开始在日本部署、发布 Pre5G 原型机，第四季度完成第一阶段测试，2016 年一季度开启第二阶段测试，其具备商用特性。大范围的商用普及时间点在 2015 年年底～ 2016 年年初，在密集城区和热点地区用 Pre5G 替换 4G 基站。

2015 年 7 月 14 日，华为携手中国移动、日本软银等众多产业合作伙伴共

同发布了 TDD+ 解决方案，TDD+ 是 TDD 技术的长期演进，是 4.5G 的核心组成部分，这意味着在迈向未来 5G 的同时，4.5G 将起到关键的过渡作用。

8.4.2 5G 测试情况

日本软银经营着日本增长最快的移动网和最大的宽带网络。2016 年 9 月 8 日，日本软银召开全球发布会，宣布面向下一代高速通信标准 5G 的项目“5G Project”正式启动，成为全球第一家商用 Pre5G Massive MIMO 的运营商，并计划在 2020 年东京奥运会举办之际实现商用 5G 网络。软银 5G 业务愿景是从“连接 + 流量”向业务运营转型，实现引领 MBB 领域的目标。

日本软银的建设目标是到 2020 年夏季奥运会之前部署完成一定规模的 5G 网络，实现商用，这已经成为它们的政治任务。

图 8-30 所示为日本软银目前的网络结构，现网的区域网络只存在于各个县，从汇聚层路由器连接到中心的核心路由器。将来的 APTN 演进，接入层的 MSAN 2.0 上联到 APTN 之后，将直接汇聚到中心机房，减少网络层次。

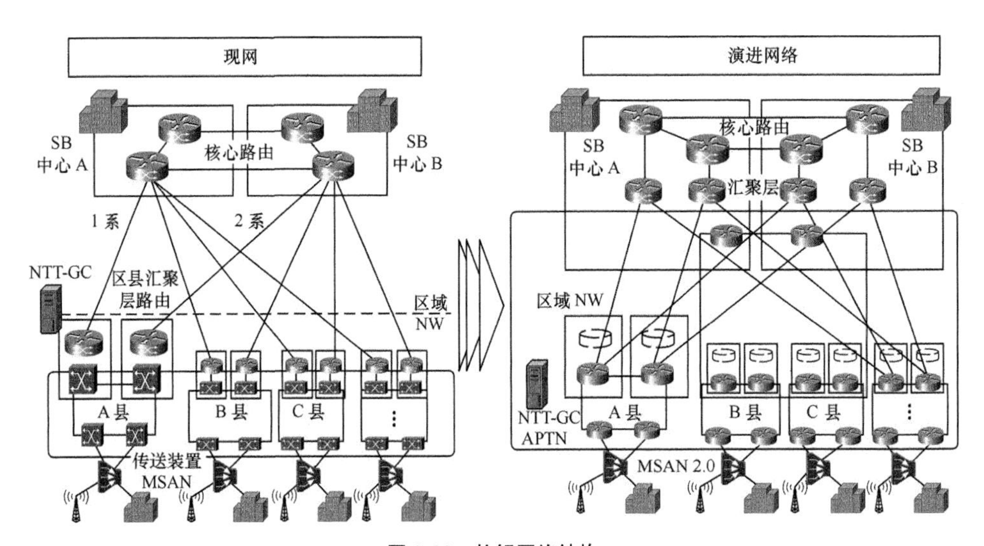

图 8-30 软银网络结构

建网思路：（1）接入层采用 100GE 接口组网；（2）支持 SDN 和 Segment Routing 的 L3 到边缘；支持 MSAN 的固网业务收入，实现移动和固网业务的综合承载。

针对当前承载网都为 10G 平台，面对演进困难的现实，软银提出过新建 5G 网络的方案，它们提出基于 EVPN/VXLAN/SRv6 的 4G/5G/ 云 DC 多业务统一承载。网络目标是无线、MASN、APTN、核心网全面支持 SRv6，目前，软银已在 3GPP 提交 SRv6 草案。

另外，自 2017 年起，日本软银就开始与华为在日本东京进行 5G 承载实验室测试。并多次分阶段展示成果。2017 年 9 月，展示过的 5G 技术主要有超高影像的实时传输和低延时的机械手臂远程控制。

作为全球领先的运营商，软银在 5G 承载领域一直走在行业最前沿，很早就提出了“超大带宽、超低时延、简化运维”的 5G 承载目标网络架构，并对移动承载网的建设提出了明确的诉求，包括降低每比特承载成本、保障高可靠性、简化运维、推出 5G Ready 方案。

基于对华为 IP+ 光极简网络（极简架构、极简协议、极简拓扑）理念的认可，软银选择采用华为 X-Haul 5G 承载解决方案用于 5G 承载网的实验室测试。测试方案的主要特点如下：（1）构建了局部 Mesh 化逻辑网络，以满足未来 5G 业务对超低时延的诉求；（2）以 Segment Routing/EVPN 实现弹性连接架构，简化了 IP 组网协议，有效匹配软银的企业、移动、家庭等全业务承载诉求；（3）基于华为网络云化引擎（Network Cloud Engine）实现业务配置自动化，软银实现了端到端跨域业务分钟级发放，从而进一步简化网络运维，有效降低了 OPEX。

针对 5G 接入方式的多样化，华为 X-Haul 提供前传、后传全覆盖的整体解决方案，通过 IP/ 微波 /OTN 多种接入技术灵活组网，实现有无光缆、前传、回传的全场景灵活接入。在回传场景，华为采用 50GE/100GE 自适应分片路由器，在提供 50GE 基站接入能力的同时，无缝兼容 100GE；针对无光纤场景，华为推出了 5G Ready 的微波解决方案，通过同频段、跨频段的载波聚合等技术实现容量的平滑升级，实现任意媒介的 10GE 到站；在前传场景，华为采用 100G 室外型波分，与基站共站部署，有效节省了光纤资源。

同时，X-Haul 全面引入云化架构，实现 5G 承载网的敏捷运营。管控层面通过网络云化引擎对 IP、光和微波等不同的网络介质进行集中协同和编排，设备层面引入 Segment Routing/EVPN/OSP-TE 等协议，简化承载设备控制，统一业务模型，实现承载网的全生命周期自动化管理，将网络的运营和运维效率提升近 10 倍。

X-Haul 采用 FlexE(灵活以太) 技术实现端到端网络切片，帮助运营商实现新业务的快速创新。FlexE 可以基于时隙调度将一个物理以太网端口划分为多个以太网弹性硬管道，实现同一切片内业务统计复用，切片之间业务互不影响。同时，通过网络云化引擎实现基于 FlexE 的网络切片与无线、核心网端到端协同，支持对每个切片的灵活创建、带宽按需调整、SLA（服务等级承诺）按需保证和故障快速定位，一网多用，最大化回传网络价值。

最后，华为 X-Haul 支持基于现网的灵活扩展升级，面向未来持续演进。在接入层创新地引入高性价比 50GE 技术，降低 30% 建网成本，未来可以基于 FlexE 平滑升级到 100GE；汇聚核心层通过 IP+ 光两层架构组网，IP 层支持 200GE/400GE 接口，光层实现波长一跳直达，单波带宽按需扩展至 200G/400G。实现 4G 承载 5G 化，最大化地保护运营商的投资。

8.5 国外运营商：韩国 KT

8.5.1 运营商概况

KT（Korea Telecom）是韩国的电信公司，以电话通信、高速网络等有线及无线通信服务业为主。KT 公司（KT Corporation）也被称为 KT，前身为韩国电信，它是韩国一家有线 / 无线综合通信服务提供商。该公司侧重于信息和通信业务，它占有韩国本地电话和高速互联网业务的最大市场份额。最初，该公司成立于 1981 年，它是一个公共公司，它使韩国进入信息时代，并促进韩国成长为全球公认的 IT 强国。

2009 年，KT 公司与其移动子公司 KTF 合并，整合固定和移动业务。最初，它负责引入 iPhone 到韩国市场，它不断寻求新的业务领域，如媒体、虚拟物品。

KT 公司拥有 4 个基本经营理念：能想到“箱子”外（创新管理），实现顾客的梦想（面向未来的管理），读取客户的想法（基于通信的管理）和激发客户（提供真正的移动服务）。它是全球信息技术和通信技术融合的领导者——描述了公司的承诺，让其创新技术的融合发生巨大的飞跃。

2012 年，KT 公司收入为 201668.17 亿韩元，共有 32186 名员工。2015 年 5 月 8 日，韩国电信公司推出了以 LTE 数据流量计费的手机资费新模式。2015 年 3 月 1 日，在世界移动通信大会（MWC）期间，中国移动与日本 NTT DOCOMO、韩国 KT 共同发布了由奚国华董事长、加藤薰社长、黄昌奎会长签署的 5G 合作联合声明。

声明指出，4G 的广泛应用和移动互联网的高速发展，会推动移动通信技术和产业的新一轮变革。同时，随着物联网的兴起，移动通信技术会向更广阔的新业务和新领域渗透。为实现 4G 向 5G 的平滑演进，构建一个可持续发展的 5G 生态系统，运营商应该一如既往发挥积极的作用。三大电信运营商会进一步把 4G 阶段的紧密合作延伸至 5G，共同针对亚洲市场研究和丰富 5G 的需求，探索 5G 的新业务、新的垂直市场，开展 5G 关键技术及系统验证，并与全球标准化组织（如 ITU、3GPP、GMSA、NGMN 和 GTI 等） 合作以实现全球协调一致的频谱规划和统一的 5G 标准。

8.5.2　5G 初商用情况

韩国政府早已宣布“2018 年平昌冬奥会”为 ICT（信息通信技术）奥运会，以引领第四次工业革命，因而融入了各种 ICT 技术，尤其是 5G。韩国举办的第 23 届冬奥会（2018 年 2 月 9 日 ~ 2 月 25 日）实现了 5G 首秀，由韩国运营商 KT 联手爱立信（基站设备等）、三星（终端设备等）、思科（数据设备等）、英特尔（芯片等）、高通（芯片等）等产业链各环节公司全程提供的 5G 网络服务，成为 5G 全球首个大范围的准商用服务。韩国电信（KT）、爱立信、思科、三星和英特尔等将联合为此次 5G 应用提供基站、网络设备和终端支持。

现在我们就以平昌冬奥会官方通信合作伙伴、韩国运营商 KT 的“平昌 5G 试商用网”为例，介绍这届 ICT 冬奥会场景中的 5G 应用和网络。

2018 年 2 月的韩国平昌冬奥会的开幕式，融入了无人机、AR、5G、AI、智能汽车、物联网、大数据……各种酷炫的科技元素。此外，本次冬奥会主要为用户提供沉浸式 5G 体验服务，包括同步观赛、互动时间切片、360° VR 直播等。韩国电信在花样滑冰馆安装 100 台摄像机，基于速度是 4G 百倍的 5G 网络，现场观众可以从更多视角更低时延地观看比赛。三星在多个场馆提供 200 台支持 5G 的平板电脑，观众可以通过平板获取各种内容和赛程数据。此外，韩国电信还设置了展示厅，整合 5G 网络和 VR，提供模拟跳台滑雪等体验。该 5G 试验网还测试了 5G 自动驾驶、无人机、全息技术等。

（1）同步观赛（Sync View）。

如图 8-31 所示，该应用就是在运动器材、运动员身上安装传感器、高清摄像头并配置 5G 通信模块，将数据实时通过 5G 网络传送，观众可以通过手机或电视，以运动员的第一视角来观看赛事直播。

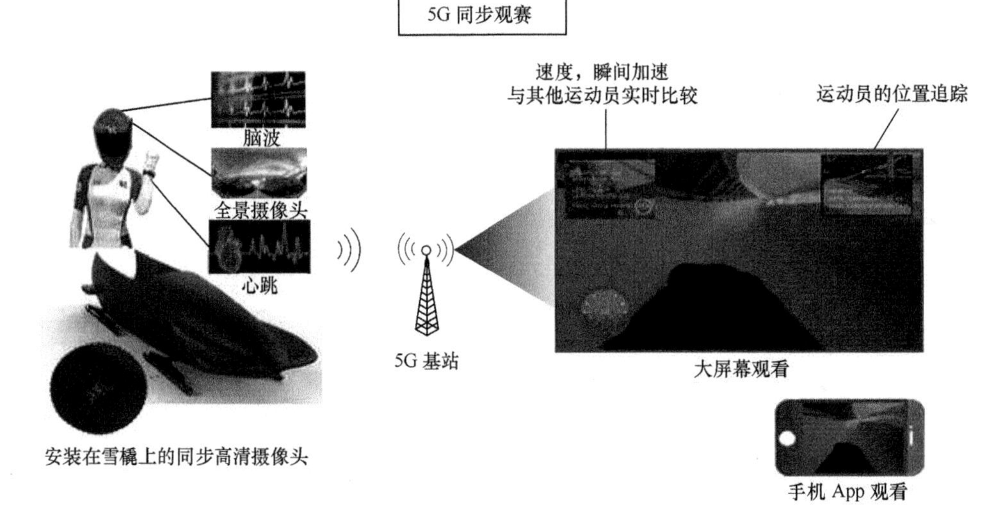

图 8-31 同步观赛

（2）互动时间切片（Interactive Time Slice）和 360° VR 直播。

如图 8-32 和图 8-33 所示，360° 全景 VR，就是在不同的赛场、赛场内不同的角落安装 360° 全景摄像机，再通过 5G 网络将高清视频信号实时传送到观众席的 VR 区域。观众可以沉浸式体验赛场的每一个角落，还可以切换到运动员的休息室、等待区等。

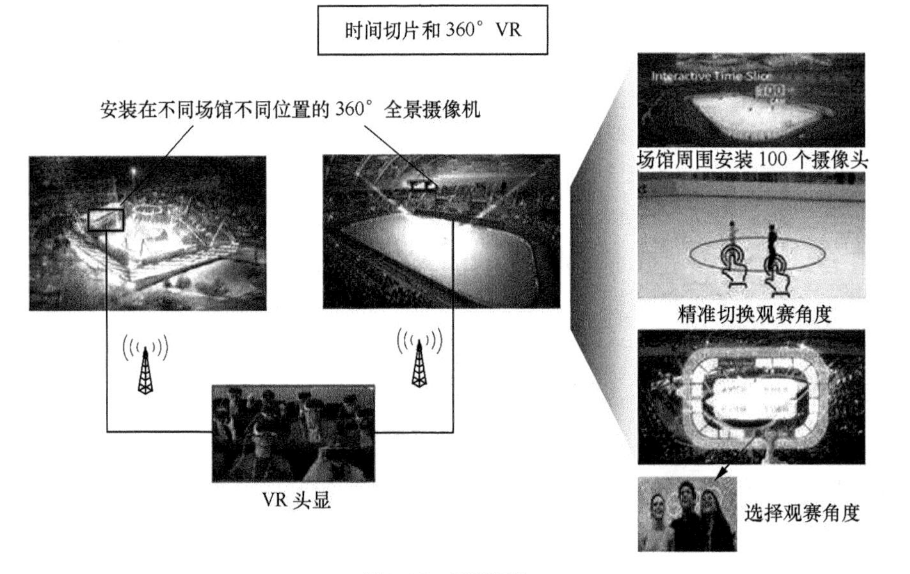

图 8-32 时间切片

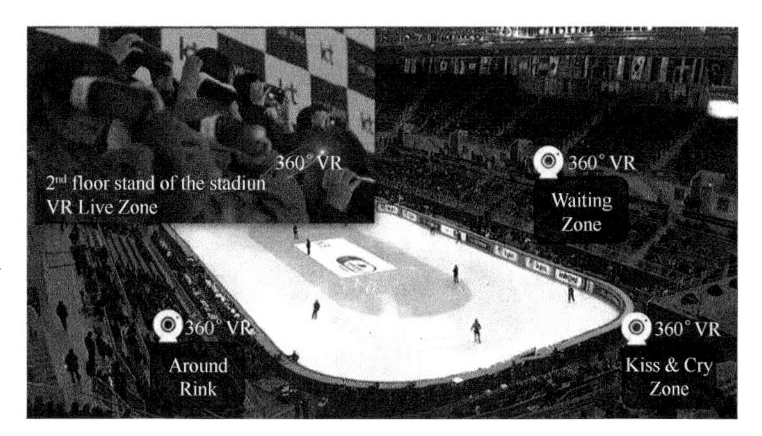

图 8-33　全景 VR

如图 8-34 所示，互动时间切片就是在赛场周围安装多达 100 个摄像头，获取不同角度的视频信息。用户在通过手机观看比赛时，不仅可以选择从不同的角度来观看比赛，还可以随意回看精彩瞬间。

在场馆周围安装 100 个摄像机
360° 全景观看比赛

随意调整观看角度
回放精彩瞬间

图 8-34　互动时间切片

总之，5G 技术彻底颠覆了人们传统观看体育比赛的方式，让观众享受到沉浸式的观赛体验（如图 8-35 所示）。

传统观赛　　沉浸式体验

图 8-35　沉浸式体验

支撑这些服务的背后是一个怎样的 5G 网络呢？让我们在技术和组网层面展开分析。

2016 年 6 月，韩国 KT 与三星电子、诺基亚、爱立信、英特尔、高通等多家设备商和芯片商的合作伙伴为支持平昌冬奥会 5G 网络的部署，专门设立了 5G-SIG(Speical Interest Group)的团队，计划在冬奥会上使用多项创新技术。它们还为 2018 年平昌冬奥会制定 5G 技术规范，内容包括 ITU 和 3GPP 对 5G 的技术要求和关键技术。

这就是著名的 5G-SIG 标准，该“5G 标准”与美国运营商发起的 5GTF 标准一样，属于非 3GPP 标准，当时一度使业界普遍担心 5G 标准会碎片化（但现在无须再担心，业界已达成共识，5G 标准要统一化）。

如图 8-36 所示，该 5G 标准的 KPI 和 3GPP 一样，峰值速率要求达到 20Gbit/s(带宽 800MHz)，时延小于 1ms，正是如此，超高性能的 5G 网络支撑了上述 5G 服务。

图 8-36　5G-SIG 标准

但是，除了无线传输性能大幅提升之外，为了支撑 5G 服务，平昌 5G 试商用网的网络构架和 4G 网络也不一样，如图 8-37 所示。

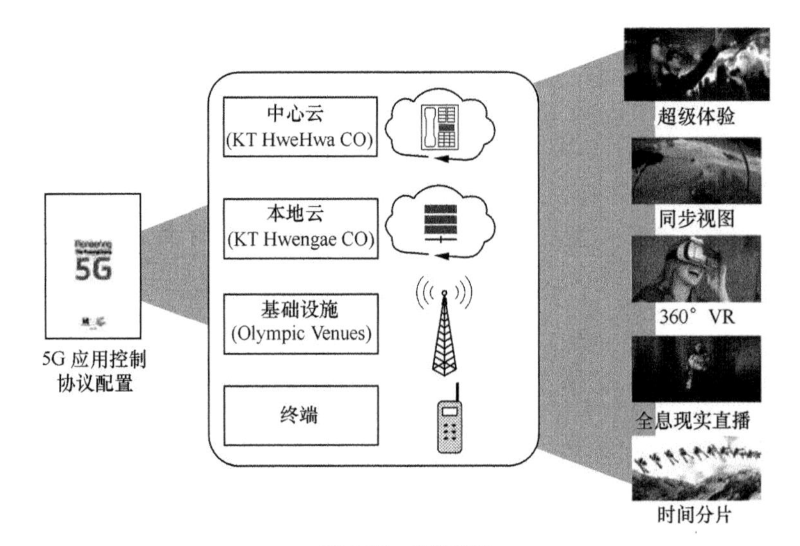

图 8-37　网络构架

首先，为了支持高速率、低时延应用，该网络的核心网采用了用户面下沉和云化部署方式，它们在首尔研发中心部署了一个中心核心网节点，在平昌、

江陵附近部署两个边缘节点，组成分布式构架，如图 8-38 所示。

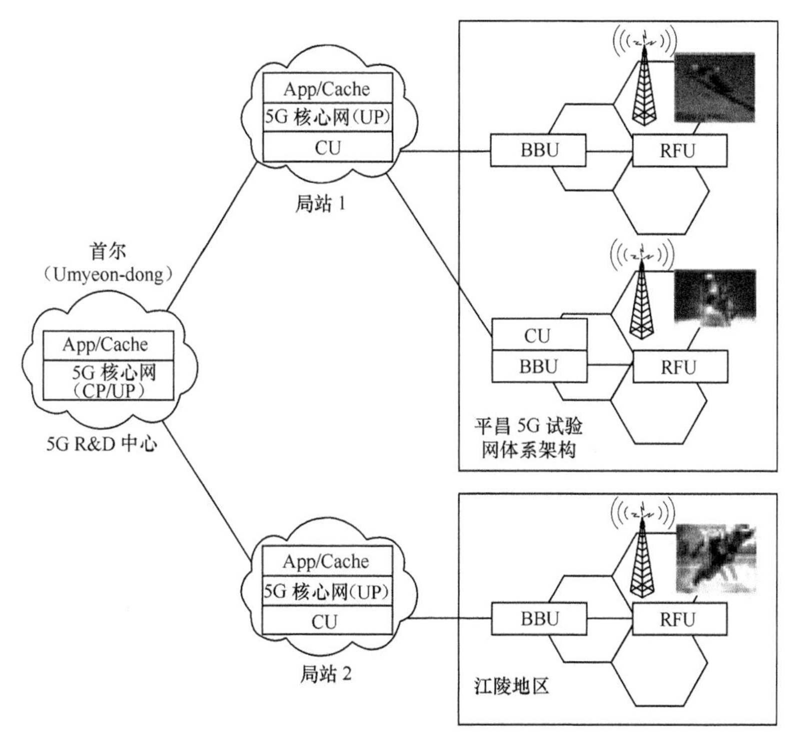

图 8-38　核心网分布式架构

这样做的目的是，确保边缘节点在物理距离上更接近用户，每个边缘节点配置了应用服务器和缓存服务器，以实现交付低时延、高流量的 VR、高清视频。比如，观众在用 VR 观看比赛时，摄像机采集的海量视频数据无须传送到首尔研发中心的中心核心网，而只需传送到靠近赛场的边缘节点，再传送到观众的投影显示上，传输的物理距离更近，保证了更加实时的观赛体验。

边缘节点还配置了缓存服务器，这就支持了观众可随意回看精彩瞬间。

接入网采用分离的 RAN 架构（如图 8-39 所示），将 LTE 接入网的 BBU 和 RRU 两级构架演进为 CU、BBU 和 RFU 三级结构。

CU：原 BBU 的非实时部分分割出来，重新定义为集中单元（CU，Centralized Unit），负责处理非实时协议和服务。

BBU：剩下的功能仍保留在 BBU 中，负责处理物理层协议和实时服务。

RFU：射频单元，相当于集成了天线的 RRU。

CU 功能可以根据业务实时性要求灵活部署。对于实时性要求不高的业务，CU 可部署于边缘节点；对于实时性要求极高的业务，CU 和 BBU 集中部署于中心机房（基站）。

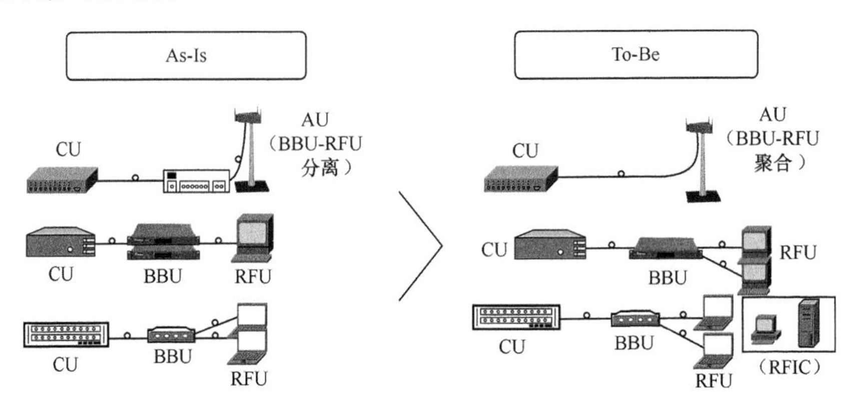

图 8-39　无线接入架构

核心网采用了用户面下沉和云化部署的方式，中心核心网节点部署在首尔，同时在平昌、江陵部署两个边缘节点。此次 5G 服务网络最高数据传输速率达到 20Gbit/s（带宽 800MHz），比目前 4G LTE 技术的最高速率（400 ~ 500Mbit/s）快 40 ~ 50 倍，时延小于 1ms，系统容量提升 100 多倍。

如图 8-40 所示，关于本次平昌 5G 基站，本次 C-RAN 也采用了虚拟化技术，通过云化 BBU 池、共享资源的方式来应对难以预知的海量数据流量，即大量流量处理和转发由虚拟化技术完成，这极大地考验了通用处理器的性能，也包括 5G 射频 RFIC 芯片。

图 8-40　5G 基站

KT 的创新技术包括以下几点。

1．控制信号的精简设计

4G 时代控制信号传输适配 4G 应用，但 5G 时代某些应用需要海量的控制信号，比如自动驾驶。对控制信号的传输进行精简设计，会大幅减少控制信号

的开销，这有效地提高了无线资源的利用率以及能源效率。

2. 独立帧结构

独立帧结构是指在同一个子帧中既包含上行控制，又包含下行控制，同时也包含数据。独立帧结构可以提高资源利用效率，大幅降低时延，特别适用于 5G 的 uMTC 和 mMTC 场景。

3. 动态 TDD 技术

虽然协议规定传统的 TDD 网络的配比有 7 种，5ms 的 4 种，10ms 的 3 种，但现网应用涉及诸多因素，上下行时隙配比通常是 3:1 或 2:2，资源被固定，而动态 TDD 技术允许 TDD 在上下行对资源进行动态调整，尤其适合突发场景的应用，比如体育场等，是基于业务需求的一种使能技术，当然该技术的实现也要依赖于终端的支持。

4. 高频通信

高频通信是使用基于 6GHz 以上的频谱实现的超宽带技术，因为 6GHz 以上可用于移动通信的频谱资源非常丰富，可以在高频段获取几十甚至数百兆赫兹的连续频谱带宽，所以高频通信是未来技术发展的方向。

与 4G 使用的低频相比，虽然高频的穿透、反射、衍射、雨衰等特性导致覆盖范围较小，覆盖范围会受限，但从公式 $v=\lambda f$，我们可知，基于更高的频段意味着电磁波的波长更短，波长短意味着单位面积可以集成的天线 element 更小、更多，通过增加功率，优化算法，波束赋型能力会得到大幅提高，因此，实际高频通信在外场应用的覆盖能力也在接受范围之内，适合热点场景的覆盖。

5. 波束赋型技术

BF 技术通过大规模天线阵列形成的方向波束来实现，不但具有阵列增益，同时通过相位加权，迫使电磁波束聚焦、定向、增益增大，能有效对小区边缘的客户接入成功率和客户感知进行提升。

6. 4G/5G 的互操作

4G 网络与 5G 网络的应用需要进行衔接，因此，4G/5G 互操作显得非常重要，可以考虑数据业务由 5G 来承载，控制信号由 4G 来承载，确保高速可靠的连接，同时也确保覆盖的连续性。

总之，这次平昌冬奥会不仅是一次体育盛会，更是一次信息通信技术盛宴，平昌冬奥会 5G 服务应用的四大关注热点如下。（1）基于 3GPP NSA 标准，3GPP 于 2017 年 12 月完成非独立组网标准（NSA），2018 年 6 月完成独立组网标准，韩国冬奥会 5G 服务是基于 2017 年 12 月完成的非独立组网标准（NSA）；（2）高频段先行，解决热点容量是重点：韩国 5G 也分中频段和高频段两种频谱，5G 第一阶段频谱主要在 3.4 ~ 3.7GHz 和 27.5 ~ 28.5GHz 两个

频段。此次平昌冬奥会就是在 28GHz 的高频段实现 5G 应用；（3）第二大运营商 KT 抢先部署：韩国第二大运营商 KT 早在 2016 年就在平昌及冬奥会场馆进行 5G 网络测试，此前第一大运营商 SK 也曾宣布为平昌冬奥会 5G 商用做准备；（4）参与的设备商，此次 KT 为平昌冬奥会提供 5G 应用服务，选择的基站设备供应商是爱立信，数据设备供应商是思科、终端设备（平板）供应商是三星。

韩国 KT 平昌冬奥会 5G 的 3 点借鉴意义如下。

（1）用户需求和移动网络流量升级是运营商网络部署的源动力，韩国国内市场虽然较小，却拥有 SK、KT 和 LG 三大知名运营商，且根据 AKAMAI 发布的报告，韩国宽带网速已经连续多年位列全球第一，其原因是韩国的年轻用户对视频体验的要求高，对移动流量和速度需求高。

（2）每一代通信网络迭代更替，份额落后的运营商都有弯道超车的机遇，抢先部署的诉求大。通过对韩国三大电信运营商 5G 商用部署的简单回顾，不难发现，KT 对 5G 网络的商用部署一直以来都最为激进，其原因是 4G 时代，KT 位居行业第二的市场地位受到 LG 的威胁，5G 网络升级便成为 KT 维持并提高市场份额的关键机遇。

（3）运营商对通信网络提前布局，往往带动本土产业链的崛起。在 3G/4G 时代，韩国在全球无线网络的前卫发展就已经给三星贡献了市场份额。根据新闻数据，2011 年，韩国 LTE 商用之前，三星智能手机在韩国本土的市场份额为 50%，苹果的市场份额为 7%。到 2012 年，LTE 在韩国商用普及之后，三星市场份额上升至 62%，而苹果的市场份额下降至 3%。三星作为韩国本土设备商，将大概率受益于韩国对 5G 商用网络的率先布局。

第9章 5G基站承载组网分析

本章将聚焦于5G的基站规划、承载网建设，从提升网络性能、降低建设成本、优化设备配置等原则出发，对分析多种承载网的组网方式以及配置规模进行多方案比选和论证，得出初步结论。

9.1 目的和任务

5G 的建设周期很长，长远来看，完全覆盖是 5G 的终极目标。但是建设的先行区域一定是在人口密度高、消费需求大的大城市。我国国土面积广袤，人口多，分布不均匀，想建成一个全面覆盖、性价比高的 5G 通信网，如何科学投资是一个重大课题。如何控制建设成本，或者说，采用什么样的组网模式，才能达到 5G 承载网建设的最佳经济成本，是我们需要研究的重点问题。本章我们将通过对无线基站数量、布局、场景类型的分析，结合各种基站的承载需求，计算承载设备组网中的单节点容量、环网容量、组网站点数，从而确定组网方式，以及上联方式。通过对多种方案比选和论证，确定承载设备组网的具体步骤和设备配置原则。对无线基站的承载这一任务，做出抽象化的流程和可以依循的步骤，为大规模组网做好基础准备。

9.2 4G 承载网建设回顾

9.2.1 4G 无线基站需求

LTE 站点带宽需求

早期无线专业预测 LTE 单基站 / 单载扇的无线数据峰值速率将达到 320M。

此外，4G 与 3G 相比增加了 eNodeB 和 EPC 之间（S1-MME 和 S1-U 接口，以及 eNodeB 之间（X2 接口）的通信需求。

根据 3GPP 相关 LTE 标准，E-UTRAN 对承载网的需求如下：

（1）速率为 150 ~ 200Mbit/s；

（2）S1 的时延需求为 5 ~ 10ms，X2 的时延要求小于 20ms；

（3）FDD 模式下的 LTE 频率同步要求为 50ppb，时间同步要求为 4μs（MBMS SFN 场景），TDD 模式下的 LTE 频率同步要求为 50ppb，时间同步要求为 3μs；

（4）LTE 通信应能实现点到点（S1 接口）、点到多点（X2，S1 多归属）的需求。（S1 接口：eNodeB 和 EPC 核心网的逻辑接口，主要承载用户业务流量，占空口总流量的 90% 以上；X2 接口：eNodeB 间的接口，主要传送切换信息，占空口流量的 3% ~ 5%。）

以 LTE FDD 站点为例，LTE 的 E-UTRAN 侧接口主要包括 S1 和 X2 接口。eNodeB 直接和 EPC 通过 S1 逻辑接口相连，相邻 eNodeB 之间通过 X2 逻辑接口直接相连。因此，接入网每个 eNodeB 的传输带宽需求应为 S1 接口和 X2 接口的流量之和。E-UTRAN 系统结构如图 9-1 所示。

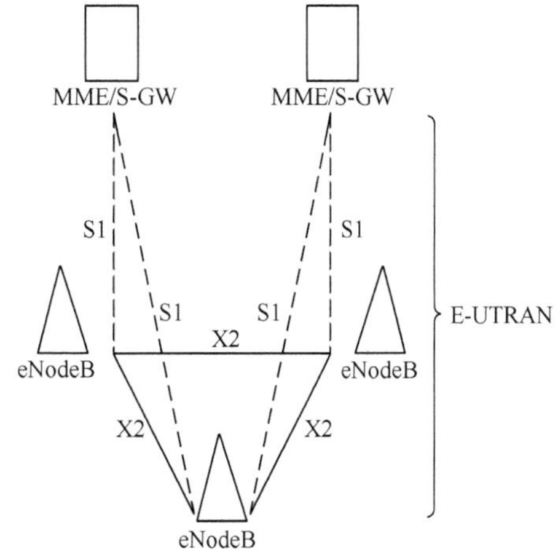

图 9-1　E-UTRAN（eNodeB 接入网）系统结构

LTE-FDD 站点单小区带宽配置，主要应基于两种策略进行带宽配置，其站点带宽指标如表 9-1 所示。

表 9-1　LTE-FDD 站点带宽指标

无线空口带宽（MHz）	20
小区忙时平均吞吐率（Mbit/s）	34
eNodeB 3×1 忙时平均吞吐率（Mbit/s）	102
eNodeB 6×1 忙时平均吞吐率（Mbit/s）	204
传输开销因子	1.14 ～ 1.17
eNodeB 3×1 峰值吞吐率（Mbit/s）	150
eNodeB 6×1 峰值吞吐率（Mbit/s）	300

（1）基于系统性能策略的单站传输带宽配置如下。

单站 eNodeB 3×1 的 S1-U 的带宽 =max（102Mbit/s，150Mbit/s）×（1.14 ~

1.17）。

单站 eNodeB 6×1 的 S1-U 的带宽 =max(204Mbit/s，300Mbit/s)×(1.14 ~ 1.17)。

单站 eNodeB 3×1 的 X2-U 的带宽 = 单站 S1-U 带宽 ×0.05=8.55 ~ 8.78Mbit/s；

单站 eNodeB 6×1 的 X2-U 的带宽 = 单站 S1-U 带宽 ×0.05=17.1 ~ 17.56Mbit/s；

按照 1 个 BBU 带 3 ~ 6 个 RRU 考虑。

单站传输带宽 = 单站 S1-U 的带宽 + 单站 X2-U 的带宽 =179.6 ~ 368.55Mbit/s。

（2）基于业务模式策略的单站传输带宽配置如下。

单站 eNodeB 3×1 的 S1-U 的带宽 =102Mbit/s×(1.14 ~ 1.17)=116.3 ~ 119.3Mbit/s。

单站 eNodeB 6×1 的 S1-U 的带宽 =204Mbit/s×(1.14 ~ 1.17)=232.6 ~ 238.6Mbit/s。

计算模型的场景，LTE-FDD 网络部署是需要完成覆盖区域内的深度覆盖，建议配置足够宽容量满足 LTE-FDD 峰值吞吐率的需求，此时单站的传输带宽建议为 370Mbit/s，BBU 上行配置一个 GE 端口。

通过 5 年时间的建设，以中国移动为例，目前已经建成全球最大的 4G 网络，4G 基站超过了 200 万个，覆盖人口超过 13 亿。截至 2018 年第一季度，我国 4G 基站的数量达到了 339.3 万，4G 网络规模位居全球首位，深度覆盖城市和乡村，4G 用户在移动电话用户中占比已经达到 72.2%。如此庞大的基站数量，是如何完成回传承载的呢？我们下面进行展开。

9.2.2 IPRAN 组网模式回顾

有些运营商在 4G 建设中，选择了 IPRAN 作为基站回传的承载设备。

IPRAN 可以承载 3G 和 LTE 业务，也可以承载政企客户 VPN、互联网专线这种 IP 化的业务。政企客户根据客户级别的不同，要求也不同，对业务接入后的上行通道和 QoS 要求非常多样化。随着 4G 进程的加快，运营商对 4G 建设速度有很高的要求。在这种情况下，将 IPRAN 定位为无线业务专用传送承载网的思路，可以最快速、简省地确立建设方案。

常用的组网方式分为三层。接入层与基站相连的为汇聚层 A 类路由器，汇聚层由 B 类路由器来汇聚若干 A 类路由器，组网方式可以是环形，也可以是链

形。再上面一层为核心层路由器，一般用大容量高密度的核心层路由器直接与 BSC 或 IP 骨干网相连。IPRAN 网络结构如图 9-2 所示。

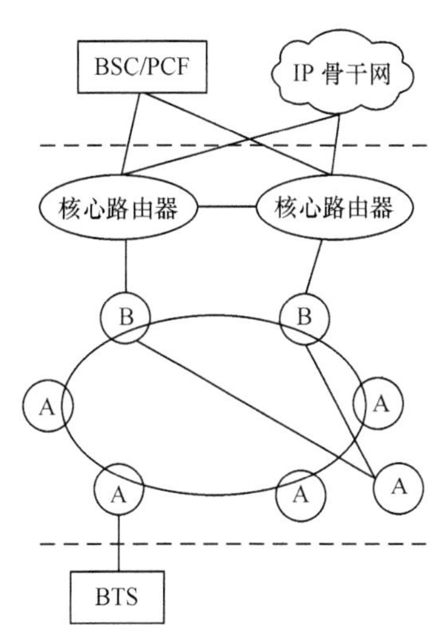

图 9-2　IPRAN 的网络结构

A 类设备主要用于基站接入，支路侧以 GE/FE 接口为主，线路侧以 GE 接口为主。A 类设备又分为 A1 和 A2 型。目前，比较广泛采用的是 A1 型，它的典型配置为 4GE+4GE/FE（自适应）+2FE，满足 3G 和 LTE 容量需求，性价比较高。将来，LTE Advance 阶段可采用容量更大的 A2 设备。

初期组建的 IPRAN 网络，一般在业务侧配置 1×GE（LTE）+1×FE（动力监控）+1/2×FE（1X/DO）；在网络侧的端口一般配置 2GE（GE 组环）或者 4GE（组建 2GE 环）；备用端口一般预留 1×GE+1×FE。

一个 A 类设备承载多个基站（X 个 3G 站，Y 个 LTE 站）时，需要配置的总端口数量 =5×GE+2×FE+X×GE+Y×（1 ～ 2）FE。

B 类设备用来汇聚来自接入设备的流量，然后至城域 ER，业务侧接口以 GE 为主，网络侧接口以 GE 和 10GE 为主。B 类设备也分 B1 和 B2 两类。B1 类路由器可配置端口容量为 60G，B2 类路由器可配置端口容量为 120G，目前以 B1 类设备为主。

核心层设备称为 ER 设备，在不同的网络层级包括 3 类 ER：汇聚 ER、城域 ER、省级 ER。汇聚 ER 是用来汇聚 IPRAN 城域内部分区域流量的设备，简称 D-ER；城域 ER 是用来汇聚 IPRAN 城域内流量的 ER 设备，简称 M-ER。

IPRAN 以 IP/MPLS 协议及关键技术为基础。主要面向移动业务承载和政企专线业务的承载网络，以省为单位统一建设，由接入层、汇聚层及核心层组成。IPRAN+MCE 提供端到端移动业务承载，IPRAN+ASBR 提供端到端政企业务承载。IPRAN 整体架构如图 9-3 所示。

截至 2017 年年底，IPRAN 网络已经全国覆盖，在一个中型本地网中，IPRAN 一般由 10 对 ER，数十至数百对 B 类设备、数千台 A 类设备组成。各层间设备数量汇聚比均达到比数十左右。从设备数量上看，核心、汇聚层均实现了高度收敛。

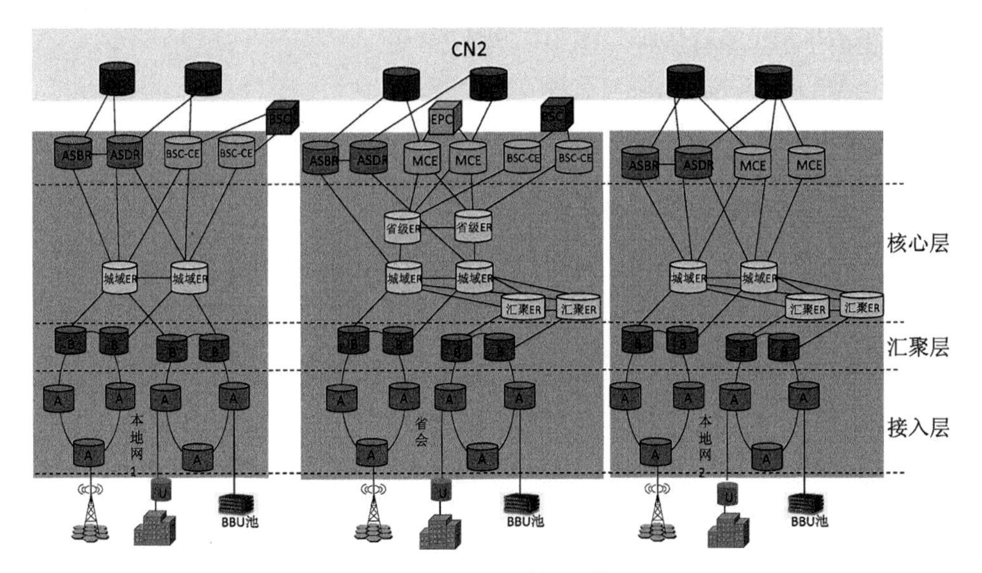

图 9-3　IPRAN 整体架构

以某运营商为例截至 2017 年年底，全国 IPRAN 网络中敷设核心 ER 近万台，汇聚层 B 设备 2 ~ 3 万台，接入设备 A1 近 30 万台，A2 近 15 万台。平均一个本地网拥有核心层 ER 设备 20 台（10 对）；汇聚层 B 设备 80 台（40 对）；接入层 A2 设备约 500 台、接入层 A1 设备约 100 台。

全国平均每台 A2 设备接入 4 ~ 5 个基站 BBU 或者政企客户节点。

4G 基站统一采用 GE 接口接入 IPRAN 网络，单基站（1 个载波、3 个扇区的 RRU 称作 1 个基站；同址又建设不同频段的 2 个站）的峰值流量不超过 300M，目前，现网单基站实际均值流量一般不超过 10M。随着业务的发展，我们预计 4G 均值流量还有很大的增长空间，估计会在 50M 左右稳定一段时间。

据此预测，可以得出 IPRAN 接入汇聚层在一段时间里能满足 4G 用户需求的结论，主要瓶颈在核心层。部分省级 ER 流量已经达到数百吉字节，大的城域网 ER 到省级 ER 的流量也近百吉字节。因此，ER 设备肯定会大量升级到 100GE 端口。自 2018 年起，4G 的建设已经基本完成，以后的接入层设备，特别是在 BBU 集中的节点，建议直接采用 A2 设备。同时提升 A 设备的成环率。

我们可以对 4G 成熟期 IPRAN 组网的带宽能力进行预测计算。

接入层：采用 GE 环网（东西向共 2G 带宽），每个环不超过 10 个基站，环上流量预测 =300M（峰值）+9×50M（均值）=750M；汇聚层：采用 10GE 链路，一对 B 设备（上行共 20G 带宽）下行不超过 100 个基站，B 设备对上行流量预测 =10×300M（峰值）+ 90×50M（均值）=7.5G。这种提供带宽的能力，

应该满足 4G 不限量套餐中长期的发展要求。

9.2.3　4G 基站承载网格化计算方法和步骤

1．4G 基站网格化规划计算方法

由于行政区的范围较大，因而以行政区为单位分析网络覆盖情况和用户的行为，无法细致分析问题，如用户分布及使用的情况等。因此，需要把预规划区按照一定规则划分为多个网格，从而把一个复杂的实体模型分成若干简单的模型进行规划，然后通过站间距和小区面积计算得出一个网格需要增加多少站址，站间距和小区面积计算如图 9-4 所示。

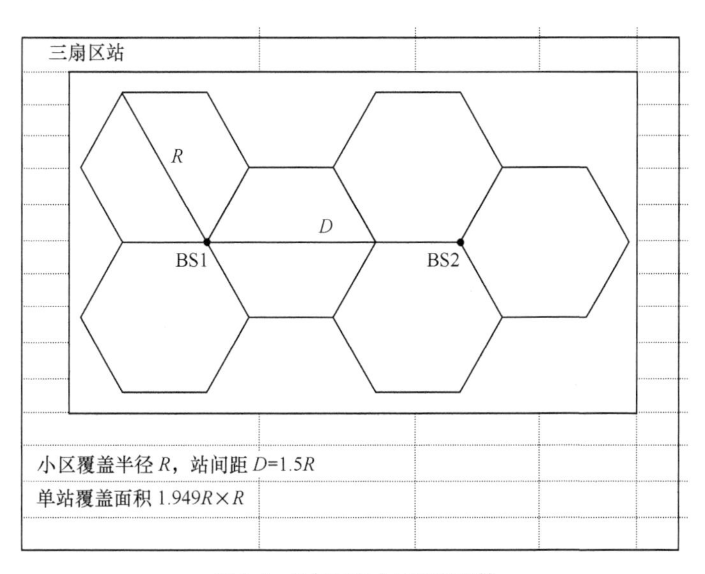

图 9-4　站间距和小区面积计算

（1）场景分类。

按照对本地网有效覆盖区域的不同将场景划分为密集市区、一般市区、县城、乡镇、农村、高铁、普通铁路和高速、高速以下道路。

（2）网格划分。

将网格划分为物理网格和逻辑网格，根据行政区划分出物理网格，根据交通线划分出逻辑网格。

物理网格分为主网格和子网格：主网格是按照各本地网行政区域划分的区县分公司或者营销中心；子网格是在主网格范围内根据某一连片区域的场景属性、基站数量划分的。

（3）网格分类。

主网格可根据场景属性分为 A、B、C 这 3 类。A 类网格为地级市城区及城区周边；B 类网格为县级市城区及周边；C 类网格为乡镇农村；

子网格划分是在主网格场景属性的基础上进行细分。A、B 类主网格中的子网格按交通枢纽、商业区、校园网、开发区（工业园）、机关单位、高档住宅、普通住宅（城中村）、风景区、城郊 9 类进行划分，不易过大或者过小。

逻辑网格可根据交通线等级分为 A、B、C 这 3 类。A 类逻辑网格包含高铁、动车线；B 类逻辑网格包括普通铁路和高速公路；C 类逻辑网格包括国道、省道和水运航道。

（4）网格的命名方式。

网格的命名是以区县的行政区边界范围命名，主城区用 A01 ~ A0X（X 为市辖区数量）命名，区县城区用 B01 ~ B0X（X 为县城数量）命名，乡镇农村用 C01 ~ C0X 命名。

（5）网格输出方式。

物理网格应以 Mapinfo 图层的形式，在 Mapinfo 绘制出来，各个子网格边界应该无缝衔接。子网格边界区域不能交叉，中间也不能留有缝隙。

逻辑网格应以 Mapinfo 图层的形式，在 Mapinfo 绘制出来，应准确绘制出各个交通干线的具体位置、走向等，并用不同的颜色表示不同类型的交通干线。网格示意如图 9-5 所示。

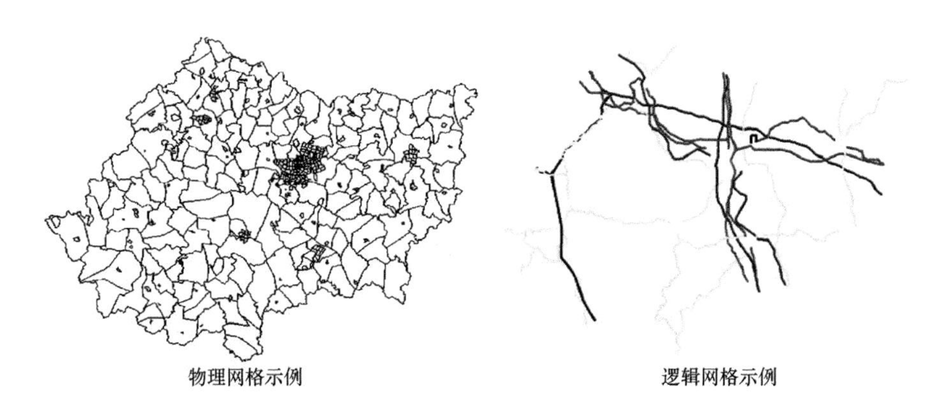

图 9-5　网格示意

2. 子网格承载网组网步骤

为满足无线 4G 基站承载需求，IPRAN 网络组网方法的步骤如下。

步骤 1：选定传输接入节点。将待建基站点所在区域网络按前面讲述的网格划分思路进行划分，每个子网格确定建设一个或多个传输接入节点，在该子

网格内选址建设传输接入机房，并定义该传输接入节点名与其对应的网格节点同名。该子网格内所有无线基站均可由这一个或多个传输接入节点完成业务承载。

这一步需要划定某一子网格接入节点覆盖的范围，一般根据无线站点覆盖的片区归属的地理位置来进行分区，如某城市某小区，即为某子网格。

步骤2：定义传输接入节点覆盖范围。根据步骤1中确定的各子网格传输接入节点及区域，在传输接入节点机房内部署一台IPRAN接入路由器，该区域内的所有4G无线基站回传业务均由BBU上行到该台IPRAN接入路由器。连接缆线的种类根据BBU的业务接口来定，FE和GE业务用五类线。

步骤3：选择汇聚传输节点。在同一区域多个子网格所有接入传输节点中，选取1～2个作为汇聚传输节点放置一对IPRAN汇聚路由器。如果汇聚路由器在一个机房，必须优选具备多条不同路由光缆通达的机房；如果一对汇聚路由器在两个机房成对设置，两个机房到其他节点必须有充足的光纤资源。汇聚路由器所在的位置同时为光缆汇聚点。

步骤4：确定网络拓扑图。

接入层组网：在同一子网格接入节点将所有基站BBU连接到IPRAN接入路由器，当同一网络节点有多套室分系统信源/BBU时，多套室分系统信源/BBU接入同一套IPRAN接入路由设备。

汇聚层组网：以一对IPRAN汇聚路由器为网头，将邻近的1～4个IPRAN接入路由器组成一个IPRAN接入环，接入环上节点间建设光缆连接；IPRAN接入环的组环个数应灵活，以完全覆盖网格内全部节点为目标。

光缆设置：在同区域IPRAN网络系统中，同一IPRAN接入环上的各IPRAN接入路由设备仅需占用一对光纤，IPRAN汇聚路由设备之间总的光缆纤芯需求由IPRAN汇聚路由设备所带的IPRAN接入环的数量确定。

根据光缆资源的分布情况及基站带宽情况，在IPRAN网络的汇聚节点处配置一对IPRAN汇聚路由设备（一般能覆盖3～10个接入环），汇聚同一IPRAN网络系统内所有IPRAN接入路由器中产生的总流量$B_{总}$，可根据步骤7获得。采用口字型上联至ER路由器，若接入环采用GE环组网，建议IPRAN汇聚路由器设备上行端口选择10GE接口。

IPRAN汇聚路由设备的位置由步骤3中所定义的光缆汇聚点确定，一般成对部署，可部署在不同的机房。根据步骤7得到的子网格中若干个IPRAN接入环总的传输带宽容量$B_{总}$，确定IPRAN汇聚路由设备的型号，一般选择带宽容量大于$2×B_{总}$的设备。

步骤5：计算传输单接入节点承载带宽。单节点传输带宽容量b=机房各频段信源数F_n（台）×各频段信源所对应的带宽容量需求；其中，n代表基站数量。

计算传输接入节点的带宽必须结合基站在网格区域内的业务需求情况。根据不同基站信源所需的实际带宽需求（由无线专业根据实际需求提供），LTE 基站的实际带宽需求一般选择单载扇的均值带宽，以确定各个传输接入节点所需的传输带宽 b 及同一个 IPRAN 接入环的总传输带宽需求 B。

步骤 6：计算单个 IPRAN 接入环上的承载带宽。定义 B 为一个 IPRAN 接入环上所有传输接入节点带宽容量之和，即 $B=b_1+b_2+\cdots+b_N$，(N=1，2，…)，一般情况下 $N \leqslant 6$；其中，N 代表一个环上的不同节点。以邻近几个接入点与汇聚路由器组环的方式组多个环，完成子网格所有接入点的覆盖。一般两个汇聚节点带 1 ~ 4 个接入节点，每个环上节点总数以 3 ~ 6 为宜。

根据步骤 1 划分的区域及步骤 5 中得到的单节点传输带宽容量情况，3 ~ 6 个 IPRAN 接入设备（含接入路由器及汇聚路由器）组成一个 IPRAN 接入环。以一对汇聚路由器为网头，将邻近的 1 ~ 4 个接入路由器组成一个 IPRAN 接入环，顺序组环，最终完全覆盖网格内全部站点。方法 1：选择 GE 环组网时，环上各节点流量累加需小于 GE(环上节点数量可增减)；方法 2：选择 10GE 环组网时，环上各节点流量累加需小于 10GE(环上节点数量可增减)；方法 3：选择 N×GE 环组网时，环上各节点流量在 GE ~ 10GE 之间（环上节点数量可增减)。

一般的网络在运营商自建承载网络的情况下选择 GE 环组网，每个环最多接入 6 台 IPRAN 接入路由设备，同一接入环上网络节点数量可通过步骤 5 和步骤 6 确定。在运营商共建承载网络的情况下，一般选择 10GE 环组网。

当单个接入节点流量偏小时，一个接入 IPRAN 环上纳入的节点较多；当单个接入节点流量偏大时，一个接入 IPRAN 环上纳入的节点较少。

步骤 7：计算 M 个 IPRAN 接入环上承载总带宽。定义 $B_{总}$为所有 IPRAN 接入环内的累计带宽；定义 B_m 为第 m 个 IPRAN 接入环内的带宽流量，其中，m=1，2，…，$m \leqslant 10$ 代表同一套 IPRAN 网络系统内不同的 IPRAN 接入环；$B_{总}=b_1+b_2+\cdots+B_m$。

步骤 8：确定接入路由器设备配置。根据步骤 6 中 B 的计算结果，当 $B \leqslant$ 1GE 时，接入路由器线路侧容量选择 GE 板卡，组 GE 环网；当 $B >$ 1GE 且 $B \leqslant$ 10GE 时，接入路由器线路侧容量选择 N×GE 或者 10GE 板卡，组 10GE 环网；当 $B >$ 10GE，接入路由器线路侧容量选择 10GE 板卡，组 10GE 环网。

IPRAN 接入路由设备端口主要分业务侧和网络侧两部分。

若单个 IPRAN 接入环上所有网络节点的带宽之和 $B <$ 1000M，业务侧端口根据实际业务情况选择 GE 接口。网络侧端口需要配置两个 GE 端口。

根据流量的变化，IPRAN 接入环后期可扩容至 2GE 环，相应的网络侧端口需配置 4 个 GE 端口。若单个 IPRAN 接入环上所有网络节点的带宽之和 $B <$ 10000M，业务侧端口根据实际业务情况选择 10GE 接口，网络侧端口需配置

两个 10GE 端口。

步骤 9：确定汇聚路由器设备配置。根据 $B_{总}$的计算结果，选择汇聚路由器的板卡容量，一般汇聚路由器线路侧容量选择 M×10GE 板卡。

IPRAN 汇聚路由设备的位置由步骤 3 中所定义的光缆汇聚点确定，根据步骤 7 中得到的同一套 IPRAN 网络系统总的传输带宽容量 $B_{总}$，确定 IPRAN 汇聚路由设备的容量。

步骤 10：设备上行路由。汇聚同一 IPRAN 网络系统内所有 IPRAN 接入路由器中产生的流量 $B_{总}$，通过 IPRAN 汇聚路由器采用口字型上联至 ER 路由器。

步骤 11：网格外传送方式。网格外的大容量路由器将来自 IPRAN 汇聚路由器的流量汇聚到一起并接入本地运营商网络的 BSC，大容量路由器与 BSC 采用口字型上联，上行带宽配置为 IPRAN 汇聚路由设备带宽的 1/6。

9.3 5G 基站承载组网计算模型

9.3.1 5G 无线基站需求

1. **大带宽需求**

带宽无疑是 5G 承载的第一大关键指标，5G 频谱将新增 Sub6G 及超高频两个频段。Sub6G 频段即 3.4 ~ 3.6GHz，可提供 100 ~ 200MHz 连续频谱；6GHz 以上超高频段的频谱资源更加丰富，可用资源一般可达连续 800MHz。因此，更高频段、更宽频谱和新空口技术使 5G 基站带宽需求大幅提升，预计将达到 LTE 的 10 倍以上。典型的 5G 单个 S111 基站的带宽需求估算如表 9-2 所示。

表 9-2 典型的 5G 单个 S111 基站的带宽需求估算

关键指标	前传	中传 & 回传（峰值 / 均值）
5G 早期站型：Sub6G/100MHz	3×25Gbit/s	5Gbit/s/3Gbit/s
5G 成熟期站型：超高频 /800MHz	3×25Gbit/s	20Gbit/s/9.6Gbit/s

以一个大型城域网为例，5G 基站数量为 12000 个，带宽收敛比取 6:1，核心层的带宽需求在初期就将超过 6T，成熟期将超过 17T。因此，在 5G 传送承载网的接入、汇聚层需要引入 25G/50G 速率接口，而核心层则需要引入 100G

及以上速率的接口。

2. 低时延需求

5G 承载的第二大关键需求是提供稳定可保证的低时延，3GPP 等相关标准组织提出的关于 5G 时延的相关技术指标如表 9-3 所示。

表 9-3 关键时延指标

指标类型	时延指标	来源
移动终端 -CU（eMBB）	4ms	3GPP TR38.913
移动终端 -CU（uRLLC）	0.5ms	3GPP TR38.913
eV2X（enhanced Vehicle to Everything）	3 ～ 10ms	3GPP TR38.913
前传时延（AAU-DU）	100μs	eCPRI

不同的时延指标要求将导致 5G RAN 组网架构的不同，从而对承载网的架构产生影响。如为了满足 uRLLC 应用场景对超低时延的需求，倾向于采用 CU/DU 合设的组网架构，则承载网只有前传和回传两部分，节省中传部分的时延。同时，为了满足 5G 低时延的需求，光传送网需要对设备时延和组网架构进行进一步的优化。

（1）在设备时延方面：可以考虑采用更大的时隙（如从 5Gbit/s 增加到 25Gbit/s）、减少复用层级、减小或取消缓存等措施来降低设备时延，达到 1μs 量级，甚至更低。

（2）在组网架构方面：可以考虑树形组网取代环形组网，降低时延。环形组网由于输出节点逐一累积传输时延，因而要求设备单节点处理时延必须大幅降低，且要保证不出现拥塞；而树形组网只要考虑源宿节点间的时延累积，可大力提升网络对苛刻时延的耐受性。

3. 高精度时间同步需求

5G 承载的第三大关键需求是高精度时钟，根据业务的不同类别，提供不同的时钟精度。5G 同步需求包括 5G 时分双工（TDD，Time Division Duplex）基本业务同步需求和协同业务同步需求两部分。

（1）从当前 3GPP 讨论来看，5G TDD 基本业务同步需求估计会维持和 4G TDD 基本业务相同的同步精度（+/-1.5μs）。

（2）高精度的时钟同步有利于协同业务的增益，但是同步精度受限于无线空口的帧长度，5G 空口的帧长度（1ms）是 4G 空口的帧长度（10ms）的 1/10，从而为同步精度预留的指标也会缩小，具体指标尚待确定。

因此，5G 承载需要更高精度的同步：5G 承载网架构须支持时钟随业务一跳直达，减少中间节点时钟处理；单节点时钟精度也要满足纳秒精度要求；单

纤双向传输技术有利于简化时钟部署，减少接收和发送方向不对称的时钟补偿，是一种值得推广的时钟传输技术。

4. 灵活组网需求

目前，4G网络的三层设备一般设置在城域回传网络的核心层，以成对的方式进行二层或三层桥接设置。对站间X2流量，其路径为接入—汇聚—核心桥接—汇聚—接入，X2业务所经过的跳数多、距离远，时延往往较大。在对时延不敏感且X2流量占比不到5%的4G时代，这种方式较为合理，对维护的要求也相对简单。但5G时代的一些应用对时延较为敏感，站间流量所占比例越来越高，同时，由于5G阶段将采用超密集组网，站间协同比4G更为密切，因此，站间流量比重也将超过4G时代的X2流量比重。下面对回传和中传网络的灵活组网需求分别进行分析。

（1）回传网络。

5G网络的CU与核心网之间（S1接口）以及相邻CU之间（eX2接口）都有连接需求，其中，CU之间的eX2接口流量主要包括站间载波聚合（CA，Carrier Aggregation）和协作多点发送/接收（CoMP，Coordinated Multipoint Transmission/Reception）流量，一般认为是S1流量的10%～20%。如果采用人工配置静态连接的方式，配置工作量会非常繁重，且灵活性差，因此，回传网络需要支持IP寻址和转发功能。

另外，为了满足uRLLC应用场景对超低时延的需求，需要采用CU/DU合设的方式，这样承载网就只有前传和回传两部分了。此时DU/CU合设位置的承载网同样需要支持IP寻址和转发能力。

（2）中传网络。

在5G网络部署初期，DU与CU归属关系相对固定，一般是一个DU固定归属到一个CU，因此，中传网络可以不需要IP寻址和转发功能。但是未来考虑CU云化部署后，需要提供冗余保护、动态扩容和负载分担的能力，从而使DU与CU之间的归属关系发生变化，DU需要灵活连接到两个或多个CU池。这样DU与CU之间的中传网络就需要支持IP寻址和转发功能。

如前所述，在5G中传和回传承载网络中，网络流量仍然以南北向流量为主，东西向流量为辅，并且不存在一个DU/CU会与其他所有DU/CU有东西向流量的应用场景，一个DU/CU只会与周边相邻小区的DU/CU有东西向流量，因此，业务流向相对简单和稳定，承载网只需要提供简化的IP寻址和转发功能即可。

5. 网络切片需求

5G网络有三大类业务：eMBB、uRLLC和mMTC。不同应用场景对网络的要求差异明显，如时延、峰值速率、服务质量等要求都不一样。为了更好地支持不同的应用，5G 将支持网络切片能力，每个网络切片将拥有自己独立的网络资源和管控能力。另外，可以将物理网络按不同租户的（如虚拟运营商）需求进行切片，形成多个并行的虚拟网络。

5G 无线网络需要核心网到 UE 的端到端网络切片，减少业务（切片）间的相互影响。因此，5G 承载网络也需要有相应的技术方案，满足不同 5G 网络切片的差异化承载需求。

9.3.2 5G 无线基站规划特点

5G 频段最大的缺点就是穿透力差、衰减大，而 5G 网络对速率、时延、容量的要求更加严格，超密集异构网络将成为未来 5G 网络提高数据流量的关键技术。因此，5G 基站不宜大规模采用宏站建设，而微站具有体积小、组网灵活、易于部署等特点，可以弥补宏站无法覆盖的末梢通信，提高通信质量和容量，因此，微站在 5G 规划建设中占据重要地位。

通过覆盖与容量的分离（微站负责容量，宏站负责覆盖及微站间资源协同管理）实现接入网根据业务发展需求以及分布特性灵活部署微站，同时，有宏站充当微站间的接入集中控制模块，负责无线资源协调、小范围移动性管理，让基础电信企业能以最具成效的方式弹性组网，从而提高网络密度与覆盖范围，达到比 4G 技术更高的传输率和网络容量。

按网络覆盖目标区域分类，5G 的覆盖有如下几种典型场景。

1. **按照无线传播环境划分**

无线传播特性主要受地形地貌、建筑物材料和分布、植被、车流、人流、自然和人为电磁噪声等多个因素影响。移动通信网络的大部分服务区域的无线传播环境可分为一般市区、乡镇、农村开阔地几大类，如表 9-4 所示。

表 9-4 按无线传播环境分类的典型区域描述

区域类型	典型区域描述	示例照片	站间距	密度下限（座/平方千米）
密集市区	区域内建筑物平均高度或平均密度明显高于城市内周围建筑物，地形相对平坦，中高层建筑十分密集，有较大人流量的大型商务区及居民区		宏站 100 ～ 350m；微站 50 ～ 300m	5（宏站）

（续表）

区域类型	典型区域描述	示例照片	站间距	密度下限（座 / 平方千米）
一般市区	区域内建筑物平均高度或平均密度明显高于城市内建筑物，地形相对平坦，中高层建筑可能较多		宏站 150 ～ 450m；微站 50 ～ 300m	4（宏站）
郊区乡镇	城市边缘地区，建筑物较稀疏，以低层建筑为主；或经济普通、有一定建筑物的小镇		宏站 300 ～ 600m	3（宏站）
农村开阔地	独立的村庄或管理区，区内建筑较少；或成片的开阔地；或交通干线		宏站 1000 ～ 2000m	根据实际情况确定

2. **按业务分布分类**

网络规划建设首先应当确保语音业务，在此基础上重视数据和多媒体业务，增加有特殊服务和竞争的差异化，业务分布与当地的经济发展、人口分布及潜在用户的消费能力和习惯因素有关，其中，经济发展水平对业务发展有决定性的影响。业务分布可以划分为话务量集中区（A）、中话务密度区（B）和低话务密度区（C），特征如表 9-5 所示。

表 9-5　按业务分布分类的典型区域描述

区域类型	特征描述	业务分布特点	站间距	密度下限（座 / 平方千米）
话务量集中区（A）	主要集中在区域经济中心特大城市，面积较小。区域内高级商务楼密集，是所在经济区内商务活动集中地，用户对移动通信需求大，对数据业务要求高	（1）用户高度密集，业务热点地区；（2）数据业务速率高；（3）数据业务发展的重点区域；（4）服务质量要求高	宏站 150 ～ 450m；微站 50 ～ 300m	5（宏站）

（续表）

区域类型	特征描述	业务分布特点	站间距	密度下限（座/平方千米）
中话务密度区（B）	工商业发展和城镇建设具有相当规模，各类企业数量较多，交通便利，经济发展和人均收入处于中等水平	（1）业务量较低；（2）只提供低速数据业务	宏站 400 ～ 600m	4（宏站）
低话务密度区（C）	主要包括两种类型的区域：（1）交通干道；（2）农村和山区，经济发展相对落后	（1）话务稀疏；（2）建站的目的是为了覆盖	宏站 1500 ～ 2000m	根据实际情况确定

某市中心城区属于话务量集中区（A）、下属乡镇区域属于中话务密度区（B）、农村区域属于低话务密度区（C）。

5G 的基站设置原则应该在基站选址时站在全网角度，统筹考虑各方面因素，满足网络要求，同时满足城乡规划发展的要求。

基站的选址规划基于两个出发点：一是通信发展规划；二是城市建设规划。因此，在基站选址时应既满足无线电连续覆盖，又符合城市市容景观的需求。

1．基站选址应满足用户的容量需求和网络的覆盖要求

在网络覆盖要求上，应满足人口密集区和城市主要通道（如铁塔、高速公路、快速路、主次干道等）沿线的 5G 通信需求。

2．基站选址应与用地适宜性相匹配

土地是城市经济活动不可或缺的重要空间要素，因此，土地利用规划是基站合理建设规划的指导。基站的选址应与各类用地的适宜性相匹配，如应尽量避免选择居民密集区，优先考虑设置在开敞空间、公共建筑、市政设施用地内。选址应遵循因地制宜的原则，新建的移动通信基站站址应尽量避免独立占地建塔的设置形式，宜依托建筑进行设置。基站应按照市公用设施建筑、公共管理与公共服务建筑、商业服务建筑、工业和仓储建筑、居住建筑、绿地与广场用地、公用设施用地、公共管理与公共服务用地、商业服务设施用地、工业和物流仓储用地、居住用地的先后顺序进行选址。独立占地型通信设施要远离城市道路交叉道口大于或等于 20m，小于 20m 的采用附挂公共设施。

3．积极推进共建共享

基站建设应充分利用现有铁塔资源，不能被利用的可再新建。铁塔的利旧优化要遵循先优化布局—再评估—后实施的流程，实施前应先进行相应区域铁塔布局优化，后对具体站点进行评估。

已建铁塔的布局优化遵循后向兼容、规划引导、资源集约、多要素融合原则。

要充分结合已有的网络布局和未来的基础电信企业网络规划，近期以解决当前需求为主，又具有一定的前瞻性，促进铁塔共享。具备条件的站点评估方案应提倡适当的预留天线荷载，从而有利于降低整体建设成本。

4. 推广景观美化基站

基站因天线、抱杆等因素容易影响城市景观，须对城市景观控制区域的基站建设的形式进行引导，促进基站与城市建设协调发展。随着城市建设的发展，建筑单体的形式和风格会更加个性化，景观化基站的应用范围也会更加广泛，应进一步丰富和拓展景观化基站的建设形式。对于生态控制区、旅游区域的基站，除对天线美化外，还要对抱杆、铁塔、机房等设施进行仿生态化处理，尽量减少基站对城市景观的影响。

5. 环境影响控制原则

电磁环境控制要求。各基础电信企业应履行环境保护主体责任，在通信基站选址、新建或扩建天线时，依法开展环境影响评估，预测能满足相关环境保护标准后，办理环境影响登记表备案手续。根据最新发布的《电磁环境控制限制》（GB8702-2014），基站工作环境对应的功率密度小于 $0.4W/m^2$（即 $40\mu W/cm^2$）。

5G 宏站规划站址设置原则

基站选址应立足于规划的目标，确保可以满足电信企业的需求，提高站址共享率。

1. 站址选择要求

（1）无线覆盖要求。应充分考虑基站的有效覆盖范围，结合用户和业务的分布情况，合理选择站址，实现目标区域的有效覆盖。

（2）站址布局与天线挂高要求。站址应尽可能平均分布，天线的高度满足覆盖需要，并与周边站点基本保持一致。严格控制超高站（站高大于 50m 或高于周边建筑物 15m）、超低站（站高低于 15m）、超近站（站间距小于 100m）。

（3）地理位置要求。应考虑建设维护方便，选择安全、卫生、无强干扰的站址。避开临时建筑、烂尾楼，以及军事禁区等敏感区。

（4）环境保护要求。应节约用地，不占或少占农田。站址选址须符合环境保护和电磁辐射防护规定的有关指标要求。

（5）造价控制要求。新增站址附近应有可靠电力供应；楼面站址宜选择建筑年代较近（2002 年以后），有正规设计，承重较好的建筑；地面站址应选取征地及赔补费用相对较低的区域。

（6）安全性要求。站址应远离树林、高压线。必须设在高压线附近时，与高压线之间的距离应不低于 100m。站址设置在公共基础设施附近时，应满足与公共基础设施的最小安全距离，如表 9-6 所示。

表 9-6　基站建设安全距离信息

基础设施类型	相关规定	最小安全距离（m）	备注
机场	地球站天线波束与飞机航线（特别是起飞和降落航线）应避免交叉，地球站与机场边缘的距离不宜小于 2km	2000	—
高速公路	禁止在高速公路建筑控制区（其范围自高速公路两侧边沟外缘起 30m）内构筑永久性工程设施和建筑物、构筑物	30 ～ 60	站址与高速公路的距离应该大于或等于站址天线架设物倒杆距离以及 30m 之间最大值
国道	各级人民政府应根据公路改造规划，按下列标准划定本辖区内各类公路的不准建筑区：公路两侧边沟（截水沟、坡脚护坡道，下同）外缘，距国道大于或等于 20m，距省道大于或等于 15m，距县道大于或等于 10m，距乡道大于或等于 5m	20 ～ 60	站址与各等级公路的距离应该大于或等于站址天线架设物倒杆距离以及对应的不准建筑区之间的最大值
省道		15 ～ 60	
县道		10 ～ 60	
乡道		5 ～ 60	
高铁	铁路线路两侧应当设立铁路线路安全保护区。铁路线路安全保护区的范围，从铁路线路路堤坡脚、路堑坡顶或者铁路桥梁（含铁路、道路两用桥，下同）外侧起向外的距离为距高铁 20m，距其他铁路 15m	50 ～ 60	站址与高速铁路的距离应该大于或等于站址天线架设物倒杆距离以及 50m 之间最大值
其他铁路		30 ～ 60	站址与其他铁路的距离应该大于或等于站址天线架设物倒杆距离以及 30m 之间的最大值
高压线	高压输电线不应穿越卫星地球站场地，基站距 35kV 及以上的高压电力线应大于 100m	100	—
变电站	变电站附近站址必须同时考虑电力铁塔及高压线倒伏后的安全距离，再加上大于或等于 50m 防雷间距	100	
油库	由于基站的杆塔容易遭雷击，因此，在考虑基站杆塔倒伏间距的同时，必须考虑基站杆塔遭雷击可能产生的危害，所以基站的最小安全间距应控制在大于或等于 4/3 杆高，同时大于 50m 的安全间距	50 ～ 60	站址与油库、加油站的距离应该大于或等于站址天线架设物倒杆距离以及 50m 之间的最大值

注：倒杆距离一般为通信杆高度的 4/3 倍。

2. **站址布局**

理想的站址布局呈等间距的蜂窝状分布，由于地理环境与业务发展的差异，以及站址获取难易程度，实际上，并非每个站点都能获得理想的位置，从而造成站址布局不均匀的现象。

站址布局偏差系数可在一定程度上量化评估站址布局的均匀程度。这里主要考虑室外中高层基站，室内分布与室外底层站不纳入计算范围。

$$站址布局偏差系数=\sqrt{\sum_{i=1}^{n}\left(D_i-\overline{D}\right)^2 \Big/ n} \Big/ \overline{D}$$

其中，

n：直接与中心基站覆盖相交的第一圈相邻基站数量。

D_i：第 i 个相邻基站和中心基站之间的站间距，单位：m。

$\overline{D}=\sum_{i=1}^{n}D_i \Big/ n$：中心基站的平均站间距，单位：m

站址布局偏差系数越小，表明站址布局越均匀，如图9-6所示。站址布局是否合理，并非完全取决于站址偏差系数，还与平均站间距、各站址之间的相对位置以及地物地貌等密切相关。

图9-6　基站布局示意

3. 天线挂高

室外高站是越区覆盖产生的主要来源，直接决定信号质量和业务速率。一般来说，室外高站是指天线挂高超过50m或高于周边基站平均高度15m以上的基站。同一区域内天线挂高应基本保持一致。

天线高度偏差系数可用来衡量天线有效挂高参差不齐为网络质量带来的潜在风险，以及用于选址中天线架设高度的参考，这里不考虑室内分布与室外底层站。

$$天线高度偏差系数=\left(h-\overline{H}\right)\Big/\overline{H}$$

其中，

h：中心基站的天线高度，单位：m。

$\overline{H}=\sum_{i=1}^{n}H_i \Big/ n$：$n$ 个第一圈相邻基站的天线高度均值，单位：m。

H_i：第 i 个相邻基站的天线高度，单位：m。

n：直接与中心基站覆盖相交的第一圈相邻基站数量

天线挂高通常在25 ~ 50m为宜，可根据不同场景的覆盖需求酌情选择。

天线高度偏差系数绝对值越小，表明该站点天线高度与周围站点的落差越小，区域内天线高度一致性越好；反之，说明天线高度设置不合理。当系数为正时，值越大，说明该站为高站；当系数为负时，值越小，说明该站越矮。

4. 站间距水平

站址设置须全面考虑无线环境、业务发展和建站条件等方面的因素。受社会经济条件、网络建设积累、站址获取难度等影响，各地市站址间距水平并非完全一致，规划过程中应结合当地实际情况分析取定。根据各运营商不同的网络覆盖要求和现网结构分析，各种场景下站间距参考值如表 9-7 所示。

表 9-7　各运营商不同制式网络站间距参考值（单位：m）

运营商	系统制式	工作频段	密集城区	一般城区	郊区 / 县城	农村
中国移动	TD-LTE	1.9GHz（F 频段）	300 ～ 400	400 ～ 500	500 ～ 800	800 ～ 2000
		2.6GHz（D 频段）	250 ～ 350	350 ～ 450	450 ～ 700	700 ～ 2000
中国电信	LTE-FDD	1.8GHz	350 ～ 450	450 ～ 600	600 ～ 900	900 ～ 2000
		2.1GHz	320 ～ 400	400 ～ 550	550 ～ 800	800 ～ 2000
中国联通	LTE-FDD	1.8GHz	350 ～ 450	450 ～ 600	600 ～ 900	900 ～ 2000

结合某省的实际情况，通过链路预算计算及路测数据验证，得到某省各场景站距分析如表 9-8 所示。

表 9-8　各场景典型站间距

区域类型	1800 ～ 2100MHz 典型站距（m）	2600MHz 典型站距（m）
密集市区	300 ～ 400	250 ～ 350
一般市区	400 ～ 600	350 ～ 450
郊区	500 ～ 800	450 ～ 750
县城	400 ～ 600	350 ～ 450
乡镇	500 ～ 800	450 ～ 750
农村	2000 ～ 3000	1900 ～ 2900
高铁	1500 ～ 1800	1400 ～ 1700

注：表 9-8 建议的站距不包含受到山体、大型建筑物等自然及人工物体阻挡的情况。

5. 站址偏移范围

需求合并以及部分敏感区域站址选址的困难会导致新增站址偏离一家或多家电信企业需求的理想位置，为保证能够通过适度的网络优化（调整方位角、下倾角等参数）实现网络覆盖效果整体满足要求，站址偏移距离应满足各电信

企业对各场景站址偏移范围的规定，如表 9-9 ~ 表 9-11 所示。

表 9-9　中国移动 TD-LTE 网络典型场景下的站址偏移范围

工作频段		密集城区	一般城区	郊区县城	农村	
					发达农村	一般农村
1.9GHz（F 频段）	站间距（m）	300 ~ 400	400 ~ 500	500 ~ 800	800 ~ 2000	
	偏移比例	20% ~ 25%	20% ~ 25%	25% ~ 30%	25% ~ 35%	
	偏移距离（m）	60 ~ 100	80 ~ 130	180 ~ 240	200 ~ 250	300 ~ 400
2.6GHz（D 频段）	站间距（m）	250 ~ 350	350 ~ 450	450 ~ 700	700 ~ 2000	
	偏移比例	20% ~ 25%	20% ~ 25%	25% ~ 30%	25% ~ 30%	
	偏移距离（m）	50 ~ 80	70 ~ 110	150 ~ 200	180 ~ 240	250 ~ 300

表 9-10　中国电信 LTE-FDD 网络典型场景下的站址偏移范围

工作频段		密集城区	一般城区	郊区县城	农村	
					发达农村	一般农村
1.8GHz	站间距（m）	350 ~ 450	450 ~ 600	600 ~ 900	900 ~ 2000	
	偏移比例	20% ~ 25%	20% ~ 25%	25% ~ 30%	25% ~ 35%	
	偏移距离（m）	70 ~ 110	100 ~ 150	200 ~ 250	240 ~ 300	350 ~ 450
2.1GHz	站间距（m）	320 ~ 400	400 ~ 550	550 ~ 800	800 ~ 2000	
	偏移比例	20% ~ 25%	20% ~ 25%	25% ~ 30%	25% ~ 35%	
	偏移距离（m）	60 ~ 100	90 ~ 130	180 ~ 230	220 ~ 270	320 ~ 400

表 9-11　中国联通 LTE-FDD 网络典型场景下的站址偏移范围

工作频段		密集城区	一般城区	郊区县城	农村	
					发达农村	一般农村
1.8GHz	站间距（m）	350 ~ 450	450 ~ 600	600 ~ 900	900 ~ 2000	
	偏移比例	20% ~ 25%	20% ~ 25%	25% ~ 30%	25% ~ 35%	
	偏移距离（m）	70 ~ 110	100 ~ 150	200 ~ 250	240 ~ 300	350 ~ 450

由于各地区社会经济与电信业务发展水平不均衡，运营商对于无线传播场景的划分、网络规模与建设进度不尽相同，实际工程中站址偏移容限主要参考相应区域的站间距及覆盖目标来取定。各地在需求对接与规划选址过程中，应结合当地地物环境与覆盖目标情况参照执行。

5G 微站规划站址设置原则

5G 时代，随着多层异构组网、宏微协同组网的深入，微站将大量建设并成为电信企业网络建设的重点。微站以其小巧灵活、方便部署的建设形式，能将信号连接到宏站难以触及的通信末端。

根据 5G 技术演进及微站的特性，5G 微站共解决 5G 网络 3 个方面的问题。

1. **扩展覆盖**

因为物业纠纷、疑难站址或无线信号阴影效应造成的5G信号覆盖的弱覆盖、空洞盲区，可以通过微站来扩展覆盖，理论上需要依据准确的电信企业网络数据及工参，借助高精度的仿真地图进行弱覆盖分析和站址规划，实际操作层面较难达到。本次规划主要通过收集和梳理电信企业的微站建设需求，将电信企业已分析得到的微站站址需求纳入规划库内。

2. **提升容量**

5G 时代全网数据流量普遍激增，将大量采用高频段、低功率的微站进行网络扩容，特别是对商业区、步行街、校园等热点区域提出更高的站址规模要求；微站利用高频段毫米波，基于宏站层满足全覆盖后，将城区、县城及高速服务区的网络容量做厚。容量微站由于与宏站异频组网，因此要独立规划，不用考虑与宏站的信号干扰和站距要求。

原则上，人流量越高、数据业务越密集、重要性等级越高的区域，其微站规划的站址密度越大。在不同的网格类型及其业务需求下，微站规划的站距范围在 50 ~ 300m，微宏站址规模比在 25:1 ~ 2:1 之间，不同网格类型下的参考站间距如表 9-12 所示。

表 9-12　微站建设建议站距标准

网格类型	主要应用	主要业务需求	站间距（米）	规划微宏比
大型商业（务）区	增强移动宽带	基础数据业务、VR、超高清视频	50 ~ 100	25:1 ~ 9:1
大型景区			100 ~ 200	9:1 ~ 4:1
开发区（工业园）	海量机器类通信	智能监控	200 ~ 300	3:1 ~ 2:1
大学城（大型校园）	增强移动宽带	基础数据业务、VR、超高清视频	100 ~ 200	6:1 ~ 2:1
一般社区	海量机器类通信，高可靠、低时延	智能抄表、智能停车、监控类	100 ~ 200	9:1 ~ 4:1

具体操作方法如下。

（1）获取最新的 Mapinfo 城市矢量地图，包括城市路网信息、商业区、广场、

景区、校园、高速服务区等重要功能区图层。

（2）以区县下的物理网格为最小规划单元，从网格内的路网开始规划站址，规划顺序建议为主干道、次干道、支路。道路站点（包括纯道路覆盖站点和兼顾周边区域覆盖站点两类）、纯道路一般为高架桥通行的城市环线，覆盖的微站站间距建议在 150 ~ 250m，兼顾周边区域覆盖站点根据实际环境和主要应用需求确定站间距。

（3）完成该网格全部路网的站址规划后，再依据以路网分割后的每个功能区块进行站址规划，规划站距按照该区块的主要应用与需求进行微站规划。

（4）通过 Mapinfo 城市矢量地图划定高速服务区的位置和范围，根据 50 ~ 100m 的站距进行微站规划。

3. 室内信号渗透

对于高层住宅小区、CBD 办公楼等场景，高楼中层覆盖效果较好，一般高层和底层效果较差。5G 室内信号渗透是指一方面利用住宅小区、高楼附近绿地建设地面微站解决一部分的底层覆盖；另一方面在高层楼顶建设微站，利用其垂直波束分裂，实现高层楼宇的信号渗透。

根据三维地图、地图街景等信息梳理城区内的较大型（4 ~ 6 栋以上）的高层（25 ~ 30 层以上）住宅小区和商业办公区。

对梳理出来的较大型高层建筑区逐个进行微站站址规划，主要的覆盖方式包括通过附近地面杆塔类微站覆盖底层楼宇，通过楼宇顶层微站覆盖高层楼宇。由于微站的覆盖范围距离控制在 30 ~ 50m，规划点位需要以此确定微站与覆盖目标的距离。

9.3.3　5G 基站回传承载组网计算模型

1. 综合业务接入区

在介绍 5G 基站回传承载组网的计算之前，先介绍综合业务接入区的概念。经过最近几年光网和 4G 网络的密集建设，各运营商已经建成了过亿端口的 FTTH 网络，各省已经完成了 OLT 局站的布局，并围绕 OLT 局站组建了接入光缆网，大部分省已经有了网格化的概念甚至网格化的接入层资源管理方法。而 3G/4G 网络覆盖建设，让运营商的移动基站数量已经达到平均百万级别，基站光缆也完成了较为密集的建设。为了给 5G 网络建设打基础，各运营商提出了综合业务接入区的概念，并已经在规划建设新的综合接入区。5G 的频率比 4G 更高，单站覆盖距离更短，站址数量和光缆需求将成倍增加，三大应用场景除了带宽外，低时延对网元部署位置也提出了要求。5G MEC 部署应根据业务用的时延、覆盖范围等要求，同时结合网络设施的 DC 化改造趋势，选择相应层级的数据中心，包括城域数据中心、边缘数据中心，甚至接入局所。综合接入区的建设，就是为 5G 网络建设做好资源储备，建设家庭、政企、无线公用的接入基础设施。统筹机房资源，提升网络安全性，降低维护难度，用一张光缆网来统一承载有线、无线业务，设备节点与光缆协同，降低总体建设成本，将光节点向用户方向延伸，相应地提高客户的速度。综合业务接入区的设定需要结合基站、专线、家宽等各类业务需求，结合行政区域、自然区域、路网结构、客户分布，将城市区域或发达乡镇等业务密集区划分为多个能独立完成业务接入和汇聚的区域，每个综合业务接入区都需要规划好综合业务局站、接入点机房、光缆及光节点。比较方便地建设方法是在现有光缆汇聚、大容量 OLT 局站的覆盖范围基础上进行优化，所有综合业务接入区最后应能无缝覆盖整个城市和发达乡镇，且不能重叠，保证一个接入区管理好一片区域，成型的业务片区不跨区，网络连接不跨区，用户接入不跨区。发达城区一个区建议覆盖 3 ~ 4km^2，乡镇和农村至少每个乡镇有一个综合业务接入区。至于局房的选址，首选现有 OLT 机房，新建局房尽量选择临街位置，便于管道和缆线建设及设备人员出入，承重要符合机房相关要求，面积建议在 40 ~ 60m^2，同时规划好空调电源等配套要求、出局管道要求。未来的 5G 基站设备、基站承载设备，甚至核心网设备都可能在综合接入局所放置。

2. 综合业务接入区内基站的承载组网计算模型

有了综合业务区的建设基础，这部分将以一个综合业务接入区为范围，讨论 5G 基站承载组网和计算模型。

综合业务接入区的场景划分为两个，密集城区和一般城区。

（1）密集城区。

一个密集城区的综合业务接入区的范围大概在 3km^2，在密集城区内，5G 的站间距 D 设为 200m。

每个 5G 站点以 3 个正六边形作为覆盖面积，如图 9-7 所示，单个正六边形的对角线为 R，那么 D=1.5R，单个正六边形的面积 $S=\frac{3\sqrt{3}}{8}R^2$，3个正六边形的面积为 S_3=35 ≈ 1.95R^2，将 D=0.2km的数值代入，则5G站点的覆盖面积为0.035km^2，在3km^{2}的综合业

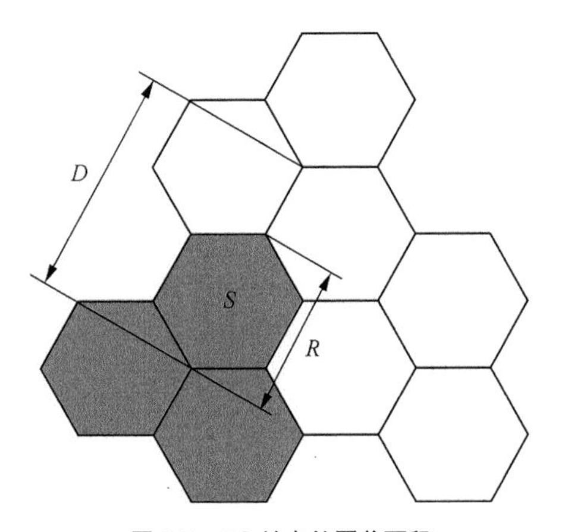

图 9-7　5G 站点的覆盖面积

务接入区内所需的5G站点数：$N_{密}=\frac{3}{0.035}\approx 86$。

① 前传。

前传的带宽需求与 CU 和 DU 物理层分割的位置密切相关，范围为几吉比特每秒到几百吉比特每秒。因此，对于 5G 前传，需要根据实际的站点配置选择合理的承载接口和承载方案，目前，业界对于 25Gbit/s、N×25Gbit/s 速率接口的关注较高。

在第 7 章中，我们已经讨论过 5G 早期基站前传的各种方案，比较而言，光纤直连的方案相对成熟、简便。我们以光纤直连方案进行前传分析。为满足密集城区 86 个基站的覆盖需求，我们对 D-RAN 和 C-RAN 场景分别进行讨论。

- D-RAN 场景

前传距离较短、尾纤直接连接、无须消耗接入光缆。

- C-RAN 场景

C-RAN 场景（小集中）。小集中的场景，我们按照 DU 池单节点接入 5 个站点考虑，86 个基站需要的集中点至少为 18 个集中节点，前传占用光缆主要以引入光缆和配线光缆为主，每个站点按照三扇区覆盖考虑，需 6 芯光缆，总共需要 516 芯光缆，配线和引入光缆距离相对较短，预估平均每个站的接入距离在 400m 左右，因此，总共需 516×0.4=206.4 纤芯千米的光缆。

C-RAN 场景（大集中）。大集中的场景，我们按照整个接入区的 DU 池全部放置在综合业务区的汇聚机房来考虑，86 个基站的 DU 池全部在汇聚机房集中，前传占用光缆主要将包含配线光缆、引入光缆以及主干接入光缆。每个站点按照三扇区覆盖考虑，需 6 芯光缆，则总共需要 516 芯光缆，因直接接入至汇聚机房，需占用主干接入光缆，预估平均每个站的接入距离在 800m 左右，因此，总共需 516×0.8=412.8 纤芯千米的光缆。从计算结果可以看出，大集中方式，汇聚机房进出接入光缆将达到超 500 芯，量比较大。

② 中传。

在 5G 初期，DU 和 CU 合设的可能性较大，中传主要以站内光纤直连为主，中传和回传网络对于承载网在带宽、组网灵活性、网络切片等方面需求基本一致，可以一并考虑。

③ 回传。

在分析一个综合业务接入区的回传组网时，我们先回顾上文单基站带宽需求的测算。

回传带宽需求

第 5 章已经详细计算过 5G 单站的承载带宽需求，并按照业务流量基本流

向选取带宽收敛比、不同层环的节点个数、口字型结构上连个数、单基站配置等关键参数进行过估算，并按照 D-RAN 和 C-RAN 不同的部署方式、一般流量和热点流量等对于不同应用场景进行区分，总结出 D-RAN 和 C-RAN 网络的组网图和带宽计算参考模型。

- D-RAN 场景

现在我们以综合业务接入区为范围，计算带宽需求。我们将接入层参数按一个环 8 个节点选取，汇聚层按完成一个综合业务接入区的全部承载计算，核心层按照 4 个核心节点估算带宽需求，其中，以每对核心节点下挂 8 个汇聚环 / 16 个口字型（8 个综合业务接入区）为参数进行计算，得出模型 I 和模型 II 相应的 D-RAN 带宽需求评估结果分别见表 9-13 和表 9-14。

表 9-13　模型 I 对应的 D-RAN 带宽需求评估结果

网络层次		一般流量场景	热点流量场景
接入层	参数选取	假设接入环按 8 个节点考虑，每节点接入 1 个 5G 低频站，其中 1 个站取峰值	假设接入环按 8 个节点考虑，平均每个节点接入 2 个 5G 基站，共 2 个高频站、16 个低频站，其中 1 个高频站取峰值
	带宽估算	接入环带宽 = 低频单站均值 ×（N−1）+ 低频单站峰值 2.03×（8−1）+4.65=18.86Gbit/s	接入环带宽 = 低频单站均值 ×（N−2）+ 高频单站峰值 + 高频单站均值 2.03×（16−2）+13.33+5.15=46.90Gbit/s
汇聚层	参数选取	假设每个汇聚环有 4 个普通汇聚节点，一个综合业务接入区目前有 86 个站点，需要 11 个汇聚环，每对汇聚点下挂 5.5 个接入环	
	带宽估算	汇聚环带宽 = 接入环带宽 × 接入环数量 × 汇聚节点数 /2× 收敛比 18.86×5.5×4/2×1/2=103.73Gbit/s	汇聚环带宽 = 接入环带宽 × 接入环数量 × 汇聚节点数 /2× 收敛比 46.90×5.5×4/2×1/2=257.95Gbit/s
核心层	参数选取	按照 4 个核心节点估算带宽需求，其中每对核心节点下挂 8 个汇聚环（8 个综合业务接入区）	
	带宽估算	核心层带宽 = 汇聚环带宽 × 汇聚环数量 × 核心节点数 /2× 收敛比 103.16×8×4/2×1/4=412.64Gbit/s	核心层带宽 = 汇聚环带宽 × 汇聚环数量 × 核心节点数 /2× 收敛比 257.4×8×4/2×1/4=1031.8Gbit/s

表 9-14　模型 II 对应的 D-RAN 带宽需求评估结果

网络层次		一般流量场景	热点流量场景
接入层	参数选取	假设接入环按 8 个节点考虑，每个节点按入 1 个 5G 低频站，其中 1 个站取峰值	假设接入环按 8 个节点考虑，平均每个节点接入 2 个 5G 基站，共 2 个高频站、16 个低频站，其中 1 个高频站取峰值
	带宽估算	接入环带宽 = 低频单站均值 ×（N−1）+ 低频单站峰值 2.03×（8−1）+4.65=18.86Gbit/s	接入环带宽 = 低频单站均值 ×（N−2）+ 高频单站峰值 + 高频单站均值 2.03×（16−2）+13.33+5.15=46.90Gbit/s

（续表）

网络层次		一般流量场景	热点流量场景
汇聚层	参数选取	一个综合业务接入区目前有86个站点，需要11个汇聚环，每对汇聚点下挂11个接入环	
	带宽估算	汇聚点上连单链路带宽＝接入环带宽×接入环数量×收敛比 18.86×11×1/2=103.73Gbit/s	汇聚点上连单链路带宽＝接入环带宽×接入环数量×收敛比 46.9×11×1/2=257.95Gbit/s
核心层	参数选取	按照4个核心节点估算带宽需求，其中每对核心节点下挂16个口字型汇聚对（8个综合业务接入区）	
	带宽估算	核心层带宽＝汇聚层带宽×汇聚环数量×核心节点数/2×收敛比 103.73×16×4/2×1/4=829.84Gbit/s	核心层带宽＝汇聚层带宽×汇聚对数量×核心节点数/2×收敛比 257.95×16×4/2×1/4=2063.6Gbit/s

在模型Ⅰ和模型Ⅱ假设的参数下，从计算的结果可以看出，在D-RAN模型下，如果1个接入环上带8个节点，1个综合业务区需要组11个接入环，每个接入环在一般流量场景达到20Gbit/s量级，热点流程场景达到40Gbit/s量级，那么在模型Ⅰ和模型Ⅱ汇聚层的带宽最终达到103～257 Gbit/s（分一般流量和热点流量场景）。对于核心层，预估8个综合业务接入区（汇聚层叠加考虑）、模型Ⅰ核心层的带宽达到414～1031Gbit/s（分一般流量和热点流量场景）、模型Ⅱ核心层的带宽达到829～2063Gbit/s（分一般流量和热点流量场景），因此，在组网方面，承载接入环需具备25/50Gbit/s带宽能力，汇聚/核心层需具备N×100/200/400Gbit/s带宽能力。在模型Ⅰ和模型Ⅱ中，11个接入环消耗22芯的接入环网光缆，每个接入环按平均3km估算，则需要22×3=66纤芯千米的回传光缆。

- C-RAN场景

在C-RAN部署的方式下，承载带宽需求也按小集中方式（普通流量场景）和大集中方式（热点流量场景）进行估算，其中，小集中方式按照单节点单基站接入5个5G低频站点考虑，归入C-RAN小集中部署模式；大集中方式按照全部在汇聚核心机房集中考虑。

一般情况下，C-RAN小集中情况下基站由综合接入节点或普通基站节点接入，C-RAN大集中情况下基站由汇聚节点接入或综合接入节点接入，为便于结合承载结构分析带宽需求又不失一般性，假设在C-RAN小集中和大集中模式下，基站分别在综合接入节点和汇聚节点接入。在5.1节C-RAN模型的基础上，我们将接入层、汇聚层、核心层参数按不同假设为参数进行计算，得出模型Ⅰ和模型Ⅱ相应的C-RAN带宽需求评估结果，分别见表9-15和表9-16。

表 9-15　模型Ⅰ对应的 C-RAN 带宽需求评估结果

网络层次	一般流量场景（小集中）		热点流量场景（大集中）
接入层	参数选取	假设每个接入环 3 个节点，每个节点接入 5 个 5G 低频站，其中 1 个站取峰值	—
	带宽估算	接入环带宽 = 单站均值 ×（N−1）+ 单站峰值 2.03×（15−1）+4.65=33.07Gbit/s	—
汇聚层	参数选取	每个汇聚环 4 个普通汇聚节点，1 个综合业务接入区目前有 86 个站点，每个节点接入 5 个低频站点，需 18 个节点，每个接入环 3 个节点，共需 6 个接入环。每对汇聚点下挂 3 个接入环	每个汇聚环 4 个普通汇聚节点，每对汇聚节点接入 86 个低频基站，其中 2 个站取峰值
	带宽估算	汇聚环带宽 = 接入环带宽 × 接入环数量 × 汇聚节点数 /2× 收敛比 33.07×3×4/2×1/2=99.21Gbit/s	汇聚点带宽 = 单站均值 ×（N−2）+ 单站峰值 ×2 2.03×（86−2）+4.65×2=179.82Gbit/s 汇聚环带宽 = 汇聚点带宽 × 汇聚点数量 /2× 收敛比 179.82×4/2×1/2=179.82Gbit/s
核心层	参数选取	按照 4 个核心节点估算带宽需求，其中每对核心节点下挂 8 个汇聚环（8 个综合业务接入区）	
	带宽估算	核心层带宽 = 汇聚环带宽 × 汇聚环数量 × 核心节点数 /2× 收敛比 99.21Gbit/s×8×4/2×1/4=396.84Gbit/s	核心层带宽 = 汇聚环带宽 × 汇聚环数量 × 核心节点数 /2× 收敛比 179.82Gbit/s×8×4/2×1/4=719.28Gbit/s

表 9-16　模型Ⅱ对应的 C-RAN 带宽需求评估结果

网络层次	一般流量场景（小集中）		热点流量场景（大集中）
接入层	参数选取	假设每个接入环 3 个节点，每个节点接入 5 个 5G 低频站，其中 1 个站取峰值	—
	带宽估算	接入环带宽 = 单站均值 ×（N−1）+ 单站峰值 2.03×（15−1）+4.65=33.07Gbit/s	—
汇聚层	参数选取	1 个综合业务接入区目前有 86 个站点，每个节点接入 5 个低频站点，需 18 个节点，每个接入环 3 个节点，共需 6 个接入环。每对汇聚点下挂 6 个接入环	每个汇聚环 4 个普通汇聚节点，每对汇聚节点接入 86 个低频基站，其中 2 个站取峰值
	带宽估算	汇聚上连带宽 = 接入环带宽 × 接入环数量 × 收敛比 33.07×6×1/2=99.21Gbit/s	汇聚点带宽 = 单站均值 ×（N−2）+ 单站峰值 ×2 2.03×（86−2）+4.65×2=179.82Gbit/s 汇聚环带宽 = 汇聚点带宽 × 汇聚点数量 /2× 收敛比 179.82×4/2×1/2=179.82Gbit/s

（续表）

网络层次		一般流量场景（小集中）	热点流量场景（大集中）
核心层	参数选取	按照 4 个核心节点估算带宽需求，其中每对核心节点下挂 16 个口字型汇聚对（8 个综合业务接入区）	
	带宽估算	核心层带宽 = 汇聚层带宽 × 汇聚对数量 × 核心节点数 /2× 收敛比 99.21Gbit/s×16×4/2×1/4=793.68Gbit/s	核心层带宽 = 汇聚层带宽 × 汇聚对数量 × 核心节点数量 /2× 收敛比 179.82×16×4/2/4=1438.56Gbit/s

在模型 Ⅰ 和模型 Ⅱ 假设的参数下，从计算的结果可以看出，在 C-RAN 模型下，小集中场景中 5 个站点集中，3 个节点组成 1 个接入环，1 个综合业务区需组 6 个接入环，每个接入环流量达到 30Gbit/s 量级，模型 Ⅰ 中和模型 Ⅱ 中，汇聚层带宽最终达到 99 ~ 173Gbit/s（分小集中和大集中场景），对于核心层，预估 8 个综合业务接入区（汇聚层叠加考虑）、模型 Ⅰ 核心层的带宽达到 396 ~ 719Gbit/s（分小集中和大集中场景）、模型 Ⅱ 核心层的带宽达到 793 ~ 1438Gbit/s（分小集中和大集中场景），因此，在组网方面，承载接入环需具备 50Gbit/s 以上的带宽能力，汇聚 / 核心层需具备 N×100/200/400Gbit/s 带宽的能力。在模型 Ⅰ 和模型 Ⅱ 中，小集中的场景 6 个接入环消耗 12 芯的接入环网光缆，每个接入环按平均 3km 估算，则需要 12×3=36 纤芯千米的回传光缆。模型 Ⅰ 和模型 Ⅱ 中大集中的场景无须接入环，不需要回传光缆。

（2）一般城区。

一般城区的综合业务接入区的范围在 6km^2 左右，站间距 D 为 300m，根据上文密集城区的覆盖所需站点的计算方法，我们可得出 6km^2 所需的 5G 覆盖站点数约为 77 个。

① 前传。

前传的带宽需求和密集城区一样以 25Gbit/s、N×25Gbit/s 速率接口为主。

前传的承载方案也和密集城区一样，以光纤直连进行分析，在一般城区需 76 个基站覆盖的需求下，我们分 D-RAN 和 C-RAN 场景分别进行讨论。

- D-RAN 场景

前传距离较短，尾纤直接连接，无须消耗接入光缆。

- C-RAN 场景

C-RAN 场景（小集中）。小集中的场景，我们按照 DU 池单节点接入 5 个站点考虑，76 个基站需要的集中点至少为 16 个集中节点，前传占用光缆主要以引入光缆和配线光缆为主，每个站点按照三扇区覆盖考虑，需 6 芯光缆，总共需要 456 芯光缆，配线和引入光缆距离相对较短，预估平均每个站的接入距离在 800m 左右，因此，总共需 516×0.4=364.8 纤芯千米的光缆。

C-RAN 场景（大集中）。大集中的场景，我们按照整个接入区的 DU 池全部放置在综合业务接入区的汇聚机房，76 个基站的 DU 池全部在汇聚机房集中，前传占用光缆主要包含配线光缆、引入光缆以及主干接入光缆。每个站点按照三扇区覆盖考虑，需 6 芯光缆，则总共需要 456 芯光缆，因直接接入至汇聚机房，需占用主干接入光缆，预估平均每个站的接入距离在 1.6km 左右，因此，总共需 456×1.6=729.6 纤芯千米的光缆。

② 中传。

关于中传的考虑与密集城区一致，不再赘述。

③ 回传。

回传的中单站带宽、基本参数假设、场景分类、计算方法等都和密集城区的算法一致，因此，不再重复叙述计算过程，下面主要讲述分析结果。

• D-RAN 场景

在模型 I 和模型 II 假设的参数下，从计算的结果可以看出，在 D-RAN 模型下，如果 1 个接入环上带 8 个节点，1 个综合业务区需组 10 个接入环，每个接入环在一般流量场景达到 20Gbit/s 量级，热点量程场景达到 40Gbit/s 量级，那么在模型 I 和模型 II 汇聚层的带宽最终达到 94 ~ 234Gbit/s(分一般流量和热点流量场景)，对于核心层，预估 8 个综合业务接入区（汇聚层叠加考虑）、模型 I 核心层的带宽达到 377 ~ 938Gbit/s(分一般流量和热点流量场景)、模型 II 核心层的带宽达到 754 ~ 1876Gbit/s(分一般流量和热点流量场景)，因此，在组网方面，承载接入环需具备 25/50Gbit/s 带宽的能力，汇聚 / 核心层需具备 N×100/200/400Gbit/s 带宽的能力。在模型 I 和模型 II 中，10 个接入环消耗 20 芯的接入环网光缆，每个接入环按平均 6km 估算，则需要 20×6=120 纤芯千米的回传光缆。

• C-RAN 场景

在模型 I 和模型 II 假设的参数下，从计算的结果可以看出，在 C-RAN 模型下，小集中场景中 5 个站点集中，3 个节点组成 1 个接入环，1 个综合业务区需组 5 个接入环，每个接入环流量达到 30Gbit/s 量级，在模型 I 中和模型 II 中，汇聚层带宽最终达到 82 ~ 159 Gbit/s(分小集中和大集中场景)，对于核心层，预估 8 个综合业务接入区（汇聚层叠加考虑）、模型 I 核心层的带宽达到 330 ~ 638 Gbit/s(分小集中和大集中场景)、模型 II 核心层的带宽达到 661 ~ 1276 Gbit/s(分小集中和大集中场景)，因此，在组网方面，承载接入环需具备 50 Gbit/s 以上的带宽能力，汇聚 / 核心层需具备 N×100/200/400Gbit/s 带宽能力。在模型 I 和模型 II 中，小集中的场景 5 个接入环消耗 10 芯的接入环网光缆，每个接入环按平均 6 千米估算，则需要 10×6=60 纤芯千米的回传光缆。模型 I 和模型 II 中大集中的场景无须接入环，回传光缆。

| 9.4　传输设备组网规划思路 |

9.4.1　城市城域网发展思路

5G 网络的部署必定是以城市客户密集区为首批建设。那么城市城域网的建设思路是网络建设首先考虑的问题。与前面章节的侧重点不同，对于城域网的承载组网，我们不再只分析单个基站的回传，或者一个综合业务区内无线基站的承载，而要通盘考虑一个城市所有无线基站的承载，大规模的建设；大部分运营商都是移动网络和固网并存，所以城域网的建设思路要相对宏观，同时考虑多种类需求和多专业协同。跟踪技术但不唯技术论，在建设时也要考虑成本和速度。

对于运营商的重点城市城域网，全国的发展存在不均衡性，发达地区，比如上海、广州等一线城市的城域网已经非常发达，已建成了若干 100G OTN 的 Mesh 组网，开通了 ROADM 功能，业务承载和调度能力都很强；中等的省会城市城域网，至少也建成了 100G OTN 的环网，视业务需求维度的多少开通了 ROADM 功能，大部分的地市城域网还处于 40G 和 10G OTN 组网的状态。城域网面临的问题是提速需求明显，大中型城域网业务密集区域已经出现 100GE 的 BRAS/MSE 上行需求，政企需求普遍提速，从以 2 ~ 10M 带宽为主普遍升级到 50 ~ 100M，随着 5G 网络的建设，城域网必将面临更大的带宽压力。更复杂的是，城域网机房一般建设在十分核心的地段，多年来反复叠加建设，设备容量不断提升，设备功耗和机房电力的矛盾已经成为全国普遍性的问题，尤其部分枢纽机房，因设备加电困难已影响业务开通。

城域网和县市骨干层，根据 5G 超大带宽承载需求预测：5G 预计在 2019 年形成完整的技术标准，2020 年实现试商用部署；从 ITU 确定的 5G 应用场景与关键能力指标来看，5G 单基站带宽均值可以达到 5Gbit/s，峰值带宽可以达到 20Gbit/s。对于未来 5G 承载网络带宽的需求，目前，标准组织和相关厂商经过测算，基本认为未来 5G 承载，城域汇聚将采用 100Gbit/s 以上更高速率技术，城域接入将采用 50G 或 100G 技术。

这部分的需求，我们在第 4 章已经罗列过，这里可以直接引用，5G 时代对传输网络的需求是大带宽、低时延、高可靠、高精度、灵活组网、网络切片化、

智能化、多专业协同化（综合承载）。

在 5G 建设周期内，传输网的建设应该匹配 DC 组网需求，推进一二级干线光缆网及传输网的融合，集约化建设大城域光网络，形成扁平化城域光网络架构；采用 ROADM/OTN 设备组成全光网络；骨干和城域光网络引入 SDON 技术，基于 SDN 实现 IP+ 光、DC+ 光等跨层次网络协同；有源接入设备逐步引入 SDN，OLT 设备物理位置均不会发生显著变化；无源 ODN 网络要保持长期稳定接应移动和宽带组网，统筹规划、构建综合接入节点，实现全业务的统一接入承载，保持基础光缆网架构稳定。

9.4.2 承载网多层次建设思路

近年运营商的网络建设习惯都是以省分公司为单位，先做好 3 年滚动规划，然后根据集团公司审定的规划项目池中的内容，分年度来进行网络建设。目前，各省公司二级干线层面及以下的内容都由各省分公司主导，只有一干由集团公司主导建设。本节我们站在运营商省公司层面，针对省内二级干线、省到市的骨干层、市内城域网以及县乡和接入层等各个层级的承载网络设备组网规划进行分析。

目前，各省二干已经建成了 100G 的 OTN/DWDM 设备组网，大部分省份以环形组网为主，业务量大、网络先进的区域已经建成了 Mesh 组网并且开通了 ROADM 功能，大部分段落均采用 PDM-QPSK 编码技术 +SD-FEC 软判决纠错技术的波长转换器，系统上大部分站点均配置有支线合一 100G 板卡和支线分离板卡（线路 100G、支路 10G），支持最大的业务颗粒为 100G，最小为 10G。在二干层面的传输以及调度能力都能够支撑运营商光纤宽带网和移动网两大业务类别的需求。近年来，在省干也建设了不少政企专线承载平台，为解决金融、党政军类对数字电路的时延、抖动甚至承载设备有明确要求的高质量客户而打造，省内政企专用平台的建设主要考虑 3 条原则：（1）充分利旧的现有 100G 网络平台资源；（2）按需建设，并考虑部分冗余，为业务新增和调度做准备；（3）从维护和安全角度出发，保证政企平台的独立性。

另外，大部分城市 5 年前建的 80×40G OTN 系统，目前波道利用率应该较高。随着 100G 技术的迅猛发展，显现出 40G 技术生命周期的短暂。随着数据业务带宽的网络演进，该系统难以满足业务与网络发展的需求。发展与定位应该是保持现有的网络结构，不再继续扩容或者建设。

早期建设的省内干线 DWDM 系统网络结构主要为链形，以 40×10G DWDM 系统为主，40×2.5G 及 32×2.5G DWDM 系统为辅，主要承载省网

SDH 系统和部分 2.5Gbit/s、10Gbit/s 以及政企客户 GE 大颗粒数据业务。目前，波道利用率也很高，而且系统扩容能力基本达到饱和，设备运行 10 年以上，承载电路能力趋于饱和，设备备品备件供应有停产趋势，预计难以满足未来网络发展的需求。随着数据业务端口的逐步升级后，该系统将释放出一部分 10G 空余电路，届时可作为 40G、100G 网络平台的资源补充，达到节省投资及资源再利用的目的。有些老旧设备也可以择机退网。

到 5G 时代，二干层面将继续承担省内大颗粒业务的长途传输和业务调度功能，也将继续承担光网、移动网和政企客户等综合业务的承载。面临的问题主要集中在 3 个方面：（1）大带宽需求；（2）低时延需求；（3）智能化管控需求。

省内长途 OTN/WDM 网近期建设的重点是为满足飞速增长的数据业务需求和 5G 长途业务而进行扩充容量、完善结构。OTN/WDM 设备组网应重视与长途光缆网建设的衔接，以确保同步新建系统能够获得性能与投资的综合最优。5G 时代的传输网会有大量的业务需求，但是传输网的建设不仅仅需要考虑 5G。与此同时 OTN/WDM 组网需继续重视与 IP 网络的衔接，在节点设置、链路容量、端口类型、安全性等方面协同规划，达到网络能力匹配及最优，为上层网络的业务发展提供强有力的支撑。在 5G 建设初期 2 ~ 3 年的时间内，长途 OTN/WDM 网的发展思路与策略主要有以下几点。

（1）网络结构从环形向 Mesh 方向发展。

5G 时代对传输时延的要求较高，而我们在前面的分析中已经讲到，85% 的时延来自于网络光缆传输，那么缩短光缆距离、缩短站点间的直线距离就称为减少时延的关键。完成架构演变的关键在于与光缆专业的协同，在建设时应综合考虑建设维护难度、业务需求特性、投资、安全等方面因素的影响，同时结合目标省的地理环境，分区组网，尽量完成双平面架构，节点设置与 IP 网、CN2 网络以及无线核心网保持高度衔接，同时，能保证各类业务多路由负荷分担承载。聚焦能力提升，满足业务网络承载需求，重视传输网络的可靠性，确保网络及业务的安全性，多项措施提升业务的电路安全，保证强化专业配合。

（2）多专业协同规划，充分利用网络资源。

虽然我们是介绍 5G 时代的承载网，但是对承载网的建设并不能只关注 5G，承载网建设难度大、周期长，而且耗投资，规划是为了达到一次投资、多专业收益的效果。在建设中应加强传输网与 5G 无线网、IP 网的协同、传输系统与光缆网的协同、省内干线与省际干线的协同；优化网络目标架构，提高资源利用率。

（3）超 400G 新技术的引入。

持续关注新技术的引入，随着 5G 网络自下而上的业务汇聚，在省干层面必定会引入 400G 技术。从业人员需要密切跟踪和关注 400G OTN 技术的研发和试点以及测试情况，在成本合适的条件下适时引入。1 ~ 3 年内建议省干在保持现有网络结构的情况下，将挖掘现有网络资源，同时采取合理的网络发展目标结构，保护现有 10G/40G/100G OTN 网络投资。有条件的区域可以退出部分老旧设备，为 400G 的铺设准备好机房空间和电源等配套资源。在 3 ~ 5 年内必定会有大规模的 400G OTN 商用的局面出现。

（4）提高网络和业务的安全性和网管的智能化。

在系统规划和建设组网时，采用业务分担的方式提高业务的安全性，对重要业务尽量通过不同平面的波分系统和不同的路由。

（5）ROADM 新技术引入及组网原则。

目前，OTN 大型节点需配置较大容量的电交叉子架，存在能耗高的问题，同时散热方式也与机房散热方式不匹配。因此，当考虑 ROADM 的部署时，将波长级调度问题用 ROADM 解决，减少 OTN 电交叉，降低机房空调、电源压力。OTN 网络主要负责 100Gbit/s 以下颗粒业务和需毫秒级保护倒换的业务的承载，ROADM 负责 100Gbit/s 大颗粒业务承载和不需要毫秒级倒换要求的业务的调度和恢复。

建议在省干、大型本地网的城域部署 ROADM 设备，根据不同城市业务维度的多少来配置 ROADM 维度，在具备路由条件的情况下，应采用 Mesh 组网，减少绕转，降低时延。

（6）新建 OTN 保护方式的选择。

目前，省内长途波分网络大部分采用的是基于单光放 OLP 1+1（OLP 板位于 OA 与线路板之间）。当采用单光放的 OLP 1+1 保护时，OLP 的插损将计入线路损耗，实际上相当于线路指标劣化了，影响系统性能；省内长途 100G、400G 网络建设时保护方式的选取应尽可能降低对系统性能的影响，在当前的技术条件下，建议采用 OMSP（光复用段保护）。使用 OMSP，OMSP 的 OLP 板在光放大器之前，不会引入 OLP 单板的差损；OMSP 不会增加单业务流方向放大器的个数，不会增加放大器噪声；采用 OMSP 比 OLP 的 OSNR 性能更优。

在前面的章节已经分析过，5G 时代，骨干汇聚的速率将达到 100G，而接入层将达到 25G/50G。未来骨干汇聚层的 OTN 设备主要以 100G OTN 建设为主，有条件的地区会从环网建设向 Mesh 结构推进。MS-OTN 技术将在 5G 建设过程中逐步被引入，分层分组建设。

县市骨干目前以 10G/100G OTN/PTN+SDH/MSTP 组网的方式为多。县乡层在 4G 时代也已经建设了部分 OTN 环网。县、市、乡这几个层面的设备组网的特点是 :（1）厂家分布多，有些地市有多个厂家；（2）技术手段多，包括 IPRAN、OTN、PTN、MSTP、SDH 等，并不统一；（3）带宽设备电路资源消耗很快；（4）建网成本占承载网总投资的很大比例；（5）承载的业务类别很多，

除了光宽和移动业务，还有政企、集客等；（6）网管能力有待加强；（7）早期部署的县乡 OTN 不具备 MS-OTN 交叉功能。

骨干 MS-OTN。骨干层面的建设应重点关注带宽和调度能力，目前，100G OTN 已经全面部署，能够提供 100G 高带宽透明传输通道，只需要在现网 OTN 网络的基础上通过扩展电子架支持 MS-OTN，就可以构建 100G 省干跨地市综合承载调度层，即可提升高速业务灵活调度能力。在这一层面，MS-OTN 仍然适合以大颗粒为主。如果有新建 100G、超 100G 的 OTN 环，建议直接集中采购具备分组增强功能的 MS-OTN。

县乡汇聚 MS-OTN。本地网县乡建设应该关注网络覆盖、传输质量和使用效率，目前，骨干层采用 80×100G 建网，汇聚层采用 40×10G 建网。在 5G 时代，汇聚层将新建 100G MS-OTN 系统，用 MS-OTN 来逐步取代 OTN+汇聚交换机，这样能精简网络层级，减小网络时延，提升用户感知，实现乡镇及综合接入点专线业务接入与互联，提升网络带宽使用效率。在已建 100G OTN 区域，建议与原有厂家探讨是否能通过扩容带 MS-OTN 功能的板卡来实现多业务承载。

本地网 MSTP/ASON。上行接口对接省干 MS-OTN 子架，本地网层面与 MS-OTN 互通融合，根据业务颗粒大小分别承载。这一层面承载的业务将呈现多元化。

接入层的组网更为复杂和多样化，因为接入层用户包括家庭宽带用户、政企用户，无线 3G/4G 用户等多种，组网方式也有 PON 组网、IPRAN 组网、PTN 组网，还有 MSTP/SDH 组网等各种方式。目前，速率从 2M 到 10GE 各种颗粒均有分布，规模较大，覆盖较广，但是资源利用率存在不均衡性。接入层规模较大的主要有两种组网，一种是为光宽客户建的 PON 网，另一种就是移动基站的传输配套，由各个运营商采用不同的技术手段和承载的组网方式。随着 5G 的建设，各个运营商在不同的网络基础上必将面临不同的演变方式。

| 9.5　传输与其他专业的协同 |

9.5.1　DC 的建设

1. DC 的概念

随着 5G 引发的结构重组、SDN/NFV 等技术的引入，承载网节点 DC 化趋势明显。运营商的“网络 DC”特指未来承载虚拟化网元（电信云）和专用硬件设备的新型网络机房，是对未来网络机房基础设施的统称。未来网络 DC 将主要通过现有网络机房 CO 升级，按需有序地推进机房基础设施 DC 化改造演变为网络 DC，为未来网络重构演进提供统一云化的虚拟资源池、可抽象的物理资源和专用高性能硬件资源的统一承载。以后的网络 DC 分为云化部分和 DC 专用设备。云化部分包括内容中心 vCDN、移动核心网 vIMS/vEPC、vBAS/vCDN、vCPE/vFW/ vDPI；vGW/vSBC；BBU 池 /MECC；NFVI 资源池，它们都属于电信云；而原来的数据设备（SR/IPRAN）和传输设备（DWDM/OTN）就属于 DC 专用设备。网络 DC 如图 9-8 所示。

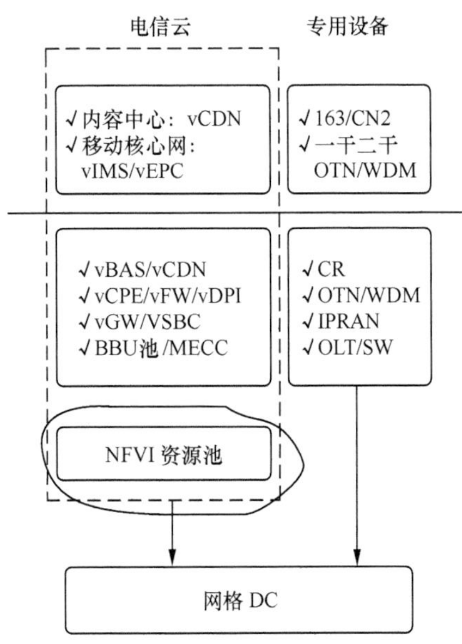

图 9-8 网络 DC

运营商近年的网络 DC 布局的目标规划以网络云化演进目标架构为指引，统筹未来网络 NFV 和专用设备的分层设置、数量规模及集约管控等对网络 DC 承载要求，各本地网需要对未来网络 DC 的层级设置、目标局址等进行系统设计，做好网络 DC 中长期布局规划和现有机房资源匹配分析。并在对机房资源充分调研和评估的基础上，做好地理位置、物理条件、扩展性强的优质机房资源储备。另外，机房基础设施 DC 化改造主要指网络 DC 面向未来高密度、通用化、虚拟化的计算、存储和网络资源承载，专用硬件和通用设备的高功耗、大体积、大重量趋势对现有通信机房空间、电源、空调等配套设施提出了更大的挑战。承接不同阶段专用设备升级扩容，及网络 NFV 引入部署等要求，应积极有序地推进机房基础设施 DC 化改造，因地制宜制订建筑结构、变配电、发电机、不间断电源、空调制冷和消防监控等重构方案。

在可预见性的 SDN/NFV/ 云计算技术趋势下，重点研究宽带和移动网络云化演进对网络 DC 机房的承载和部署驱动要求，基于统筹现网机房资源的基础条件和评估，完成省市公司网络 DC 目标布局和资源储备中长期规划，并根据不同时期的专用设备和虚拟网元部署承载实际需求，按需有序推进网络 DC 机房基础设施 DC 化改造建设。

2. *无线网云化对 DC 的影响*

移动网（含 IMS/EPC 网络）将逐步云化，到 5G 阶段将最终形成控制云、

转发云、接入云的“三朵云”架构，未来各类资源部署将分别落到不同层的 DC 目标资源池。4G 核心网 EPC 云化先从 HSS、PCRF 等控制网元入手，基本维持数据面网元 PGW 专用设备，满足视频媒体及新型应用部署需要，可考虑地市核心面按需部署用户面网关设备。中远期，逐步引入 5G 核心网，EPC 将逐步过渡到 5G 核心网，实现 C/U 分离，转发面 UGW 将下沉到地市核心或边缘，以提升用户体验为主。为满足低时延业务应用需求，将在城域边缘部署 MECC，按需部署移动网接入虚拟化功能，如 BBU 池、Cloud RAN-CU。无线网云化对 DC 的影响如图 9-9 所示。（补充说明：由于 5G 技术标准、设备形态和产业链还面临较多不确定性，后续将会及时跟进和修订）。

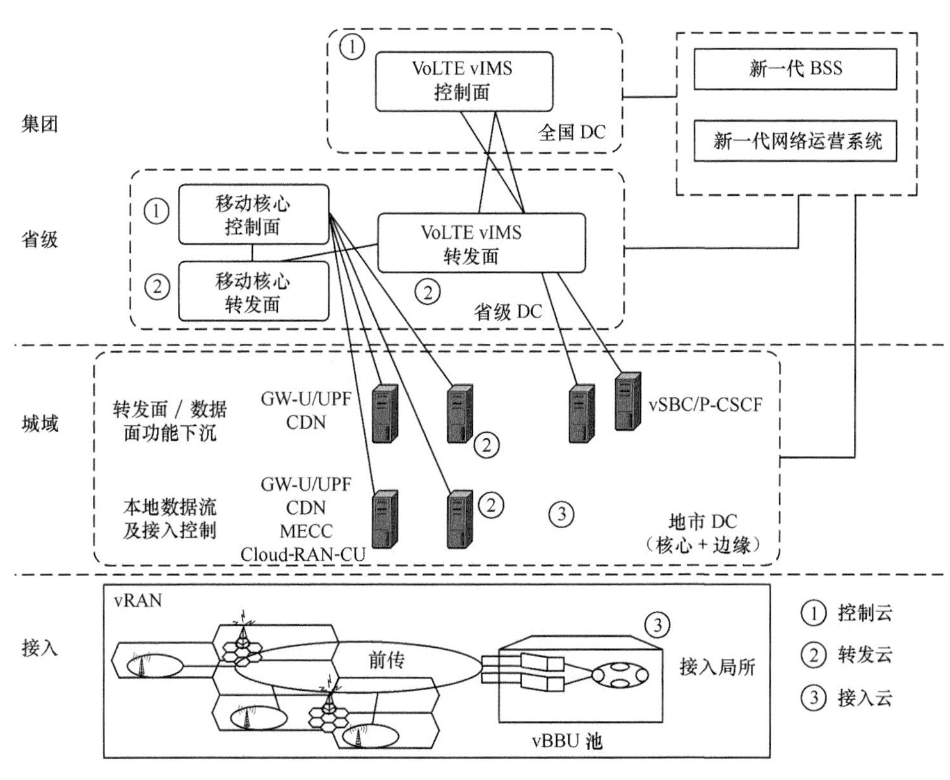

图 9-9　无线网云化对 DC 的影响

3. DC 的建设要素

网络 DC 定位于面向虚拟化网元和专用硬件设备综合承载的新型网络机房，考虑到未来承载网络、专用设备的物理位置仍将相对稳定，未来网络 DC 仍继续沿用四层架构，分别为“区域 DC+ 核心 DC+ 边缘 DC+ 接入局所”，与现有通信局所保持一定的对应和继承关系，并可设置综合性网络 DC，同时，综合网络 NFV 不同阶段集中或分布式部署的要求，网络 NFVI 则主要部署于“区域 DC+ 核心 DC+ 边缘 DC”，可兼顾集中化、属地化和最佳体验。

（1）区域 DC。区域 DC 放置各专业目标期省级 / 全国骨干网络设备，可与现枢纽楼局点基本对应。一般可将现放置 163/CN2 和大型骨干波分系统及核心网设备的枢纽局点定位为目标区域 DC。

（2）核心 DC。核心 DC 放置各专业目标期本地网核心层的网络设备，可与现核心机楼局点基本对应。一般可将现放置城域网 CR、RAN ER 等设备及本地大中型 OTN/DWDM 波分系统设备的核心机楼局点定位为目标核心 DC。

（3）边缘 DC。边缘 DC 放置各专业目标期本地网汇聚层的网络设备，可与现一般机楼局点基本对应。一般可将现放置城域网 MSE/BRAS、RANB 等设备且中继光缆资源丰富的局点定位为目标边缘 DC。

（4）接入局所。接入局所放置各专业目标期接入层的网络设备，与本地网现接入局所保持一致。一般可将现设备间、远端模块、移动基站等末端接入局点以及 OLT/BBU/RAN A/ 汇聚交换机 / 汇聚传输设备等接入汇聚局点，统一定位为接入局所。比如本地网接入功能的设备间 / 模块局 / 基站等。一般城区机房覆盖半径为 1 ~ 2km，农村覆盖半径为 3 ~ 5km，如果出现接入局所过于密集的情况，可考虑合并并裁撤部分接入机房，部署综合业务接入局所。结合全光改后老旧设备退网契机做好机房空间腾空归并，进行资源布局优化调整，提高效率，特别是原接入汇聚机房可为本地综合业务点和未来 5G 边缘服务部署预留空间。接入局所主要部署接入型 / 流量转发型设备，暂不考虑接入局所基础设施 DC 化改造。未来按需部署 Cloud RAN-CU 等设备。

具体来讲，如何适配 5G 业务需求？影响 DC 化节点布局的因素有哪些？哪些是关键因素？位置、电源、数量如何在投资和性能方面取得最佳平衡？是否有可能与小型化 DC 共享双赢？解决这些问题需要建模分析，寻找关键影响因素和最佳效益平衡。

边缘层 DC 定位，城域和边缘 DC 需要装置 MEC 平台，管理业务编排、资源编排、SDNC 等功能，装置核心网的 CP，CP 部署位置居于城域网的核心、汇聚或边缘。

在选址方面，如果独立选址，优点是空间充足、设施完善、扩展性强；缺点是投资大，传输要求高。如果与传输机房合设，优点是传输条件好，可共用电源、空调等基础设施，靠近业务；缺点是空间有限、扩展性不足、规模受限。

边缘级 DC 部署灵活，对不同的应用场景会有不同的网元、不同的功能。应根据实际情况，灵活选址，尽量与传输机房合设。DC 的分层如图 9-10 所示。

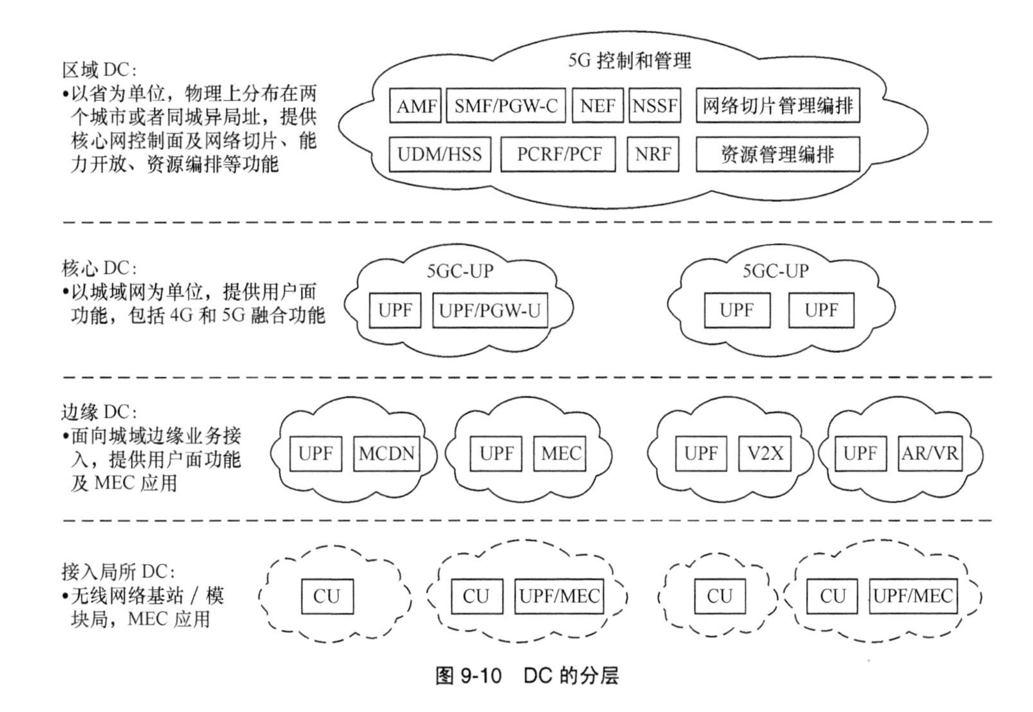

图 9-10　DC 的分层

9.5.2　综合业务接入区的建设

1. 综合业务接入区结构与各大要素

综合业务接入区的要素包括汇聚节点、主干接入光缆、分纤点、配线光缆、联络光缆等网络要素。其常见网络结构如图 9-11 所示。

综合业务接入区是指为满足基站、WLAN、集团客户专线、家庭宽带等各类业务接入需求，结合行政区域、自然区划、路网结构和客户分布，将城市建成区域或其他业务密集区，如发达乡镇划分成多个能独立完成业务汇聚的区域。综合业务接入区应包括汇聚节点、分纤点、主干接入光缆、配线光缆、联络光缆等网络要素。

汇聚节点指负责一定区域内各类业务汇聚和疏导的节点，共分为两类，第一类是用于单个汇聚区域内业务收敛的普通汇聚节点；第二类是用于单个或多个汇聚环业务收敛并实现与核心节点互联的重要汇聚节点，主要配置 10/40/100GE PTN、OTN、OLT 等设备。

业务汇聚机房是为满足单小区、沿街商铺、聚类市场等单一业务区快速接入而设置的节点机房，覆盖范围较汇聚机房小，应位于综合业务接入区内，收

敛接入区内单个 / 多个微网格内基站、家宽、集客、WLAN 等业务，其覆盖区域不应超出原有综合业务接入区的规划范围。

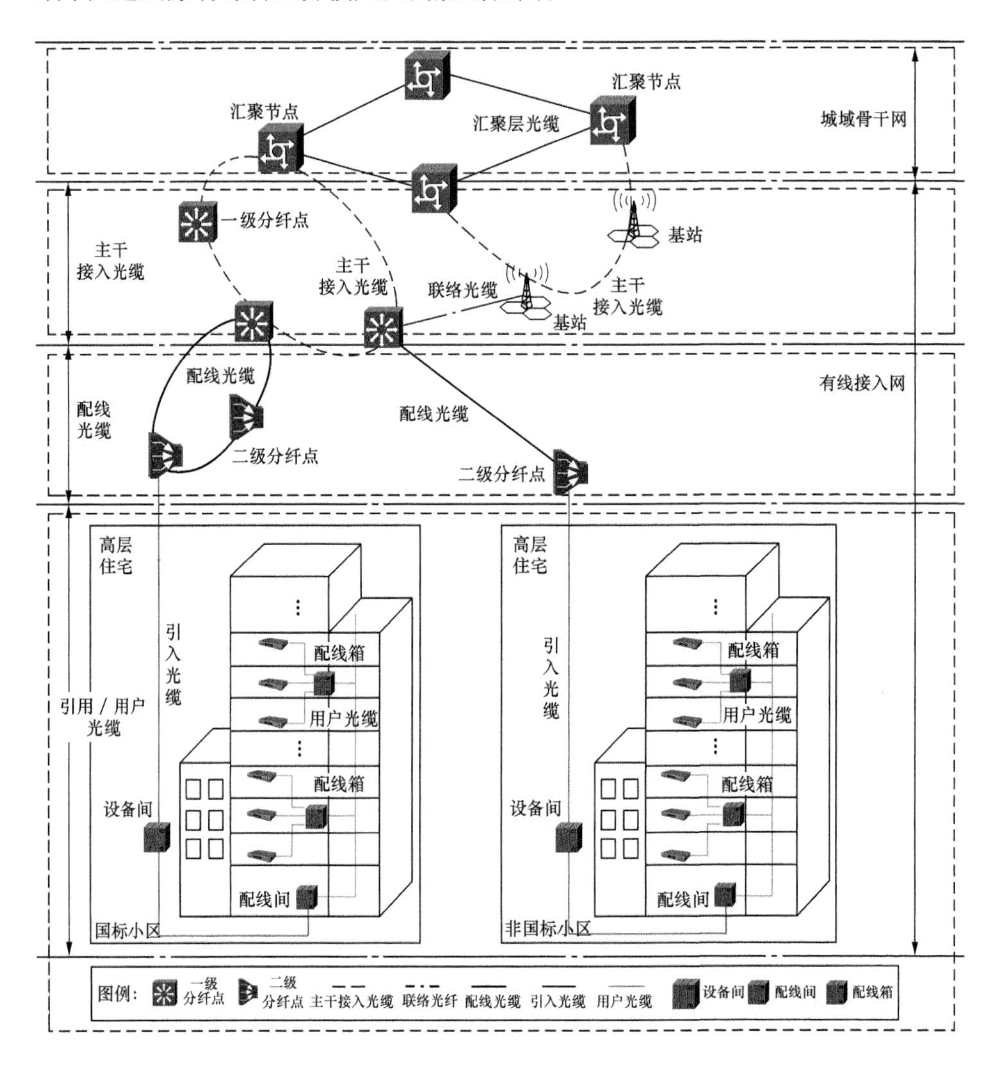

图 9-11　综合业务接入区网络结构

微网格是指网络规划时根据用户需求、场景分布、管线资源等因素，在综合业务接入区内划分更小的网格单元，便于对网格内资源进行规划建设和精细化管理。

分纤点是指为实现客户业务，快速、便捷地接入在光缆路由上设置的具备纤芯调度和配纤功能的光缆网络节点：一类为部署在室外的光缆交接箱，另一类为部署在室内光缆交接箱内的光纤配线架。有条件的可与小区内设备间共用。

根据其所处网络位置和实现功能，可分为两类：第一类是主干接入光缆路由上的一级分纤点；第二类是配线光缆路由或位于小区内的二级分纤点，主要面向多个商业楼宇或住宅楼宇。

主干接入光缆是指汇聚节点与一级分纤点或两个一级分纤点之间的光缆，主要完成汇聚节点至多个业务接入点之间公共路由上光缆的集中化部署。

配线光缆是指一级分纤点和二级分纤点间的光缆。

二级分纤点至用户接入点间的光缆。

用户接入点至用户光纤信息插座间的连接光缆。

联络光缆是指相邻综合业务接入区一级分纤点之间、一级分纤点与基站节点之间的光缆，主要用于双上联跨不同综合业务接入区组网。

2. 建设原则和目标

综合业务接入的建设原则和目标。综合业务接入区作为基础资源，应统筹各种业务接入需求，按照 “先框架、后充实”原则，搭建一张面向未来的全光接入网络。

（1）建设原则。

① 整体规划，分步实施：根据城市发展，结合经济收入、人口密度、企业密度，面向未来、整体规划、连片覆盖，一次规划到位，按需逐步建设。

② 聚焦市场，加强覆盖：以市场需求为导向，加强综合业务接入区的建设。聚焦目标市场，不断扩大综合业务接入区的覆盖范围；根据市场发展，不断增强基于微网格的二级分纤点建设，增加分纤点密度，降低用户接入距离及成本。

③ 效益优先，注重协同：把投入产出的效益放在首位，综合考虑网络投入和市场营销的有效联动；并确保存量网络能力与新增业务需求协同、市场与建设协同，发挥整体优势，逐步提高资源使用率及业务接入命中率；对于效益低、投入大的乡镇、农村，可采用有线、无线等多种接入方式接入用户。

（2）建设目标。

① 综合业务接入区规划目标。

城市建成区、郊区县和发达乡镇（潜在用户密度大于2000个/平方千米，且总潜在用户数达到5000以上的乡镇，以下简称“发达乡镇”）应完成100%的综合业务接入区规划，一次规划到位，按需逐步进行部署。

② 覆盖深度目标。

原则上，城区应通过一级分纤点和二级分纤点结合的方式，完成各类住宅小区的覆盖，其中，业务密集区分纤点至用户接入点的平均距离力争控制在150m以内；一般城区控制在250m以内。郊区县和发达乡镇应具备满足基本覆盖需求的主干接入光缆和一级分纤点，按需建设二级分纤点，力争分纤点至用户接入点的平均距离控制在 300m 左右；一般乡镇和农村应通过邻近基站光缆延伸，并建设光缆分纤箱 / 交接箱实现农村用户固定宽带覆盖。

（3）建成标准按照规划目标，已划分明确的区域边界，具备 1 ~ 2 个业务汇聚点机房。主干接入光缆和一级分纤点已基本完成部署，即主干接入光缆路由达到规划要求，其中，城市建成区的主干接入光缆平均纤芯数不低于 72 芯，一级分纤点的平均容量不低于 144 芯，并已覆盖区域内 80% 的业务接入点，并按照覆盖半径要求，完成分纤点（含一 / 二级分纤点）部署。

9.5.3 基础设施准备

面对 5G 网络的建设，运营商除关注 5G 的新设备形态、网络架构的改变以及新业务的应用外，还需提前考虑部署需为 5G 做准备的基础设施包括光缆、管道、机房、电源、新风系统等。

光缆。光交网络网格化的部署和延伸靠近接入点，实现资源的网格化、有序化、灵活安全的接入。5G 基站依然以光交网为主要光纤接入、组网手段，面对超密集组网的站址接入需求，光交资源需要着重从“密度”和“健康度”两个方面规划考虑。“密度”的维度以综合业务接入区为单位，考虑其覆盖半径及接入能力，按照基站站址密度提高到 1.5 倍考虑，需要着重增强综合业务接入区的覆盖范围并加大二级分纤点的建设。“健康度”的维度则是从“微网格”的角度，考察基础资源的持续可接入能力，对微网格范围内的“规整率”“覆盖率”“连通率”“接入率”等指标进行优化。

经过多年建设，目前，各城市形成了综合业务区、基站光缆环融合的“一张光缆网络”。但是 5G 站址密度大，新建站必须新建光缆，如果采用拉远方式，光纤目的地是 DU 站，在这样的情况下，光纤需要 6/12 芯，综合业务区光纤直达汇聚机房，预留的共享纤芯数较少，不能直接接入到综合业务的光缆环中，避免堵塞主干纤芯。需要考虑就近接入附近的机房站，如果机房站接入的数量过多，需要考虑站外设立分纤点接入光缆，可以减少入站的光缆条数，同时节约管道的管孔资源。同时，原有机房站的光缆由于 5G 需要新增设备组网、4G 时代多个基站组环网，因此，使用纤芯数量较少，一个环占用一对光纤。在 5G 时代，由于单站的带宽增大，可能 2 ~ 3 个站甚至 1 个站单独占用一对光纤。因此，光纤芯数需求倍增，原有光缆芯数不足。同时，由于原有机房站多数进入原有汇聚机房，原有汇聚机房不能继续安装 5G 汇聚层设备，需要调整光缆结构。面临新的 5G 无线接入机房站、5G 传输汇聚层机房站的光缆重建问题。

由于作为核心骨干节点的汇聚机房发生变化，因此，整个光缆底层网络结构要重建，工程量十分庞大。这部分将在下一章详细阐述。

管道。面向 5G 业务的高可靠性、低时延等要求，为部署 5G 的 C-RAN 和 D-RAN 以及为城域 DC 间的 Mesh 互联组网做好准备，需要对道路管道进行新增或扩容。基础资源层面也需要重视管道的加排，疏通建设，要提早进行管道加排，增强线路连通的能力，并推广纺织子管等应用，盘活已建管孔资源。

机房。按照 5G 网络初期的部署方案，各运营商企业一般采取 CU 和 DU 合设的方案，以某一设备厂商 CU 和 DU 合设设备为例，要求采用 19 寸标准机柜安装，大于或等于 4U（3U 设备 +1U 散热空间），深度大于或等于 500mm，总体无线设备自身不会对机房空间产生重大影响，C-RAN 部署方式，CU/DU 集中部署，集中点倾向于汇聚机房或综合接入机房合设；DC 下沉，选址上会转向与汇聚机房或综合接入机房合设；波分设备下沉到综合接入机房；同时考虑未来 MEC 的部署以及全业务 OLT 下沉的需求。除了以上考虑的新增设备之外，还要考虑设备配套新增的蓄电池、空调等，预计需要额外增加至少 $20m^2$ 的装机面积。运营商现有的汇聚及接入机房面积普遍紧张，需要重点考虑改善方案。

能耗。目前，设备厂家基站产品，CU+DU 功耗为 1400 ~ 1900W，是 4G 设备的 6 倍左右，如果采用 C-RAN 集中部署，预计增加 10kW 的功耗。DC 下沉，按两个机框计算，预计增加 15kW 的功耗。波分设备下沉，预计增加 2kW 的功耗；预计需要额外增加 27kW 的功耗。电源改造时间长、影响大，需要提早策划，按需扩容。并且部署在室外的 AAU 相对于传统 RRU 也有较大的功耗，较 4G 高出 1.5 倍，要求更粗的电路线径，并且 AAU 必须挂在抱杆上，如果产生额外的路径损耗，则会进一步增加供电压力和施工难度。

市电引入。目前，大部分汇聚及综合业务接入机房的外部市电引入容量在 10 ~ 20kVA，考虑到 5G 设备的新增，按照 8 小时备电考虑蓄电池、空调等功耗要求，大部分的站址需要对外市电扩容或重新引电，这会面临办电难度增大的问题。直流电源以及电池系统都要改造新增。

散热。5G 设备的高功耗必然带来整体机房散热的问题，要提高散热能力，除各设备自身的散热出风方式的改进外，还应考虑对整体机房格局进行散热规划，采用多种散热方式相结合的综合办法。

天馈工程难度增大。AAU 安装需要新增足够的天线抱杆和空间，现有站点天面空间普遍不足，同时考虑天面租金通常按照天线数量计算，成本将大大增加。由于 AUU 取代传统天线上塔，重量大约是传统天线的 4 倍，从安全角度考虑，传统的天线抱杆在结构和强度上都不能满足安装 AAU 的条件。考虑到新增 AAU 散热和安装空间的限制，传统美化罩大多不能重用，需要定制或改造。加快 2G 网络的全面退网可以在一定程度上缓解天面空间的需求。

第10章
5G光缆网规划浅析

千里之行，始于足下，光缆是承载网最底层的物理基础。光缆网的科学建设和规范使用关系到整个5G网络能力的基础工程。本章我们将根据现有的光缆网资源和情况，做一些建设和运维方面的总结和展望。

10.1 光缆网现状调研

5G 的新型前传网络架构 C-RAN 将推动光缆网建设的大规模爆发，5G 业务应用需求多样化，对系统指标要求远超 4G，受限于有限的频谱资源，只能通过架构调整来提升系统能力。从系统架构调整后密集组网的方式来测算，5G 对光纤光缆的需求会是 4G 的 16 倍。考虑到光纤资源复用情况，很多研究机构指出，5G 对于光纤光缆的需求未来 3 年至少为 4G 的 3 ~ 4 倍，约 6 亿芯公里。以中国移动为例，2016 全年光纤光缆的需求为 1.7 亿芯公里，其中，FTTH 约占 40%，4G 无线接入侧大约占 20%。预测到 5G 时所需要的光纤量会比 FTTx 所需光纤多 2 ~ 6 倍，主要用途在于：（1）基站光纤直连，密度提升，数量至少是 4G 时期的 2 倍；（2）站址进一步集中，从三四个站到几十个站，远端站光纤直连最远可达 20km；（3）移动边缘计算需要 BBU 切分，新增 CU-DU 中传光纤连接，需要布放光纤组成环网汇聚或者直连。

光缆网作为最底层的物理承载网，在 5G 时代，会面临新一轮的承载压力。基站密集组网，对接入光缆的建设和管理都提出新的课题，接入层、汇聚层、核心层多级的光缆也会不同程度受到影响。

光缆现状调研是规划的基础，需要根据干线、中继、接入等不同层级，将现网光缆的拓扑图和纤芯占用情况等列表排摸清楚，并形成详细的资料。调研中对纤芯占用率、光缆占用芯数的使用情况，以及各局点之间的纤芯资源情况

要充分的了解。

运营商光缆网经过多年的建设，干线及本地中继光缆网已经初具规模，大致可分为省际干线、省内二干、市区中继光缆网、市—县和县内中继光缆网。目前，中继光缆网的网络结构主要为环形，也有少量为星形和链型结构，基本实现了重要传输节点之间的双路由或多路由的保护。当前，运营商大多使用常规 G.652 光缆进行组网。中继光缆敷设方式以架空为主，但在城区敷设则一般采取管道方式进行。

对于本地网城区光缆，调研需要了解设备分布情况，端局、接入点、模块局的设置情况，OLT 的端口接入能力，PON 设备的端口实占率。对于本地网接入光缆，接入光缆网络结构基本分为 3 层，即接入主干光缆层、接入配线光缆层、引入光缆层，光缆拓扑结构以端局、较大的模块局为中心进行分布。接入主干光缆以链型、星形、树形结构为主，早期建设以 24 ~ 48 芯为主，近几年大多数纤芯容量采用 72 ~ 144 芯。调研需要统计城区现有端局数量和光交数量。并完成接入主干光缆网络现状拓扑图。列出接入主干光缆段落信息表、光交端子使用情况表、局端 ODF 架端子使用情况表。常见的城区光交接箱配线光缆芯数以 4、6、8、12、24 芯光缆为主，主要为政企客户、基站、FTTx、网吧等客户提供接入服务。

局间中继光缆属于汇聚层中继光缆，作为业务汇聚传输的通道，其安全性和重要性不言而喻。局间中继光缆一般以端局及具备业务汇聚功能的节点为中心进行布局。调研时需要清楚城区现有端局、接入点数量，并完成局间中继光缆网络现状拓扑图。

调研城市的管道资源基本覆盖了各大主要街道及区域，并做好记录。

考虑近年城区对原有各类型管道进行了城市综合管廊的改造，极大地解决了该段落原有运营商管孔资源不足的问题。根据城区综合管廊规划，城区主要道路都将予以综合管道的改造，完成地市州局管道分布情况图。主干道路管孔孔数以 24 ~ 30 孔居多，部分路段为 12 孔。次干道路多数管孔为 6 ~ 12 孔，小区内管道多为 4 孔以下。管道主干道的人孔型号以中号为主，其他道路的人孔型号以小号为主，小区的人孔型号以手孔为主。

10.2　光缆网现状问题分析

作为支撑各类业务发展的物理支撑网，中继光缆网通过多年建设，目前已形成规模，比较显著的问题是在一线、二线城市，因为城市建设难度增大，而人流和企业量大，信息消费比较领先，对光缆的消耗较快，所以近年总是面临光缆紧张的局面。

由于管道及杆路等基础资源有限，业务发展初期人口和用户密度较小，接入层网络被动接应市场，缺乏统一规划和顶层设计，导致接入主干光缆重复布放、投资效率不高、网络扩展能力不强，同时维护难度增加。后续随着流量业务快速提升，会制约后期业务拓展并增大投资需求。

城区局间中继常见问题有以下几类。

（1）部分本地网以往铺设的部分中继光缆芯数偏小，部分中继光缆纤芯已经用完，部分中继光缆段落纤芯资源紧张。随着本地网在接入层大规模推进光纤改造和 LTE 站点大规模建设，部分段落光缆资源紧张的问题更加突出，5G 规划期内应统筹考虑分批进行扩容建设。

（2）少量光缆铺设的时间较早、光缆质量也参差不齐、部分光缆老化质量下降导致衰耗大、维护困难。应在 5G 规划期内整治或者替换以提高光缆质量。

（3）部分局间中继安全性较低。主要表现在：

① 局间中继通过光交跳接通达，光缆的安全性不高；

② 由于道路、铁轨、山河等的限制，部分局点多条中继光缆沿同一路由，路由的安全性不高；

③ 部分局点因所处位置偏远，只有一条路由通达核心机楼。

④ 少量局点出局中继没有双向路由，不利于需要保护的业务的双路由保护。

（4）中继光缆定位不明确。部分局间中继光缆纤芯承载的并非汇聚层业务，而是用于 PON 业务等其他应该属于主干光缆承载的业务。

接入光缆常见问题有以下几种。

（1）部分局点 ODF 架未区分外线侧 ODF 和内线侧 ODF，同一 ODF 上同时成端外线光缆及局内跳纤。

（2）以往光缆网建设思路是按需进行的，当局部地区光缆资源紧张时，则考虑新建或扩容，因此，整个光服务区是一个动态覆盖范围。建设初期，为提高主干纤芯资源占用率，光服务区设置覆盖面积较大，当用户发展到一定数量时，新建光交后，原有光服务区需要进行裂变，重新划分光服务区。对于归属于新光交服务区的用户并未进行割接。造成光服务区重叠，同一区域用户归属于不同光交。此种现象较为普遍。

（3）同一光交从多个局布放主干光缆，光交归属不明确。

（4）部分光交存在跨端局覆盖，主干光缆跨越多条分界主要道路。

（5）少量主干光交 / 光配中分光器占用大量光交端子空间。

（6）配线光缆纤芯实占率低，光交端子虚占较多。

（7）部分端子使用率高达 70% 以上，需根据规划主 / 配光缆纤芯需求预测计算，适时扩容主干交接箱。

10.3　多专业需求协同分析

5G 规划应采用目标网的规划方法，采用“一次规划、分步实施” 的方式向目标网平滑过渡。近期对接入光缆网的需求不仅要根据 5G 建设基站需求，还要综合考虑其他业务需求，比如新增驻地网、新增政企客户、网络改造等。

10.3.1　基站建设需求

随着移动通信技术的发展，低频的使用接近饱和，移动通信的载波频率变得越来越高，这也意味着蜂窝系统的小区半径越来越小（因为频率越高，电磁波的衰减越大）。当然，小区半径不仅仅是由载波频点决定的，还与其他很多因素有关，比如自然环境、用户密度等。

下面统计了 2G、3G、4G、5G 基站覆盖距离的典型值：

（1）2G 基站的覆盖半径为 5 ~ 10km；

（2）3G 基站的覆盖半径为 2 ~ 5km；

（3）4G 基站的覆盖半径为 1 ~ 3km；

（4）5G 基站的覆盖半径为 100 ~ 300m。

运营商 4G 网络在 2017 年年底城市区域（含县城）的覆盖率达到 98% 以上。2018 年及 2019 年 4G 建设规模递减。同时，根据运营商 5G 业务 2020 年商用的计划，未来两年将迎来 5G 建设的准备期。5G 如何组网建站尚未有明确的建设指引。据悉，5G 初期采用低频组网，单个基站 3 个扇区，需要 6 根光纤（单纤单向）或者是 3 根光纤（单纤双向）。并且，3G/4G/5G 共站所需光纤资源累加，另外，5G 成熟期采用高频组网或低频增点，需要增加更多的光纤资源。预计 5G 基站初期的站点建设数量将是现在 4G 基站的 3 倍以上。

考虑到配线服务区数量多、服务半径小的特点，规划至少按每个配线光交服务区一个新增站点需求考虑主干纤芯需求，每个配线服务区预留 6 芯。

10.3.2 新增驻地网需求

对于同期城区新增楼盘，全部采用 FTTH 建设方式。目前，10G EPON 设备已经成熟，10G EPON OLT 已经在现网 FTTB 场景有一定规模的应用。从实验室测试和现场试验的情况来看，能够很好地支撑超百兆、吉比特宽带业务，与现网 EPON 上行家庭网关互通性良好，异厂商 10G OLT 和终端之间也已实现互通，符合规模商用的要求。

以 EPON/GPON 技术为主的地市，应停止 EPON/GPON OLT 的新建和扩容，采用 10G EPON/10G GPON 技术建设 FTTH 网络。优先选择对称 OLT 设备，满足未来高上行带宽业务的要求，网关按需选择 EPON、10G 对称或 10G 非对称终端。

10.3.3 新增政企客户需求

现阶段，运营商面向政企专线市场主推数字电路、承载、拨号、专线业务。数字电路以 MSTP 以太网专线、SDH 数字电路为主，这类业务具有安全性、可靠性较高的特点，是金融证券等政企客户的优选接入业务。承载业务主要有 IPRAN、MPLS-VPN、VPDN、Wi-Fi 等业务。互联网拨号业务提供非固定 IP 地址接入服务；互联网光纤专线提供固定 IP 地址、上下行网速对称的接入服务。

政企专线带宽提速成为普遍现象，大量政企客户专线业务提出从 2M 到 10M、从 10 ~ 100M，甚至出现高于 1G 带宽的业务需求。另外是端口 IP 化。传统 G.703、V.35 等低速接口类型也都逐渐改造为 FE、GE 等 IP 类接口，高带宽、设备 IP 化是政企客户的业务发展方向。

政企客户接入一直以来都是各家通信运营商竞争最为激烈的市场。对于运营商来说，要在激烈的政企客户竞争中获取更多市场份额，需要对不同场景的客户不同业务需求进行分析，采用最低造价、最短周期、最高效率的接入方式，业务接入满足客户业务需求，提高客户感知度。

目前政企客户接入方式根据业务需求有多种，例如，MSTP 和 MSAP、IP RAN、光 MODEM 及 PON 技术等，除 PON 接入技术为点到多点方式，多个终端用户可以共用一根纤芯回到其上联的 OLT 设备外，其余接入方式均需多根纤芯回到其上联设备。

MSTP 方式的每个用户需要 4 芯光缆接入上联的 ASON 设备；MSAP 方式

的每个用户需要1～2芯光缆接入端局MSAP设备；IPRAN技术的每个用户需要1～2芯光缆接入A2路由器；光MODEM方式的每个政企用户需要1芯光缆接入数据交换机。PON技术对城域光缆网的纤芯需求最小，MSTP对城域光缆网的纤芯需求最大。

由于政企客户出现的随机性较强，难以预测，建设单位通常会根据往年的政企客户发展情况制定年度发展目标，但具体用户分布规划期很难确定，因此，对于这些分布不确定的政企客户只能依靠预留纤芯解决，光缆网规划时要适当考虑纤芯冗余，总量上能保证规划期内政企客户的纤芯需求，使光缆网具有一定容量弹性。由于每个配线服务区大部分都约为边长200～400m的一个方形区域，同时考虑用户分布的随机性，年度规划中配线光服务区若为成熟区域则为政企客户预留2芯主干纤芯，同时考虑2芯备用（配线光交已覆盖区域不考虑预留），若为开发区则预留4芯主干纤芯，同时考虑2芯备用。

10.3.4 网络升级改造需求

根据测算结果，现有的EPON带宽难以满足4K和百兆业务的发展，需要进行带宽升级；GPON网络能够满足4K和百兆业务的发展。

随着有线宽带市场竞争的日趋激烈，200M、1000M等超百兆宽带业务需求的出现，对PON系统的带宽能力提出了更高的要求。长远来看，吉比特接入带宽和AR/VR将逐渐普及，现有的G/EPON网络升级为10G PON是支撑业务发展和技术演进的必然选择。

2017年，各运营商开始对城市区域现有网络进行升级，逐步替换现有的EPON OLT。到2019年基本实现城市区域10G OLT全覆盖，替换下来的EPON OLT调配到农村使用或者退网。

目前运营商已经完成了DSL交换机的退网工作，实现了“光网城市”目标。未来的网络升级以吉比特宽带需求为驱动。已经实现FTTH接入的区域，在完成ODN网部署的情况下只需对OLT及用户终端设备进行升级改造即可，不会对光缆容量提出新增需求。改造需求主要来自于非PON系统用户的FTTH改造。

10.4 建设目标和规划方法

走入5G时代，运营商的光缆网建设重心必须发生改变，即从原来的能力覆

盖向网络优化布局转变。可以在一定范围（省或者市）以全覆盖高清 GIS 卫图网格、光缆网大数据建模等为基础，探索出一个简洁、精准、集约化的光缆网。项目采用从规划、立项，到设计、建设的系统化管理体系，较好地实现全光缆网络的前后端协同、存增量协同，精准投资、资源高效。结合家庭宽带、政企客户、无线基站的多业务接入需求，统一规划 OLT 无线基站局站，优化中继和接入光缆网结构、光节点设置，实现多业务统一接入，提升资源使用效率。做到有线、无线、城乡中继等跨专业有效协同，打造一张综合承载的全光接入网络。

光缆网规划方法需要改进的问题

（1）需要更加关注光缆网 ODN 架构合理布局规划、能力精准配置。

光缆网建设前期主要任务突出，光缆网覆盖需求紧急，能力尽快提供是关键，因此，网络的局站、光交、光配三级 ODN 目标架构的布局还未形成时，接入端的能力就已经形成，且当时没有较好的手段支撑 ODN 目标架构规划，导致早期 OLT、主干光交的 ODN 节点布局不是十分合理。部分 OLT 局间下沉到小区，两局站间距离过近，农村 OLT 局站路由间距离大于 20km，部分偏远用户开不通业务。主干光交节点与配线光交节点没有较好的划分，导致主干交接节点过少，直配光交接节点过多。

（2）需要增加资源基础管理手段，提升精准化应用。

传统的资源 GIS 使用局部航拍图，一般只覆盖城市区域，广大的农村区域没有，坐标偏差较大，更新困难、成本极高，导致资源管理中最基础的管理“资源准确落地”无法实现，资源偏差在几百米甚至几千米都有。故多年来资源管理中推出的各种资源精准应用的思路因数据真实性、合理性等原因，多数无法真正有效落地。如市场推出的网格化管理思路，因无精准 GIS 支撑、网络绘制不准，再加上资源落地不准，因此，市场空间、能力、用户前后端协同合理匹配无法较好实现，体现在光缆网建设中即前端市场需求与后端能力建设不能有效协同。

（3）需要更加关注 ODN 布局优化改造，提升资产效率。

以往部分运营商分公司不能较好地预测光缆网建设的快速发展，没有考虑到同一方向、同一区域后期业务需求，导致出局、出箱小芯数光缆较多，后期布局的光交节点割接不到位，出现了主干光缆跨 OLT 局站覆盖区域、配线光缆跨主干光交覆盖区域、引入光缆跨配线光交覆盖区域的接入光缆等较为严重的现象。导致光缆只增加不优化，网络“臃肿”，占用了大量的管道与光交接节点的面板端子，利用率低，也出现了大量的“死光交”现象，光缆纤芯资源利用率低。

（4）需要更加关注有线、无线、城乡中继光缆的统筹规划与使用，强化跨专业协同。

早期无线、有线各自建设自己的光缆网，相互不协同。一幢大楼里，即使

有线FTTB/H光缆已到位，室分用纤还是再新建，造成投资极大浪费、网络维护量大；无线BBU池集中建设的方案，导致一个县/区只有一两个BBU池；全县RRU全部上行接入到过于集中的BBU池，导致城乡中继光缆被大量的RRU-BBU间的光缆占用，投资大、网络安全风险高，一旦一条中继光缆中断，会造成某一个方向所有的基站断点；县乡中继传输设备混用ODN光缆，两中继局站间的光路经过光交接箱跳接，网络安全风险亦较高。

（5）需要更加关注光缆建设项目的战略性规划。

10.4.1 干线光缆目标网络结构

干线发展思路：各个地市出口考虑形成光缆资源的双平面结构，为构建多系统平面提供不同物理路由资源；积极采用共建共享、资源置换方式，降低建设成本；按照紧急程度和资金情况，逐步对原有光缆进行更新改造；优化光缆网路由结构，提高网络安全性，匹配5G发展需求和DC组网需求。

干线发展目标：以一干、二干光缆为依托，满足各个地市多路由出口、形成光缆资源的Mesh网络结构，为构建多系统平面、灵活性组网提供不同物理路由资源。

根据当前网络和业务发展趋势，光缆网的目标网络结构将主要考虑业务承载对干线光缆的要求，高速率的传输系统的建设对光缆的要求更高，要解决超高速传输受限的窘境，必须采用新型性能更优的光纤，即采用插损更小（提升OSNR）、有效面积更大（降低非线性损耗）、PMD值更小（降低PMD影响）的新型光纤。逐步提升光缆性能，更好为传输网服务。

10.4.2 中继及接入光缆目标

中继光缆网向网状网结构进行演进，各局出局光缆至少应有两个出局方向。不断完善光缆网架构，结构按照集团三层结构推进，分别为主干层、配线层、引入层。

主干光缆。主干光节点与端局、主干光节点之间的光缆定义为主干光缆。主干光缆的结构以“环形无递减”或“树形递减”方式为主。

配线光缆。配线光节点到主干光节点之间、配线光节点到配线光节点之间的光缆定义为配线光缆。配线光缆的结构应以星形或者树形为主，少量用户采取类似主干层“环形”方式建设。

引入光缆。从用户光节点上行到配线光节点的光缆定义为引入光缆，结构以星形或者树形为主。

通过汇聚机房以下的光缆网和接入节点的合理规划和布局，做到分层次、划网格、固移融合、布局式建设，网格内实现综合接应。解决部分市公司接入层主干光缆重复布放、占用管道资源较多、单用户接入成本较高等问题。

接入层以下的主要节点定义如下。接入光缆网结构如图 10-1 所示。

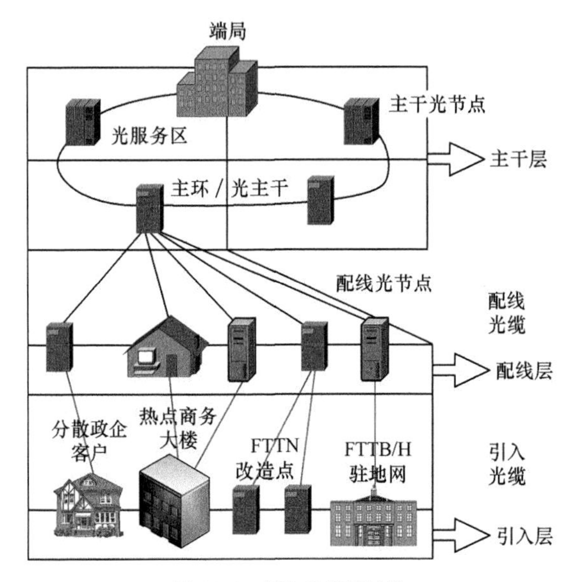

图 10-1　接入光缆网结构

城域主干光交：介于汇聚机房与接入机房之间的光交，以环路形式存在。主要承载接入机房业务和基站接入成环业务。

接入主干光缆：城域主干光交或接入机房成环光缆，如图 10-2 所示。严禁小区、普通专线业务使用。

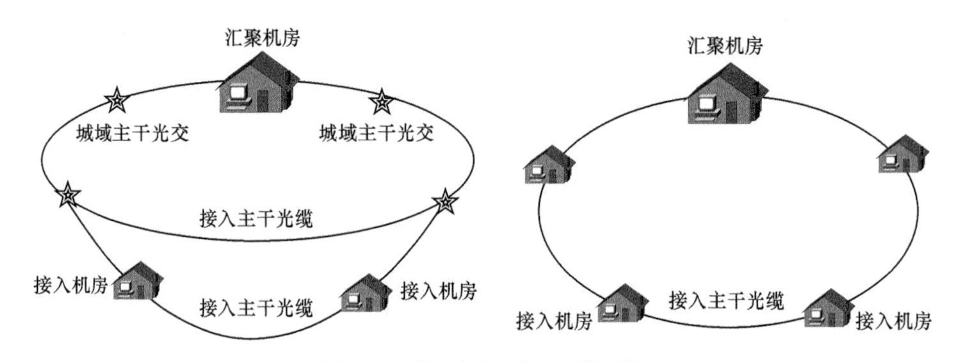

图 10-2　接入主干光交和光缆示意

ODN 光交：介于接入机房与小区接入光交之间的光交，以星形结构（或环形结构）存在。主要承载小区、专线、基站等综合业务接入，如图 10-3 所示。

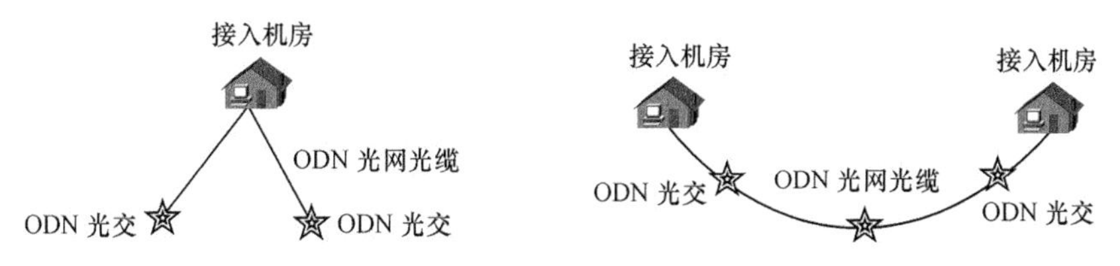

图 10-3　ODN 光交和 ODN 光网光缆示意

ODN 光网光缆：ODN 光交至接入机房的光缆。

小区接入光交：ODN 光交和业务区之间的光交，主要接应小区业务，如图 10-4 所示。

综合业务接入光缆：小区、专线、基站业务上联光缆。

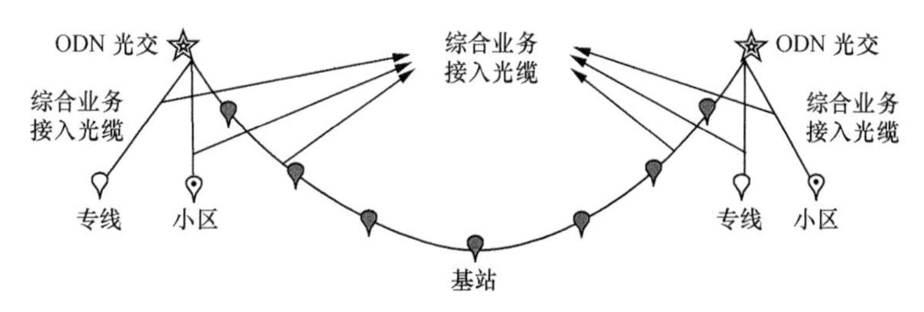

图 10-4　接入光交和接入光缆示意

10.5　建设思路及原则

10.5.1　干线光缆建设思路及原则

干线光缆网的建设主要考虑的因素及思路如下。

（1）分年度、有计划地对使用年限长、质量劣化的光缆进行更新改造。已运行 20 年以上的段落，其中部分光缆存在使用年限长、质量劣化的问题。

（2）部分光缆段纤芯较少，已无空闲纤芯，纤芯不能满足传输组网对纤芯的需求考虑新建。

（3）重要出口局点之间的三层路由需求。

根据干线光缆网的地位与作用，光缆路由的选择依照如下原则。

（1）光缆的建设主要是为满足各站点之间信息传输的需要。

（2）光缆线路应选择安全、稳定、可靠的路由。

（3）应选择在地质稳定的地段、在平原地区，要避开湖泊、沼泽和排涝蓄洪地带，尽量少穿越水塘、沟壑、滑坡、泥石流，以及洪水危害、水土流失的地方。

（4）尽量顺沿公路，便于维护及施工。

（5）沿线穿越较大河流时尽量利用稳固、持久的公路桥梁敷设光缆。

（6）进出城区或镇区光缆以管道敷设为主。

（7）尽量利用现有的维护设施和人员组织。

（8）兼顾工程沿线地区通信网络发展的需求。

光缆纤芯数量的确定主要参照以下原则。

（1）新建光缆作为运营商的战略资源，应考虑长期的网络组网需求及对干线传输系统的支撑能力，兼顾近期网络安全运营需要及投资、建设的技术经济性。

（2）满足近、中期干线传输系统扩容所需要的光纤数量。

（3）满足新业务发展所需的光纤数量。

（4）根据网络安全可靠性要求，预留一定的冗余纤芯，满足各种系统保护的需求。

（5）采用 DWDM 技术，减少对光纤资源的需求。

（6）参考目前运营商光缆的纤芯利用情况。

（7）光缆工程中本地网加芯需根据本地网现有光缆资源，同时结合 3 年的业务需求，进行详细的纤芯预测，加芯的理由必须充分。

10.5.2 本地网光缆建设思路

（1）各地市城区核心、汇聚机房布局优化所需的城域网光缆布局。

（2）由于道路改扩建及市政建设，市到县的光缆均存在安全隐患，需要进行整改。

（3）县乡波分工程需要配套的县乡光缆建设，需要提前完成。

（4）各地市均存在架空光缆改入地的需求。

（5）协同考虑固移融合的网络建设需求。

（6）依据 5G 需求，本地承载网专项规划确定的建设方案，分步实施，在规划期内完成各地市城区核心、汇聚层光缆网建设。

（7）配合综合业务区的建设，以综合业务接入区为基础，更新中继光缆的目标架构，完善中继光缆覆盖，提升双路由覆盖比例。

（8）充分与运维部结合，了解网络的痛点，考虑在规划期内解决。

10.5.3　接入网建设思路及原则

接入网位于网络末梢，主要功能是为用户提供一个接入网络的综合平台，为所接入的业务提供承载能力，实现业务的透明传送。其建设涉及传输方式、应用场合、建设及维护成本等多个方面，特点是规模庞大，技术复杂，需要的投资金额巨大。

目前，运营商接入网的接入方式已经由原来的铜缆网过渡到全光缆网，是企业竞争优势的重要体现。光纤接入具有容量大、速率高和损耗小等优点，光纤到户是接入网最理想的选择，目前主要承载着政企、网吧等优质客户。

无论是何种用户，所有的、各种差异化的用户业务需求必须在同一张物理光纤网上得到解决，因此，我们真正需要规划设计的是一张综合光纤网，用于承载各种差异化的业务需求，接入方式见图 10-5。

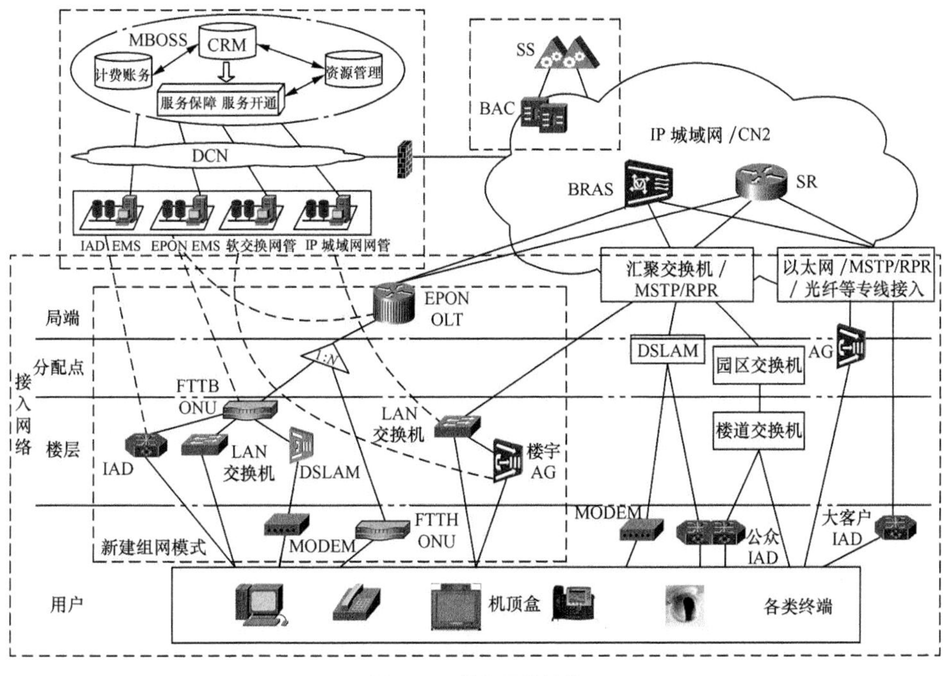

图 10-5　接入网络结构

对于汇聚机房以下的光缆总体结构，见图 10-6。

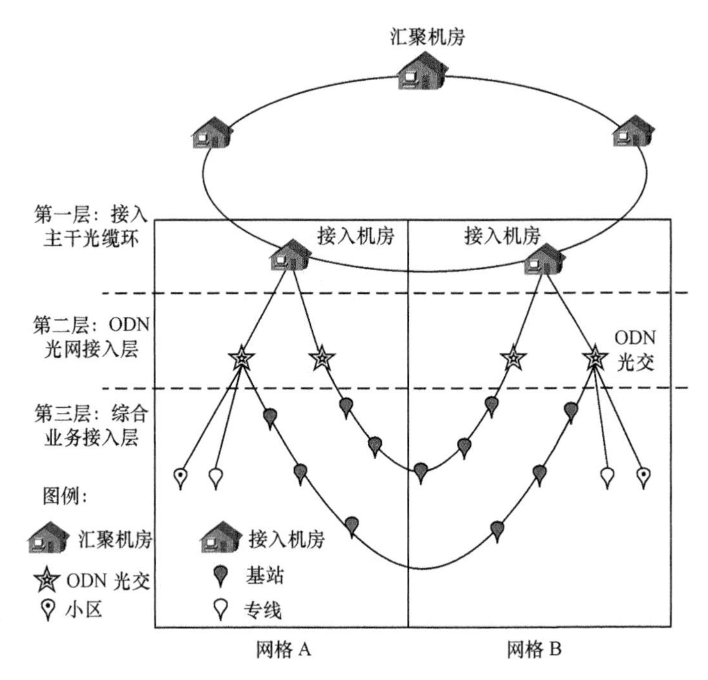

图 10-6　汇聚机房以下光缆总体结构

第一层，接入主干光缆环，主要指从接入机房到汇聚机房之间的成环光缆。这个层次的光缆建议通过一条 96（或以上）芯光缆成环接入汇聚机房，每个环路 3 ~ 5 个节点为宜；主要接应业务为 OLT 设备双上联和基站成环等业务；严禁一般大客户、小区、专线业务直接接入该层网络。

第二层，ODN 光网接入层指从 ODN 光交到接入机房的星形或环形结构光缆。这个层次的 ODN 光交（星形结构）建议划分网格，每个网格建设 N 个光交，呈星形结构接入该网格内接入机房。单个光交通过一条 48 芯（或以上）光缆上联至接入机房。ODN 光交（环形结构）：划分网格，每个网格建设 N 个光交，呈环形结构接入不同网格内接入机房，通过一条 96 芯（或以上）光缆，成环上联两个接入机房，每个环路 3 ~ 5 个节点为宜。主要接应业务：接入光交主要接应大客户、小区宽带、专线、基站业务。

第三层，综合业务接入层，即从接入光交到业务接应点的光缆，完成小区、专线、基站等综合业务接入，为真正意义的“最后一公里”接入。建议基站接入：就近接入该基站网格光交，通过接入主干光缆环路跳接至汇聚机房。每个基站环路上 4 ~ 8 个节点。建议小区及专线：布放 24 芯光缆上联至本网格 ODN 光交。

这种层次分明的光缆承载网组网结构的优点主要是：（1）分层，接应清晰，

结构简单，接入业务层次清晰；（2）固网 / 移动融合，一张光缆承载网；（3）主干一次投入，大幅度降低主干光缆使用量；（4）节约管道资源，大幅度减少主干管道使用量，可以节约第一层和第二层主干光缆重复布放及占用管道的资金。

目前，常见的接入网问题如下。（1）管道及杆路等基础资源有限；（2）接入层缺少规划布局，多为市场主动、被动接应；（3）接入主干光缆重复布放，投资效率不高；（4）网络扩展能力不强、接入网占用管道等基础资源。

5G 的建设过程可以参考如下思路。通过对汇聚机房以下光缆承载网和接入节点的合理规划和布局，做到分层次、划网格、固移融合、一张光缆承载网，充分利用现有网络资源；布局式建设，网格内综合接应；主干一次投入，大幅度降低主干光缆使用量；节约管道资源，大幅度减少主干管道使用量，高效、高质量利用现有的网络基础资源。解决部分市公司接入层主干光缆重复布放、占用管道资源较多、单用户接入成本较高而导致的投资效率不高等问题。节约后期网络建设投资，满足下一代网络 /5G 部署需求。如图 10-7 所示，通过合理规划，解决接入光缆痛点问题。

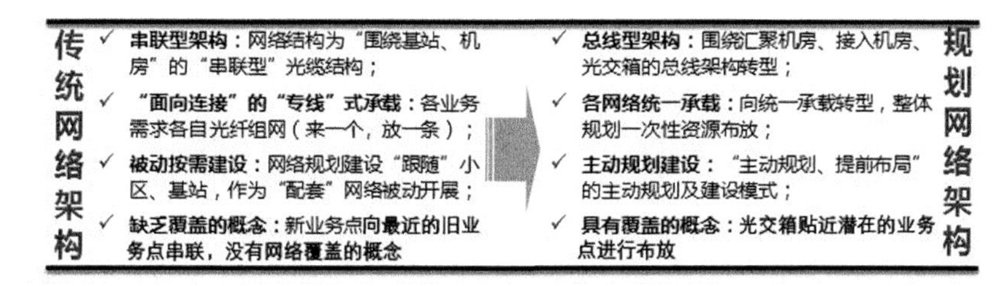

图 10-7　接入光缆规划思路

10.6　光缆网规划举措

1. 定义清楚、目标规划、分批建设

积极推进 OLT 局站、OTN、4G/5G 基站同站址。按 OLT、4G/5G 基站、BRAS 局站目标规划，结合现有传输组网和路由等，以环形为主，链型为辅，4 ~ 6 局站 / 环为宜。

如图 10-8 所示，城乡中继光缆定义和界面界定：一、二干以下，OLT、BRAS 等局站间及以上；无线用基站间光缆纳入接入光缆管理；不包含省级平台等省级机楼使用的光缆。城乡中继纤芯超过标准时，已实施 OTN 建设的局站不宜再新增城乡中继光缆，光缆健康度评估（年限、衰耗、路由、故障……）纳入网发建设管理光缆网类项目管理。新增项目分类：城乡中继规划需求、项目审核、方案审核、能力交付……规范用纤：原则上只负责运营商自有传输设备的连接；严控客户裸纤业务承载；规范城乡中继规范用纤占比。

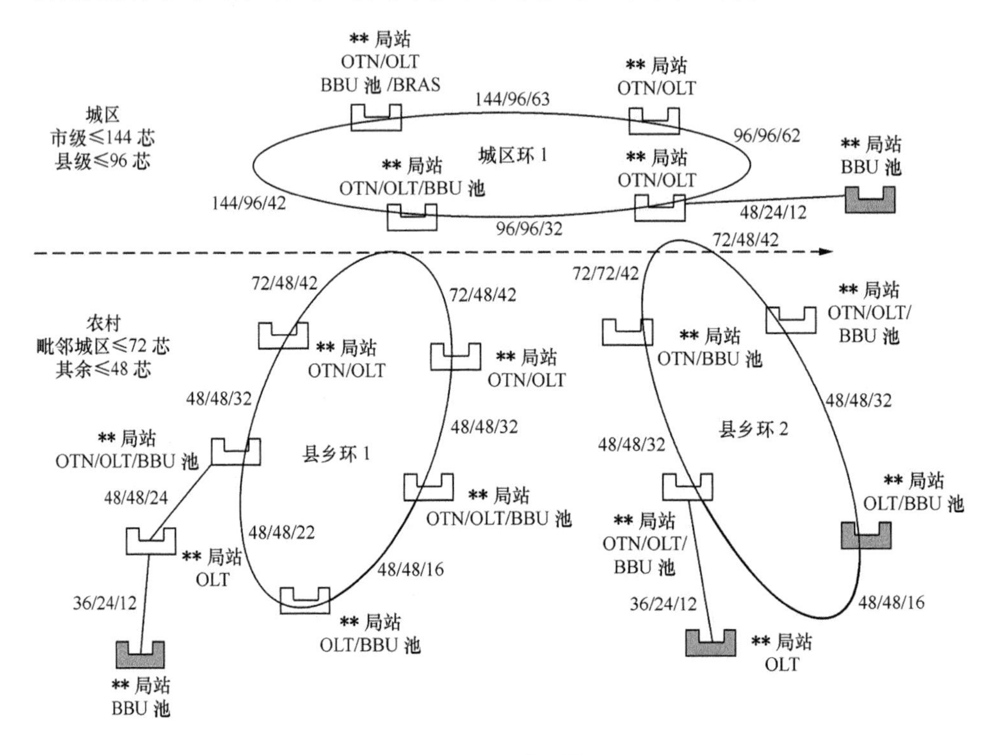

图 10-8　城乡中继光缆目标规划光缆要求

重点关注中继局站位置及覆盖范围：两局站间路由距离 < 2km，农村 > 20km，中继成环，每个环上 4 ~ 6 个局站为宜，同路由环改造按市区、县分别输出；一张以 Google Map 为底图的网络目标规划组织 GIS 图；较上年有变化的局站用不同的颜色标注表示，新增光缆环展示图层，每相邻光缆环用不同的线条区分。一张城乡中继光缆目标网络规划逻辑图，OLT 局站的数量、名称应与 ODN 规划中保持一致。

2. **依托 GIS，精准规划**

采用全区域无缝隙高清 GIS 卫星地图覆盖的网格 / 资源系统，能够快捷高效地实现“网格画得准、资源落得准”，精准指导规划 ODN 目标架构布局。合理匹配每一个网格单元的市场空间、能力、用户，精准光缆网覆盖。有效避免

了多建、重建。有力地支撑了各项光缆网建设管理与应用工作。

3. 数据建模，有的放矢

开展光缆网大数据分析。从市/县/营业部/局站/网格等多纬度分析全光户均渗透率、资源利用率、光缆网工程投资回报、“0”光分等指标，建立前后端约束机制、有效益发展；需求分市/县/营业部/OLT局站/网格逐级提取光缆网市场、运营、效益评估3类数据。通过模型分析，找出存在的问题：需要增补、优化改造的光缆网区域、节点及设施、线缆路由、网络能力等。在网络建设管理平台中形成ODN网络、光缆网覆盖、OLT设备、无线配套、城乡中继光缆、节点设施改造六大类规划需求，并制定出分年度的实施清单。

4. 根据网格，确定ODN目标架构

网格划分可依据道路、河流、绿地、小区围墙等天然障碍物划分边界，但原则上不能割裂现有网格最小网络单元（电缆交接箱）的覆盖范围。每个接入区网格设置一个接入机房，网格覆盖范围根据接入机房覆盖参数来考虑。接入机房覆盖参数根据实际用户密度（户/平方千米）值，可测算出接入机房最经济覆盖面积（平方千米）及本覆盖区域OLT节点可覆盖用户数。

ODN光交建议按每1.2～2km的覆盖距离设置一个ODN光交，采用576(或以上)大容量光交箱。ODN光交位置选择考虑以下因素：靠近人（手）孔便于出入线的地方或利旧光缆的汇集点上；符合城市规划，不妨碍交通且不影响市容观瞻的地方；安全、通风、隐蔽、便于施工维护、不易受到外界损伤及自然灾害的地方。

在网格单元的基础上，网格系统能够按级联关系自动生成光交网格、OLT局站网格，形成ODN3级目标架构。

5. 跨专业协同，有线无线综合承载，打造一张全光缆网。网络更简洁，更高效，更安全

全光缆网集约化管理，城乡中继、无线基站、有线宽带的光缆网跨专业协同，统一纳入专班管理；继续实施以高清GIS卫星地图全息网格为基础的城乡中继局站布局以及接入层光缆网组网规划。图10-9展示了4G时期的组网。

（1）做好AAU/BBU池/小集中点布局目标规划、光缆环路规划与建设。

AAU池/OLT局站全部纳入城乡中继环保护，AAU/BBU小集中站点全部纳入主干光缆环保护。AAU/BBU小集中以下站点光缆直联为主：AAU/BBU池/OLT/OTN站点协同。共站址，AAU/BBU池分别下沉到OLT局站，AAU/BBU小集中/主干光交节点协同。两者相邻(＜1km)，中间光缆直达(24芯)。原则上只下带同一主干光交区内RRU，光缆路由协同。

（2）共同做好无线配套光缆AAU-CU/DU端到端的组网方案。

接入专业提前介入。基站选址时，RRU上联哪个CU/DU，统筹考虑光缆

网路由。有相当一部分站点的光缆不需新建、盘活利旧，这是对无线最快速的响应。建议结合光缆路由，CU/DU 小集中尽量只收容该宏站直接光交接设备覆盖区域的接远 CU/DU 或室分。避免远端 AAU 到达 CU/DU 小集中时经过 OLT 局站，导致光缆路由迂回，网络可靠性降低。

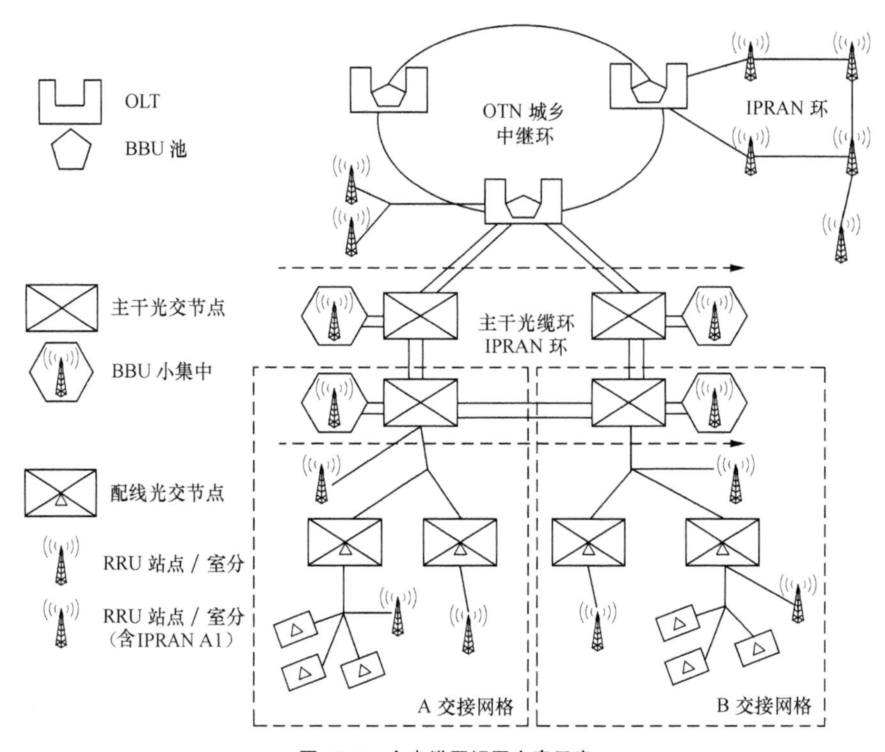

图 10-9　全光缆网组网方案示意

（3）规范有源室分、微站等对光缆网的需求。

新型室分硬件组网。建议结合光缆路由，AAU/BBU 小集中尽量只收容该宏站直接光交接设备覆盖区域的接远 AAU/BBU 或室分。避免远端 AAU 到达 CU/DU 小集中时经过 OLT 局站，导致光缆路由迂回，网络可靠性降低。

6. 形成系列方法论指导规范化、标准化建设全光缆网络

在推进的过程中，总结形成“ODN 优化四步法”的方法论。ODN 优化四步法：（1）先画圈，先画出光配 / 光交 /OLT 网格实际覆盖区域，不合理调整；（2）再布点，每个网格对应一个同级别网格设施，并布局到点，有效清理多余节点；（3）就近接，依次引入、配线、主干光缆就近接入对应交接节点；（4）散布准，规范了接入点，缩短接入距离，盘活大量纤芯、承载设施，大幅降低投资。

| 10.7　基础光缆网的网格化精细管理 |

光缆资源作为光传送网络最基础的资源之一，其安全性直接关系到整个网络的安全。由于5G基站密集组网，5G承载网将需要消耗大量的纤芯，对于承载网来说，做好光缆网的优化配置，是保障网络安全，尤其是采用光纤直连方案的前传网络安全的重要手段。在5G C-RAN组网架构中，CU或者CU/DU放置在综合接入机房，可以综合接入机房为核心，依托市政主干道路建设主干光缆环，次干道路建设配线光缆环，整个光缆网络形成环网。在综合业务区内，根据街道对地形的分割，结合业务分布情况，划分网格单元，形成每个网格单元不同方向的光缆路由，如图10-10所示。

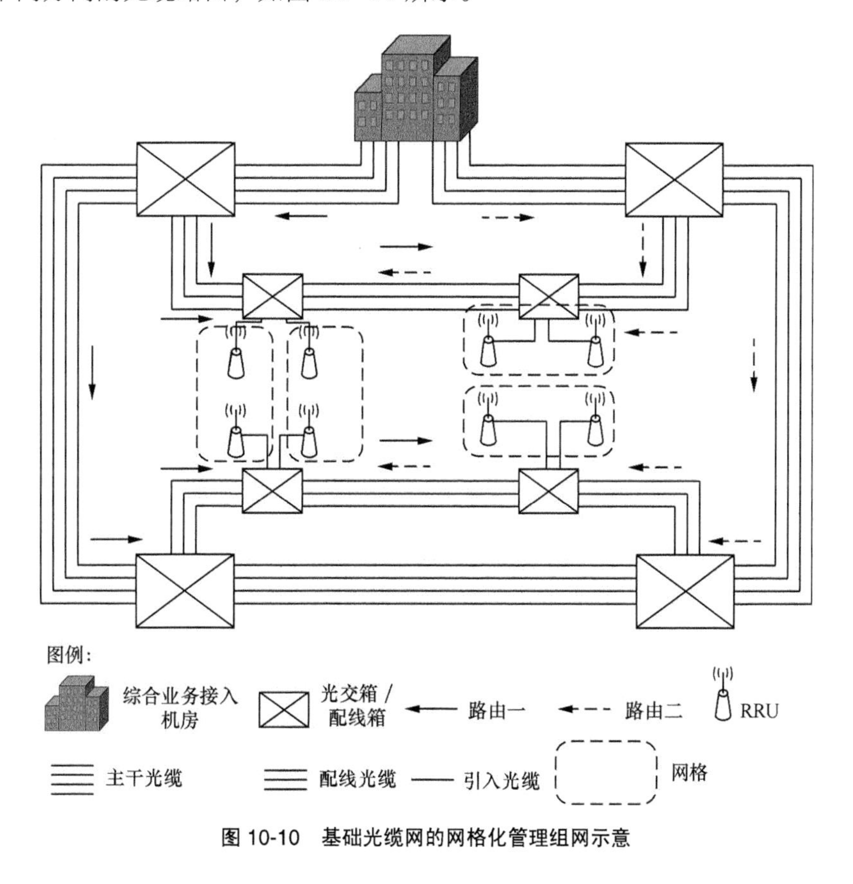

图10-10　基础光缆网的网格化管理组网示意

当某一方向的光缆故障时，网格内业务可以有部分通过另一方向的光缆承载，确保不发生业务全阻，可以大大提升网格内的网络安全。以网格为单位，对光纤基础网络进行精细化管理，对保障高可靠性、低时延的 5G 承载网络有重要意义。

附录

5G 虚拟场景试点案例

在国家发展和改革委员会的要求下，自 2017 年起，三家电信运营商分别在多个国内大城市开展了一定规模的 5G 基站试点建设和场景测试，我们虚拟某城市某场馆 5G 试点场景作为试点，围绕虚拟场景的现有条件和未来需求，尝试探讨可能的建设方式，并关注工程建设中要考虑的常见问题。

1. 试点案例背景及概况说明

2017 年年底，国家发展和改革委员会重磅发布《组织实施 2018 年新一代信息基础设施建设工程的通知》,《通知》中明确 2018 年有三大重点支持工程，其中就有 5G 规模组网建设及应用示范工程。要求三大电信运营商以直辖市、省会城市及珠三角、长三角、京津冀区域的主要城市等为重点，开展 5G 规模组网建设。5G 网络应至少覆盖复杂城区及室内环境，形成连续覆盖，实现端到端典型应用场景的应用示范。同时指明指标要求：（1）明确在 6GHz 以下频段，在不少于 5 个城市开展 5G 网络建设，每个城市 5G 基站数量不少于 50 个，形成密集城区连续覆盖；（2）全网 5G 终端数量不少于 500 个；（3）向用户提供不低于 100Mbit/s、毫秒级时延 5G 宽带数据业务；（4）至少开展 4K 高清、增强现实、虚拟现实、无人机等典型 5G 业务及应用。国家发展和改革委员会、工业和信息化部、科学技术部将加强项目建设的研究，统筹与推进，积极协调解决工程建设中遇到的问题。

根据国家发展和改革委员会要求，某运营商选择“直辖市”北京、上海和重庆，“京津冀”的雄安、“珠三角”的深圳、“长三角”的杭州和苏州，以及若干省会城市，并与各城市发展和产业布局特点紧密结合，推进城市产业变革、服务升级，包括如下内容。

（1）将 5G 技术与城市核心规划要求相结合，助力智慧城市建设。

（2）构建 5G 能力开放平台，推动“大众创业、万众创新”。

（3）服务“两化”及工业互联网，以 5G 工业级的网络性能与制造业开展深入合作，促进产业振兴和升级，推动“中国制造 2025”；针对高话务区场景，验证 5G 超密集组网能力。

（4）结合 5G 虚拟现实（VR）、增强现实（AR）、高清视频能力，满足视频应用、娱乐升级的提速需求。

（5）贯彻国家“一带一路”发展战略，全面提升城市信息基础设施能力等。

5G 示范网络凝聚产业链如图 1 所示。

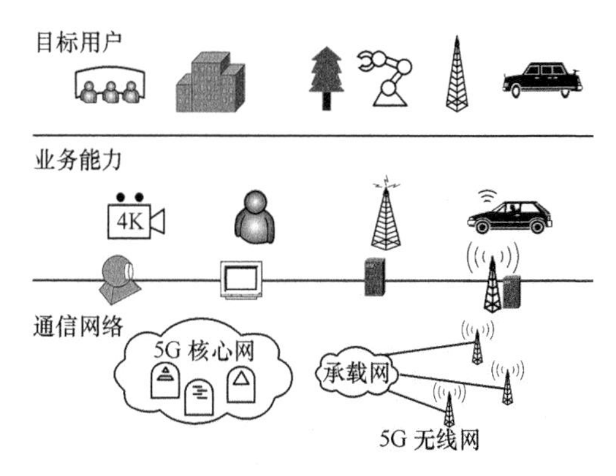

图 1　5G 示范网络凝聚产业链

本章将以虚拟场景——A 市某场馆试点为案例，阐述试点案例的方案组织及承载网建设细节。

第一批 5G 试验网优先部署于 A 市体育中心主场馆。本次大会拟覆盖区域约 $2km^2$，主要包括大会主场馆——A 市体育中心以及某大道的一段，如图 2 所示。

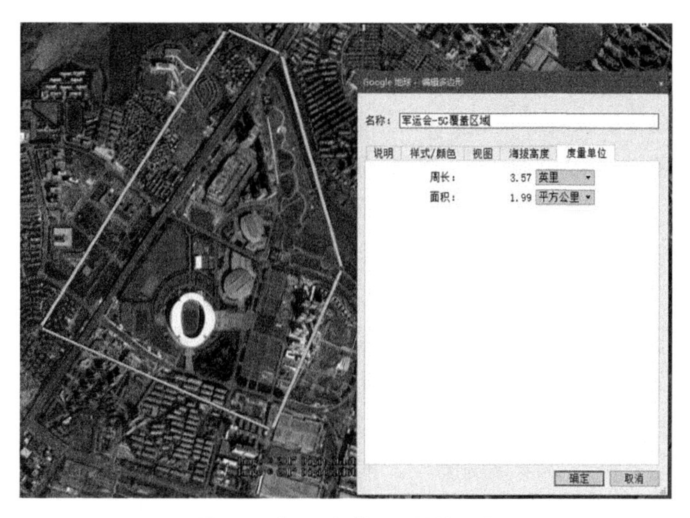

图 2　A 市 5G 规模组网覆盖区域

本次试点意义在于：基于所建设的 5G 示范网络，促进包括芯片、终端、网络设备等关键要素及高清视频、VR/AR、无人机等技术的协同发展，满足大众需要，打造智慧城市，提升政府管理和服务能力，促进第一、二、三产业升级。

为满足建设进度的要求，并尽量节约建设投资，本试点将充分利用现网站址资源。考虑到运营商现网站址资源匮乏的现实，本试点中 5G 无线网采用 3.5GHz 频段组网，以满足覆盖区域内的连续覆盖要求，并保证典型用户体验速率不低于 100Mbit/s。

试点案例同时结合垂直行业应用，充分利用 5G 的大带宽、高可靠、低时延和大连接的特点，提供 4K 高清、增强现实、虚拟现实、无人机等 5G 典型示范应用的端到端解决方案。

运营商 5G 组网架构如图 3 所示。

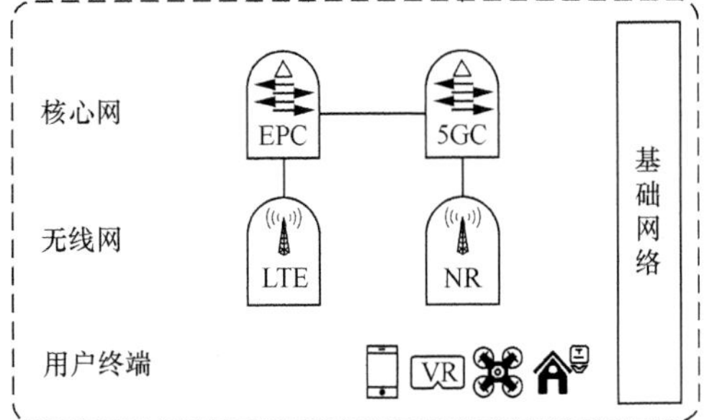

图 3　运营商 5G 组网架构

2. 试点的原则和目的

本次试点案例总体建设原则如下。

（1）技术先进性原则：应采用基于最新国际标准的技术，对 5G 特色业务提供足够的能力支持。

（2）整体系统性原则：基于完备的 5G 技术和端到端的业务提供能力，通过规模化建设满足组网、应用的整体性和系统性要求。

（3）应用创新性原则：应有力推动商业模式、业务应用及运营模式的创新，打造示范效应。

本次试点目的如下。

（1）贯彻十九大报告、国家“十三五”规划发展战略。

十九大报告提出，“加强应用基础研究，拓展实施国家重大科技项目，突出关键共性技术、前沿引领技术、现代工程技术、颠覆性技术创新，为建设科技强国、质量强国、航天强国、网络强国、交通强国、数字中国、智慧社会提供有力支撑”，并提出“加强水利、铁路、公路、水运、航空、管道、电网、信息、物流等基础设施网络建设”。国家“十三五”规划纲要中明确提出“积极推进第五代移动通信（5G）和超宽带关键技术，启动 5G 商用”。《“十三五”国家信息化规划》进一步明确提出：开展 5G 研发试验和商用，主导形成 5G 全球统一标准，到 2020 年 5G 技术研发和标准制定取得突破性进展并启动商用，支持企业发展面向移动互联网、物联网的 5G 创新应用，积极拓展 5G 业务应用领域。

本次试点案例的 5G 规模建设与应用示范，是贯彻十九大和“十三五”规划战略，围绕供给侧结构性改革主线，贯彻新发展理念，引领经济发展新常态的重要举措之一。

（2）以 5G 引领国家数字化转型、推动社会经济发展。

当前，信息通信技术向各行各业融合渗透，经济社会各领域向数字化转型升级的趋势愈发明显。数字化的知识和信息已成为关键生产要素，现代信息网络已成为与能源网、公路网、铁路网相并列的、不可或缺的关键基础设施，信息通信技术的有效使用已成为效率提升和经济结构优化的重要推动力，在加速经济发展、提高现有产业劳动生产率、培育新市场和产业新增长点、实现包容性增长和可持续增长中正发挥着关键作用。依托新一代信息通信技术加快数字化转型，成为主要经济体提振实体经济、加快经济复苏的共同战略选择。

中国在通信技术标准领域经历了 1G 空白、2G 跟随、3G 突破、4G 同步的加速发展，已提出在 5G 时代要力争取得主导地位。早在 2013 年 2 月由科学技术部、工业和信息化部、国家发展和改革委员会主导，成立了 IMT-2020（5G）推进组以全面推进 5G 研发、国际合作和融合创新发展。

试点案例通过 5G 规模组网建设及应用示范，将引领国家数字化转型，为大众创业、万众创新提供坚实支撑，助推制造强国、网络强国建设。

（3）以融合创新驱动产业发展，打造共赢良性产业生态圈。

ITU 为 5G 定义了 eMBB、mMTC、uRLLC 三大场景，5G 在峰值速率、流量密度、频谱效率等各项关键能力方面均有大幅度的改善。面向 2020 年及未来，移动互联网和物联网将成为移动通信发展的主要驱动力，5G 将满足人们在居住、工作、休闲和交通等各种领域的多样化业务需求，即便在密集住宅区、办公室、体育场、露天集会、地铁、快速路、高铁和广域覆盖等具有超高流量密度、超高连接数密度、超高移动性特征的场景，也可以为用户提供超高清的视频、虚拟现实、增强现实、云桌面、在线游戏等极致业务体验。

与此同时，5G 还将渗透到物联网及各种行业领域，与工业设施、医疗仪器、交通工具等深度融合，有效满足工业、医疗、交通等垂直行业的多样化业务需求，实现真正的万物互联，且每一个细分行业应用都具有千亿美元级别以上的市场空间。据 IHS 预测，到 2035 年，全球 5G 价值链将创 3.5 万亿美元产出，2200 万个工作岗位，支持全球 GDP 长期可持续增长。据中国信息通信研究院测算，到 2030 年，5G 价值链产出 6.3 万亿元，贡献就业机会 800 万个。

5G 将增强移动通信产业对我们国民经济发展的效用。通过发挥 5G 万物互联的能力，推动 5G 在物联网、车联网、行业应用的融合创新。通过基础电信运营企业和行业用户加强 5G 领域协作，积极探索发展新产业、新优势，全面提高创新供给能力，促进新动能更快发展、新产业更快成长、传统产业更快改造提升、新旧动能加快接续转换。

通过试点案例系统性的 5G 示范工程布局，可以发挥企业主体作用，加强行业间合作，打造良性、共赢产业生态圈。将 5G 技术与城市核心规划要求相结合，助力智慧城市建设；构建 5G 能力开放平台，推动“大众创业、万众创新”；服务“两化”及工业互联网，以 5G 工业级的网络性能与制造业开展深入合作，促进产业振兴和升级，推动“中国制造 2025”；贯彻国家“一带一路”发展战略，全面提升城市信息基础设施能力等。

（4）本次试点工程是运营商践行国家战略、推进企业自身战略转型的需要。

全面启动网络智能化重构。5G 网络作为移动网络的演进，其网络架构与网络重构目标一致。运营商的 5G 网络发展将充分利用固网以及原有移动网络的资源优势，构建固移融合的网络架构，在网络规划、网络部署方面统筹协调，提升全网的核心竞争力。

5G 与垂直行业应用的深度合作是运营商最大的增收契机。试点案例有利于运营商基于 5G 规模建设示范工程，加强与垂直行业合作，开展“超强连接 + 超炫内容 + 智能应用 + 超可靠应急 + 差异化网络切片”的应用创新，推动运营商的战略转型 3.0 内涵向“泛网络智能、广业务生态、精智慧运营”方向发展，支撑“一带一路”“中国制造 2025”等战略顺利实施。

3. 试点案例的主要业务应用

试点案例计划开展业务包括以下几类。

（1）360° VR 视频转播。

虚拟现实的最主要特点就是沉浸感，因为通过测量头部及身体运动同步到虚拟视角，故使用者会有明显的代入角色的感觉，当视角（Field of View）越大，越接近人眼的自然感觉（正常人的视野大约是 180° 左右），沉浸感会越强。为了给用户营造出沉浸式的临场感，目前，虚拟现实的视频渲染通常采用本地渲染的方式，需要依靠昂贵的 VR 终端设备或本地终端外置本地处理设备（如 PC），云渲染（Cloud VR）是将云计算的理念及技术引入到 VR 业务应用中，借助高速稳定的网络，将云端的显示输出和声音输出等经过编码压缩后传输到用户终端设备上，实现 VR 业务的内容上云、渲染上云。云渲染技术可以无须购置昂贵的主机或者高端计算机，帮助用户轻松享受用户体验较好的 VR 业务，也将促进 VR 业务的快速普及。但它的应用前提是网络支持大带宽、低时延的传输。在固网的情况下，通常采用吉比特光纤的传输方式，但无法普适用户移动的场景。

5G 网络高达 G 级的用户带宽和毫秒级的空口时延使移动环境下的云端渲染得以实现，结合 5G MEC 边缘化部署环境，可为用户提供优化的 VR 服务环境和业务体验。试点中计划部署一个 MEC 系统，同时部署 5GC 的 UPF 用户面，

为用户提供交互式 VR 视频直播服务，通过强大的云端能力，提升用户体验，降低终端成本，推动 VR 业务的快速普及。试点中通过 MEC+5G 的网络环境提供优质连接和业务创新环境，支撑 VR 公司云渲染技术和 5G VR 头盔的研发，帮助 VR 公司提升产品的技术含量。

（2）“智慧会展”。

“智慧会展”针对会展的需求，通过线上和线下的结合，打造“永不落幕会展”，提高服务效率和质量，聚合资源，为各方提供专业化服务，包括参展方、场馆服务方、设备提供方、参展客户方等。基于 5G 示范工程，可以提供两类产品。

第一，基础通信类产品。场馆内部的网络建设和运营，主要是在场馆内外部的 5G 覆盖，面向单次会展的各类型网络服务，主要包括网络临时性扩容、应急服务、为指定参展方提供高 QoS、现场 Wi-Fi 服务（ChinaNet 认证、一键认证、会展方 APP 认证等）。

第二，视频类产品所使用的基础能力。①网络，高网速、低时延，支持视频的端到端传输的网络能力；②大数据量的计算与存储，多用户访问支持的云计算能力；③编解码、CDN 分发、高清文件制作与传输等的视讯平台能力。利用 5G 网络高带宽传输能力、边缘计算能力，使得用户在线观展时获得和线下观展一样的亲临现场的感受。

（3）无人机应用。

试点案例在 5G 网络覆盖的区域提供相应的 5G 网络能力，通过将 5G 通信芯片集成在无人机中，可以提供无人机与其承载应用的连接通道，同时支撑相关合作伙伴进行无人机产品创新。

安防领域。利用无人机搭载探测器、摄像头、报警器等设备，进行安全巡检、交通监管、人流控制、救灾调度等。对无人机续航时间、环境适应能力、数据采集和传输能力要求较高。无人机搭载 5G 通信模块，将借助 5G 高带宽、低时延的特性实现高清视频 4K 与 VR 的实时传送。

水利环保领域。通过无人机遥感技术获取地理、资源、环境等空间信息。应用场景主要包括空气质量监测、水源水质监测、污染事故处理、环境违法取证、盗伐偷猎监控、水利河道巡检等。

能源领域。利用无人机搭载可见光、红外等监测设备，对电力线路、石油或天然气管道进行巡检，后台通过数据分析，及时发现故障。

其他领域，如物流、商业航拍等。

（4）场馆 5G 安全识别系统。

通过智能面部识别技术结合 5G 网络提供应急管理服务，如果有危险或未经授权的活动，安全系统将通知控制中心。

（5）Sync view（同步视频直播）。

结合 5G 网络使用可穿戴式相机提供多视角的直播视频流服务，从玩家的角度提供超高清质量的实时视频

（6）全息影像。

通过 5G 技术远程传输 3D 全息电视广播的服务。

（7）云处理及自动驾驶体验。

结合 5G 网络技术进行云处理和自动驾驶的业务体验服务。

4. 技术路线和技术特点

（1）核心网。

试点案例 5G 核心网采用如下技术路线。

5G 部署初期采用 SA 组网方案中的 Option2+Option1 方案，直接引入 5G 核心网，基于技术标准成熟的 3GPP R15 版本，主要满足 eMBB 场景需求。

5G核心网应采用服务化架构实现软硬件解耦、网络功能模块化和C/U分离，根据网络所承载的业务特征，选择所需的网络逻辑功能进行灵活部署，并通过网络编排器对网络进行灵活管控和调度，支持网络切片技术实现网络与不同业务类型的匹配、精准服务垂直行业的个性化需求，支持边缘计算技术，重点服务低时延、本地大流量业务的需求，解决边缘计算在 4G 网络应用中面临的用户识别、计费和监管等问题，为创新边缘计算的盈利模式做好技术准备，支持语音业务的承接，初期采用从 5G 回落到 4G 网络，通过 VoLTE 技术提供语音业务。

随着标准和技术的逐步演进和完善，5G 核心网将按需升级支持 mMTC 和 uRLLC 场景。在多网融合技术和产业成熟后，适时考虑 5G 核心网支持多种接入方式的统一管理和统一认证，实现多种接入网络之间的数据并发或数据调度，优化数据路由、保持业务和会话的连续性，发挥多网融合优势。

（2）无线网。

5G 无线网采用的关键技术包括以下内容。

5G 新空口协议以 LTE 的空口协议为基础进行优化，采用更为灵活可变的设计，以适配多种不同应用场景的需求。5G 基站天线数及端口数将有大幅度增长，可支持配置上百根天线和数十个天线端口的大规模天线阵列，并通过多用户 MIMO 技术，支持更多用户的空间复用传输，数倍提升 5G 系统频谱效率，用于在用户密集的高容量场景提升用户性能。大规模多天线系统还可以控制每一个天线通道的发射（或接收）信号的相位和幅度，从而产生具有指向性的波束，以增强波束方向的信号，补偿无线传播损耗，获得赋形增益，赋形增益可用于

提升小区覆盖，如广域覆盖、深度覆盖、高楼覆盖等场景。

目前，无线网络规划仿真中常用的模型，如 COST231-Hata 和 SPM 等，COST231-Hata 只适用于 2GHz 以下频段，无法适用于 5G 新频段（如 3.5GHz）；SPM 是从 COST231-Hata 模型演进而来，形式上可以针对不同频段进行校正，但是否适用于 3.5GHz 频段未经实践检验。

当前频谱资源日趋紧张，3 ~ 6GHz 是未来满足 6GHz 以下频谱缺口的主要频率范围，较 4G 核心频段连续频谱资源更宽，较毫米波频段传播特性更好，是峰值速率和覆盖能力两方面的理想折衷。同时，sub-6GHz 频段目前在 5G 标准化研究和产业链发展中领先其他 5G 频段，国内已出台 3 ~ 5GHz 用于 5G 系统的频率使用规划：3.4 ~ 3.6GHz 以及 4.8 ~ 5GHz 用于 5G 系统；3.3 ~ 3.4GHz 原则上限制在室内使用，目前已在 3.4 ~ 3.6GHz 和 4.8 ~ 5.0GHz 开展 5G 原型机测试验证工作。3.4 ~ 3.6GHz 较 4.8 ~ 5.0GHz 覆盖特性好、建网成本低，且产业链更为成熟。

为了满足 5G 网络的需求，运营商和主设备厂商等提出多种无线网络架构。按照协议功能划分方式，3GPP 标准化组织提出了面向 5G 的无线接入网功能重构方案，引入 CU-DU 架构。CU-DU 功能切分存在多种可能，目前，3GPP 提出了 8 种候选方案，其中 Option1 ~ Option4 属于高层切分方案，主要是 CU-DU 之间的功能切分；而 Option5 ~ Option8 属于底层切分方案，是 DU-AAU 之间的功能切分。

（3）承载网。

承载网技术路线选择从以下几方面考虑。

区别于 4G，5G 主要面向垂直行业应用覆盖，网络部署应为针对性、渐进性覆盖模式。承载策略应以固移融合、云网协同为目标，充分考虑与现有 4G、宽带承载技术的平滑演进与承载资源的合理利用，具有充足的组网灵活性和可扩展性以适应多种应用场景。

5G 网络，承载先行。5G 网络规模建设之前就需要前瞻考虑接入光纤光缆的需求，对未来 5G 基站部署位置和数量进行预测，为接入光纤光缆的提前建设提供指导。

5G 承载网络在光纤光缆资源、节点布局、网络带宽、设备能力等方面应当充分支持 AAU/DU 同址、AAU/DU 异址、CU/DU 同址、CU/DU 异址、CU/EC 同址、CU/EC 异址等各种 5G 网络部署场景，并针对 5G 网络未来可持续发展需求，充分考虑升级演进空间。

承载网络应当满足 5G 网络的大带宽需求，综合采用 25G/50G/100G 高速光接口和 WDM、PON 等技术，在前传、中传、回传等各个场景均能以较低的成本满足 5G 承载的带宽需求，并具备可扩展性。5G 前传若采用光纤直连方式，建议采用单纤双向（BiDi）光模块，节约 50% 光纤资源并为高精度同步传输提供性能保障。

承载网络应当满足 5G 业务提出的低时延、高可靠、高精度同步等性能需求，通过组网结构优化，保证 5G eMBB 业务的性能需求；研究超低时延传输技术、下一代 IEEE 1588 高精度时间同步传输等新技术，满足 5G uRLLC 业务的性能需求。

承载网络应当满足 5G 业务的灵活性和网络切片需求，综合应用硬管道分离、VPN 隔离、QoS 保障等技术手段，通过 L0/L1 硬管道和 L2/L3 VPN 的协同，为 5G 网络切片的实现提供完善的承载支撑方案。

可维护性是 5G 承载网络的重要目标，5G 承载网络的各项方案均需要考虑维护便利性，加速业务响应速度、降低 OPEX 成本。

5. 试点承载网建设方案

（1）核心网承载方案。

① VPN 的划分。

5G 无线基站依托 IPRAN 回传网进行承载，在 5G 核心网侧新建云综合接入网关（IPRAN B 设备），部署 VPN 来满足 5G 核心网网元及 5G 业务的互通。

VPN 部署方式有以下两种。

方式 1：采用原有 VPN 进行扩展，部署 VPN 双栈，包括 IPRAN 与 CN2。

方式 2：对 5G 网络采用新增对等 VPN 进行承载，包括 IPRAN 与 CN2。

建议采用方式 2 部署 VPN。

② 核心网承载要求。

a. 5G 核心网承载采用 IPRAN+CN2，满足 4G/5G 核心网统一承载，在 5G 核心网侧新建云综合接入网关（IPRAN B 设备），对核心网网元进行统一接入。若核心网转发面 UPF 按需下沉到本地网，则新建云综合接入网关统一接入 IPRAN。核心网网元 AMF、SMF、UPF 等与基站 5G gNB 之间的业务流量通过 CN2+IPRAN 网络承载，省际通过 CN2 疏通，本地 / 省内通过 IPRAN 疏通。

b. 5G 网元间的通信接口以 IPv6 为主，5G 核心网与 4G 核心网互操作接口地址采用 IPv4，5G 核心网建议部署 IPv4/IPv6 双栈。5G 基站地址和核心网连接以 IPv6 接口为主，IPRAN 承载网 A/B/ER 全网设备开启双栈 IPv4/IPv6，满足 IPv6 业务承载的需求，IPRAN 需要部署 6VPE 的承载方式。

c. 省会 / 本地核心网网元 UPF 至互联网的南北向流量由省会 / 本地 IDC 出口 CR 转发至 163 网络，需要在 CR 出口处部署或利旧 NAT444 网关。

d. 省会 5GC、本地 MEC/UPF 之间的东西向流量可由云综合接入网关转

发至 IPRAN+CN2 承载。

e. 综合考虑业务应用，终端规模（100 台，每终端平均速率为 100Mbit/s）及估算试点中对承载网的带宽需求为 10Gbit/s。

计算过程如下。

终端数量：100 台，每终端平均带宽：100Mbit/s，总带宽 = 终端数量 × 每终端平均带宽 =100×100Mbit/s=10000Mbit/s=10Gbit/s。

按照 1 ∶ 1 的比例设置冗余带宽，故对承载网的链路带宽需求是 20Gbit/s。基于上述要求，5G 核心网承载组网如图 4 所示。

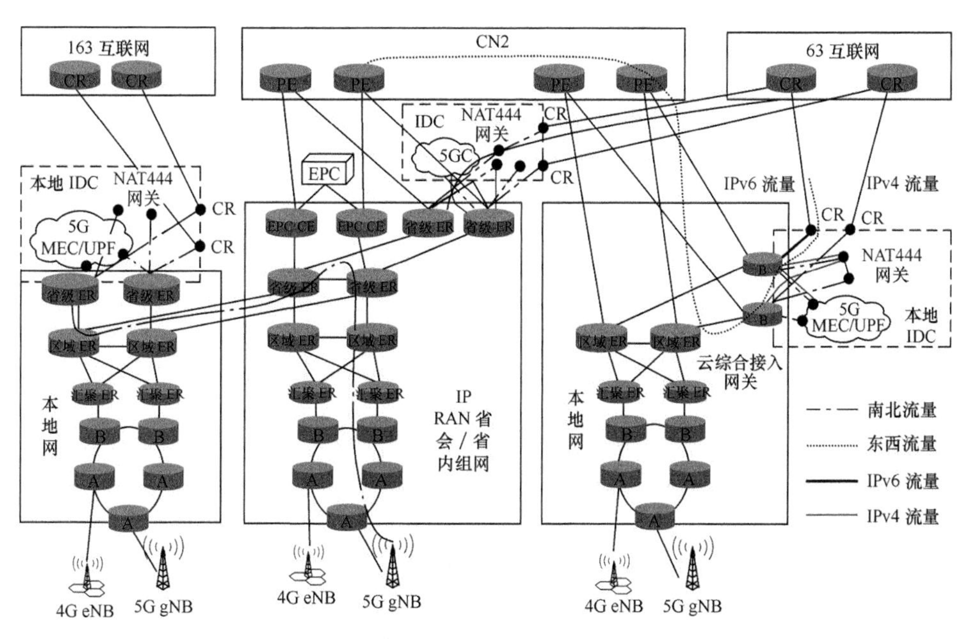

图 4 5G 核心网 IPRAN+CN2 承载组网结构

③ 云综合接入网关组网。

IPRAN 本地网与省会互通有两种方式：若 IPRAN 全网已打通，则本地城域 ER 直连省级 ER 实现互通；若 IPRAN 全网未打通，则本地城域 ER 连接 CN2 网络实现互通。

试点案例在核心网机房中建设一对 5G 核心网专用云综合接入网关设备。云综合接入网关作为 IPRAN 网络中的设备，下行互联 IPRAN 省级 ER 设备；上行互联 PE 设备接入 CN2 网络，上行互联 IDC-CR 设备接入 163 网络，IDC-CR 旁挂 NAT 网关进行公私网地址转换。5GC 机房云综合接入网关组网如图 5 所示。

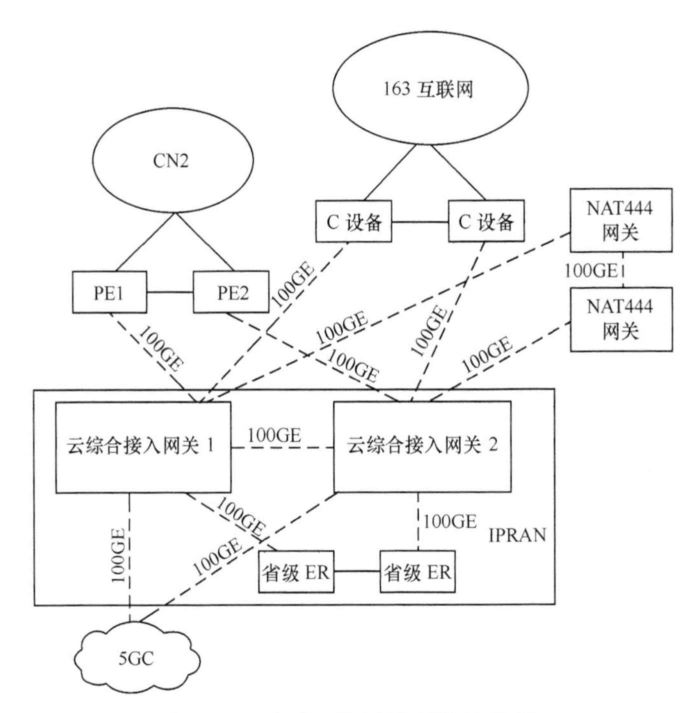

图 5　5GC 机房云综合接入网关组网示意

（2）无线基站网承载方案。

考虑到非独立组网架构需要 4G 和 5G 基站紧耦合，并且非独立组网场景中 LTE 现网频段与 NR 频段的部分组合在终端侧存在较严重的干扰问题，试点案例采用 5G 独立组网。

基站设备将采用 BBU（CU 与 DU 合设）+AAU 的架构方案，如图 6 所示。

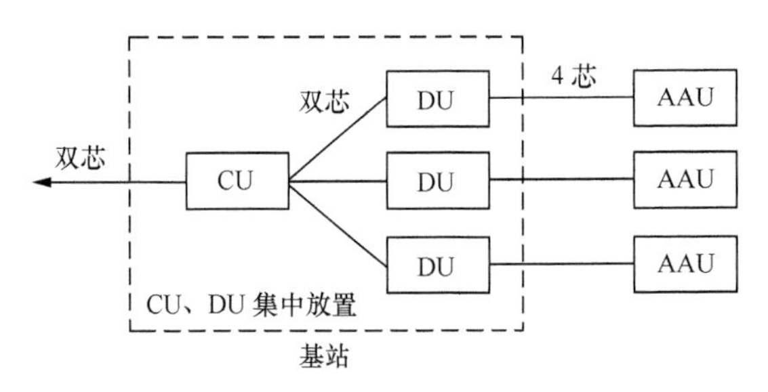

图 6　5G 基站设备架构方案示意

比照 4G 链路预算可得出 5G 频段站间距约为 280m，即小区半径 186m。结合试点案例的覆盖区域，可得出所需要的站数约为 2×106/（1.95×186×186）=29.43 ≈ 30（个）。

对目标覆盖区域，采用室内加室外综合覆盖方式。结合场馆周边实际情况，本次 5G 试验网目标区域主要包括：一段可进行无人驾驶的道路，比赛主场馆、媒体（新闻）中心和游泳馆，以及场馆周边的商业中心和停车场。选取的目标区域示意如图 7 所示。

图 7 5G 试验网目标区域示意

本次 5G 试点案例中共计需新建站点 30 处，其中室外站 28 处，室内站 2 处，采用 CU/DU 合设部署方式，规划站址清单如表 1 所示。

表 1 5G 试点案例规划站点清单

序号	AAU 站点	纬度	经度	基站配置	站点类型	覆盖目标
1	1 号点	XX	XXX	S111	室外	1 号区域
2	2 号点	XX	XXX	S111	室外	2 号区域
3	3 号点	XX	XXX	S111	室外	3 号区域
4	4 号点	XX	XXX	S111	室外	4 号区域
5	5 号点	XX	XXX	S111	室外	5 号区域
6	6 号点	XX	XXX	S111	室外	6 号区域
7	7 号点	XX	XXX	S111	室外	7 号区域
8	8 号点	XX	XXX	S111	室外	8 号区域
9	9 号点	XX	XXX	S111	室外	9 号区域
10	10 号点	XX	XXX	S111	室外	10 号区域

（续表）

序号	AAU 站点	纬度	经度	基站配置	站点类型	覆盖目标
11	11 号点	XX	XXX	S111	室外	11 号区域
12	12 号点	XX	XXX	S111	室外	12 号区域
13	13 号点	XX	XXX	S111	室外	13 号区域
14	14 号点	XX	XXX	S111	室外	14 号区域
15	15 号点	XX	XXX	S111	室外	15 号区域
16	16 号点	XX	XXX	S111	室外	16 号区域
17	17 号点	XX	XXX	S111	室外	17 号区域
18	18 号点	XX	XXX	S111	室外	18 号区域
19	19 号点	XX	XXX	S111	室外	19 号区域
20	20 号点	XX	XXX	S111	室外	20 号区域
21	21 号点	XX	XXX	S111	室外	21 号区域
22	22 号点	XX	XXX	S111	室外	22 号区域
23	23 号点	XX	XXX	S111	室外	23 号区域
24	24 号点	XX	XXX	S111	室内	24 号区域
25	25 号点	XX	XXX	S111	室外	25 号区域
26	26 号点	XX	XXX	S111	室外	26 号区域
27	27 号点	XX	XXX	S111	室外	27 号区域
28	28 号点	XX	XXX	S111	室外	28 号区域
29	29 号点	XX	XXX	S111	室外	29 号区域
30	30 号点	XX	XXX	S111	室内	30 号区域

具体规划站点将视最终比赛场馆位置、试验进展情况可进行适当调整。将 30 个站点设置转换为对承载网的需求，如表 2 所示。

表 2　5G 试点案例规划站点承载需求表

序号	AAU 站点	DU 站点	CU 站点	前传承载	回传承载	前传带宽需求	回传带宽需求
1	1 号 AUU 点	DO1	C01	光缆	IPRAN/OTN	CPRI	9G
2	2 号 AUU 点	D02	C02	光缆	IPRAN/OTN	CPRI	9G
3	3 号 AUU 点	D03	C03	光缆	IPRAN/OTN	CPRI	9G
4	4 号 AUU 点	D04	C04	光缆	IPRAN/OTN	CPRI	9G
5	5 号 AUU 点	D05	C05	光缆	IPRAN/OTN	CPRI	9G
6	6 号 AUU 点	D06	C06	光缆	IPRAN/OTN	CPRI	9G
7	7 号 AUU 点	D07	C07	光缆	IPRAN/OTN	CPRI	9G
8	8 号 AUU 点	D08	C08	光缆	IPRAN/OTN	CPRI	9G

（续表）

序号	AAU 站点	DU 站点	CU 站点	前传承载	回传承载	前传带宽需求	回传带宽需求
9	9 号 AUU 点	D09	C09	光缆	IPRAN/OTN	CPRI	9G
10	10 号 AUU 点	D10	C10	光缆	IPRAN/OTN	CPRI	9G
11	11 号 AUU 点	D11	C11	光缆	IPRAN/OTN	CPRI	9G
12	12 号 AUU 点	D12	C12	光缆	IPRAN/OTN	CPRI	9G
13	13 号 AUU 点	D13	C13	光缆	IPRAN/OTN	CPRI	9G
14	14 号 AUU 点	D14	C14	光缆	IPRAN/OTN	CPRI	9G
15	15 号 AUU 点	D15	C15	光缆	IPRAN/OTN	CPRI	9G
16	16 号 AUU 点	D16	C16	光缆	分组 OTN	CPRI	9G
17	17 号 AUU 点	D17	C17	光缆	分组 OTN	CPRI	9G
18	18 号 AUU 点	D18	C18	光缆	分组 OTN	CPRI	9G
19	19 号 AUU 点	D19	C19	光缆	分组 OTN	CPRI	9G
20	20 号 AUU 点	D20	C20	光缆	分组 OTN	CPRI	9G
21	21 号 AUU 点	D21	C21	光缆	分组 OTN	CPRI	9G
22	22 号 AUU 点	D22	C22	光缆	分组 OTN	CPRI	9G
23	23 号 AUU 点	D23	C23	光缆	分组 OTN	CPRI	9G
24	24 号 AUU 点	D24	C24	光缆	分组 OTN	CPRI	9G
25	25 号 AUU 点	D25	C25	光缆	分组 OTN	CPRI	9G
26	26 号 AUU 点	D26	C26	光缆	分组 OTN	CPRI	9G
27	27 号 AUU 点	D27	C27	光缆	分组 OTN	CPRI	9G
28	28 号 AUU 点	D28	C28	光缆	分组 OTN	CPRI	9G
29	29 号 AUU 点	D29	C29	光缆	分组 OTN	CPRI	9G
30	30 号 AUU 点	D30	C30	光缆	分组 OTN	CPRI	9G

本次试点案例 5G 无线网采用 CU/DU 合设部署，在此条件下承载网包括前传和回传两部分。

前传方案。前传对时延要求严格，带宽消耗大。考虑到成本和维护便利性等因素，试点案例拟采用光纤直连方式，并采用 CU/DU 合设的形式。CU 和 DU 合设在汇聚局，30 个无线站点至汇聚局的平均距离在 1km 左右，由于距离较近，故均考虑采用裸纤承载，考虑到未来业务发展的需求，每个站点至汇聚局的接入光缆按 24 芯考虑，光缆的平均造价在 1500 元 / 纤芯千米；因此，前传光缆的投资约为：30×1×24×0.15=108 万元。

回传方案。5G 回传主要有 IPRAN 和具备三层功能的分组增强型 OTN 两种技术。IPRAN 技术相对成熟，现网已规模部署应用。分组增强型 OTN 设备面向 5G 应用的相关功能正在进行相应地开发，预计 2019 年部分厂家设备具备部署能力。试点案例基站采用 CU/DU 合设方式，考虑回传对于承载网在带宽、组网灵活性以及路由选址等方面的需求，试点案例 CU01 ~ CU20 采用 IPRAN 网络承载。在长距离传输场景下可采用 WDM/OTN 网络为 IPRAN 设备提供底层传送通道（2018 年和 2019 年分批进行建设）；CU21 ~ CU30 采用具备三层路由功能分组 OTN 的承载方式（2019 年进行建设）。为避免对现网已承载的 LTE 电路造成影响，试点案例承载网统一采用新建的方案，总体建设思路如下。

接入层：按照"1× 峰值 +（N-1）均值"进行回传网络带宽，峰值 =5Gbit/s，均值 =3Gbit/s，每个 CU01 ~ CU20 基站各新增一端 A2 设备，上行拟采用 50GE 链路组环，下行拟采用 10G 链路。

汇聚层：选取一定数量的汇聚节点新增 B 设备，下挂 50GE 接入环，各节点 B 设备拟成对设置；每端 B 设备采用 100GE 接口，口字型上行至 ER 设备。

核心层：选取一定数量的核心节点新增 ER 设备；每台 ER 设备采用 100GE 口字型上行至云综合接入网关 B 设备，对接后接入 5G 核心网设备。

三层到边缘（三层到接入），提供就近交换的能力，满足时延需求。

A 市 IPRAN 网络承载架构如图 8 所示。

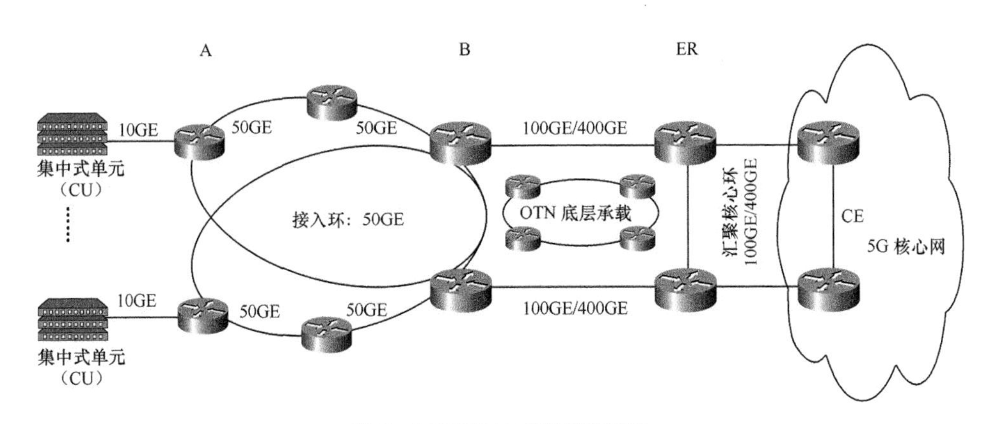

图 8　A 市 IPRAN 网络承载架构

新增 A2 设备组成 50GE 接入环，并且提供 10GE 接口对接 CU 设备。

新增 B 设备作为综合业务接入点，下挂 50GE 接入环，再上行 100GE/400GE 汇聚环。

ER 设备组成 100GE/400GE 汇聚核心环，上行至核心网。

试点期间，A2 接入环采用裸纤连接，汇聚环底层采用 OTN 承载。

试点案例设备配置如表 3 所示。

表 3 A 市 5G 试点案例承载网 IPRAN+OTN 方案建设规模

序号	设备类型	配置数量（端）	配置规格	备注
1	A2 设备	15	每台 A2 设备配置至少两个 10GE 接口用于 5G 基站，至少两个 50GE 接口用于组环	每端 A2 设备接入 1 ~ 2 个 CU，每 5 台 A2 设备组一个环
2	B 设备	2	具备 50GE 接口下挂接入环，以及 100GE/400GE 上行接口	B 设备按对配置，一对 B 设备下挂 2 ~ 3 个 A2 环
3	ER 设备	2	具备 100GE/400GE 接口能力	—
4	100G OTN	2	每台具备 2 波 100G 传送能力	—

（3）具备三层路由功能的分组增强型 OTN。

为了满足中传 / 回传在灵活组网方面的需求，需要考虑在分组增强型 OTN 已经支持 MPLS-TP 技术的基础上，增强路由转发功能。目前考虑需要支持的基本路由转发功能包括 IP 层的报文处理和转发、IP QoS、开放式最短路径优先（OSPF/IS-IS，Open Shortest Path First）、中间系统—中间系统（Intermediate System to Intermediate System）、域内路由协议、边界网关协议（BGP，Border Gateway Protocol）、分段路由（SR，Segment Routing）等，以及 Ping 和 IP 流性能测量（IPFPM，IP Flow Performance Measurement）等 OAM 协议。OTN 节点之间可以根据业务需求配置 IP/MPLS-TP over ODU*k* 通道，实现一跳直达，从而保证 5G 业务的低时延和大带宽需求。

目前具备三层路由功能的分组增强型 OTN 还正在研发阶段，具体到本试点案例中，CU16 ~ CU30 采用具备三层功能的分组 OTN 网络承载，网络结构如图 9 所示。

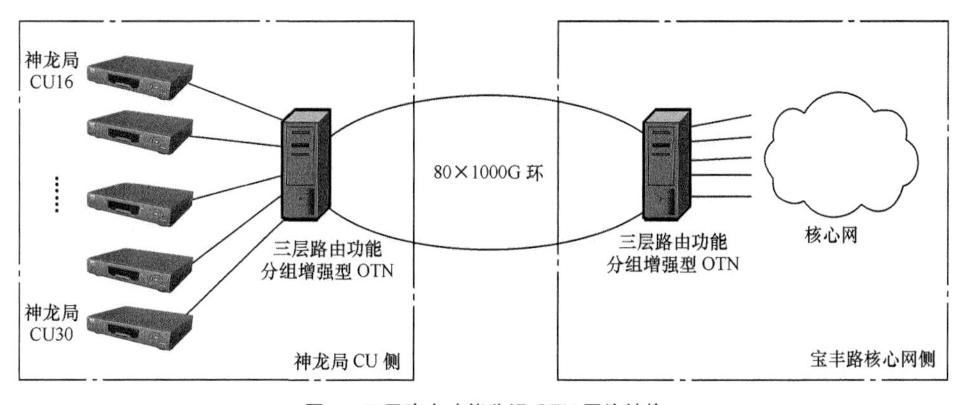

图 9 三层路由功能分组 OTN 网络结构

本次试点案例设备配置如表 4 所示。

表 4　A 市 5G 试点案例承载网分组增强型 OTN 方案建设规模

序号	设备类型	配置数量（端）	配置规格
1	三层路由功能分组 OTN	2	每台具备 2 波 100G 传送能力，具有三层转发功能的分组增强型 OTN

本试点案例设备配置如表 5 所示。

表 5　A 市 5G 试点案例承载网投资估算表

序号	设备	数量
1	OTN 设备	2
2	A2 设备	15
3	B 设备	2
4	ER 设备	2
5	3 层路由功能分组 OTN	2
6	前传光缆	—
7	配套设备及材料	—
8	工程服务及其他	—
小计		—

6. ***试点案例其他需要说明的内容***

（1）试点案例中的不确定因素和挑战。

无线网（含终端）的建设受标准进度和设备成熟情况的影响较大，2019 年将力争建成，承载网需与无线网协同建设。

作为新一代移动通信技术，5G 在设备实现和组网架构等方面，目前尚存在一些挑战，其中关于承载网主要表现在以下方面，可能成为影响工期的因素。

① 多接入融合的挑战。

无线通信系统从第一代到第四代经历了迅猛的发展，现实网络逐步形成了包含多种无线制式、频谱利用和覆盖范围的复杂现状，多种接入技术长期共存成为突出特征。在 5G 时代，同一运营商拥有的多种不同制式的网络的状况将长期共存，多制式网络将至少包括 4G LTE、5G 以及 WLAN。如何高效地运行和维护多种不同制式的网络、不断减少运维成本、实现节能减排、提高竞争力是每个运营商都要面临和解决的问题。

面向 2020 年及未来，移动互联网和物联网业务将成为移动通信发展的主要驱动力。如何实现多接入网络的高效动态管理与协调，同时满足 5G 的技术指标及应用场景需求是 5G 多网络融合的主要技术挑战。具体包括以下几方面。

网络架构的挑战。5G 多网络融合架构中将包括 5G、LTE 和 WLAN 等多个无线接入网和核心网。如何进行高效的架构设计，如核心网和接入网锚点的选择，同时兼顾网络改造升级的复杂度、对现网的影响等是网络架构研究需要解决的问题。

数据分流的挑战。5G 多网络融合中的数据分流机制要求用户面数据能够灵活高效地在不同接入网间传输，同时最小化对各接入网络的底层传输的影响。还需要根据部署场景和性能需求进行有效的分流层级选择，如核心网、IP 或 PDCP 分流等。

连接与移动性控制的挑战。5G 中包含了更多复杂的应用场景及更加多样的接入技术，同时引入了更高的移动性性能要求。与 4G 相比，5G 网络中的连接管理和控制需要更加简化、高效、灵活。

② 网络架构灵活性的挑战。

5G 承载的业务种类繁多，业务特征各不相同：移动的和静止的、持续高带宽的和小流量大频次的、时延敏感的和时延不敏感的，等等，不同的业务对网络要求不同。因此，业务需求多样性给 5G 网络规划和设计带来了新的挑战，包括网络功能、架构、资源、路由等多方面的定制化设计挑战。5G 网络将采用 NFV/SDN 技术、服务化架构、网络功能模块化、控制和转发分离等使能技术，实现网络按照不同业务需求快速部署、动态的扩缩容和网络切片的全生命周期的管理，包括网络切片层面、网络切片子网层面的拓扑灵活构建、业务路由灵活调度和网络资源的灵活分配等，这些都给 5G 网络的运营和管理带来新的挑战。

③ 灵活高效承载技术的挑战。

承载网络的大带宽、低时延、灵活性需求和成本限制：5G 网络带宽相对 4G 预计有数十倍以上增长，导致承载网带宽急剧增加，25G 高速率将部署到网络边缘，低成本的 25G/50G 光模块和 WDM 传输是承载网的一大挑战；uRLLC 业务提出的 1ms 超低时延要求不仅需要站点合理布局，微秒量级超低时延性能是承载设备的另一个挑战；5G 核心网云化、网络切片等需求导致 5G 回传网络对连接灵活性的要求更高，如何优化路由转发和控制技术，例如引入 SR、EVPN 等新技术，满足 5G 承载设备的成本限制和运维便利性需求，是承载网的第三个挑战。

本试点案例的建设基于第五代移动通信技术（5G），旨在通过规模组网和应用示范，推动这一新技术相关产业链的成熟和商用。在推进过程中也许会遇

到不确定性问题。

5G 是全新的移动通信技术，其技术标准的制订和产品的研发尚处于推进过程中。根据上面相关信息的介绍，本工程潜在的不确定性主要表现在以下两个方面。

① 进度的不确定性。统一的 5G 技术标准是产品（网络设备及终端等）研发生产的重要基础。5G 的技术标准包括 NSA 和 SA 两个方案。5G 独立组网（SA）方案是实现完整 5G 应用的基础。目前冻结的 R15 版本标准仅基于 5G 非独立组网（NSA）方案，该方案仍采用 4G 核心网，仅在接入侧引入了 5G 空口技术，无法真正实现提供基于网络切片的、完全的 5G 业务，该方案也不应该是中国运营商的首选。中国电信希望能够共同加快推动基于 5G 独立组网（SA）的国际标准和产业链成熟。据 3GPP 计划，R15 标准在 2018 年 6 月实现 5G 独立组网功能的冻结，9 月实现设备开发所需的代码规则层面的冻结。此后若力求在仅剩的 15 个月时间内完成规模组网建设，将对设备厂家的研发、生产、供货能力和资源保障均提出很高要求。

这一不确定性将直接影响本工程的网络建设进度。针对这一不确定性，初步考虑以下应对措施。建议政府统筹协调各方资源，加快 SA 产业链的成熟。积极参与、推进 5G 技术的研发和标准制定，努力推动标准的冻结。积极释放产业需求信号，推动芯片、终端及网络设备等产业链各环节的成熟和商用。加快网络配套建设，加大创新力度。

② 功能、性能的不确定性。当前，5G 国际标准仍在加紧制订过程中，各设备厂家也在同步开展设备研发。但对于同步开发的产品，其功能和性能是否能真正符合标准的要求，尚无法确认。更重要的是，统一的 5G 网络平台是否能够灵活满足ITU提出的3种典型业务场景，支持丰富的5G创新应用，目前更缺乏验证。

这一不确定性将直接影响 5G 网络对创新业务的承载能力，拟示范的创新应用能否按计划开展也存在一定程度的不确定性。针对这一问题，需要在首先摸清设备能力的基础上，考虑创新业务的衔接和网络的部署。

此外，业务的实现也存在一定的不确定性。当前，5G 网络尚未实现商用，拟于其上承载的各项创新业务尚处于萌芽和构想阶段，业务能否实现取决于诸多因素。首先，市场对创新业务的需求是决定性因素，切实存在的市场需求是实现业务的重要基础。其次，业务的开发需要联合相关合作方共同完成。最后，某些创新业务的实现需要基于相关技术基础或客观条件，如 VR、传感器和全息终端技术的成熟等。

以上因素都会导致业务实现的不确定性，初步考虑采取以下应对措施。充分调研市场，准确定位创新业务需求。加强与合作方的联合研发和创新。参与推动相关技术的发展和成熟。

（2）建设期管理。

- 工程管理原则

① 工程建设管理遵守国家相关法律法规、建设标准和企业相关规章制度。以工程质量、安全、造价和效率的有效管控为目标，构建规范、高效的工程建设管理体系。

② 建设过程坚持质量控制原则，在工程设计、工程物资及服务采购、工程施工及工程验收等环节加强质量管控，确保工程质量。

③ 坚持“安全第一、预防为主”的方针，建立健全安全保障体系，落实安全管理责任，做好安全应急预案，确保工程建设中的人身安全和网络安全。

④ 工程建设项目管理的所有环节应逐步纳入工程建设管理信息系统，记录管理过程，提高管理规范性和管理效率，实现精确化管理。

⑤ 工程文件资料应齐全完整，相关审批流程、签章须符合法律法规和集团内部管理要求，工程文件资料归档应符合工程档案管理的规定。

- 工程建设管理

工程实施过程中做好工程的进度、质量和成本的管理。

① 工程建设程序应包括工程项目可行性研究与立项、工程设计、工程物资及服务采购、工程开工、工程实施、工程验收等环节。工程建设应按照先可研立项、后设计；先设计、后施工；先初验、后试运行；先终验、后投产运营的建设程序规范建设行为。

② 工程设计应依据已批复的可行性研究报告编制，符合设计文件编制规范要求，能够指导工程实施。

③ 工程建设项目管理部门应采取必要措施对项目进行开工管理。开工前应完成设计审批和合同签订、工程安全生产费的预付，以及工程物资、配套设施、施工方案、现场条件等施工准备工作，并按国家相关规定办理质量监督申报手续。

④ 工程建设应严格按照工程设计要求、施工技术标准施工。

⑤ 工程建设必须遵守安全生产法律法规和工程建设强制性标准，防范工程建设过程中的安全责任事故。

⑥ 工程建设项目管理应在确保工程建设质量、安全、效率目标的前提下，合理控制工程造价。

⑦ 根据国家有关规定和工程项目管理的需要推行工程监理制。委托工程监理企业对工程建设的质量、安全、进度、造价及合同和信息进行现场控制与管理。工程建设项目管理部门，工程采购管理部门，建设单位，勘察设计、施工、系统集成、监理等部门依法对工程项目质量负责。

⑧ 工程验收应依据相关验收标准和规范全面考核工程实施情况、检验工程质量、审核工程决算、做好账实核对和工程档案交付及安排工程未尽事宜。

⑨ 必须严格审查工程结算，根据工程审计有关规定，需进行审计的项目应在审计后进行工程结算。

（3）各项建设条件落实情况。

- 环境保护相关标准和规范

① 《建设项目环境保护管理条例》（国务院 2017 第 682 号令）

② 《城市区域环境噪声标准》（GB3096-2008）

③ 《工业企业厂界噪声排放标准》（GB12348-2008）

④ 《工业企业噪声控制设计规范》（GB/T 50087-2013）

⑤ 《电磁环境控制限值》（GB 8702-2014）

⑥ 《建筑施工场界噪声限值》（GB 12523-2011）

- 电磁环境辐射

本试点案例工程中所有无线设备满足中华人民共和国国家标准《电磁环境控制限值》（GB 8702-2014）中所要求的电子辐射标准。在基站选址时尽量避开电磁辐射敏感建筑物，网络整体电磁辐射指标可以满足国家标准。

- 生态环境保护

本工程建设站点均在城市区域，不占用耕地，大部分站点使用现有站址机房和配套电源设施。新建设站址尽量选择在已有建筑物上，避免占用城市绿地。

新建配套光缆尽量使用已有管道布放，减少路面开挖回填等操作。

在工程建设中采用环保的施工工艺和材料，加强工程现场管理，控制扬尘，处理好现场施工和人员生活垃圾，避免对周围环境造成影响。

- 噪声控制

安排施工作息时间，做好施工机械的防震、防噪声措施。加强工程管理，合理安排施工时间，确保施工现场噪声符合《建筑施工场界噪声限值》（GB 12523-2011）的规定。

在城市范围内的通信局（站），向周围生活环境排放噪声的，应符合《工业企业厂界环境噪声排放标准》（GB 12348-2008）的相关要求。

- 废旧物品回收及处置

建设单位和施工单位采取措施，防止或减少固体废物对环境的污染。施工单位应及时清运施工过程中产生的固体废弃物，并按照环境卫生行政主管部门的规定进行利用或处置。

依法被列入强制回收目录的产品和包装物，按照国家有关规定由该产品的生产、销售或进口企业对该产品和包装物进行回收，使用单位应做好及时督促、协助收集和临时贮存、保管。

严禁向江河、湖泊、运河、渠道、水库及其最高水位线以下的滩地和岸坡倾倒、堆放固体废弃物。

废旧电池、废矿物油、废日光灯管等毒性大、不宜用通用方法进行管理和处置的特殊危险废物，应与生活垃圾分类收集、妥善贮存、安全处置。

使用低耗、高能、低污染的电池产品。

所有废旧设备的处理，按国家通信产品环保相关标准执行。

（4）节能措施。

- 项目建设和运维中将严格遵守国家控制能耗的有关规定。

① 选用国内外先进的设备和软件，要求能耗低、可靠性高。

② 设计中选用的各类配套设备，均选用节能产品。

③ 工程建设当中采用先进的施工技术和标准，控制能耗。

④ 充分利用原有资源，利旧现网低能耗设备，并进行升级改造。

⑤ 机房空调、电源等设置自动监控系统，根据要求自动调节，节约能源。

⑥ 在网络运行维护方面，正确使用设备，避免误操作导致的非正常损耗。

⑦ 加强节能管理工作，水、电、气等设置流量计，便于及时了解能源消耗情况。定期对设备、管线进行检查和维护，确保设备正常运行，减少能源浪费。

- 机房基站节能减排技术

机房及数据中心，将结合自身地理环境，选取合适的节能减排措施。

① 智能通风。

提供空气循环和过滤的通风机组，通过将室外冷空气直接引入，把室内热空气直接排出，从而实现自然降温。

全国各区域均适宜开展基站通风项目。

② 智能换热。

利用高效换热器，使机房内的空气和室外低温空气进行换热，降低室内温度，并实时监测室内室外温度、湿度，采用智能温控技术，实现对空调的启用控制。

华东、北方及高原地区的基站换热系统节能效果较好，南方地区效果稍差。

③ 精确送风。

采用全封闭冷风管道送风方式，将空调冷风直接输送至每个机柜内，利用精密空调调整送风的温度和风压，在每个机柜内建立专门风道，有针对性地送风，对机柜内设备进行冷却散热。

在气流组织不好、有局部过热现象的数据中心均有较好的节能效果。可选择在气流组织不好且耗电量大的通信机房适当开展。

④ 蓄电池恒温。

蓄电池在 25℃的环境下可获得较长的寿命。采用蓄电池恒温柜为蓄电池提供一个适宜的局部温度环境后，主设备区域可以设置机房温度到 30℃，根据运行情况和需求逐步升高到 35℃，从而减少空调运行时间，延长空调使用寿命，降低能耗和运营成本。

蓄电池恒温柜技术应配合基站升温在各地区开展。

⑤ 其他技术。

各个地区可以根据场景特点，自选其他节能减排技术，例如，高压直流、雾化喷淋、热管换热、加湿器改造等，达到降低能耗的效果。

- 节能减排测试评估

采用节能减排技术的基站、机房和数据中心，必须提供施工进度和情况报告，实行能耗统计和监测，为节能减排技术进行后评估、改进优化、应用推广提供判断依据。

① 测试。

对历史耗电数据全面的情景，可开启节能系统进行长期测试，记录测试数据并进行对比。

对历史耗电数据不全的情景，测试期内可固定间隔时间开启、关闭节能系统，进行对比测试，记录数据。

② 评估。

对于实施站点较多的节能技术，可从不同厂家、主设备配置、地理位置、机房面积等维度分别选取典型局站进行后评估。

对于实施点较少的节能技术，可选择具备代表性的局站进行评估。

（5）资源综合利用。

本试点案例在实施过程中，将充分考虑现有的水力、电力、固网、移动通信网络、办公场所、机房等基础设施资源，充分利用现有网络、设备、业务系统和人力资源，整合优势资源，认真做好资源综合利用工作，实现资源的高效综合利用，提高投资效益，避免浪费。

① 站址资源。

本试点案例大部分站点使用现有站址资源，可以利旧设备安装空间和市电、电源设备，目前除电信自有模块局外的站址均为铁塔公司所有，一般站址都为 3 家运营商共用，减少重复建设，节约项目投资，并降低对城市环境和居民生活的影响。

② 配套线路资源。

密集城区光缆线路大部分采用管道敷设形式，利旧站址均为光缆已到达区

域，可以利旧原有的光缆路由，不需要新开挖管道和新建杆路，极大地提高了项目建设效率，在实际网络建设中根据实际条件还可以考虑运营商之间的光缆资源共享，进一步提高资源利用率。

③ 现有运维资源。

网络运行多年来积累了一大批具有丰富经验的维护人才和优良的合作单位，5G 网络的运维可以通过内部人员培训转岗和外部服务招标结合的方式快速形成体系、投入生产，且站址大部分与现网站点共址，不需要为 5G 网络额外配置大量的运维人员和资源。

（6）原材料供应。

本试点案例所需要的设备在全球范围内进行优化选择，分以下几大类。

① 服务器设备：5G 业务平台服务器。

② 核心网设备：5G 核心网设备。

③ 无线设备：CU、DU、AAU。

④ 网络设备：路由器、交换机、防火墙。

⑤ 终端设备：5G 终端。

⑥ 配套设备：光缆、传输、电源等配套设备。

目前各主流通信设备厂商已经在 2017 年年底推出了 5G 原型设备，R15 预商用产品将于2018年年底或2019年上半年推出。2018年年底前推出测试终端，2019 年开始逐步推出商用终端。

另外关于基础配套建设能力，目前移动通信基站站址、机房、塔桅、市电引入、电源等基础配套基本由铁塔公司负责建设。

参考文献

[1] 李聪. 5G承载网架构及部署场景[J]. 移动通信，2018（04）.

[2] 李尊. 5G网络变化及承载网应对探讨[J]. 移动通信，2018（04）.

[3] 李治国. 中国联通5G网络部署面临的挑战和策略[J]. 移动通信，2018（04）.

[4] 潘永球. 面向5G中传和回传网络承载解决方案[J]. 移动通信，2018（04）.

[5] 李聪. 5G网络架构的重构与挑战[J]. 移动通信，2018（01）：62-67.

[6] 大唐电信. 5G业务应用白皮书.

[7] 中国5G推进组. 5G承载需求白皮书. 北京：2018年IMT-2020（5G）峰会，2018.

[8] 中国移动通信研究院. 中国移动的5G C-RAN白皮书. 2018

[9] 中国电信CTNet2025网络重构开放实验室. 5G时代光传送网技术白皮书. 2017.

[10] 大话5G走进万物互联新时代[M]. 北京：机械工业出版社，2018.

[11] 周洪波. 物联网技术应用、标准和商业模式[M]. 北京：电子工业出版社. 2011.

[12] 邹洪强，王迎春. 承载新方案为中国移动5G保驾护航[J]. 电信工程技术与标准化，2018（5）.

[13] 贺春雨，易宇. 大话传送网[M]. 北京：人民邮电出版社，2016.

[14] 赵文玉，张海懿，汤瑞，等. 100G产业化及超100G发展分析[J]. 电信网技术，2011（12）：1-4.

[15] 程明，周洲，朱俊，等. 分组增强型OTN设备实现及组网研究[J]. 电信科学，2014，30（11）:159-165.

[16] 中国信息产业网. 超100G技术研究进展与面临的挑战. 2013.

[17] 万芬. 综合业务承载的选择——MS-OTN[J]. 移动通信，2017，41（4）:50-52.

[18] 迟永生，王元杰，杨宏博，等. 电信网分组传送技术IPRAN/PTN[M]. 北京：人民邮电出版社，2017.

[19] 杨广铭，孙嘉琪，尹远阳，等. 中国电信IPRAN网络组网与策略规范（2016版）. 中国电信集团，2016.

[20] 冯荣香. IPRAN可靠性技术在传输网络中的应用[J]. 通信世界，2017（14）：136-137.

[21] 秦云. 中国电信IPRAN综合承载网保护技术[J]. 中国新通信，2012（22）：89.

[22] 闫震，史楠. LTE基站同步方式浅析[J]. 信息通信，2014（11）：211-212.

[23] 庞冉，王海军，彭绍勇，等. 基于IPRAN网络演进的5G回传承载方案探讨[J]. 邮电设计技术，2018（5）.

[24] 华为技术有限公司. PWE3技术白皮书.

[25] 杨峰义，张健敏，王海宁，等. 5G网络架构[M]. 北京：电子工业出版社，2017.

[26] （瑞典）AfifOsseiran，（西）Jose F. Monserrat，（德）Patrick Marsch. 5G移动无线通信技术[M]. 北京：人民邮电出版社，2017.

[27] IMT-2020（5G）推进组. 5G愿景与需求白皮书. 2014.

[28] IMT-2020（5G）推进组. 5G概念白皮书. 2015.

[29] 中国电信. 中国电信5G技术白皮书. 2018.

[30] 杨旭，肖子玉，邵永平，等. 5G网络部署模式选择及演进策略[J]. 电信科学，2018，34（6）.

[31] 闫渊，陈卓. 5G中CU-DU架构、设备实现及应用探讨[J]. 移动通信，2018（1）.

[32] IMT2020. 5G核心网云化部署需求和关键技术. 2018年6月23日.

[33] 王海军，王光全，郑波，等. 5G网络架构及其对承载网的影响[J]. 移动通信，2018（1）：33-38.

[34] 李福昌. MEC研究进展与应用场景探讨. 通信世界网.

[35] 宋晓诗，闫岩，王梦源. 面向5G的MEC系统关键技术[J]. 中兴通讯技术，2018（1）: 21-25.

[36] Deutsche Telekom AG, Volkswagen. 5G Service-Guaranteed Network Slicing White Paper. China Mobile Communications Corporation, Huawei Technologies Co. Ltd. ,2017.

[37] 中国移动等. 迈向5G C-RAN：需求、架构与挑战. 2016年11月.

[38] 中国移动等. 5G C-RAN无线云网络总体技术报告（v1. 0）. 2017年9月.